航天科技图书出版基金资助出版

全球导航卫星系统
兼容原理及其仿真

谢 军 张建军 著

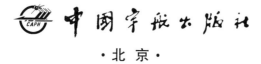

中国宇航出版社

·北京·

图书在版编目（CIP）数据

全球导航卫星系统兼容原理及其仿真 / 谢军，张建军著 . -- 北京：中国宇航出版社，2018.11

ISBN 978 - 7 - 5159 - 1563 - 0

Ⅰ . ①全… Ⅱ . ①谢… ②张… Ⅲ . ①卫星导航－全球定位系统－研究　Ⅳ . ①P228.4

中国版本图书馆 CIP 数据核字（2018）第 282881 号

责任编辑　侯丽平　　　**封面设计**　宇星文化

出　版 发　行	**中国宇航出版社**			
社　址	北京市阜成路 8 号　**邮　编**　100830		**版　次**	2018 年 11 月第 1 版 2018 年 11 月第 1 次印刷
	(010)60286808　　(010)68768548		**规　格**	787×1092
网　址	www.caphbook.com		**开　本**	1/16
经　销	新华书店		**印　张**	25.75
发行部	(010)60286888　　(010)68371900		**字　数**	627 千字
	(010)60286887　　(010)60286804(传真)		**书　号**	ISBN 978 - 7 - 5159 - 1563 - 0
零售店	读者服务部　　　　(010)68371105		**定　价**	168.00 元
承　印	河北画中画印刷科技有限公司			

本书如有印装质量问题，可与发行部联系调换

航天科技图书出版基金简介

航天科技图书出版基金是由中国航天科技集团公司于 2007 年设立的，旨在鼓励航天科技人员著书立说，不断积累和传承航天科技知识，为航天事业提供知识储备和技术支持，繁荣航天科技图书出版工作，促进航天事业又好又快地发展。基金资助项目由航天科技图书出版基金评审委员会审定，由中国宇航出版社出版。

申请出版基金资助的项目包括航天基础理论著作，航天工程技术著作，航天科技工具书，航天型号管理经验与管理思想集萃，世界航天各学科前沿技术发展译著以及有代表性的科研生产、经营管理译著，向社会公众普及航天知识、宣传航天文化的优秀读物等。出版基金每年评审 1～2 次，资助 20～30 项。

欢迎广大作者积极申请航天科技图书出版基金。可以登录中国宇航出版社网站，点击"出版基金"专栏查询详情并下载基金申请表；也可以通过电话、信函索取申报指南和基金申请表。

网址：http：//www.caphbook.com

电话：(010) 68767205，68768904

序 一

当前，我国北斗卫星导航系统按照"先区域，后全球，先有源，后无源"的发展思路，已经完成"北斗二号"系统的建设任务，"北斗三号"系统计划 2020 年前完成系统建设，在全球范围内提供性能优异、业务优良，以及与其他系统相互兼容的导航服务。美国正在全力推进 GPS 的现代化升级，欧洲已全面启动伽利略卫星导航系统（GALILEO），俄罗斯确定了 GLONASS 优先发展计划，以全面恢复 GLONASS 的开发与应用，其他国家和地区也在计划建立自己的区域卫星导航系统，日本正在建设"准天顶卫星系统"，印度正在研发独立的"印度区域卫星导航系统"。

随着多个卫星导航系统的建成，全球范围内同一地点已经实现了多卫星导航系统的信号同时覆盖，多系统联合导航定位的优越性也越来越突出。但多系统的存在和组合必须考虑系统间信号的兼容性问题。某一 GNSS 系统建设或升级时，需要确保不对所有现有系统和信号造成干扰，实现相互的兼容性，也希望与现有系统一起实现互操作，从而为用户提供更便利、更及时、更准确的导航定位服务。GNSS 兼容性在卫星导航领域受到极大的关注，各个系统为了保持自己的导航系统独立性，不受到其他系统的干扰，都需要在系统上进行兼容性设计与分析，确定兼容性评估方法，发现并解决兼容性设计的问题。

为了在卫星导航领域占有一席之地，在协商中取得更多的频率资源和话语权，我国开展了导航信号体制设计方案、信号精度、抗干扰能力、兼容性和互操作性方面的研究和仿真分析工作，针对卫星导航信号频谱资源有限性，需要面对更多的系统性问题，加强系统设计的约束条件分析，从而实现与已有系统的兼容性。

本书内容为作者近年来在卫星导航兼容性领域的研究成果，深入地分析了全球卫星导航系统兼容性的基本原理、理论模型和算法，并附带了作者用于信号数据分析的程序源代码，是将理论研究和工程应用相融合的研究性专著，希望本书的出版对我国卫星导航系统兼容性设计，以及与其他 GNSS 系统的兼容性协调起到积极作用。作者在从事卫星导航系统的研发过程中，紧密结合工程建设与理论研究成果，在卫星导航技术与方法上进行创新与总结，希望在将来的工作中，取得更多的成绩与收获。

序　二

　　卫星导航系统在军事以及民用方面有着广泛的应用，自从卫星导航进入中国市场，美国的 GPS 卫星导航系统就占据了我国市场的绝大份额，中国出于对国家安全以及市场需要等方面考虑，建成了北斗卫星导航系统，目前，共发射了 41 颗卫星，完成北斗一号系统、北斗二号系统的建设，北斗三号系统正稳步推进，北斗系统已成为 GNSS 系统大家庭的成员之一，北斗特色将进一步发扬光大。

　　目前，北斗三号全球卫星导航系统进入快速部署阶段，北斗三号通过增量发展进一步开展激光星间链路、全球短报文等新业务，整体效能有望超越 GPS 系统，那么，随之而来的问题是北斗卫星导航系统的未来发展之路在哪里？我想，兼容是北斗融入 GNSS 系统的第一条件，也是任何无线电系统设计的第一要素，是维护系统性能的重要工作，是进入国际谈判、增强国际形象及取得更多话语权的必备条件。

　　本书立足现在，通过对卫星导航系统兼容性的基本技术进行分析，由浅入深，系统总结卫星导航系统兼容领域的新成果、新技术和新趋势，根据卫星导航兼容性理论，提出兼容性分析模型，给出了仿真分析结果。在本书后面还附带了作者用于信号数据分析的程序源代码，内容较为全面，适用面较广。在我国亟需培养大量卫星导航专业人才的今天，本书的出版是非常及时和有益的。

谭述森

2018.11.19

前　言

2012 年 12 月 27 日上午，北斗卫星导航系统（BDS）新闻发布会在国务院新闻办公室新闻发布厅召开，宣布北斗卫星导航系统正式提供区域服务。北斗卫星导航系统的建成意味着我国的科技实力在导航领域有新的突破和延伸，这期间有杰出的科学家在前面探索开拓研究，培养了众多科技人才。随着诸多关于卫星导航的优秀书籍陆续出版，使很多从事与卫星有关工作的学者受益匪浅。作为受益者之一，我们想尽一份力量，结合自己的研究成果，并综合国内外的一些研究成果，撰写《全球导航卫星系统兼容原理及其仿真》一书，帮助关注兼容评估或互干扰分析的学者系统了解兼容理论和互干扰计算方法。

第 1 章将介绍全球导航卫星系统兼容的研究背景、全球导航卫星系统兼容的定义，以及全球导航卫星系统兼容的国内外研究现状，并指出现代化全球导航卫星系统的性能指标不仅包括有效性、准确性、完好性和连续性，还应该包括兼容性和互操作。卫星导航系统一般由空间段、地面控制段和应用段等三个部分组成。其中，空间段主要由卫星导航星座等组成；地面控制段主要包括全球地面控制段、全球地面任务段、全球域网、导航管理中心、地面支持设施和地面管理机构等；应用段主要包括区域性和本地性的系统应用服务、用户接收机及其等同产品。在卫星导航系统的三个部分中，空间段中的星座、频率部署和信号体制处于首要的位置，直接影响着兼容结果。本书的第 2 章~第 4 章将围绕星座、频率部署和信号体制来综合分析目前的四大全球导航卫星系统。第 2 章介绍目前已存在和在建的四大全球导航卫星系统（GPS、GLONASS、GALILEO 和 BDS）在 L 频段上的频率部署情况，不同卫星导航系统占用相同的频段会造成相互干扰而出现兼容问题，因系统内或系统间信号频谱重叠，将导致信号间不同程度的干扰。第 3 章主要介绍子载波调制方式。导航信号的子载波调制方式显著影响信号的功率谱密度包络，如 BOC 调制方式，其分裂的谱结构可以有效减小信号谱主瓣的重叠度，有效提高信号的兼容性。第 4 章介绍 GPS、GALILEO、GLONASS 和 BDS 的信号体制结构，GPS、GALILEO 和 BDS 都采用 CDMA 传输模式，而 GLONASS 则采用 FDMA 传输模式。第 5 章介绍全球导航卫星系统干扰对捕获、跟踪与数据解调的影响，简单讨论射频前端带宽、自动增益控制和 A/D 转换对干扰抑制的影响，给出 SNIR 分析模型，以及等效载噪比和谱分离系数的推导过程。第 6 章讨论全球导航卫星系统干扰对码跟踪误差的影响，给出码跟踪误差分析模型，推导相干和非相干超前减滞后码跟踪误差、码跟踪谱灵敏度系数，总结白噪声下的码跟踪误差和部分频带干扰下的码跟踪误差。第 7 章就导航信号参数与功率谱密度的关系，给出导航信号功率谱密度的一般解析式，推导伪码序列、数据速率和码片波形对信号功率谱的影响，最后讨论预检测积分时间对信号功率谱的影响，并给出长码的界定准则。第 8 章将系统总结全球导航卫星系统兼容评估理论，给出评估模型及参数、星地链路损耗的计算模型、评价指标和兼容的理论评估方法。第 9 章基于前面的理论基础，对 GPS、GALILEO 和 BDS 的系统内干扰和系统间干扰进行仿真。第 10 章是本书内容的扩展，主要讨论全球导航卫星系统互干扰抑制技术，互干扰抑制技术的应用和发展可减弱导航系统间的干扰，提高系统间的兼容能力。第 11 章是认知卫星导航系统，主要讨论全球导航卫星系统兼容带来的优势与挑战，以及认知技术对全球导航卫星系统兼容带来的机遇。为了方便读者的学习和讨论，本书的最后附录为全球导航卫星系统兼容的应用程序源代码。

本书相关研究成果得到了国家自然科学基金重大研究计划（68113409）、国家自然科学基金面上项目（61563004），以及国家自然科学青年基金（61203226）的资助。

由于作者水平有限，书中难免会出现错误和不妥之处，敬请读者不吝指正。

作　者

2018 年 8 月于北京

目 录

第1章 绪 论

1.1 全球导航卫星系统简介

全球导航卫星系统（GNSS）是各国为了军事或民用目的，而发展的一套使用卫星提供位置与时间的系统，能够为地球表面和近地空间的广大用户提供高精度、全天时、全天候的导航、定位和授时信息。在国民经济领域，全球导航卫星系统已经具有非常广泛的应用，为生产、生活、娱乐等多方面提供强大的定时定位基准，并且形成了以卫星导航为基础的庞大的应用产业，对推动国民经济的发展产生了积极作用。在军事领域，全球导航卫星系统是实现武器平台精确导航定位和制导武器远程精确打击的关键支撑，是信息化战争的重要保障，并推动和促进全球范围内的新的军事变革，从而影响和改变全球军事力量和政治力量的对比。全球导航卫星系统已成为国家重大的空间和信息化基础设施，成为体现现代化大国地位和国家综合国力的重要标志。

1.1.1 全球导航卫星系统定义

（1）国外定义

1957 年 10 月 4 日，在苏联成功发射第一颗地球卫星 Sputnik‑1 后不久，美国约翰·霍普金斯大学（John Hopkins University）应用物理实验室乔治·C·韦范巴赫（G. C. Weiffenbach）和威廉·H·吉尔（W. H. Guier）等学者就在地面已知坐标点上安装无线电接收设备，对卫星信号进行捕获和跟踪试验，通过测量卫星的多普勒频移，成功解算出卫星的轨道参数。实验室的另一位学者弗兰克·T·麦克卢尔（F. T. Meclure）提出了一个大胆的设想：如果已知卫星的轨道参数，地面观测者又测量了该卫星发射信号的多普勒频移，就可以计算出观测者的位置坐标，这就是第一代卫星导航系统的基本工作原理，开启了卫星导航系统发展的序幕。国际上对于"GNSS"的定义表述有很多种，内涵和确切释义并不明确。

1992 年 5 月，国际民航组织（ICAO）在未来的航空导航系统会议上通过了 GNSS 方案。方案中定义"GNSS 是一个全球性的位置和时间的测定系统，它包括一个或几个卫星星座、机载接收仪及监视系统"。

鉴于当时建成的全球导航卫星系统只有 GPS 和 GLONASS，所以在 ICAO 文件附件 10 中，所定义的 GNSS 只包含这两个系统的相关内容。

在附件 10《航空电信》（V01.1）中定义的 GNSS 系统功能是：为航空器提供位置和时间数据。GNSS 利用安装在地面、卫星和/或航空器上的设备的不同组合，提供导航服务。这些可选组合包括：

　　1）GPS 提供的标准定位服务（SPS）；

　　2）GLONASS 提供的标准精度通道（CSA）导航信号；

　　3）机载增强系统（ABAS）、星基增强系统（SBAS）和陆基增强系统（GBAS）。

　　报告认为 GNSS 不是一成不变的，它需要不断演变以适应用户新的和不断提高的需求。

　　（2）国内定义

　　国内对 GNSS 的定义，存在各种表述，其中，最具代表性的为《国防科技名词大典》与北斗卫星导航系统网站给出的定义。

　　《国防科技名词大典》对 GNSS 没有完整的定义，但对"卫星导航"给出了确切定义，这应该是我国 GNSS 系统定义的溯源："通过地球上运动物体携带的接收机接收导航卫星系统播发的无线电编码信号，求得运动物体的位置和速度，以实现导航的方法。"

　　北斗卫星导航系统网站对 GNSS 的定义为："GNSS 的全称是全球导航卫星系统（Global Navigation Satellite System），它是泛指所有的全球导航卫星系统，包括全球的、区域的和增强的，如美国的 GPS、俄罗斯的 GLONASS、欧洲的 GALILEO、中国的北斗卫星导航系统，以及相关的增强系统，如美国的广域增强系统（WAAS）、欧洲的静地导航重叠系统（EGNOS）和日本的多功能运输卫星增强系统（MSAS）等，还涵盖在建和以后要建设的其他卫星导航系统。国际 GNSS 是个多系统、多层面和多模式的复杂组合系统。"

　　（3）本书中定义

　　①定义

　　根据航天发展特点，以及卫星导航系统相关的概念、特征，本书提出如下概念：

　　"GNSS 的全称是全球导航卫星系统（Global Navigation Satellite System），又称天基定位、导航、授时（PNT）系统，是个综合性的概念，泛指所有的全球导航卫星系统，包括全球性的、区域性的和增强性的，以及行星际卫星导航网络，如美国的 GPS 系统、俄罗斯的格洛纳斯系统（GLONASS）、欧洲的伽利略系统（GALILEO）、中国的北斗卫星导航系统（BDS）、日本的准天顶卫星系统（QZSS）和印度的区域导航卫星系统（IRNSS），以及相关的增强系统，如美国的广域差分增强系统（WAAS）、欧洲的静地导航重叠系统（EGNOS）和日本的多功能卫星增强系统（MSAS）等，还涵盖在建和以后要建设的其他卫星导航系统，其关键作用是能够为地球表面、近地空间和深空探测的广大用户提供全天时、全天候、高精度的定位、导航和授时服务，具有极其重要的军事和民用价值，已成为国家重大的空间和信息化基础设施，也是战略性新兴产业的重要组成部分。"

　　上述概念中包含几个关键词，其内涵如下：

　　（a）综合性

　　泛指全球所有的导航卫星系统，包括全球系统、区域系统和广域增强系统，以及未来的行星际卫星导航网络。

（b）全球性

至 2020 年，四大全球导航系统的格局基本形成。它们是现有的美国 GPS 和俄罗斯 GLONASS，欧盟计划并在建的 GALILEO，以及我国正在建设的北斗卫星导航系统，现在已经正式投入全球运营服务的全球系统有 GPS 和 GLONASS，2012 年年底，我国已经建成北斗区域卫星导航系统，初步覆盖亚洲及其周边地区，满足公路交通、铁路运输以及海上作业等领域的应用需求，目前，正有条不紊地推动全球系统的建设，欧盟 GALILEO 系统也在积极建设过程中。

（c）增强性

卫星导航增强型系统是由美国 GPS 实施选择可用性（SA）政策而发展起来的。虽然，2000 年美国取消了 SA 政策，导航定位精度有了显著的提高，但随着全球导航卫星系统应用的不断推广和深入，现有系统在定位精度、可用性、完好性等方面还无法满足一些高端用户的要求，为此，出现了各种卫星导航增强系统，系统基本上分为两种类型。

• 星基增强系统（SBAS）

星基增强系统通过地球静止轨道（GEO）卫星搭载卫星导航增强信号转发器，可以向用户播发星历误差、卫星钟差、电离层延迟等多种修正信息，实现对于原有卫星导航系统定位精度的改进。目前，所有建设全球系统的国家，都在同时建设它们的星基增强系统，其中有美国的广域差分增强系统（WAAS）、俄罗斯的差分修正监测系统（SDCM）、欧洲的静地导航重叠系统（EGNOS）、日本的多功能卫星增强系统（MSAS），以及印度的 GPS 辅助静地增强系统（GAGAN），此外，还包括加拿大用来扩展 WAAS 的 CWASS 系统，以及中国与尼日利亚合建的为非洲大陆提供服务的 NigComSat－1 系统等。

• 陆基增强系统（GBAS）

陆基增强系统主要原理为地面参考站完成差分定位，并将对应各颗卫星的差分修正量发送给地面主控站，主控站经过相关处理并通过地面布设的甚高频网络（Very High Frequency，VHF）广播高精度的差分修正信息和完好性信息，从而为其作用区域内的用户提供全天候的精密进近要求的导航服务。目前陆基增强系统主要有美国的海事差分 GPS（MDGPS）和局域增强系统（LAAS），以及澳大利亚的陆基区域增强系统（GRAS）。

（d）区域性

对于在城市峡谷或高山地区的国家或地区，传统系统中的定位卫星与地面夹角较小，导致地面接收器常常受建筑或山岳遮挡而无法捕获到卫星信号，或捕获到导航卫星数量不足，难以定位，特别期望通过一种区域卫星导航系统以提高由于障碍不能观测有效数量卫星地区的导航性能。

现在正在建设的区域系统有两个：日本的准天顶卫星系统（QZSS）和印度的区域导航卫星系统（IRNSS）。

（e）行星际卫星导航网络

利用建设拉格朗日太空导航卫星或行星表面卫星导航系统可以完成深空和近地一体的大天基导航系统，可以突破远地探测的导航平颈，另外还可以支持近地空间的卫星导航系统的自主运行。

深空和近地一体的大天基导航系统除了巨大军事价值外，导航卫星可以扩建为人造太空港（进一步可扩大为人造行星），除了导航外可用作行星探测的中转基地或科研基地。

（f）新兴产业

是指以重大技术突破和重大需求为基础，对经济社会全局和长远发展具有重大引领带动作用，知识技术密集、物质消耗少、成长潜力大、综合效益好的产业，卫星导航产业是典型的新型产业。

②基本特征

GNSS 系统所具有的主要特征如下：

（a）战略性

美国 GPS 民用政策和欧盟建立民用 GALILEO 的诱导，促使卫星导航基础元器件和关键件制造业、电子地图与应用软件开发业、终端设备制造业、移动位置服务业与导航信息服务业快速发展，形成了完整的产业链和成熟的市场。GNSS 形成的导航产业将真正成为继移动通信和互联网之后的全球 IT 第三个经济增长点，其不仅是国家战略性新兴产业的重要组成部分，还具有带动其他相关高技术产业发展的能力，是产业升级换代、跨越式发展的战略性驱动力。

（b）公共性

GNSS 是国家基础设施，是所建国家的最大规模的航天工程之一，也是最大的智能信息产业基础设施之一，还是最大的全球化智能信息产业市场的主要推动力，不属于部门所有，具有公共物品的特征，是为全社会提供服务的天基信息平台。

（c）稳定性

具有长期、稳定、不间断业务运行的能力。不是所有的卫星导航系统都是 GNSS，只有长期稳定运行，能够为地球表面和近地空间的广大用户提供全天时、全天候、高精度的定位、导航和授时服务的导航卫星系统、星座及其地面设施才是 GNSS。

（d）动态扩展性

概念不是封闭的，随着技术的进步和需求的增长，GNSS 的内涵和外延可动态扩展，如随着载人登月或深空探测等领域的稳步推进和逐步成熟，用于深空导航的行星际卫星导航系统的需求会越来越旺盛，行星际卫星导航系统即将成为 GNSS。

（e）兼容与互操作性

卫星导航系统的迅速发展将有效地提升导航定位性能，高楼林立的城市与地形复杂的山区等以往的导航盲区将很难出现，但是卫星和信号数目的增加将导致干扰比以前严重。因此，多个卫星导航系统兼容与互操作是 GNSS 的必然选择，而且是关系长远发展的战略性选择。

1.1.2　全球导航卫星系统的系统构成

传统的 GNSS 构成划分为空间段、地面控制段、应用段三部分，但随着全球卫星导航产业的迅速发展，卫星导航定位的运营服务将逐步成为发展的主流，并将推动卫星导航应用向多元化方向发展，运营服务必将成为 GNSS 构成的重要组成部分，在本书中，将运营服务归纳到应用段部分，CNSS 构成如图 1-1 所示。

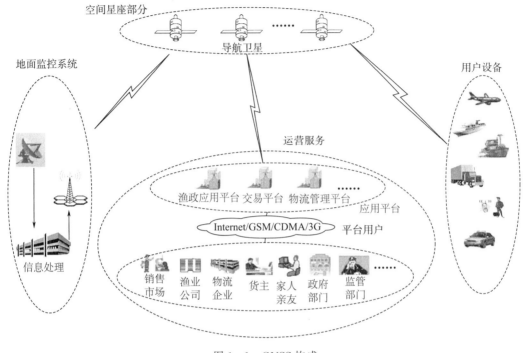

图 1-1　GNSS 构成

（1）空间段

空间段是 GNSS 的核心基础组件，它是 CNSS 提供自主导航定位服务所必需的组成部分，由一系列分布在地球静止轨道（GEO）、中轨（MEO）或者倾斜地球同步轨道（IGSO）运行的卫星（来自一个或多个卫星导航定位系统星座）构成。

GNSS 卫星基本上都配有一个平台，该平台装载原子钟、无线电收发装置、微处理器、推进系统和各种操控系统的辅助设备等。卫星内的原子钟（铷钟、铯钟或者氢钟）作为导航信号生成和系统测距的星上时间基准，为卫星导航系统提供精确稳定的频率源，是卫星导航系统有效载荷的核心部分，其性能直接决定用户的导航定位精度，并利用地面监控网络监测各卫星间由时钟源变化及卫星运动等因素造成的时钟偏差，通过向广播星历中添加对应参数加以修正。GNSS 卫星无线电信号发射器通过载波向用户连续不断地广播卫星定位信号。载波信号利用测距码和导航电文进行调制。测距码本质上是伪随机码，用于捕获、跟踪以及导航定位，导航电文包括星历数据、卫星运行状态、时钟修正参数、电离层修正参数和大气层修正参数等，是用户设备进行导航定位的数据基础，通过解导航电文就可得到当前卫星的基本信息。此外，导航卫星的辅助设备还包括用于供电的太阳能电池板和用于轨道调整和稳定控制的推进系统，以及识别各种导航卫星相关信息的设备，如识别发射序列号、轨道位置号、系统特定的名称、国际标识等。

GNSS 卫星的基本功能归纳为：接收地面监控系统发送的调度命令，利用推进器对运行轨道进行调整或启用备用卫星时钟；接收地面监控系统通过无线电设备发送的卫星导航电文以及其他相关信息，并通过 GNSS 卫星信号传播链路将这些信息连续不断地发送给用户。

（2）地面控制段

地面控制段负责 GNSS 的正常运行，由一系列全球分布的地面站组成，这些地面站可分为一个主控站和若干个卫星监测站和信息注入站。

主控站完成的主要任务是保证 GNSS 卫星的正常运行、控制地面设备部分和提供时间基准，包括对各个监测站发送来的数据进行处理，计算各颗卫星的时钟钟差、大气层修正参数和电离层修正参数等，编制星历数据，并将这些导航信息发送给卫星导航注入站。卫星导航注入站的任务是在 GNSS 卫星飞越其上空时，将导航电文以及其他相关信息组成的导航信息通过无线电设备发送给卫星，并监测这些信息的正确性。监测站在主控站的控制下 24 小时连续不断地对所有的 GNSS 卫星进行观测，并定时将观测到的卫星状态数据、卫星轨道数据以及气象数据发送给主控站。

（3）应用段

应用段主要包括区域性和本地性的系统应用服务、用户接收机及其等同产品。接收机是任何用户终端的基础部件，一般由射频天线、变频模块、信号处理模块、数据处理模块、电源模块以及控制模块等组成。其主要功能包括接收 GNSS 卫星定位信号，并对其捕获和跟踪，从而测量出信号从卫星发射到接收机天线接收的传播时间，采集导航定位数据，并通过解算得到卫星所广播的导航电文，实时地计算出观测点的位置信息，最终实现导航和定位的目的，一般情况，用户可以根据不同的需求，对接收机进行定制。此外，对于北斗卫星导航系统，用户设备还具备短报文通信业务。运营服务包括导航服务、高精度信息服务、监控/调度服务等，根据应用内容和面向的用户不同，可细分为两个方面。一是面向大众的运营服务，其涵盖面较大、运营风险较小。融合的信息主要是和人们生活娱乐相关的信息服务，包括天气交通旅游购物餐饮，以及时尚趣味信息等。另一方面是面向行业专业的综合信息的运营服务，主要是针对行业的服务，例如像客运、公交、物流等行业，其专业性强、综合度高、运营风险较大，需建立专业的应用平台，为行业用户提供深度需求。

GNSS 的运营原理可归纳为：首先，空间段的各颗 GNSS 卫星通过载波调制，向地面发射导航信号，不同 GNSS 的服务信号可能占用不同波段的频谱资源，GNSS 信号有低功率、覆盖面广的特点。卫星信号仅能以 10 W 的能量在超过地球表面 20 000 km 的范围传送，这些能量被分散在比地球更大的区域，造成接收的信号能量明显少于 1 nW 的数量级，比接收器内噪声产生的能量还低。因为这些信号中一大部分是被地球上的各点所吸收，并且许多信号有频率重叠，信号之间极易互相干扰，多系统兼容应用是卫星导航系统发展的重要趋势。

地面控制段通过接收、测量各个卫星信号，进而确定卫星的运行轨道，并将卫星的运行轨道信息上传到卫星，让卫星在其所发射的信号上转播这些卫星运行轨道信息；最后，用户设备通过接收、测量各颗可见卫星的信号，进而确定接收机自身的空间位置。

1.1.3 全球导航卫星系统的定位原理

GNSS 定位的实质是根据 GNSS 接收机与其所观测的卫星之间的距离和所观测卫星的空间位置来求取接收机的空间位置，而这些又是根据卫星发出的导航电文解算出的包括位置、伪距、相位和星历等原始观测量，通过计算来完成的。

根据计算 GNSS 卫星到接收机距离的方法，大体可以分为伪距测量定位和相位测量定位两种基本定位方法。

（1）伪距测量定位

GNSS 系统中接收机与卫星间存在视距传输（Line of Sight，LoS），接收机估计无线电波从发射到接收的传播延时，得到接收机到卫星的直线距离，从而得到测距的目的。常用的测距方式有伪码测距和载波测距两种。

①伪码测距原理

GNSS 信号采用伪随机噪声（Pseudo Random Noise，PRN）序列作为扩频序列。这类序列具有类似随机二进制序列的频谱，但长度及内容固定。PRN 序列的发送是周期性的，如 GPS C/A 码序列周期为 1 ms，P 码周期为 7 天。假设接收机时钟理想同步，则卫星发射信号可通过测量当前接收信号与本地复现伪码间的时间差得到信号由卫星至接收机天线的传输时间。

如图 1-2 所示，在 t_2 时刻卫星发射的信号在 t_3 时刻到达接收机，记光速为 c，则卫星到接收机的距离可表示为 $r = c(t_3 - t_2)$。受限于接收机时钟精度，接收机复现伪码与卫星实际发射信号并不同步。因此，在计算当前接收信号传输时间时，利用本地复现伪码表示的信号发射时间与实际信号发射时间存在误差。此时测量得到的距离 ρ 称作伪距，其定义如下

$$\rho = c(t_3 - t_2) = c(t_3 - t_1) - c(t_2 - t_1) = r + c\delta t \tag{1-1}$$

式中　δt——GNSS 时间与接收机本地时间的偏差。

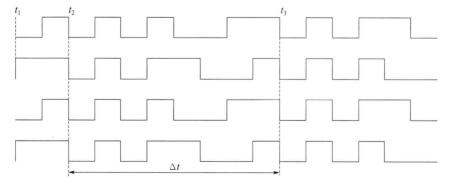

图 1-2　GNSS 信号传播时间

②伪距测量定位

已知卫星的位置 P_i 及接收机到卫星的距离 r，就可以确定接收机位于以 P_i 为中心，r 为半径的球面上。如果知道三颗卫星的位置以及接收机到这 3 颗卫星的距离，就可以确定接收机的可能位置为 3 个球面的两个交点，如图 1-3 所示。

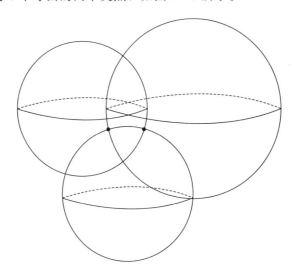

图 1-3　三星定位示意图

接收机本地时钟误差 δt 使各颗可见卫星对应的测距结果增加一致的偏差 $c\delta t$。因此在定位过程中，除了需要计算接收机三维位置外，还需要对 δt 进行估计，以保证测距结果能够指向同一位置。为完成对上述 4 个未知数的估计，GNSS 中，通常需要来自 4 颗或更多卫星的测距结果用于位置和接收机钟差估计。多个测距方程联立得到的测距方程组如下

$$|\rho_i| = |\boldsymbol{P}_i - \boldsymbol{P}| + c\delta t \qquad (1-2)$$

式中　ρ_i ——测量得到的接收机到第 i 颗卫星的伪距；

　　　$\boldsymbol{P}_i$ ——第 i 颗卫星在协议坐标系下的三维位置；

　　　$\boldsymbol{P} = [P_x, P_y, P_z]$ ——待求的用户三维位置与接收机钟差构成的待估计矢量。

式（1-2）可通过牛顿-高斯迭代法求解，也可以通过扩展卡尔曼滤波（Extended Kalman Filter，EKF）或粒子滤波（Piratical Filter，PF）等方法求解。

（2）相位测量定位

载波相位测量定位法实际上是通过测量某一时刻接收机的本地参数载波相位与接收到的某一 GNSS 卫星载波信号相位之差实现的。该相位差中含有卫星到接收机之间的距离信息，相位差除以 2π，再乘以载波波长就可以得到距离。但是实际上，相位差中只能得到小于 2π 的部分，对于 2π 的整数倍的部分却无法获得，整数部分可以通过测距码伪距值估计或连续测得数次相位差，尽管几次测得的相位差是不同的，但 2π 的整数倍部分是相等的，据此可以估计相位差的 2π 整数倍部分。

（3）GNSS 主要误差来源

接收机测距与定位性能受多种因素影响。这些因素来源包括卫星、监测网络、信号传

输环境以及接收机自身。在本节中，主要对这些影响因素及其影响进行说明和简单分析。

①卫星时钟误差

与接收机类似，星载原子钟同样是非理想的。在导航电文中，包括了对卫星钟差的修正参数，用于补偿及预测卫星钟差。这些参数是基于地面观测得出并定时更新的。受时钟源频率噪声随机性的影响，经参数修正后的星上时间与实际时间仍可能存在偏差。最差条件下，这一误差可能引入数米的测距偏差。

②星历误差

卫星星历每 30 s 发送一次，更新时刻与整 2 h 对齐。因此星历提供的精密轨道信息更新间隔不小于 2 h。在这段时间内，受轨道模型精度、卫星受摄运动、定时偏差等因素影响，接收机计算得到的信号发射时刻卫星位置与其实际位置存在偏差。一般而言，由星历误差造成的测距误差标准差值在 2.6 m 左右。

该误差是随时间缓慢变化的，对跟踪环路而言，可近似认为在环路更新间隔内该误差固定不变。当跟踪环路更新间隔为 5 min 时，星历误差有 90% 以上的概率影响环路的跟踪性能。这远大于通常应用中跟踪环路 1~100 ms 的更新间隔。

③大气层延时

大气层延时效应体现在两个方面，分别是电离层时延和对流层延时。由于大气层变化很难实时准确测量，大气层延时对测距的影响很难通过数学模型消除，因此，大气层延时的估计和抵消是提高 GNSS 定位准确度的一个难点。

（a）电离层时延

电离层存在大量离子，对电磁波而言是一种色散介质。不同频率的电磁波经过电离层会产生不同的延时。通常情况下，电离层变化是缓慢平滑的。在恶劣的天气条件下，如电离层风暴或者电离层闪烁，会导致电离层中电子密度快速变化，从而引起电离层时延的快速变化。当卫星位于接收机正上方时，电离层时延最小。此时由于电离层时延造成的测距误差的典型值在 7 m 左右。仰角较低的卫星信号在电离层中传输路径较长，信号延时更大。当接收机位置已知时，可以通过 Klobuchar 模型等数学方法近似消除电离层时延的影响。

电离层误差可通过广域增强系统（Wide Area Augmentation System，WAAS）、欧洲静地卫星导航重叠服务（European Geostationary Navigation Overlay Service，EGNOS）等星基增强系统或地面辅助系统发布的精确模型参数计算抵消。在双频或多频接收机中，可以通过测量同一卫星发射的不同频点信号到达接收机的时差以估计电离层电子总量，从而精确计算并消除该延时。

（b）对流层延时

对流层延时由大气中的水蒸气引起，延时与电磁波频率无关。该延时取决于对流层折射率。当卫星相对于接收机的仰角为 90° 时，典型值为 2.5 m，仰角为 15° 时，典型值约为 9 m。由于对流层变化较电离层更为频繁和剧烈，对流层延时修正难度更高。该延时估计的常用模型包括 Hopfied 模型、Saastamoinen 模型、Black 模型等。

④热噪声

热噪声通常被建模为天线端引入的白高斯噪声，其噪声功率谱密度为

$$N_0 = K_B T_e \qquad\qquad (1-3)$$

其中

$$K_B = -198.6 \left[\mathrm{dB/(K \cdot Hz)} \right]$$

式中　K_B——玻耳兹曼常数；

　　　T_e——系统等效噪声。

⑤多径误差

在城市等复杂环境中，除直射信号外，卫星信号可经过若干条反射信道到达接收机天线。每条反射信号相对于直射信号都存在时延。这将导致本地伪码与接收信号的相关峰值曲线畸变，伪码延时估计精度下降。多径对信号的影响还反映在多普勒频率上。当反射面距离接收机 1 000 m 时，反射信号与直射信号的多普勒频率最大相差 1.52 Hz。而在一般条件下，上述距离不可能达至 1 000 m，通常在 20 m 左右，此时由多径信号造成的多普勒频差仅为约 0.03 Hz，可以忽略。

⑥GNSS 间干扰

对于大多数的 GNSS，采用的是码分多址。这种模式的特点是所有信号都采用相同的频率，信号被一组正交或似正交码调制。为了完成对信号的捕获，必须将接收信号和本地码信号进行相关处理。GNSS 信号是用直接序列对载波进行二相调制的码分多址信号。由于所有信号采用的是相同的频率，所以信号之间会出现互相干扰。另外，由于各路信号的强度不同，当强度不同的信号混杂在一起时，信号间的互相干扰会更加严重，在某些情况下，不同 GNSS 间强信号的互相关峰值往往能够超过弱信号的自相关峰值，接收机会得到错误的信息，这也是 GNSS 误差的主要来源。

1.1.4　全球导航卫星系统的性能指标

完整的 GNSS 包括导航星座、地面监控和用户设备，以及运营服务部分，其基本性能是能够提供满足用户需求的导航信息服务。如何评价卫星导航系统性能，即采用什么样的技术指标来评价卫星导航系统，是系统总体设计首先要考虑的问题，评价一个卫星导航定位系统的基本指标为：定位精度、可用性、完好性。相比于单一卫星导航系统的性能指标，GNSS 多系统的性能还需考虑兼容性与互操作性，本节主要论述卫星导航系统顶层性能指标。

（1）定位精度

定位精度是指测量点位误差分布的离散和密集程度，是测量点位和真值点位之差的概率几何平均值。在已建成的卫星导航系统定位精度测试过程中，通常采用三种精度指标评定系统定位精度：

1）绝对精度：在已知坐标的观测墩上进行长时间跟踪测量，从而获得测量点位相对于真实点位的误差序列，经统计计算而得到的定位精度，称为绝对精度，该指标能够比较客观地反映卫星导航系统提供的基本定位精度。

2）重复精度：在任意观测点上进行长时间跟踪测量，统计计算所有测量点位相对参考历元测量点位的累计偏差序列而得到的定位精度，称为重复精度。该精度主要检验卫星导航系统定位误差随时间变化的稳定性能。

3）相对精度：利用两台接收机进行相对定位计算，统计其定位误差分布特性而得到的精度，称为相对精度。该指标主要检验卫星导航系统为高精度差分导航定位应用领域提供服务的能力。

（2）完好性

完好性性能是指卫星导航系统不能提供满足用户需求的导航定位信息服务时及时通知用户的能力。对于航空用户来说，完好性性能还可以定义为在任何情况下系统提供告知飞行人员正确执行航行任务的时间百分比，评价系统完好性性能可采用如下 5 个指标：

1）报警门限：用户能承受的最大定位误差值或最低定位精度。

2）报警时间：从检测到系统提供的定位精度低于报警门限到用户获取警报时间的时间间隔。

3）最小检测概率：在报警时间内告知用户系统性能故障的最小概率。

4）误警率：在给定时间内错误报告完好性信息的次数。

5）完好性风险：在给定时间内完好性检测失效的次数。

在系统总体设计中，有时将 5）代替指标 3）和 4）使用，即仅有 1）、2）和 5）三个指标来评价系统完好性性能。

实现系统完好性监测通常采用两种方式：一是卫星导航系统完好性监测与分发通道；二是接收机自主完好性监测（RAIM）。前者属于系统顶层设计范畴，后者属于用户终端性能指标。系统完好性监测与分发通道是通过地面监测网络，对星座卫星进行实时跟踪测量，提取相关信息和参数，包括伪距、伪距率、载波相位、导航电文，以及卫星平台及有效载荷状态参数等。对监测数据和信息进行统一分析和处理，检测出存在故障卫星，编制卫星完好性信息，可以载入导航电文，或由专用完好性链路播发给用户。

（3）可用性

可用性性能指标是指系统能够提供满足用户导航定位服务需求的时间百分比，包括精度可用性和完好性可用性两个方面的内容。造成系统不可用的原因主要来源于覆盖终止、系统故障和系统维持等。对于由 n 颗卫星组成的导航星座，若出现 i 颗卫星不可用的概率为 P_i，而依据定位精度和完好性得到的平均星座值为 CV_i，则平均可用性表示为

$$M_{avail} = \sum_{i=0}^{n-1} P_i \cdot CV_i \qquad (1-4)$$

卫星导航系统的可用性性能与有效载荷设计、备份策略、轨道保持、星座鲁棒性、地面控制、运载系统以及发射替换情况等密切相关。对于单颗卫星来说，可以使用故障发生概率来表示卫星的不可用状态，即有

$$P_T = \frac{1}{MTBF_{LT}} + \frac{1}{MTBF_{ST}} + \frac{1}{MTBF_M} \qquad (1-5)$$

式中　$MTBF_{LT}$ ——长期平均故障时间，属于灾难性的不可修复故障，需要替换发射

卫星；

$MTBF_{ST}$ ——短时间平均故障时间，指卫星出现设备故障，可以通过地面控制系统发送遥控指令切换星载冗余备份设备，在短时间内可以修复；

$MTBF_M$ ——卫星机动平均时间，由于站位保持需要卫星机动造成卫星不能使用的时间。

（4）兼容性

对全球导航卫星系统而言，由于同个频段信号之间的干扰不可避免，因此兼容性分析认为，首先需要分析和评估干扰的大小问题；其次，研究干扰在何种程度时是可以接受的，最后，进行导航系统顶层设计来满足兼容的要求。对用户接收机而言，接收机设计过程需要考虑接收机的优化设计，使干扰对接收机的影响降低到最小程度。

（5）互操作性

对全球导航卫星系统而言，充分利用越来越多的卫星和信号可以有效提升导航定位能力。首先需要分析和评估系统性能提升的空间；其次，进行多系统环境下星座、频率和信号调制、时空基准等顶层参数的协调和互操作设计。对用户接收机而言，需要进行多模接收机的优化设计，从而提高接收机的互操作能力，以有效利用多 GNSS 系统资源。

1.1.5　典型系统顶层性能指标要求

卫星导航系统的导航定位精度、完好性和可用性指标是系统性能设计和测试的基本要求，针对不同类型用户、不同的应用环境和应用时段，具体指标存在一定差异。例如，国际民航组织（ICAO）对非精密进场（NPA）的系统性能指标要求为：

1）定位精度：水平 100 m；垂直 150 m。

2）完好性：报警门限 750 m；报警时间 10 s；最小检测概率 0.999；误警率 0.002/h。

3）可用性：99.9%（精度和完好性）。

GALILEO 卫星导航系统对生命安全服务（SoL）的系统性能指标要求为：

1）定位精度（2σ）：水平精度 4 m；垂直精度 8 m。

2）完好性：报警门限 12 m/20 m（水平/垂直）；报警时间 6 s；完好性风险 $3.5 \times 10^{-7}/150$ s。

3）可用性：精度可用性 99.8%；完好性可用性 99.5%。

我国北斗卫星导航系统性能指标要求为：

1）服务区：东经 55°～180°，南纬 55°～北纬 55°之间的大部区域。其中，东经75°～135°，北纬 10°～55°为重点地区。

2）定位精度：重点地区为平面 10 m，高程 10 m。其他大部分地区为平面 20 m，高程 20 m。

3）测速精度（1σ）：0.2 m/s。

4）授时精度（1σ）：单向授时 50 ns，双向授时 10 ns（重点区域）。

5）完好性：报警时间 6 s（重点地区）。

6）可用性：99.98%。

1.2　全球导航卫星系统兼容性

GNSS 兼容是最近十年提出来的新问题，目前它是多国关注的焦点。本书讨论的兼容是指两个或多个 GNSS 同时工作时，确保某单一系统在独立提供高质量服务时，其他系统不会对其产生不可接受或降低精度的干扰，着重在 GNSS 无线频率兼容。

本节将讲述 GNSS 兼容研究的产生背景，介绍 GNSS 兼容在各个国家的定义，目前国内外研究现状，以及新增的 GNSS 性能指标。到 2020 年左右，国际上将要建成四套全球导航卫星系统：中国 BDS、美国 GPS、俄罗斯 GLONASS、欧洲 GALILEO。随着世界各国多个卫星导航系统的建成，届时将有 120 余颗卫星在天上，完全可以利用多个 GNSS 进行组合为各类用户提供无缝的全球范围导航定位服务。GPS 及其现代化信号、GLONASS 信号、GALILEO 信号及北斗信号在 L 频段上的频率分配布局如图 1-4 所示，在 L1 上 BDS、GPS 和 GALILEO 信号频谱严重重叠，出于系统性能和国家安全考虑，多个系统或者信号之间必须解决兼容问题。兼容性是一个 GNSS 最基本的要求，只有在兼容基础上谈提升单个导航系统的性能才有意义。

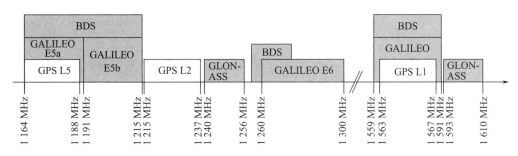

图 1-4　GPS、GALILEO、GLONASS 和 BDS 的频率分布图

在卫星导航领域，兼容的研究起源于 GPS 建设初期与子午仪等其他无线电系统的干扰研究。近年来，随着北斗卫星导航系统和 GALILEO 的实施，因兼容问题影响到国际上一些大国与集团的利益，涉及政治、经济、技术和社会安全等方面，GNSS 的兼容问题成为各国关注的焦点。欧盟与美国经过多年艰苦的谈判，于 2004 年 6 月 26 日签署了《关于促进、提供和使用 GALILEO 与 GPS 星基导航系统及其相关应用的协议》，希望采取切实可行的措施使两个系统实现相互兼容与互操作。2007 年 9 月全球导航卫星系统国际委员会（ICG）第二次会议成立了由中国、美国、俄罗斯、欧盟、日本、印度组成的供应商论坛，讨论了各卫星导航系统之间的兼容与互操作、卫星导航应用和信息共享等问题，制定了未来系统间合作的工作计划，标志着 GNSS 兼容与互操作问题正式进入多边谈判进程。

各个国家和地区对 GNSS 兼容与互操作给予极大关注，首先体现在政治上的谈判和磋商，同时各国也需要在技术上进行深入的研究。这是因为各个国家和地区都希望自己的导航系统能保持独立性，不受到其他系统的干扰，以保证自己国家在政治和经济上的利益，进而确保国家的安全。虽然 GNSS 兼容与互操作的实施通常是在政府主导下通过谈判进行的，但技术上的先行研究可以为其实施提供技术保证和智力支持。

1.2.1 中国在国际兼容交流合作中的发展动态

2012 年 11 月 7 日，全球导航卫星系统国际委员会兼容与互操作工作组（A 工作组，简称 A 组）会议在北京国际会议中心召开。来自中国、美国、俄罗斯、日本、欧盟等国家和地区的一百多名代表出席会议。会议针对"GNSS 供应商服务升级"、"GNSS 兼容"、"互操作"、"开放服务信息共享及服务性能监测"、"频率保护、干扰检测与消除"等专题进行了深入讨论，就卫星导航兼容与互操作领域当前和未来存在的问题及其解决方案交换了意见。在兼容方面，会议具体研究并细化了兼容子工作组提案，讨论了 GNSS 兼容多边协调的组织模型与程序；在频谱保护方面，讨论了 GNSS 频谱保护相关的法规、政策和技术研究、IDM 信息分享、分发、协作和标准化研究等。兼容与互操作工作组的各项活动更偏重于技术协调与交流，其下还设置了两个子工作组，分别是兼容子工作组和国际 GNSS 监测与评估子工作组。2014 年 7 月 16 日至 18 日，我国代表赴瑞士参加全球导航卫星系统国际委员会兼容与互操作工作组中间会议。全球导航卫星系统国际委员会兼容与互操作工作组中间会议在瑞士日内瓦国际电信联盟（ITU）总部召开。来自中国、美国、俄罗斯、日本、欧盟、ITU、联合国外空司等国家、地区和国际组织的 40 余名代表，以及来自中国、美国、澳大利亚等国的近 10 名代表远程在线出席了本次会议。兼容子工作组会议由欧、日代表联合主持，主要围绕国际移动通信（IMT）新增划分对卫星导航的影响、公开服务性能参数模板、精度衰减因子（DOP）饱和等议题进行了技术交流。

为使北斗卫星导航系统的兼容与互操作在"知己知彼"的前提下开展，我国加强对外交流合作，积极与其他 GNSS 进行双边/多边协调，深入了解其他 GNSS，开拓系统间和谐发展。近年来，北斗卫星导航系统已与美国 GPS、俄罗斯 GLONASS、欧盟 GALILEO 等卫星导航系统开展了多轮兼容与互操作技术交流与协调，取得了阶段性成果。

与 GPS 的协调活动：

1）第一次会议于 2007 年 6 月在日内瓦召开；

2）第二次会议于 2008 年 5 月在西安召开；

3）第三次会议于 2008 年 10 月在日内瓦召开；

4）第四次会议于 2009 年 12 月在三亚召开。

与 GALILEO 的协调活动：

1）第一次频率兼容会议于 2007 年 5 月在北京召开；

2）第二次频率兼容会议于 2010 年 1 月在北京召开；

3）第一次兼容与互操作技术工作组会议于 2008 年 9 月在北京召开；

4）第二次兼容与互操作技术工作组会议于 2008 年 12 月在北京召开；

5）第三次兼容与互操作技术工作组会议于 2000 年 6 月在布鲁塞尔召开；

6）第四次兼容与互操作技术工作组会议于 2010 年 1 月在北京召开。

与 GLONASS 的协调活动：

1）2007 年 1 月在莫斯科召开；

2）2015 年 5 月 8 日，中俄两国政府在莫斯科克里姆林宫签署了《中国北斗和俄罗斯 GLONASS 兼容与互操作联合声明》。该联合声明是北斗卫星导航系统与全球其他卫星导航系统签署的首个系统间兼容与互操作政府文件，是北斗卫星导航系统国际化发展的重要标志。该联合声明的签署为北斗卫星导航系统和 GLONASS 后续深化合作奠定了坚实基础，标志着中俄卫星导航合作进入新阶段。中俄双方后续将继续加强北斗卫星导航系统和 GLONASS 在兼容与互操作等方面的合作，促进两系统共同发展，为全球用户提供更好、更可靠的卫星导航服务。

1.2.2　无线频率干扰分析方法

（1）接收机干扰分析方法

无线频率兼容问题，在本质上是以接收机为主要落脚点，评估接收机接收有用信号时干扰信号对其性能（捕获、跟踪和解调能力）的影响。所以，研究的重点是如何客观正确测量干扰对接收机性能的影响，并给出合理的评价指标。在 GALILEO 和北斗卫星导航系统出现之前，虽然 GPS 不需要考虑 GNSS 间的兼容问题，但其接收机仍会受到其他干扰的影响，因此早有关于这方面的研究。这些文章基于一般的干扰分析理论，具体分析高斯干扰、非白高斯干扰对 GPS 接收机性能的影响，对相干和非相干延迟锁相环进行了推导，给出计算伪距误差方差的等式。美国 MITRE 公司 J·贝茨（J. Betz）博士给出窄带干扰对 GPS 码跟踪精度的影响，详细推导相干和非相干码跟踪精度；并给出部分频带干扰对接收机 C/N_0 影响的理论估计方法，指出不同谱形状的部分频带干扰对 C/N_0 估计的影响不同，详细推导部分频带干扰下相干输出的 SNIR 和非相干输出的 SNIR 的解析式，以及它们的等效载噪比。他的同事 J·T·罗斯（J. T. Ross）博士则通过实际测量，给出部分频带干扰对接收机 C/N_0 影响的估计值。J·贝茨博士在讨论无线导航二进制偏置载波调制（BOC）的文章中，建立了谱分离系数（SSC）的概念，并给出其与等效载噪比的关系。之后，C·赫加蒂（C. Hegarty）博士在他们的基础之上，简化前面文章的推导，并给出相应的应用。

（2）GNSS 干扰分析方法

欧盟在 1998 年宣布建立一个与 GPS 兼容，但又独立于 GPS 的 GALILEO 后，第一篇正式探讨频率兼容问题的文章是 2000 年戈代·J（Godet. J）在 ION 会议上发表的一篇题为 "GPS/GALILEO Radio Frequency Compatibility Analysis" 的文章。这篇文章建立了导航信号间干扰的计算方法，给出等效载噪比（equivalent carrier - to - noise power ratio）、载噪比衰减（degradation of useful C/N_0）、干扰系数（Interference Coefficients）等的定义，干扰的计算和评估基于以上 3 个参数。GALILEO 初定的频率结构和信号设计公布后，戈代·J 等人又在 2002 年发表评估 GPS 和 GALILEO 无线兼容性的文章，文中的干扰分析方法与前一篇一样，针对以往评估 GPS 和 GALILEO 之间干扰所采用的指标

（最坏情况下系统间干扰引起的载噪比衰减值）很可能过高估计载噪比的衰减，文中提出一个新的指标"最坏情况下的链路预算衰减值"，并依据捕获门限和跟踪门限值来单独使用这两个指标或联合使用这两个指标。2002 年，美国的航空无线电技术委员会（RTCA）专门成立一个小组承担评估 GPS 受到的系统内干扰和系统间干扰。这个小组注意到 C/A 码的码长比较短的事实，并分析了数据位对 C/A 码功率谱的影响，给出评估 C/A 码受到系统内干扰和系统间干扰的方法。2003 年，这个小组又发表一篇题为"评估 GPS 和 GALILEO 系统内干扰和系统间干扰的更完整更新的方法"的文章，该文章提出"关键卫星"的概念，分析和评估关键卫星信号受到的干扰。关键卫星指高仰角卫星，接收功率相对比较高，导航功能主要靠这些卫星完成。

（3）国内关于 GNSS 兼容的分析研究

随着我国北斗卫星导航系统建设的推进和兼容与互操作技术的发展，在国内也陆续兴起关于无线频率兼容的研究，中国空间技术研究院、上海交通大学、定位总站、中电 54 所、清华大学、华中科技大学、哈尔滨工程大学、广西大学等单位陆续在该领域都开展研究。2007 年以来，我们针对 L1 频段上 GPS 信号的系统内干扰开展了研究，并就谱分离系数与等效载噪比进行了深入的思考和探讨，取得了一定的研究成果，并针对 L1 频段上 GPS 信号和 GALILEO Interplex 调制技术（一种恒包络相位调制）引入的交调项对系统内干扰和系统间干扰的贡献发表了一篇文章。随后研究导航系统中短码的功率谱解析表达式，以 GPS C/A 码为例分析 GPS C/A 码受到的 CDMA 干扰；在上一篇的基础上，进一步分析 GPS L1 频段上的 C/A、P（Y）、M 和 L1C 信号之间的系统内干扰，还分析 GALILEO L1P 与 L1F 信号间干扰。后来发现，在计算等效噪声功率谱密度时，预积分时间长度对基带信号的功率谱密度有较大影响。从 2010 年起，国内在这方面的研究有了迅速的发展，冉一航博士对 BDS 导航信号的兼容性进行了研究，对卫星导航调制方式的非线性和兼容性进行了分析。刘卫博士等人也对兼容问题进行深入研究，研究了 GNSS 兼容评估技术及应用，从机理上完善包括兼容评估标准、模型、方法和准则在内的 GNSS 兼容评估理论，并进行 GNSS 系统间兼容性的仿真评估实验。王垚博士等人也进行 GNSS 兼容性若干理论研究与仿真分析，提出考虑多普勒、伪码和数据位影响时的干扰。除了以上有代表的文献之外，还有庄新彦等学者做了相关的研究。但最近两年，关于这方面的研究似乎停滞了。

1.2.3 全球导航卫星系统兼容评估标准

（1）全球导航卫星系统兼容评估方法和评估参数

经过多年共同努力，美国和欧盟于 2004 年签署兼容协议，协议中有 3 个附件，具体文件为：《GPS/GALILEO 兼容性分析相关假设》、《GPS/GALILEO 无线频率兼容性分析的模型和方法》、《GPS 和 GALILEO 信号在 1 559～1 610 MHz 频段的国家安全兼容性要求》。这 3 个附件虽然没有公开，但从协议主题可发现，GPS 和 GALILEO 通过协调确定了双方的兼容性分析评估假设、模型和方法，来指导和规定双方系统的顶层设计。也有相关文献基于这个方法，主要致力于计算地面上每一地理位置随时间变化的接收功率，并考虑 GPS 和 GALILEO 的分层码设计对信号功率谱的影响，最后利用 C++编程的仿真工具来分析 GPS 和 GALILEO 间的干扰。2007 年，索奥·F（Soualle.F）等人提出用码跟踪谱灵敏度系数（Code Tracking Spectral Sensitivity Coefficient，CTSSC）作为码跟踪性能的无线频率兼容标准，并分析 GPS、GALILEO、Compass 和 QZSS 间的干扰，以上这些文章的研究成果基本奠定了兼容分析方法的理论基础，推动国际电联 ITU 于 2007 年发布无线频率兼容评估的文件：《RNSS 系统间干扰估计的协调方法》、《工作在 1164～1215 MHz 频段内的所有无线电导航-卫星业务系统的航空无线电导航业务站上的最大合计等量功率通量密度的评估方法》。

到目前为止，国内外主要用谱分离系数 SSC、码跟踪谱灵敏度系数 CT＿SSC 和等效载噪比衰减值作为兼容评估参数。

（2）全球导航卫星系统兼容评估指标及指标阈值

关于兼容评估指标及指标阈值，目前还没有定出统一的标准。有的文献在评估 GPS 和 GALILEO 之间是否兼容时沿用 ITU 以前的规定，当 GPS 与其他无线电系统间相互干扰造成的载噪比衰减大于 0.25 dB，就认为是兼容的；有的文献建议提供互操作的信号其载噪比衰减不得大于 0.2 dB，对于那些不提供互操作的信号其载噪比衰减不得大于 1.2 dB；贝茨博士研究在 GPS 谱带内增加一个民用信号的候选设计时，建议采用 0.1 dB 作为兼容门限值。刘卫博士提出对某一种接收机依据其捕获门限、跟踪门限和解调门限的计算式，分别找出 GPS，GALILEO 和 BDS 的最小可接受 C/N_0，然后根据系统需求折中确定全局最小可接受 C/N_0 作为兼容门限值。可见，这些提议相差较大，还没有形成统一的意见，需要各国进一步协商。

1.2.4　全球导航卫星系统兼容的定义

在卫星导航系统的兼容与互操作定义方面，美国官方（U.S. Space - Based PNT Policy）首先给出 GPS 与其他卫星导航系统兼容与互操作的权威定义：兼容性是指美国和其他国家的定位、导航和时间服务的星基系统在单独或者联合使用时，不会对各自的服务造成干扰，同时不会影响导航战能力；互操作性是指美国和其他国家的定位、导航和时间服务的星基系统在一起工作时，能在用户端提供比单一服务更好的性能。通过美国的官方定义，可以发现兼容性除了规定美国与其他外国星基导航系统相互独立和不互相干扰之外，还强调了不与导航战产生冲突。

欧盟方面在 GNSS 兼容与互操作上的定义基本上与美国提出的定义相似。在 2004 年，欧美达成的协议中，双方给出了 GPS/GALILEO 兼容和互操作的共同定义。协议的定义与以前的不同点是：兼容不再是严格限定系统间不相互干扰，而是放宽到强调一个系统不要对其他系统造成不可接受的干扰；互操作虽然还是限定在用户层面上，但强调组合系统的性能要达到相当于或优于单个系统提供的服务性能。在 2007 年的全球导航卫星系统国际委员会供应商大会上，各方共同提出的 GNSS 兼容和互操作定义基本上与美欧协议所提出的定义相似，只是定义中去掉了"不影响导航战能力"的观点。相关定义在以后历届的全球导航卫星系统国际委员会大会上都有一些修补，"兼容性"得到更多重视，增加了国家安全兼容性和授权信号的安全性等内容；互操作性定义增加了互操作信号不会增加接收机的制造复杂度和成本等内容。综合起来，兼容性定义的核心是指系统间不出现不可接受的相互干扰，互操作性定义的核心是指多系统联合比单一系统能提供更优或相当的服务。

上海交通大学刘卫博士将 GNSS 兼容性的定义分为广义兼容性和狭义兼容性两个方面。GNSS 广义兼容性是指一个 GNSS 不仅能独立提供高质量的民用和军用服务，同时与其他无线电系统互不干扰。这里的广义兼容性包括国家安全兼容性、系统内兼容性、系统间兼容性、系统向后及向前兼容性。国家安全兼容性是指要求系统在实现民用服务同时又能保护军用服务；系统间兼容性指系统与其他无线电系统的互不干扰，这里的无线电系统包含其他全球及区域导航系统、航空无线电系统、通信系统等；系统内兼容性指系统内部不同信号之间的互不干扰；系统向后兼容性是指系统现代化不破坏现有系统及影响现有用户；系统向前兼容是指应该预计未来技术发展的趋势，使现有系统符合未来发展要求。GNSS 狭义兼容性是指两个或多个 GNSS 同时工作时，确保某单一系统在独立提供高质量服务时，其他系统不会对其产生不可接受或降低精度的干扰。在这里，狭义兼容性的定义与国际社会提出的兼容性定义一致，可以将其称为一般兼容性。

根据 GNSS 发展特点，以及国内外卫星导航系统兼容相关的概念、特征，本书对"全球导航卫星系统兼容"提出如下概念：

"当多个 GNSS 在同一频段上同时工作时，GNSS 信号之间的干扰对单独存在的 GNSS 信号的系统性能（定位、导航、授时等）造成的影响在规定的指标之内。因此，当导航系统内部信号之间的干扰小于规定的评估指标时，就称为系统内兼容。评估系统内兼容的目的是通过评估信号之间的干扰程度来评价系统内各信号的设计是否合理，如果相互干扰较大，就需要重新设计信号，当不同导航系统的信号之间干扰小于规定的评估指标时，称为系统间兼容；评估系统间无线频率兼容的目的也是为了评价系统间各信号的设计是否合理，如果不满足兼容条件，就需要调整信号的参数。"

第 2 章　全球导航卫星系统及其频率部署

2.1　概述

美国自 1976 年以来开始部署 GPS，该系统由 24 颗地球轨道卫星组成。为全球的军事和民事活动提供导航和时间信息。俄罗斯亦部署由 24 颗卫星构成的 GLONASS。欧盟也提出部署新一代全球导航卫星系统——GALILEO。而中国的北斗卫星导航系统计划部署 3 颗地球静止轨道卫星、3 颗地球同步倾斜轨道卫星和 24 颗中轨道卫星。当前，我国正积极推动第二代卫星导航系统建设，已经在 2012 年建成北斗区域卫星导航系统，并将逐步扩展为全球导航卫星系统。

目前，卫星无线电导航业务（RNSS）频率都是与其他业务共用的。国际电信联盟（ITU）的研究也已经证明，卫星无线电导航业务与其他业务是可以共用的，因此无线电频率划分时并未给卫星无线电导航业务划分单独使用的频率，每个划分频段都是与其他业务共用；这就表明卫星导航系统在选择所使用频率时首先要与其他业务进行协调，避免不同业务之间可能存在的干扰；其次，全球导航卫星系统的迅速发展远远超过了国际电信联盟发布无线电频率划分表时对卫星无线电导航业务频率使用需求的预料，美国 GPS 与俄罗斯 GLONASS 正在实施现代化计划，GALILEO 和北斗卫星导航系统不断发展，日本、印度等各国也都在积极地发展各自的区域系统，卫星无线电导航频率在全球范围内日益稀缺。

由于卫星轨道位置和频率的稀缺性，先到位的导航系统，就占据了轨道位置最佳、发射频率最稳定的空间，比如，美国 GPS 的 24 颗卫星就均匀广泛地分布在 6 个轨道面上。可以为地球上任何地点连续发射固定频率的信号；而俄罗斯的 GLONASS 的卫星分布范围就狭窄很多，仅仅占据了 3 条轨道；GALILEO 和北斗卫星导航系统都属于建设中的卫星导航系统，前者由于面临巨额资金缺口和内部争议而放慢脚步，而后者部署的速度超过了前者，从而使得北斗卫星导航系统得以按计划扩展为世界上第三套正常运行、实用的全球导航卫星系统。在北斗卫星导航系统计划使用的频段，欧盟官员认为 GALILEO 实际上拥有优先权，而中方认为按照国际电信联盟的规定和程序，中方对此导航频段的使用也具有优先权。由此，围绕空间频率资源的争论日益激烈，因此，在卫星导航频率资源选择时，必须考虑到以下三方面：

1）与已存在的同频带业务（甚至邻近频带业务）的兼容性。由于 L1 频带上卫星无线电导航业务的优先权能够得以保证，它成为了 GPS 和 GALILEO 的首选频率。GPS L5 和

GALILEO E5 频带位于航空无线电导航服务（ARNS）波段上，虽然会受到一定的干扰，但同时也极大方便了航空用户的应用。GLONASS 则因为对邻近频带的射电天文服务（RAS）造成干扰而不得不更变频率。

2）与其他导航系统的兼容性和互操作性权衡。如果不同系统的导航信号具有相同的中心频率，用户设备就可以用简单的射频前端实现多系统导航信号的接收，达到改善精度和可用性的目的，即系统间的互操作性更强；另一方面，采用同一频率会带来系统间的干扰，系统兼容性问题更加严峻。如果采用不同的中心频率，双模或多模接收机需要增加额外的射频前端，设备复杂度和成本增加。增加新的载频会引起导航解算中的频率偏差，每个增加的频率都会造成一项不确定性。尽管当可见卫星数目足够大时可以解决这种不确定性，但是它需要消耗多余的观测量，因此，接收机自主完好性监测（RAIM）的可用性会受到影响。频率不同的最大好处就是不存在兼容性问题，谈判起来更加容易。GALILEO 和 GPS 的所有导航信号的载波频率都是 10.23 MHz 的整数倍，并且 GALILEO E2 - L1 - E1、E5a 频带分别与 GPS L1、L5 相重合，为它们之间的互操作性打下了很好的基础，而兼容性方面的问题则是通过信号波形及扩频码的谨慎设计加以解决。

3）性能与技术约束条件的权衡。例如，在 WRC2000 形成以后，C 频段内 5 010～5 030 MHz 的频带分配给了卫星无线电导航业务，可用于下行服务。使用 C 频段的优点有：电离层延时小；C 频段的天线尺寸可以更小，仅为 L 频段的 1/3；没有其他信号的交叠干扰；与 L 频段的伪距组合能够更好地消除电离层时延；载波相位多径误差小（波长小）；利用载波进行伪距平滑的效果更好；由热噪声引起的相位跟踪误差更小。另一方面，C 频段有以下缺点：由于更高的自由空间损耗（10 dB）和大气损耗（3～7 dB），要达到相同的地面接收功率，必须大幅增加信号发射功率，给星上载荷带来极大的负担；树叶衰减、室内衰减大，不利于在挑战性环境中使用；对卫星和接收机时钟有了更加严格的噪声相位要求；载波跟踪健壮性较差，周跳发生概率更大，对环路设计要求更严格；潜在更高的线缆损耗；接收机前端成本更高；更高的多普勒频移不确定性要求更大的跟踪环带宽，从而增加动态跟踪误差。因此，研制 C 波段的廉价商用接收机在当前的技术条件下难以实现。GALILEO 频率规划初期将 C 频段考虑在内，但是在综合考虑技术条件后，欧洲方面最后决定放弃在第一代 GALILEO 卫星上播发 C 频段导航信号的想法。

2.2　GPS

1973 年美国国防部批准陆海空三军联合研制第二代卫星导航系统，即卫星授时与测距全球导航定位系统（NAVSTAR GPS），简称 GPS，系统建设可分为三个不同阶段：

1）方案论证阶段（1973—1978 年）。发射了两颗试验导航技术卫星 NTS - 1 和 NTS - 2，同时，着手研制和开发 GPS Block I 卫星系列及地面控制系统，并于 1978 年 2 月发射第一颗 GPS Block I 卫星。

2）工程研制阶段（1979—1985 年）。在此期间，对地面控制设备进行测试，研制用户接收机，继续发射 GPS Block I 系列卫星。到 1985 年年底，发射卫星总数达到 11 颗。

3）生产作业阶段（1986 年以后）。研制和开发 GPS Block II 卫星系列，GPS 的商业开发应用进入快速发展时期。

1994 年 GPS 正式建成，满配置的在轨卫星数为 24 颗，均匀分布在 6 个近圆形轨道面上，轨道倾角为 55°，相邻轨道面之间的升交点赤经相差 60°，如图 2 - 1 所示。

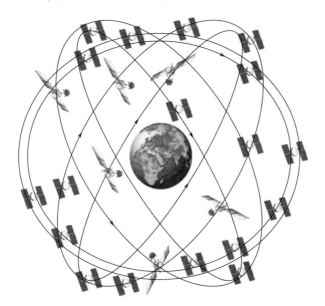

图 2 - 1　GPS 卫星导航系统

随着卫星导航技术的不断成熟与广泛应用，用户对 GPS 提出了更高的要求，军事用户要求 GPS 抗干扰能力更强，可实施安全可靠的高精度导航定位，并且不同类型的 GPS 用户应有不同的使用范围和权限；民用用户要求进一步提高导航定位精度，加强系统的完好性，扩大服务覆盖范围和改善服务的持续性。1999 年 1 月 25 日，美国副总统戈尔提出实施 GPS 现代化计划，通过对 GPS 卫星平台、卫星载荷和导航信号、地面设施、接收机等各个方面的技术改进，使 GPS 为美军赢得战争胜利提供更强有力的支持，并保持 GPS 在全球民用卫星导航领域的主导定位。按计划，GPS 星座的现代化改进分三个阶段进行：

第一阶段，从 2003 年开始发射 12 颗改进型 GPS Block II R - M 型卫星，进行星座的更新。

第二阶段，从 2005 年底开始发射 GPS Block II F 卫星，但是，由于 GPS Block II 和 GPS Block II A 卫星的寿命延长以及 GPS Block II R 卫星的计划服务寿命，需要发射的 GPS Block II F 的日期滞后了足够长的时间，直至 2010 年 5 月 28 日，美国空军才使用 Delta IV 运载火箭将第一颗 GPS Block II F 卫星发射升空。

第三阶段，2000 年 5 月，美国空军宣布启动新一代 GPS 计划——GPS Block III，如图 2 - 2 所示，由美国 Aerospace 公司负责系统顶层与星间链路分析论证，Lockheed Martin，Spectrum Astro 和 Boeing 公司共同负责系统设计与实现。该计划分为 4 个阶段实施: 2000—2005 年为系统概念研究和可行性论证阶段; 2006—2008 年为关键技术攻关与仿真试验阶段; 2009—2012 年为工程研制阶段; 2013 年以后进入 GPS Block Ⅲ 卫星发射部署和试验验证阶段。最初计划首颗 GPS Block Ⅲ 卫星于 2009 年发射, 2016—2017 完成星座部署。然而, 由于资金和技术原因, 首颗 GPS Block Ⅱ R - M 卫星直到 2005 年 9 月发射, 首颗 GPS Block Ⅱ F 卫星直到 2010 年 5 月 28 日发射, GPS Block Ⅲ 卫星的发射也将不断延后, 预计 2020 年左右建成由 GPS Block Ⅲ 卫星组成的新一代 GPS。GPS Block Ⅲ 将采用 3 个或 6 个轨道平面, 轨道倾角为 55°, 轨道高度暂定为 20 196 km, 27 颗 MEO 与 4 颗或 9 颗 GEO 配置的星座设计方案, 确保由 GPS Block Ⅱ 到 GPS Block Ⅲ 星座的平稳过渡。

图 2 - 2   GPS Block Ⅲ 卫星示意图

2.2.1   GPS 空间段

GPS 空间段工作星均匀地分布在 6 个倾角为 55°的轨道面上 (分别称为 A、B、C、D、E、F 轨道面)。GPS 卫星轨道高 20 200 km, 运行周期为 11 小时 58 分钟。目前, 共有 32 颗卫星在轨运行。其中, GPS Block Ⅱ A 卫星全部离轨, GPS Block Ⅱ R 卫星 12 颗, GPS Block Ⅱ R - M 卫星 8 颗, GPS Block Ⅱ F 卫星 12 颗。

自 20 世纪 70 年代中期, 空间段的发展已经历了 6 个发展阶段, 而且这种发展还在继续, 发展开始是概念验证阶段, 然后进展到几个产品阶段, 与发展的每一阶段相关联的卫星称为卫星的批号 (Block)。

(1) GPS Block Ⅰ——初期概念验证卫星

GPS Block Ⅰ 卫星是开发性的样机, 目的在于验证初期 GPS 概念, 因此只制造了 11 颗卫星。GPS Block Ⅰ 卫星由 Rockwell International 公司制造, 是在 1978—1985 年从加利福尼亚州范登堡空军基地发射的。星上存储容量为 3.5 天的导航电文。在 GPS Block Ⅰ

卫星中，导航电文数据发送间隔为 1 h，在接下来的 3 h 内仍然有效。因为没有星载动量管理，需要频繁地与地面联系，否则，卫星在很短的时间段之后便会失去姿态控制，星上使用两台铯和两台铷原子钟频率标准。GPS Block Ⅰ卫星的设计寿命为 4.5 年，图 2-3 为一颗 GPS Block Ⅰ卫星的照片。

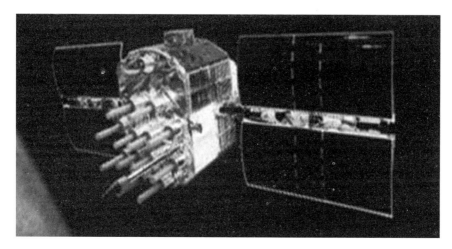

图 2-3　GPS Block Ⅰ卫星

（2）GPS Block Ⅱ——初期的产品卫星

GPS Block Ⅰ卫星在轨运行为之后卫星设计提供了宝贵的经验，导致在 GPS Block Ⅱ工作卫星的子系统设计中做了几项有重大意义的改善，这些改善包括辐射加固，用于防止随机存储器因诸如宇宙射线而造成的扰动，提高系统的可靠性；尽管导航数据单元（NDU）不是在轨可编程的，但在重新设计时通过可编程数据库增加了飞行软件的灵活性，则在 GPS Block Ⅱ卫星上不再需要可重复编程；为了提供安全性，加上了反欺骗性（AS）和选择可用性（SA）能力；系统的完好性通过增加对于某些差错情况的自动差错检测而得到提高。Rockwell International 公司制造了 9 颗 GPS Block Ⅱ卫星（见图 2-4），1989 年 2 月从佛罗里达州卡纳维拉尔角空军基地做了第一次发射。星载导航电文存储容量扩展为允许 14 天的任务，在卫星的姿态和速度控制系统中实现了自主的星载动量控制，因此消除了卫星动量管理所需要的频繁的星地联系，星上使用两台铯和两台铷原子钟频率标准，GPS Block Ⅱ卫星的设计寿命为 7.5 年，目前，GPS Block Ⅱ卫星已全部退役。

（3）GPS Block ⅡA——升级的产品卫星

GPS Block ⅡA 卫星的主承包商为罗克维尔公司，该卫星是在 GPS Block Ⅱ卫星基础上改进的，卫星质量增加到 1 816 kg，电源功率（EOL）1 000 W，卫星尺寸 3.4 m×2.0 m×5.5 m，三轴稳定，天底指向，设计寿命 7.5 年，遥测与控制采用 S 频段。卫星播发 3 个导航信号，即 L1 频段（中心频率 1 575.42 MHz）C/A 码民用信号，L1 和 L2 频段（中心频率 1 227.6 MHz）的 P（Y）码军用信号，L1 频段信号用户接收功率 -154.9 dBW，L2 频段信号用户接收功率 -159.3 dBW，用户测距误差 6 m，民用定位精度 100 m（SA），无 SA 时 25 m。

图 2-4　GPS Block Ⅱ 卫星

星上载有 2 部铷钟和 2 部铯钟，用于产生时间与频率基准，GPS Block Ⅱ A 卫星如图 2-5所示。

图 2-5　　GPS Block Ⅱ A 卫星

与 GPS Block Ⅱ 相比，GPS Block Ⅱ A 卫星的主要改进包括 3 个方面：

1）卫星太阳电池功率从 710 W 增大至 1 000 W，同时增加了信号功率，使用户更易于接收到 GPS 导航信号。

2）增加星上自主处理功能和提高星钟精度，可以在地面站不能向卫星发射信号和更新导航信息数据时，卫星可继续自主播发导航信息，最长时间达 180 天。在此期间导航精度随时间越来越低，但控制在可接受的范围内。

3）后期的 GPS Block ⅡA 卫星在天线阵列的边缘布设了由 32 块角反射棱镜组成的激光反射阵列，用于星地测距，提高卫星的测距和定轨精度。

GPS Block ⅡA 卫星共发射 19 颗，目前在轨 11 颗，其他卫星均已退役。11 颗在轨卫星平均工作时间长达 16.59 年，最长的达到 19.38 年，远远超过了其 7.5 年的设计寿命。

高可靠、长寿命是 GPS Block ⅡA 卫星最重要的特征。在 GPS 现代化计划不断拖延的情况下，GPS Block ⅡA 对于 GPS 空间段星座的维持、保证 GPS 系统的稳定运行起着至关重要的作用，也是美国空军在面对美国总审计署（GAO）等对能否保证 GPS 稳定运行不断提出质疑的条件下，对保证 GPS 服务充满信心的重要基础。

（4）GPS Block ⅡR——补充卫星

GPS Block ⅡR 卫星是美国 GPS 现代化前的最后一个卫星型号，其重要变化是增加了星间链路，增强了自主导航能力。

1）星体尺寸：中心本体是一个边长约为 1.8 m 的立方体，两块太阳电池帆板跨度约 9 m。

2）质量：起飞质量 2 016 kg，在轨质量 1 066.5 kg，装填固体发动机推进剂约 950 kg。

3）姿轨控系统：三轴稳定、偏航控制、装有 16 台推力器及若干推进剂贮罐。

4）推进系统：固体远地点发动机，约占卫星总重的一半。

5）有效载荷：各单元功能如表 2-1 所示。

表 2-1　GPS Block ⅡR 有效载荷各单元功能

单　元	功　能
原子频率标准	为所有 GPS 信号提供精确的、稳定的、可靠的测时
星上处理	产生导航信息，进行星历计算、数据加密，产生 P 和 C/A 码，检测有效载荷健康，提供钟差校正
软件	实现星上处理功能；从地面站调整程序
L-波段系统	产生和调制 L1、L2、L3 信号并把它们组合发向地球
交叉链路	提供卫星-卫星间通信和测距
自主导航	当没有地面正常通信时提供精确自主运行

GPS Block ⅡR 与 GPS Block Ⅱ/ⅡA 等型号卫星相比，其最大改进是增加了两大功能，从而使 GPS Block ⅡR 的能力有了巨大飞跃。一是增加了时间保持系统（TKS），二是增加了自主导航能力。

①时间保持系统

ITT 公司研制的 GPS Block ⅡR 卫星时间保持系统（TKS）的一个关键组成部分是

PerkinElmer 的铷原子频率标准（RAFS）。GPS Block ⅡR 卫星时间保持系统（TKS）具有增强的 RAFS（ERAFS）和一个改良的精确相位仪（PPM）。ERAFS 的改进依赖于探测到铷信号的低噪声。ERAFS 在铷管中采用氙气而不采用氪，加上其他变化，可以改善长期稳定度，使频率突变更低。先进的数控铷或铯钟和离子泵技术也满足空间段 GPS 运行特征。这些技术可以集成到 GPS 结构中，大大提高 GPS 的稳定性。

②自主导航能力

GPS Block ⅡR 卫星的重大改进是增加了星间链路，以提供各卫星之间的通信和测距。为此，每颗 GPS 一级卫星上都装有一个用于星间链路通信与测距功能的互联转发器数据单元（CTDU）。它有双重功能，一是为星上自主导航和在 GPS Block ⅡR 卫星间交换自主导航状态矢量数据；二是仅限于导航数据生成系统（NDS）的数据交换。自主导航负责向用户接收和提供星上计算的导航参数，自主导航状态矢量信息包括开普勒轨道参数和星钟状态数据两部分。现有 GPS 星座只是提供了一种能在没有地面控制段参与的 180 天期间保持自主导航的能力，在轨期间的用户测距误差（URE）仍能保持小于 6 m。图 2-6 所示为 GPS Block ⅡR 星间链路互联转发器数据单元外观图及其顶层功能方框图。

图 2-6　星间链路发射器数据单元

在 GPS Block ⅡR 之前所有型号卫星都没有自主导航功能，所有卫星广播的导航信息都由地面控制段同上行注入站每天注入一次。在这些导航信息中包含的星钟与星历参数都是基于控制段的当时估算进行预报的，而 GPS Block ⅡR 卫星的重大改进就是能够在星上自动预估星钟与星历参数，并生成导航信息。这种能力称为自主导航或自动导航（AutoNav）能力，美国开发自主导航能力的主要动机有如下四方面：

1）提高 GPS 的生存能力。美国认为地面控制段是 GPS 中的薄弱环节，一旦遭到攻击将使整个系统瘫痪。自主导航能保障 GPS 在失去地面支持的条件下，自主运行 180 天，且能满足导航精度要求；这种能力还允许任一地面监控站一旦永久损失而不影响正常的导航功能。

2）减少上行注入要求。上行注入站上只需发送很少数据。

3）提升系统完好性。星间链路测距功能提供了一种能与其星钟和星历参数比对的独立参考基准。

4）提高导航精度。由于自主导航功能能够每小时 4 次更新星历与星钟参数，和现有的每天更新一次相比，将有助于改进导航精度。

（5）GPS Block ⅡR - M 卫星

为满足增加信号和增大信号发射功率的要求，Lockheed Martin 公司对 GPS Block ⅡR 卫星进行了改进，即为 GPS Block ⅡR - M，GPS Block ⅡR - M 卫星改进的主要内容为：

1）采用 Lockheed Martin 公司的专利技术对天线系统进行了重新设计，全新的天线布局，以适应增加新信号和提高发射功率的要求；

2）以宽带器件替换了原天线系统的 L 频段器件，从而满足 M 码信号对带宽的要求；

3）采用了更大功率的功率放大器/转换器，应用新的波形发生/调制/转换设备，优化了波形；

4）重新设计了 L 频段子系统，以 3 个多功能组件替换了原 L1 和 L2 频段的 5 个部件，可对波形发生器进行重新编程，实现了对不同信号的发射功率的重新分配。

增加的新导航信号是 GPS 现代化的重要组成部分，新增的信号包括 L1 和 L2 频段的 M 码军用信号和 L2 与 L5 频段的民用信号。增加新信号的目的有两个：

1）增强、提高 GPS 的导航战能力。

2）提供更高精度的民用导航信号，提高 GPS 的竞争力，占领全球民用导航市场。

（6）GPS Block ⅡF——后续的维持卫星

1995 年，空军（GPS JPO）发布了一项维持 GPS 星座的一批卫星的需求建议（RFP），这些卫星称为 GPS Block Ⅱ后续型或者 GPS Block ⅡF，如图 2 - 7 所示。RFP 也要求供应商提供运行 GPS Block ⅡF 卫星所必需的对 GPS 卫星的改进。在维持服务的同时，GPS Block ⅡF 卫星的供应使得空军在 GPS Block ⅡR 卫星的能力和改进之外有机会开始增加新信号和额外的系统灵活性，GPS Block ⅡF 卫星最显著的一个改进，在原有的 L2 频率1 227.6 MHz附近±102.3 MHz 范围内选择一个新的民用 L5 信号，L5 频率最终设定在1 176.45 MHz，位于航空无线电（ARNS）保护频段内。2010 年用户在检测到 GPS 卫星发射 L5 频率信号的同时，还第一次检测到了它发射的 L3 频率信号，其中心频率为1 381.05 MHz。GPS 的 L3 信号在 GPS 现代化中，不论是它的用途还是它的频率，至今没有公布。

GPS Block ⅡF 还在几个性能上做了改进，包括：在 AutoNav 模式下 URE 少于 3 m；使用 UHF 星间链路更新导航电文时，URE 数据龄期少于 3 h，优于规范的 AFS Allan 方差性能设计指标；支持在 GPS Block ⅡF 卫星上增加辅助有效载荷；通过 UHF 星间链路通信系统的广泛使用降低操作的复杂性。

第一颗 GPS Block ⅡF 卫星原定的计划发射日期是 2001 年 4 月，但是，由于 GPS

图 2 - 7　GPS Block ⅡF 卫星

Block Ⅱ 和 GPS Block ⅡA 卫星寿命的延长，需要发射 GPS Block ⅡF 的日期滞后了很长的时间，这使得空军可以对 GPS Block ⅡF 卫星进行足够长时间的改进。第一次改进是因为用于发射 GPS Block ⅡF 的 Delta Ⅱ 型运载火箭被中途淘汰，改为运载量更大的 Delta Ⅳ 运载火箭，Delta Ⅳ 运载火箭的整流罩比 Delta Ⅱ 型运载火箭要大，GPS Block ⅡF 卫星为此进行了代号为"大鸟"的改进计划，计划包括增大卫星体积、功率和散热能力，增大卫星天底表面积。与此同时，由约翰·W·贝茨（John W. Betz）领导的 GPS 现代化信号体制设计小组（GMSDT）对 GPS 信号也进行了广泛的研究，评估原有信号的不足，并对原有信号的设计进行改进，今天我们所得到的 M 码结构便是这种研究的结果。

　　GPS Block ⅡF 卫星的导航数据单元（NDU）能产生所有测距信号的基带波形，NDU 的设计采用了备用槽，允许在同一封装内增加 M 码和 L5。NDU 的设计有 300% 的扩展存储器裕量和 300% 的计算裕量，这样就保证有足够的容量支持产生 M 码和 L5 上的导航电文以及其他现代化要求；计算机程序可进行在轨编程，加电时从星载可擦除只读存储器中下载，这就省去大量时间同地面天线通信。

　　2010 年 5 月 28 日，美国空军使用 Delta Ⅳ 运载火箭将第一颗 GPS Block ⅡF 卫星发射升空，GPS Block ⅡF 卫星的设计寿命为 12 年，在 GPS Block ⅡF 卫星上的导航载荷中使用了两个 RAFS 和一个 AFS，这使得卫星能提供严格的频率稳定性，截止到 2017 年 6 月，GPS Block ⅡF 卫星共发射了 12 颗。

　　（7）GPS Block Ⅲ 卫星

　　2008 年 5 月 15 日，美国空军授予 Lockheed Martin 公司价值 14.64 亿美元的合同，研制、生产 8 颗 GPS Block ⅢA 卫星，标志着 GPS Block Ⅲ 计划正式进入工程实施阶段。Lockheed Martin 公司领导的团队由 Lockheed Martin 公司、ITT 公司和通用动力公司组成，分别承担卫星、有效载荷等的研制任务。

①GPS Block ⅢA 采用的 A2100M 平台

GPS Block ⅢA 将采用 Lockheed Martin 公司的 A2100M 平台，A2100 系列平台具有非常高的可靠性，经历了严酷的空间环境的考验，采用 A2100 系列平台卫星多达数十颗，累计飞行时间已经超过了 200 年，表现出极高的可靠性。图 2 - 8 为采用 A2100 平台的格鲁达-1（Garuda 1）卫星。

图 2 - 8　采用 A2100 平台的 Garuda 1 卫星

A2100M 平台是 Lockheed Martin 公司发展的三轴稳定静止轨道卫星平台，可提供 Ka、C、UHF、L、S 频段的通信与广播服务。A2100M 平台为符合美国军用标准的军用卫星平台，已经广泛地为美国新一代军事航天系统采用，如天基红外系统（SBIRS - GEO）、移动用户目标系统（MUOS）、先进极高频系统（AEHF）等均采用 A2100M 平台。同时 A2100 平台采用模块化设计方法，简化了平台结构，增加了在轨可行性，同时也降低了平台的质量和成本，也为未来 GPS Block ⅢB、GPS Block ⅢC 卫星的发展奠定了基础。

A2100 是一个平台系列，从最小的 A2100A，到最大的军用 A2100M，其能力有较大的变化。最大电源功率达到 15 kW，即使是最小的 A2100A 电源功率也达到了 4 kW，设计寿命达到 15 年。由于采用模块化设计方法，平台的灵活性、可扩展性大大增强，采用 A2100 系列平台卫星的入轨质量均超过 2 000 kg，采用军用 A2100M 平台的卫星甚至超过了 6 500 kg，完全可以满足 GPS Block Ⅲ 卫星发展的要求。A2100AX 平台结构如图 2 - 9 所示。

选择 A2100M 作为 GPS Block ⅢA 卫星的开发平台既符合 GPS 系统发展的一贯原则，即在继承基础上发展的原则，同时也将大大降低 GPS Block ⅢA 卫星的开发风险和成本。

A2100 系列是一个成熟的卫星平台系列，经过了充分的空间飞行验证，具有很高的可靠性。因此，选择 A2100 平台将大大降低 GPS Block ⅢA 卫星的开发风险。同时，由于 A2100 系列采取模块化的设计方法，从而在平台配置、功能选择等方面具有足够的适应性与灵活性，并可大大缩短卫星的研制周期（A2100 平台在接受订单后 18 个月即可交付），从而降低卫星的研发成本。

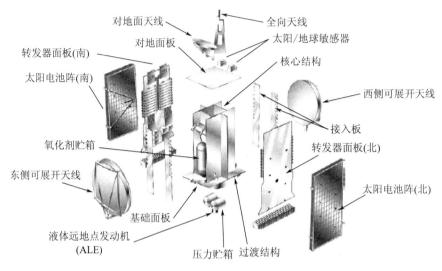

图 2 - 9　A2100AX 平台结构

GPS Block Ⅲ是美国 GPS 现代化计划的最后阶段，也是实现 2004 年发布的美国天基 PNT 策略重要的环节。

2007 年年初，Lockheed Martin 公司与 Boeing 公司分别完成了 GPS Block Ⅲ卫星需求定义研究，但是为进一步降低 GPS Block Ⅲ发展过程中的风险，增强 GPS 卫星系统设计的可靠性，验证相关技术的成熟度，美国空军分别授予 Lockheed Martin 公司与 Boeing 公司价值 5 000 万美元的合同，开展 GPS Block Ⅲ风险降低与系统设计工作，最终于 2008 年 5 月将 GPS Block ⅢA 合同授予了 Lockheed Martin 公司。

2009 年 3 月，Lockheed Martin 公司及其领导的团队通过了空军 GPS Block ⅢA 初步设计审查（PDR）71 个项目中的 61 个，主要包括 L 频段信号发送设备、天线、太阳电池阵、功率调节单元、姿态控制单元与跟踪、遥测与指挥单元等，表明 GPS Block ⅢA 卫星的研制工作进展顺利。

②GPS Block Ⅲ卫星的三个阶段

GPS Block Ⅲ计划分三个阶段实施，按卫星划分即为 GPS Block ⅢA、GPS Block ⅢB 和 GPS Block ⅢC，共包括 GPS Block ⅢA 卫星 8 颗，GPS Block ⅢB 卫星 8 颗，GPS Block ⅢC 卫星 16 颗。

GPS Block Ⅲ的发展秉承 GPS 卫星发展的一贯宗旨，即在继承中发展，在发展中继承的原则，循序渐进，在保证系统目标实现的同时，最大程度地降低系统发展的风险。

按计划，在 GPS Block ⅡF 卫星全部能力的基础上，GPS Block ⅢA 卫星将增强军用 M 码信号对地球的覆盖，在 L1 频段增加与 GALILEO 完全兼容、并具有互操作性的 L1C

民用信号，且 GPS Block ⅢA 卫星所采用的 Lockheed Martin 公司的 A2100 平台将作为 GPS Block ⅢC 发展的基础。同时，特别值得关注的是 GPS Block ⅢA 卫星将开展 GPS 星间链路的演示与验证工作，为 GPS 星间链路的建立奠定基础。图 2-10 所示为 GPS Block ⅢA 卫星设计图。

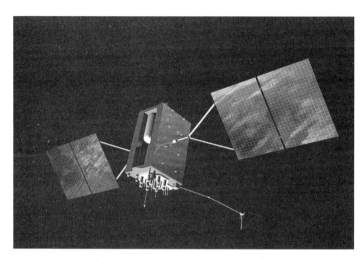

图 2-10　GPS Block ⅢA 卫星设计图

与 GPS 卫星已经具有的星间链路不同，GPS Block Ⅲ卫星星间链路采用 Ka 频段（原为 UHF 频段），星间链路的信号播发方式也由广播式改为点对点的传输，大大提高了安全性。星-星与星-地间的通信能力也提高到 100 Mbps。

除具备 GPS Block ⅢA 的全部能力外，GPS Block ⅢB 卫星将增加星间链路能力，从而提高 GPS 导航服务的精度、完好性，以及导航战所要求的指挥与控制能力。此外，GPS Block ⅢB 还将采用高速上、下行链路天线，并增加搜索与救援功能，为国际搜索与救援服务提供支持。同时，GPS Block ⅢB 将开展导航战点波束能力的在轨演示与验证工作，为 GPS 最终具有点波束能力进行最后的验证与确认工作。

除具备 GPS Block ⅢB 的全部能力外，GPS Block ⅢC 卫星将实现支持导航战的点波束能力，具有灵活的载荷配置能力，完好性监测能力，并增加空间环境探测有效载荷。

图 2-11 所示为 GPS Block Ⅲ发展路线图。

③GPS Block Ⅲ卫星技术特征

GPS Block Ⅲ卫星系列将继承和完善以前 GPS 卫星平台及有效载荷的成熟技术，具备柔性的在轨可编程和冗余硬件自主管理功能，并在 L1，L2，L3，L4，L5 和 L6 频段上调制导航及相关信号。卫星设计寿命为 15 年，质量为 1 796 kg，可以常年发射到任意轨道平面，不存在发射窗口约束问题，其主要技术特征如下：

1）高速和精确指向的星间链路。GPS Block Ⅲ卫星继续提供更高速率的星间链路网路，保证星间信息传输和地面控制系统的实时测控操作。

2）高功率的点波束发射天线。在强干扰的敌对环境条件下，GPS Block Ⅲ卫星启用

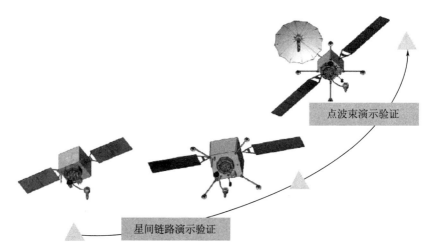

图 2-11　GPS Block Ⅲ 发展路线图

点波束发射天线，同时增强 2 个指定区域的信号功率，保证军用接收机能够接收导航信号，且导航定位精度不受影响。利用点波束天线使卫星信号功率增强 27 dB，而军用接收机天线和信号处理模块可以获得 11 dB 增益，因此系统具有 38 dB 的抗干扰能力，满足美国军用导航战需求。

3）实时完好性监测功能。GPS Block Ⅲ 系统建立高速的星地和星间链路网络，提供了故障事件的近实时报警和处理机制。只要接收到 1 颗卫星信号，就可以获得整个星座信息，卫星自主进行故障诊断和处理，确保用户获得安全可靠的导航信息。

4）星载灾害报警系统。GPS Block Ⅲ 卫星增加灾害报警系统，提供基本搜救服务。在 UHF（406 MHz）频段上调制紧急事件呼救信号，并转发至 GPS Block Ⅲ 卫星。GPS Block Ⅲ 卫星通过 L6（1 544 MHz）频率及时播发呼救信息至地面搜救中心，将增强现有的国际卫星灾害报警系统 Cospas-sarsat 的搜救能力。

5）增加 L4（1 379.91 MHz）频率。GPS Block Ⅲ 卫星考虑增加 L4 频率，用于修正由太阳辐射电离产生的大气层延迟误差，进一步减小用户等效测距误差，提高导航定位精度。

6）增加 L1C 码信号。GPS Block Ⅲ 卫星将在 L1 频段上增加 L1C 码信号，并采用 BOC（1，1）调制方式，与欧洲 GALILEO L1 频段信号兼容，进一步提高民用导航系统性能。

④GPS Block Ⅲ 系统信息传输体制

GPS Block Ⅲ 系统信息传输网络设计，要求支持导航信息可靠传输、自主导航、完好性监测和具有可扩展能力，降低对海外测控站的依赖。GPS Block Ⅲ 系统信息传输体制包括星间测距与通信链路网络和星地通信链路网络 2 个方面。

（a）星间测距与通信链路网络

射频星间链路有着广泛的飞行经验，而且光学链路正在进行在轨试验。铱星、TDRS、军事星和 Silex 系统使用链路，并继承网络在星座链路管理和数据路由方面几年的经验。铱星有 66 个卫星，星座已经运行达 4 年之久，星间全部采用 Ka 波段链路连接。TDRS 在与地球同步轨道和近地轨道之间建立一个以 IP 为基础的链路网络。军事星已经成功使用 60 GHz 的链路。激光链路已经在欧洲的 Silex 项目上得到成功试验。从铱星的飞行经验可以看出，采用 Ka 波段链路一个大的星座能处理小包数据路由、星座控制和远端存取卫星指令和遥测。光学链路能满足 GPS 今后几十年数据能力增加的需要，但风险也比较高。

GPS 联合项目办公室和 GPS Block Ⅲ 的三个承包商（Lockheed Martin，Astro 光谱和 Boeing 公司）评估研究合同，包括链路结构设计和性能，并引导这三个承包商研究 GPS Block Ⅲ 的设计和实现。将来的研究计划解决与通信、导航和网络相关的重要议题。

航空航天公司利用链路性能参数顶层设计进行了三项星座基线的研究，并对 GPS 使用激光链路进行了一项最高水平的研究，目的是确定激光链路是否可行和提供比较好的导航性能。其他的研究包括自主导航仿真、频率调整、干扰研究和初步的激光链路仿真。初步研究结果为，如果目前的估计算法被采用，六个平面和三个平面的星座链路网络结构对性能非常敏感。

初步结论表明，固定和移动服务是以地球为基础的系统，传送功率相对较低，这些服务不应该对 GPS Block Ⅲ 星间链路造成干扰威胁。

当前 GPS 星间链路采用 UHF 频段，GPS Block Ⅲ 将考虑采用 Ka（22.55～23.55 GHz）、V（59.3～64 GHz）和激光频段建立星间链路，以满足星间精密测距和高速信息传输需求。星间链路网络设计包括网络拓扑结构、通信性能、测距性能、鲁棒性能、数据流的路由处理方案等。星间信息包括上传更新卫星信息、控制指令、星间测距数据、星载敏感器数据、星上更新软件、多任务通信，以及用户设备更新软件等。

（b）星地通信链路网络

GPS Block Ⅲ 要求构建高速的卫星跟踪、遥测与遥控（TT&C）星地通信链路网络，其上、下行数据传输速率要求高于 2F，分别达到 200 Kbps 和 6 Mbps。当前 GPS 采用的 TT&C 通信频段 S（1 755～1 850 MHz）将用于地面电信通信业务，因此 GPS Block Ⅲ 将考虑采用 USB 测控体制，其频段为 2 025～2 110 MHz。同时，还考虑采用 C 频段测控体制。2003 年国际电信联盟（ITU）规定：C（5.0～5.03 GHz）频段为无线电导航卫星专用频段，其中 C（5.0～5.01 GHz）和 C（5.01～5.03 GHz）频段分别用于上、下行测控和导航信息传输。C 频段上行信息包括控制指令、星上更新软件和用户设备更新软件等；C 频段下行信息包括遥测信息、星载敏感器数据、测距数据和多任务通信等。

⑤GPS 卫星现代化发展脉胳

继承与发展是 GPS 发展的永恒主题。从 GPS 现代化计划的发展过程中，我们即可以清晰地看到 GPS 卫星继承-发展的脉胳。

第一步，在 GPS Block ⅡR 的基础上，GPS Block ⅡRM 只增加了 L2 频段的 L2C 民用信号和 L1 与 L2 频段的 2 个 M 码军用信号，并增加了信号功率，增强抗干扰能力。

第二步，GPS Block ⅡF 在 GPS Block ⅡRM 的基础上，在 L5 频段增加第 3 个民用信

号 L5C。

第三步，GPS Block ⅢA 在 GPS Block ⅡF 的基础上，增强军用 M 码信号的覆盖，增加 L1C 民用信号，并开展星间链路的试验与验证。

第四步，GPS Block ⅢB 在 GPS Block ⅢA 的基础上，增加星间链路能力，采用高速上、下行天线，增加搜索与救援服务能力，并开展点波束能力的在轨验证工作。

第五步，在 GPS Block ⅢB 的基础上，增加导航战点波束能力，增加完好性监测能力，实现有效载荷的灵活配置，并增加空间环境探测有效载荷。

从上面五个步骤不难发现，GPS 现代化发展的策略——在继承中发展，发展中继承，循序渐进，稳步提高。不论是 GPS Block ⅡR、GPS Block ⅡF 卫星的现代化，还是 GPS Block Ⅲ 卫星的发展都不可能脱离 GPS 卫星的原有基础，因此继承构成了 GPS 卫星发展的基础。同时，我们不难发现循序渐进的策略有效地降低了 GPS 的发展风险，提高了 GPS 卫星的可靠性，这也是 GPS 能够获得巨大成功的重要基础。

2.2.2　GPS 地面控制段

GPS 运行控制段现代化采取分阶段的方式实施，逐步提升运行控制段的能力与性能，满足 GPS 现代化的需求，其目标是：

1) 满足多达 32 颗卫星组成的 GPS 星座的运行控制与管理需求，满足 GPS 发射、异常处置与退役卫星的控制与管理需求；

2) 满足新增信号与功能或能力的运行控制与管理需求，提升 GPS 定位、导航与授时服务性能，增强自主导航、抗干扰与导航战能力；

3) 提供更好的服务性能，以及更好可用性、连续性与稳健性，保持美国在天基定位、导航与授时领域的主导地位。

GPS 系统运行控制现代化改造的三个阶段分别为：

第一阶段称为原 OCS 系统精度改善项目（Legacy‐Accuracy Improvement Initiative，L‐AII），于 2008 年全部完成；

第二阶段称为体系结构演进计划（Architecture Evolution Plan，AEP），2012 年年底，AEP 计划全部完成，并通过了美国空军组织的验收。

AEP 计划完成后的 GPS 运行控制段的卫星运行控制与管理能力变化见表 2‐2。

表 2‐2　AEP 计划完成后 GPS 运行控制段的能力

序号	项目	OCS	AEP
1	32 颗卫星的运行、控制、管理能力	无	有
2	网络化的控制结构	无	有
3	备份主控站	无	有
4	抗干扰抗欺骗能力	无	有
5	GPS‐2RM、GPS‐2F 卫星的发射、测试、运行管理能力	无	有
6	GPS 卫星的发射、入轨、异常处置与退役管理能力	无	有

第三阶段称为新一代运行控制系统（Next Generation Operational Control System，

OCX）。为降低 OCX 的研发风险，OCX 计划采取循序渐进的策略，分四个阶段实施，将任务、目标分解至各个阶段，最终实现 OCX 计划的目标，详见图 2-12。

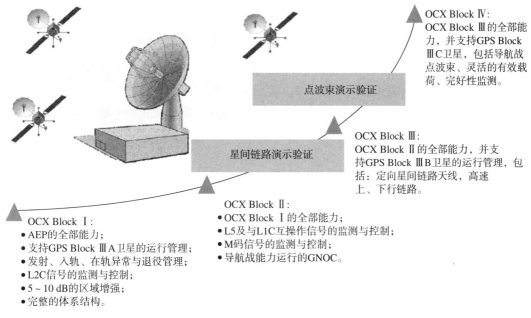

图 2-12　OCX 发展路线图

美国空军计划于 2016 年中期完成 GPS 运行控制段从 OCS 向 OCX 1 的转换，并增加 M 码军用的运行控制能力。

2.2.3　GPS 用户段

GPS 可以提供两种服务，一种为标准定位服务（SPS），免费对民用用户开放，通过接收 C/A 码的接收机实现；另一种为军用的精确定位服务（PPS），通过接收 P（Y）码的接收机实现。P 码的长度比 C/A 码长，具有更强的抗干扰能力，且进行了加密，可以实现反欺骗。GPS 用户设备的发展道路经历了从箱式到插件，再到模块的演化过程。20 世纪 80 年代末，第一批加密钥的实用型用户设备批准投产，此后，军用 GPS 用户设备得到了稳步发展。随着日益强调标准接口和分散采购，目前，美国军用 GPS 接收机设备有多种类型，包括星载、弹载、手持、车载、机载和舰载等。其中，应用比较广泛的主要有 SLGR（小型轻便 GPS 接收机）、PLGR（轻型精确 GPS 接收机）和 DAGR（国防先进 GPS 接收机）手持接收机；3G 机载接收机、EGI（嵌入式 GPS 惯性接收机）、GRAM（GPS 接收机应用模块）、MAGR（微型机载处理 GPS 接收机）和 3S 舰载接收机。

2.2.4　GPS 信号频率部署

GPS 系统所使用的频率分布在 1 563～1 587 MHz（L1 频段），1 215～1 237 MHz

（L2 频段），以及 1 164～1 191.795 MHz（L5 频段）三个频段上。L1、L2 和 L5 三个频段全部都分配在卫星无线电导航业务的频段内，并且 L1 和 L5 两波段还坐落于分配给民用航空等一些安全关键性应用系统的航空无线电导航服务（ARNS）频段内。射频 L 波段非常拥挤，GPS 必须与其他系统和服务共享此处的频带资源，比如 GPS 在 L2 波段内必须与军用和民用雷达共享，在 L5 波段内又必须与 DME 和 TACAN 系统共享。

　　每颗 GPS 卫星配置有 3～4 台原子钟，而只有其中的一台原子钟被选中作为卫星的时间与频率源。每一颗卫星在 L1、L2 和 L5 波段上所产生、播发的所有信号的各个结构层次（包括载波、伪码、数据码和同步序列等）都源自于该卫星上的同一个原子钟，或者说都源自于同一个基准频率信号。在空间轨道上运行的卫星原子钟所提供的基准频率信号的频率值 $f_{GPS,0}$ 在地面上看起来是 10.23 MHz，即

$$f_{GPS,0} = 10.23 \text{ MHz} \tag{2-1}$$

　　然而，为了补偿相对论效应（参见《GPS 原理与接收机设计》的 3.2.4 节），人们在地面上设计卫星时钟必须特意减小它的实际运行基准频率 f 至 10.229 999 995 43 MHz，即频率调整量 Δf 为

$$\Delta f = f - f_{GPS,0} = -0.004 567 4 \text{ Hz} \tag{2-2}$$

　　相应的频率偏差率 F 为

$$F = \frac{\Delta f}{f_{GPS,0}} = -4.464 7 \times 10^{-10} \tag{2-3}$$

　　GPS 卫星信号如图 2-13 所示。

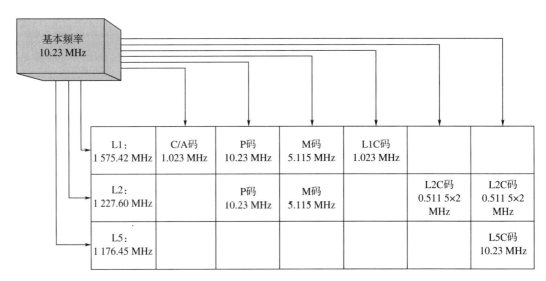

图 2-13　GPS 卫星信号频率构成

　　GPS 卫星信号从结构上可以分为三种信号分量：载波、伪码和数据码。其中，数据码和伪码的异或相加实现扩频调制，然后它们的组合码再对载波进行调制。载波是 GPS 信号的第一个结构层次，每一颗 GPS 卫星在 L1、L2 和 L5 三个波段内所发射导航信号的载

波中心频率值 f_{L1}、f_{L2} 和 f_{L5} 分别等于

$$f_{L1} = 154 f_{GPS.0} = 1\,575.42 \text{ MHz} \tag{2-4}$$

$$f_{L2} = 120 f_{GPS.0} = 1\,227.60 \text{ MHz} \tag{2-5}$$

$$f_{L3} = 115 f_{GPS.0} = 1\,176.45 \text{ MHz} \tag{2-6}$$

表 2-3 描述了这三个 GPS 信号波段所包含的导航信号成分及其所在频段。

表 2-3　GPS 信号波段

波段	中心频率/MHz	导航信号成分	所在频段
L1	1 575.42	L1C/A, L1P (Y), L1M, L1C	ARNS/RNSS
L2	1 227.60	L2 P (Y), L2M, L2C	RNSS
L5	1 176.45	L5C	ARNS/RNSS

GPS 卫星发射天线在设计上让其在信号发射中心方向上的增益略小于在信号束周边的增益，从而让不同大小仰角方向上的各个卫星信号有着大体相互接近的地面接收功率强度，以减少接收机在卫星信号处理时所发生的互相关干扰。表 2-4 列出了 GPS 卫星所发射的 L1、L2 和 L5 信号在地面上的最小和最大接收功率设计值，其中，接收天线假定是 3 dBi 的线极化，并且天线处于最不利于接收卫星信号的方位，而卫星的仰角为 5°。

表 2-4　GPS 卫星信号的最小和最大地面接收功率

载波	中心频率/MHz	最小接收功率/dBW			最大接收功率/dBW		
L1	1 557.42	P (Y)	C/A	L1C	P (Y)	C/A	L1C
		−161.5	−158.5	−157.0	−155.5	−153.0	−154.0
L2	1 227.60	P (Y)	L2C		P (Y)	L2C	
		−161.5	−160.0		−155.5	−153.0	
L5	1 176.45	I5	Q5		I5	Q5	
		−157.9	−157.9		−150.0	−150.0	

表 2-4 中有关 L1 和 L2 载波的接收功率是对 GPS Block ⅡR-M/ⅡF 卫星而言，L5 载波的接收功率自然是对 GPS Block ⅡF 卫星而言的，而老一代 GPS Block Ⅱ/ⅡA/ⅡR 卫星所发射的 L2 载波的接收功率会相对偏低。由于卫星的可编程功率输出功能不同、卫星运行姿态出错、发射天线方向偏差、温度变化会导致输出功率变化、电压变动和空间传播损耗变动等，某些卫星信号成分的接收功率有时候会偏强，它们的最大接收功率甚至可能会超过表中所给出的规定值，但是它们的最大值不应超过−150 dBW，而限定卫星信号的最大接收功率可方便 GPS 接收机设计对接收机动态范围的设定。

2.3　GLONASS

多普勒频移定位体制卫星导航显然难以满足军用舰艇和飞机高精度导航定位的需求，从 20 世纪 70 年代中期开始，苏联（USRR）在总结第一代卫星导航系统研制经验的基础

上，独立开发了第二代卫星导航系统—GLONASS 系统，GLONASS 的缩写源于俄语 "Global naya Naxigatsion - naya Sputnikovaya Sistema"，含义是全球导航卫星系统。系统建设可分为三个不同阶段：

1）第一阶段（1982—1985 年）。这一阶段主要是前期的试验验证和系统概念的改进。1982 年 10 月 12 日，第一颗 GLONASS 卫星和两颗试验卫星升空，但这三颗卫星都没能运行。在 1984 年 1 月，用 SL‑12 质子运载火箭从哈萨克斯坦同时发射 3 颗卫星，作为试验使用的卫星成功部署，但是，在该计划的初期，当系统还处于研发阶段的时候，苏联为了节省生产成本，用发射配重有效载荷来代替真实的卫星。

2）第二阶段（1986—1993 年）。在此期间，卫星星座增加到 12 颗卫星，完成在轨飞行试验并启动初步系统运行。

3）第三阶段（1993—2001 年）。1993 年 9 月 24 日，俄罗斯联邦总统发布政府令，正式宣布 GLONASS 系统开始运行，1994 年 4 月，俄罗斯开始进行布满星座的 7 次发射中的第一次发射。1995 年 12 月俄罗斯成功发射了最后一批 3 颗卫星，布满了 24 颗卫星星座。1996 年 2 月俄罗斯宣布这些卫星具备全运行能力，星座第一次也是仅有的一次全部布满。但是不久，许多年代较长的卫星很快失效，整个星座迅速退化。从 1996—2001 年，俄罗斯仅仅发射了两组卫星，每组 3 颗，这对于维持整个星座远远不够，2001 年，整个星座退化到 6～8 颗卫星，图 2‑14 为 GLONASS 满星座轨道示意图。

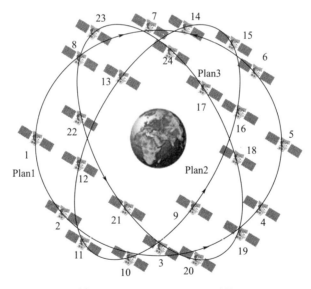

图 2‑14　GLONASS 卫星系统

2001 年 8 月 20 日，俄罗斯政府批准了"2002‑2011 年 GLONASS 发展计划"，推进 GLONASS 的现代化，使俄罗斯在卫星导航领域处于领先地位，为俄罗斯和全球用户提供高质量的服务。2006 年 7 月 14 日，俄罗斯政府对该计划进行了改进，通过了第 423 号文件"2007‑2011 年 GLONASS 发展计划"，进一步明确了现代化内容。主要包括：

1）空间段现代化。通过发射 GLONASS‑M 和 GLONASS‑K 对系统补网和升级，计划于 2009 年完成 24 颗卫星在轨运行,提供全球覆盖能力,但由于技术和财力原因,第一颗卫星于 2003 年 12 月发射,2004 年年底进入运行。2016 年,俄罗斯进行了 2 次 GLONASS 卫星发射,成功发射 GLONASS - M 卫星 2 颗,较好地保证 GLONASS 运行与服务的稳定。从 GLONASS 星座维持与更新的情况看,自 2011 年年底 GLONASS 全面恢复运行以来,特别是自 2014 年以来,在仅发射 5 颗 GLONASS - M 卫星的条件下保持了 GLONASS 的稳定,表明:GLONASS 卫星在轨工作寿命已经得到较好的解决,不再需要频繁的补充与更新发射就可基本保证系统运行与服务的稳定。

俄罗斯下一阶段的主要目标是利用在研的 GLONASS - K 卫星进行星座的更新换代,构成由 24 颗 GLONASS - M 和 GLONASS - K 组成的星座,而 GLONASS - M 只是过渡型号,真正用于长期维持 GLONASS 星座的是正在研制的 GLONASS - K 卫星。GLONASS - K 卫星采用俄法合作新型通信卫星平台,该卫星采用非封闭式平台,卫星质量只有现役卫星质量的一半。

2) 地面控制段现代化,扩展接收监测站网络,增设 3 个空间部队网络地面站,9~12 个俄罗斯联邦航天局网络地面站,3 个俄罗斯标准网络地面站;基于单向码和相位数据处理技术,对"轨道确定和时间同步(OD & TS)软件"进行现代化升级;依据 ITRF 坐标框架下的 PZ - 90.02 坐标系,修正大地测量系统。GLONASS 的导航范围可覆盖全球表面和近地空间,用户可以不间断地获得地面、水面、空中、近地空间内的准确坐标信息,其定位精度可达到 5 m 左右,使用差分修正后可达到 0.3~1 m,速度测量精度为 1 cm/s,授时误差为 10 ns。俄罗斯国内的民用用户将有可能获得 30 m 的定位精度,在适当的时间,外国用户也可获得这一精度。

2.3.1　GLONASS 空间段

GLONASS 星座由 21 颗工作星和 3 颗备份星组成,24 颗卫星将均匀地分布在升交点赤经相隔 120° 的 3 个轨道平面上。21 颗卫星星座为地球表面上 97% 的地区提供 4 颗卫星的连续可见性,而 24 颗卫星星座使地球表面上 99% 以上的地区同时连续观测到的卫星不少于 5 颗。一旦建立起来由 21 颗工作卫星和 3 颗备用星组成的永久系统以后,一颗卫星发生故障时,系统成功定位的概率不会降低到 94.7%,GLONASS 轨道高 19 100 km,运行周期为 11 小时 15 分。

俄罗斯主要使用的 GLONASS 星座型号有三种,一种是原来的 GLONASS 系列卫星,一种是新设计的 GLONASS - M 系列卫星和 GLONASS - K 系列卫星。截至 2016 年 12 月 31 日,俄罗斯在轨导航卫星 27 颗,其中 GLONASS - M 卫星 25 颗,GLONASS - K1 卫星 2 颗,提供定位导航授时服务的卫星 23 颗,其中 GLONASS - M 卫星 22 颗,GLONASS - K 卫星 1 颗。

(1) GLONASS 卫星

在 1982 年,俄罗斯计划发射 GLONASS 卫星系列,这种卫星是俄罗斯的一种老式设计,由三轴稳定的增压密封圆柱体构成。在最初的 GLONASS 卫星系列中,有两个主要批号（俄罗斯称之为Ⅰ型和Ⅱ型）及三种变型（称之为 a，b，c），不同卫星批号的主要区别在于卫星的设计寿命。

GLONASS 卫星系列的核心是星上导航设备（OBUC）。其由信息逻辑复合（ILC）单元、一组 3 台的卫星原子钟、存储单元、TT&C 链路接收机及导航信号发射机组成。这套设备以两种模式之一来工作：记录模式或发射模式。用记录模式时，导航信息上行注入卫星，然后存储在星载存储器中，在正常情况下，新的导航数据每转一圈上行注入卫星。用发射模式时，OBUC 在两个载频上产生导航信号，每个波段一个频率：1 246～1 257 MHz 和 1 602～1 616 MHz。在 GLONASS 卫星星载上有 3 个"Gem"铯束频标，由俄罗斯导航和时间研究所（RINT）生产，这种频标的尺寸是 370 mm×450 mm×500 mm，质量为 39.6 kg，工作寿命为 17 500 h，图 2-15 为 GLONASS 卫星示意图。

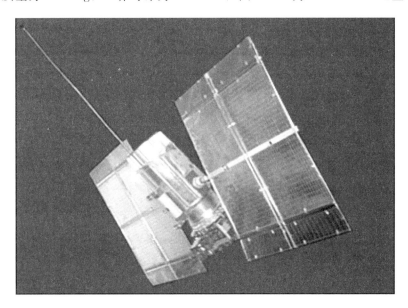

图 2-15　GLONASS 卫星

（2）GLONASS-M 卫星

2003 年，俄罗斯开始发射新的 GLONASS-M 卫星，其中 M 代表修正的意思。GLONASS-M 是 GLONASS 卫星的现代化版本，它采用更先进的电子设备并具有许多新的特点。

GLONASS-M 卫星的结构采用与 GLONASS 卫星相同的圆柱形密闭加压、承力筒式结构，星上仪器、天线馈线装置、指向系统仪器、太阳电池板驱动装置、推进单元和热控系统驱动装置等均安装在承力筒内部，GLONASS-M 卫星采用经改进的天线馈线、星钟等，使卫星寿命增加到 7 年，并且在 G2 频段增加了新的民用导航信号。GLONASS-M 卫星在轨展开示意图如图 2-16 所示。

GLONASS-M 卫星是 GLONASS 卫星的改进系列，与现在运行的 GLONASS 卫星的主要区别体现在以下 5 个方面：

图 2-16　GLONASS-M 卫星

1) 导航信号特性：

a) 频段与原来比较向左偏移；

b) L2 的输出功率是原来的两倍；

c) 原来保留的字节被占用，增加一些附加的信息，例如：增加 GPS 和 GLONASS 时间刻度的偏差、导航电文的有效标识、指出 UTC 时间刻度修正参数和导航数据的时间等信息；

d) 安装滤波器，消除在 1 610.6～1 613.8 MHz 和 1 660.0～1 670.0 MHz 的频段干扰；

e) 在 L1 和 L2 频段上，对于伪距测量的应用方式，民用用户可同时应用。

2) 导航信号的稳定性被增加到 1×10^{-13}。这主要是由于采用了铯钟，而铯钟具有精确温度稳定性。

3) 导航精度提高一倍。

4) 卫星寿命增加到 7 年。

5) 星上预留了 50 kg 质量和 350 W 功率，同时还预留了部分数据接口，可以适当地调节星上载荷。

GLONASS-M 卫星发射质量 1 415 kg，直径 1.3 m，展开后长度 7.84 m，展开后宽度 7.23 m，星钟稳定性 1×10^{-13}，电源功率 1 600 W，设计寿命 7 年。GLONASS 卫星和 GLONASS-M 卫星有两种发射方式，质子号加上面级进行一箭三星发射，联盟号加上面级一箭一星发射，卫星参数如表 2-5 所示。

表 2 - 5　GLONASS - M 卫星参数

寿命/年	卫星质量/kg	电源功率/W	有效载荷/kg	消耗功率/W	时钟稳定性（24h）	垂直控制精度/（°）	太阳帆板指向精度/（°）
7	1 415	1 450	250	580	1×10^{-3}	0.5	2

（3）GLONASS - K 卫星

GLONASS - K 是新一代 GLONASS 卫星，采用全新的设计，卫星质量 935 kg，设计寿命长达 10 年，在 GLONASS 现代化发展计划中占有极其重要的位置，GLONASS - K 卫星如图 2 - 17 所示。

图 2 - 17　GLONASS - K 卫星

GLONASS - K 卫星摒弃了 GLONASS 卫星一贯采用的充气、承力筒式结构，而是采用俄罗斯应用力学科研生产联合体为地球静止轨道通信卫星开发的"快迅 - 1000"（EXPRESS - 1000）平台，从而使 GLONASS - K 卫星与之前的 GLONASS 卫星相比，发生了根本性的变化。

"快迅 - 1000"为三轴稳定的地球静止轨道通信卫星平台，采用框架式结构，平台质量 600 kg，姿态控制精度 0.1°，位置保持精度 0.05°，太阳电池功率 3 600 W，有效载荷功率最高可以达到 2 000 W。对 GLONASS - K 卫星而言，最为重要的是"快车 - 1000"平台已经经历了严酷太空环境的考验，是一个成熟的、可靠的卫星平台。

GLONASS - K 卫星可以利用安装 Breeze - M 助推器的质子 M 运载火箭一箭 6 星发射，也可以利用安装 Fregat 助推器的联盟 - 2 号运载火箭一箭 2 星发射。GLONASS - K 卫星主要特征如下：1）导航解的可靠性和精度更加提高；2）引入了第 3 个 L 频段（1 164～1 215 MHz）；3）卫星寿命增加到 10 年；4）卫星质量减小，可使其系统部署和维护成本降低几倍；5）在星载的预留空间上，增加了搜索和救援载荷。

根据 2010 年俄罗斯调整后的 GLONASS 系统现代化计划，GLONASS - K 将分为 2 个型号，即 GLONASS - K1 和 GLONASS - K2。

GLONASS - K1 为试验卫星，采用经改进的星钟，稳定度达到 5×10^{-14}，将极大地提高 GLONASS 导航、定位与授时性能。同时 GLONASS - K1 在 L3 频段增加了民用

CDMA 信号 L3OC，这是 GLONASS 采用的首个 CDMA 信号，对 GLONASS 信号的发展与演变具有重要影响。

GLONASS‑K2 是 GLONASS‑K1 卫星的改进型号，首颗卫星计划于 2013 年发射。GLONASS‑K2 卫星星钟系统的稳定度将达到 1×10^{-14}，同时再增加 3 个 CDMA 信号，分别为：L1 频段的民用信号 L1OC 和军用信号 L1SC，L2 频段的军用信号 L2SC。此外，俄罗斯正在研制 GLONASS‑KM 卫星，计划于 2015 年进行首次发射。与 GLONASS‑K2 卫星相比，GLONASS‑KM 卫星将再增加 4 个 CDMA 信号，包括 1 个军用信号和 3 个民用信号，其中 L1OCM 为与 GPS、GALILEO 的互操作信号。届时，GLONASS‑KM 卫星的信号将达到 12 个之多，GLONASS 系统也将成为导航信号最多的全球导航卫星系统。

受 2014 年乌克兰冲突的影响，西方国家对俄罗斯进行了制裁，其中包括对 GLONASS‑K 卫星所需抗辐射加固器件的禁运。为此，俄罗斯调整 GLONASS‑K 卫星的发展计划，将原计划的 GLONASS‑K1、GLONASSS‑K2 两个型号增加了一个过渡型号，即增强型 GLONASS‑K 卫星，在不改变 GLONASS‑K 卫星发展目标的前提下，形成了 GLONASS‑K 卫星新的研发计划，GLONASS‑K 卫星发展路线图见图 2‑18。

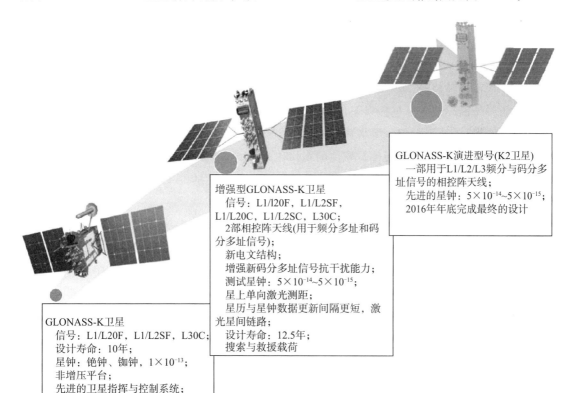

图 2‑18　GLONASS‑K 卫星发展路线图

从图 2 - 18 可以看出，新的码分多址信号、星间链路、新一代高精度星载原子钟、提高设计寿命是 GLONASS 卫星发展的重点，其中设计寿命、星钟稳定度等指标基本与美国 GPS BlockⅢ卫星相当，光学星间链路则处于领先状态。由此可以看出，全部由俄罗斯部件组成的 GLONASS - K 卫星的计划已经全面走上轨道。虽然受此影响，GLONASS 现代化计划被推迟，但是相信完全自主的 GLONASS 更加符合俄罗斯的利益。

2.3.2 GLONASS 地面控制段

据相关统计，2005 年 GPS 卫星的空间信号距离误差（signal in space range error，SISRE）已经达到 1.1 m，而那时 GLONASS 卫星的 SISRE 最高可以到 21 m，最小有时可以达到 2.0 m，平均值为 9 m。造成 GLONASS 精度差的原因主要有：

1）地面控制设施陈旧；

2）卫星跟踪区域受限，只设在俄罗斯境内；

3）时间保持系统陈旧；

4）在轨卫星老旧落后。

上述原因中，除了最后一条，其他都与 GLONASS 地面站有关。这迫切需要 GLONASS 在通过卫星的更迭不断改善卫星性能、功能和寿命的同时，还要对地面控制区段实施现代化改造：一是改进地面站的设备（包括软硬件以及时间保持系统等），二是增加地面站数量。

（1）地面设施改造

地面设施的改造主要包括以下几个方面：

1）研发基于伪距和相位网络测量的星历与时间修正技术；

2）GLONASS 地面段硬件及软件的现代化；

3）改善系统控制中心的时间稳定性及其与国际协调时和 GPS 时间的同步精度；

4）调整、校准地面段测量设备；

5）进一步精确 GLONASS 大地坐标系统（PZ - 90.02），改进其与 GPS 的 WGS84 坐标系统及国际大地参考框架的转换参数等。

为改善地面控制设施，主要措施是扩展与 GPS 相类似的接收监测站网络以及在主控站中对软件进行升级换代。由于 GLONASS 原先的 TT&C 系统主要基于与雷达相似的方法对卫星进行跟踪和测距，再辅之以激光跟踪站测距，以校准跟踪雷达。这种方法虽然有优点，然而设备庞大，造价昂贵，难以做到长期连续运行而无故障。而改用 GPS 那样的无源跟踪法便可以避免这样的问题，但是对通信网络和软件的要求较高。所以通信网络和软件的现代化也势在必行。

此外，开展国际合作也是有效途径之一，这方面的措施主要从国际 GPS 服务（IGS）获取数据。由于 IGS 有全球卫星跟踪站网，俄罗斯与它合作将在一定程度上克服设站范围仅限于俄罗斯版图的局限。

（2）增设地面站

增设地面站是 GLONASS 地面控制段现代化改造的重中之重。原 GLONASS 共有 6 个地面站，分别位于莫斯科附近的克拉斯诺兹拉明斯克和晓尔科沃、圣彼得堡、叶尼塞斯克、共青城以及黑龙江附近的双城子。

新的地面控制段现代化改造计划将再增加 6 个地面监测站，包括俄罗斯境内摩尔曼斯克、沃尔库塔、泽连丘克、乌兰乌德以及雅库茨克的 5 个站，以及哈萨克斯坦境内的 1 个站，见图 2 - 19。此外，俄罗斯还在本国境内以及世界各地建设大量的差分站，从而支持其差分校正和监测系统（SDCM）的部署。

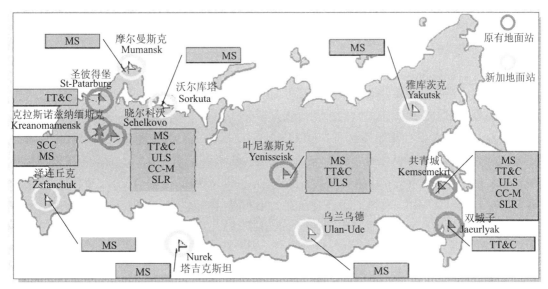

SCC系统控制中心　TT&C追踪及测控站　ULS上行注入站　MS监测站　CC-M中央时钟同步　SLR激光跟踪站

图 2 - 19　新增 GLONASS 地面站

2.3.3　GLONASS 用户段

在 GLONASS 建立之初，俄罗斯政府并没有重视用户设备的发展，特别是忽视了民用用户设备的开发。到 1995 年为止，俄罗斯已研制了两代用户设备。第一代接收机只能采用 GLONASS 单系统工作，与西方的同类 GPS 接收机相比，它偏大、偏重，有三种基本设计，即 1 通道、2 通道和 4 通道接收机。第二代接收机是 5 通道、6 通道和 12 通道设计，采用了大规模集成电路和数字处理技术，而且民用接收机可用 GPS 和 GLONASS 两种系统来工作。但是，由于俄罗斯国内政治、经济原因，影响了研制进程，其他各国也因 GLONASS 星座卫星数下降问题对开发接收机持慎重态度。结果，20 世纪 90 年代，俄罗斯 GLONASS 用户设备发展非常不景气，飞机和轮船上用的都是美国接收机。

进入新世纪，随着 GLONASS 的恢复，俄罗斯政府开始高度重视用户设备以及应用的发展，分别于 2007 年和 2010 年发布了关于俄罗斯境内卫星导航应用领域的法律与政策。相关法律与政策的主要内容是保证 GLONASS 应用在俄罗斯境内的主导地位，即必须使用 GLONASS 或 GLONASS＋其他导航系统的民用用户设备，以促进 GLONASS 应用的发展。

近些年 GLONASS 用户设备的发展已经初具规模，并应用于俄罗斯国内以及国外的各个领域。2007 年 12 月 27 日，俄罗斯首批 Glospace SGK‑70 汽车导航仪上市，在几小时内就已售空。该汽车导航仪能够同时利用 GPS 和 GLONASS 两个全球导航卫星系统进行导航。2008 年 3 月，伊尔‑76 运输机首次通过 GLONASS 降落在南极，俄罗斯第一副总统伊万诺夫对此表示非常满意。而到了 2009 年，俄罗斯装备 GLONASS 接收装置的飞机、车辆和轮船数量已经达到总量的 50％以上。

2011 年，俄罗斯移动公司 MTS 推出了一款配置了 GLONASS 的智能手机，被称为 MTS GLONASS 945，公司宣称这款手机是全球第一个支持 GLONASS 和 GPS 的具有双星定位导航功能的手机。该手机基于谷歌的 Android 2.2 操作系统开发，不仅能够在 MTS 网络下运营，而且还能由其他运营商运营。值得注意的是，该手机由俄罗斯企业联合中国的中兴通信公司共同开发，并由俄罗斯亿万富翁、SISTEMA 财团主席叶夫图什科夫和俄罗斯的副总理谢尔盖伊万诺夫共同推荐给俄罗斯总统普京使用。

随着 GLONASS 的满星座运行，GLONASS 接收机、接收处理芯片及相关应用的市场越来越受到关注，不仅为海军舰船、空军飞机、陆军坦克、装甲车、炮车等提供精确导航；也在精密导弹制导、C3I 精密敌我态势产生、部队准确的机动和配合、武器系统的精确瞄准等方面广泛应用。另外，卫星导航在大地和海洋测绘、邮电通信、地质勘探、石油开发、地震预报、地面交通管理等各种国民经济领域有越来越多的应用，GLONASS 各类用户设备如图 2‑20 所示。

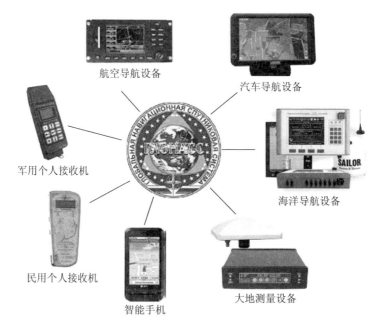

图 2‑20　GLONASS 系统各类用户设备示意图

表 2-6 给出了俄罗斯本土 GLONASS 用户设备供应商及产品分类，各类产品的具体参数细节，读者可参看"GLONASS/GNSS 论坛"，网址：http://www.aggf.ru/catalog/razdel/sod.php。

表 2-6　俄罗斯本土 GLONASS 用户设备供应商及产品分类

俄罗斯导航设备涉足领域	俄罗斯本土 GLONASS 用户设备供应商
组件：—电子元器件 　　　—基本模块 　　　—天线设备	1）M2M telematics 公司；2）NAVIS 公司；3）俄罗斯无线电导航和时间研究所（RIRT）；4）NTKF C - NORD 公司；5）SEC Navigator Technology 公司；6）URAL - RADIO 公司；7）Termotekh 公司；8）俄罗斯航空航天技术公司；9）Kompas 设计局（MKB Compas）；10）AutoTracker 系统（Russian Navigation Technologies，RNT）；11）伊热夫斯克无线电厂；12）SPIRIT Telecom 公司；13）GeoStar Navigation 公司；14）国家单一制企业 Nyima Progress 公司；15）俄罗斯科学和航天仪器研究所（NII KP）；16）非政府研究组织进展（NPO Progress）公司；17）国家单一制企业莫斯科科学生产中心"电子信息计算机系统"；18）VNⅡRA - Navigator 公司
导航设备：—个人使用 　　　　—地面运输 　　　　—海上及内河船只 　　　　—航空 　　　　—大地	
系统：—交通运输系统的监测 　　　—差分系统 　　　—同步系统	
全球导航卫星系统信号的硬件仿真	

2.3.4　GLONASS 信号频率部署

GLONASS 的接口控制文件（ICD）规定了 GLONASS 空间星座部分与用户接收部分之间在 G1 和 G2 波段上的接口，其中，G1 波段在 1.6 GHz 附近，G2 波段在 1.25 GHz 附近，它们分别与中心频率为 1.575 42 GHz 的 GPS L1 波段和中心频率为 1.227 60 GHz 的 GPS L2 波段相当。为了与 GPS 信号的 L1 和 L2 波段加以区别，我们特意将 GLONASS 的这两个波段分别称为 G1 和 G2 波段。

GLONASS 卫星采用频分多址 FDMA 方式，按照系统的初始设计，每颗卫星发送的 G1、G2 载波信号的频率是互不相同的。每个 GLONASS 卫星的 G1、G2 载波频率设计如下

$$f_{G1,K} = f_{G1} + K \cdot \Delta f_{G1} \tag{2-7}$$
$$f_{G2,K} = f_{G2} + K \cdot \Delta f_{G2} \tag{2-8}$$

式中　K——GLONASS 卫星发送信号的频道号。

中心频率 f_{G1} 和 f_{G2} 频率值为
$$f_{G1} = 1\,602\ \text{MHz}$$
$$f_{G2} = 1\,246\ \text{MHz}$$

频率间隔 Δf_{G1} 和 Δf_{G2} 的值分别为
$$\Delta f_{G1} = 562.5\ \text{kHz}$$
$$\Delta f_{G1} = 437.5\ \text{kHz}$$

对于每颗卫星，G1 和 G2 子带的载波频率是相干的，是来自于同一个公共的星载时间/频率标准 $f_{GLO.0}$，在地面上观测到的频率标称值为 5.0 MHz，即 $f_{GLO.0} = 5$ MHz。为了补偿相对论效应，卫星上观测到的频率标称值与 5 MHz 有一定偏离，其相对值为 $\Delta f / f = -4.36 \times 10^{-3}$ 或频率调整量 $\Delta f = f - f_{GLO.0} = 2.18 \times 10^3$ Hz，因此，在地面设计卫星时钟必须减小实际运行基准频率至 4.999 999 978 2 MHz。G1 和 G2 子带的载波频率的比率

$$\frac{f_{G1.K}}{f_{G2.K}} = \frac{f_{G1}}{f_{G2}} = \frac{\Delta f_{G1}}{\Delta f_{G2}} = \frac{9}{7} \qquad (2-9)$$

为了在 G1 和 G2 波段产生不同的载波频率，不同卫星所采用的频道号 K 原则上应该各不相同。起先，GLONASS 所采用的频道号 K 值的范围在 0～24 之间（包括 0 和 24），其中 K 值为 0 的频道叫技术频道，它用于正在被调试的卫星上，而值 1～24 才被分配给那些正常工作运行的卫星。

鉴于 GLONASS 的载波频率与用于射电天文研究的频率 1 610.6～1 613.8 MHz 存在交叉，以及国际电信联盟已将频段 1 610.0～1 626.5 MHz 分配给近地卫星移动通信。俄罗斯计划减小 GLONASS 载波带宽和频率。频率改变后，GLONASS 将仅有 12 个频率加 2 个测试频率。因为在地球上任何一个地方，不可能同时看见在同一轨道平面上位置相差 180°的 2 颗卫星，所以这 2 颗卫星可以采用同一频率，而不至于产生相互干扰，俄罗斯就是用这个方法解决了用 12 个频率识别 24 颗卫星的问题。载波频率修改分两步进行：

（1）1998—2005 年的频率计划

在此期间，GLONASS 采用的载波频率通道号为 $K = 0，1，…12，13$，即 L1、L2 频段范围为 1 602.0～1 608.8 MHz 和 1 246.0～1 251.25 MHz。$K = 0$ 和 $K = 13$ 用于测试。

（2）2005 年以后的频率计划

GLONASS 卫星采用的载波频率通道号为 $K = -7，… +6$。即频段范围为 1 598.062 5～1 604.25 MHz 和 1 242.937 5～1 247.75 MHz，$K = +5$ 和 $K = +6$ 用于测试。

表 2 - 7　GLONASS 信号在不同频道上的载波频率

频道号 K	G1 载波频率 $f_{G1.K}$	G2 载波频率 $f_{G2.K}$	卫星号 S
06	1 605.375	1 248.625	04/08
05	1 604.812 5	1 248.187 5	03/07
04	1 604.25	1 247.75	17/21
03	1 603.687 5	1 247.312 5	19/23
02	1 603.125	1 246.875	20/24
01	1 602.562 5	1 246.437 5	01/05
00	1 602	1 246	11/15
−1	1 601.437 5	1 245.562 5	12/16
−2	1 600.875	1 245.125	09/13
−3	1 600.312 5	1 244.687 5	18/22

续表

频道号 K	G1 载波频率 $f_{G1,K}$	G2 载波频率 $f_{G2,K}$	卫星号 S
−4	1 599.75	1 244.25	02/06
−5	1 599.187 5	1 243.812 5	暂停未用
−6	1 598.625	1 243.375	暂停未用
−7	1 598.062 5	1 242.937 5	10/14

GLONASS 卫星天线的信号束不但能覆盖地球，而且也能向空中运行的卫星提供导航信号。GLONASS 卫星天线的增益在设计上尽量让不同仰角的卫星信号有着相同的地面接收功率，并且 C/A 码和 P 码两信号的发射功率也大致相当。对增益为 3 dB 的线极化接收天线来讲，在地面上仰角大于 5°的 G1 波段（C/A 码或 P 码）信号的接收功率不低于 −161 dBW，而仰角大于 5°的 G2 波段信号的接收功率不低于 −167 dBW。将来 GLONASS 会逐步提高 G2 波段的信号发射功率，最终使它的接收功率也不低于 −161 dBW。需要说明的是，这些信号接收功率值已经假定了 2 dB 的大气损耗。假定大气损耗为 0.5 dB 并且其他条件相同，那么 GLONASS 信号的最大地面接收功率为 −155.2 dBW。对地面上的接收机而言，在卫星仰角为 45°～50°时，G1 波段信号的接收功率呈最强，而在卫星仰角大约为 60°时，G2 波段信号的接收功率呈最强。

2.4　GALILEO

欧空局（ESA）早在 1990 年就决定研制 GNSS，GNSS 分为两个阶段，第一阶段是建立一个与美国 GPS、俄罗斯 GLONASS，以及三种区域增强系统均能相容的第一代全球导航卫星系统（GNSS‐1），第二阶段是建立一个完全独立于 GPS 和 GLONASS 之外的第二代全球导航卫星系统（GNSS‐2）。由于 GNSS‐1 主要是利用 GPS 等已经建成的系统，因此其主要工作是在欧洲建立 30 座地面站和 4 个主控制中心，系统将在 2002 年部署完毕，2004 年完成运营试验。欧洲的长远目标是拥有自己的独立的全球导航卫星系统，即 GNSS‐2，也就是现在的 GALILEO。

1999 年，欧盟委员会首次提出 4 个阶段的 GALILEO 计划，随着研究工作的不断深入，又将发展计划确定为 3 个阶段：

第一阶段为定义阶段（2000—2003 年）。主要进行系统可行性评估和确定系统参数。

第二阶段为研发和在轨验证阶段（2003—2008 年）。初期通过发射 GIOVE‐A、GIOVE‐B 试验卫星和部署地面控制段来确保 GALILEO 的频率占用、验证卫星运用的新技术、勘测运行轨道辐射环境并测试用户接收机性能，后期将通过发射 4 颗 GALILEO 工作星开展空间段、地面控制段和用户段的联合在轨验证试验。

第三阶段为全面部署阶段（2008—）。将研发和发射剩余的 26 颗工作星并构建完整的地面设施网络。系统建成后，可使用户获得 1 m 以内的定位精度，具有比 GPS 和 GLONASS 更强的抗干扰能力，能提供系统的完好性信息，及时判定卫星信号故障并能发出警告。此外欧盟还宣称可能将 GALILEO 用于军事目的。论证中充分反映了潜在用户、业务提供商和设备供应商各自的导航要求，2000 年年底方案论证结束。

2002 年 3 月，欧盟正式批准 GALILEO 计划。计划投资 34 亿欧元，以公私伙伴关系的方式发展"全民用的"GALILEO。

2005 年 12 月，首颗 GALILEO 试验卫星 GIOVE – A 成功发射，开展试验验证与空间环境探测工作。

2007 年，GALILEO 特许经营权谈判破裂，公私伙伴关系的投、融资方式与管理模式终结，对 GALILEO 的后续发展产生重大影响。

2008 年 4 月，欧盟决定全部以公共资金支持 GALILEO 计划的发展。

2008 年 4 月，第二颗 GALILEO 试验卫星 GIOVE – B 发射，开展有效载荷试验验证与空间环境探测工作。

2008 年 7 月，欧盟正式启动 GALILEO 采购计划。

2011 年 1 月，欧盟发布 GALILEO 与 EGNOS 中期评估报告，报告称完成 GALILEO 部署资金缺口达 19 亿欧元，GALILEO 发展总投资约 54 亿欧元；且 GALILEO 与 EGNOS 系统的运行费用约为每年 8 亿欧元。

2011 年 10 月，前 2 颗在轨组网验证卫星（IOV）发射成功。

2012 年 10 月，后 2 颗在轨组网验证卫星发射成功，4 颗 IOV 卫星顺利组成小型星座，满足导航服务的最低卫星数目要求，开始提供全系统的验证，并对 GALILEO 的全球地面系统进行评估。

2013 年 3 月，GALILEO 完成首次定位。

2014 年 2 月，ESA 正式宣布已通过 4 颗在轨验证卫星，顺利完成"在轨验证"（IOV）工作。

2014 年 8 月，两颗 GALILEO 全运行能力（FOC）卫星搭乘"联盟号"运载火箭完成发射，但由于出现故障，未能成功进入预定轨道。

2014 年 11 月，经 11 次轨道机动后，ESA 成功地将首颗 FOC 卫星的近地点提升了 3 500 km，该卫星也开始正常播发 L 频段导航信号。

2015 年 3 月，ESA 成功地完成了第 2 颗 GALILEO 全运行能力卫星的轨道调整，至此前 2 颗全运行能力卫星的挽救工作全面完成。

2015 年 3 月，ESA 成功发射了第 3 颗和第 4 颗 GALILEO 全运行能力卫星。

2015 年 9 月，ESA 成功发射了第 5 颗和第 6 颗 GALILEO 全运行能力卫星。

2015 年 12 月，ESA 成功发射了第 7 颗和第 8 颗 GALILEO 全运行能力卫星。

2016 年 5 月，ESA 成功发射了第 9 颗和第 10 颗 GALILEO 全运行能力卫星。

2016 年 11 月，利用改进型阿里安–5 运载火箭，将 4 颗 GALILEO 卫星送入轨道。

2016 年完成 6 颗 GALILEO 全运行能力卫星（GALILEO – FOC）的部署，12 月 15 日，欧盟与 ESA 共同宣布：欧洲 GALILEO 投入初始运行，使欧洲成为全球第 4 个拥有完全自主的卫星导航能力的地区（国家）。目前，GALILEO 在轨卫星 18 颗，其中提供导航服务卫星 11 颗，提供搜索救援服务卫星 12 颗，试运行卫星 4 颗，在轨测试卫星 2 颗，停止工作卫星 1 颗。

2.4.1　GALILEO 空间段

GALILEO 是欧洲独立发展的全球导航卫星系统，提供高精度、高可靠的定位导航与授时服务。GALILEO 由 30 颗卫星组成，其中 27 颗工作星，3 颗备份星。卫星分布在 3 个中地球轨道（MEO）上，每个轨道上部署 9 颗工作星和 1 颗备份星。空间段采用 MEO，3 个轨道面，轨道面间夹角 120°，轨道高度 23 600 km，轨道倾角 56°，轨道周期 14 小时 4 分钟，地面轨迹重复周期 10 天，30 颗卫星等间隔地分布在 3 个等间隔分布的轨道面上。GALILEO 卫星星座如图 2 - 21 所示。

图 2 - 21　GALILEO 卫星星座

2003 年 7 月 11 日，欧空局与英国萨瑞空间技术公司和 GALILEO 集团签署了前两颗 GALILEO 试验卫星的研制合同，2005 年 11 月 ESA 将这两颗卫星分别命名为 GIOVE（GALILEO In - Orbit Validation Element）- A 和 GIOVE - B，其以国际电信联盟批准的频率发射 GALILEO 导航信号、利用 GALILEO 导航信号和小型接收机网络验证 GALILEO 系统轨道性能和时钟特性、研究 GALILEO 星座轨道的环境特性等。

（1）GIOVE - A 卫星

英国萨瑞空间技术公司研制的 GALILEO 试验卫星，又称为 GSTB - V2/A，该卫星合同金额为 2 790 万欧元，卫星于 2005 年 7 月由萨瑞公司交付给 ESA，并由欧洲空间技术中心完成卫星的测试工作，于 2005 年 12 月发射。GIOVE - A 卫星如图 2 - 22 所示。

GSTB - V2/A 卫星的主要任务如下：

1）在国际电信联盟规定的最后期限前，以 GALILEO 申请的频率发射 GALILEO 导

图 2 - 22　GIOVE - A 卫星

航信号，保证已经获得的导航频率资源不会得而复失；

2）测量 MEO 环境的辐射特性；

3）为确认和验证 GALILEO 有效载荷关键技术提供平台，如欧洲研制的铷钟等；

4）为试验和验证的需要，提供 GALILEO 基准空间信号，完成信号定义工作。

GIOVE - A 采用英国萨瑞空间技术公司（简称萨瑞公司）的 MEMINI 小卫星平台，该平台采用模块化设计方法，从 LEO 平台继承了部分模块化子系统，降低了卫星研制成本，缩短了研制周期。由于是试验验证卫星，该卫星的设计寿命小于 3 年。

GIOVE - A 卫星尺寸 1.3 m×1.8 m×1.65 m，发射质量 600 kg，采用三轴稳定，有效载荷功率 700 W，设计寿命 2 年。结构为边长 1 m 的立方体，其两侧为折叠状态的电池板（见图 2 - 23），进入轨道后电池板展开。

图 2 - 23　GSTB - B2/A 卫星

电源子系统：GSTB‐V2/A 卫星的电源子系统采用模块化、可升级设计，能够为有效载荷提供 1～1.25 kW 的动力，供电电压为 50 V 和 28 V 两种。电池为 AEA 技术的锂离子电池，太阳电池采用 Dutch 航天公司的产品。

有效载荷：最初 GSTB‐V2/A 卫星只有一项任务，即在与 GALILEO 相近的轨道以申请的频率发射 GALILEO 导航信号，为此萨瑞公司开发了专用的、简化有效载荷，以避免任务的拖延。有效载荷包括 2 台铷原子钟、信号发生器、星上转换器、放大器和天线。后来，卫星的任务扩展为包括 ESA 开发的、用于 GALILEO 卫星的有效载荷子系统的验证，萨瑞公司研制的有效载荷作为备份，如果 ESA 有效载荷的研制按计划实现，萨瑞公司研制的有效载荷将不用于空间飞行。但萨瑞公司研制的信号发生器将作为 ESA 提供的 CFI 信号发生器和星上转换器的备份进行空间飞行。

GIOVE‐A 卫星携带的环境有效载荷为萨瑞空间中心和萨瑞空间技术实验室制造的宇宙射线能量累积试验装置（CEDEX，Cosmic‐Ray Energy Deposition Experiment）和 QinetiQ 公司提供的墨林（Merlin）装置。它们共同提供带电粒子监视、质子流测量和电离状态评估。其目的是在第 1 颗 GALILEO 卫星发射前，提供有价值的 MEO 空间环境信息。

GIOVE‐A 卫星的有效载荷还包括一部 GPS 接收机和后向激光反射器，以为卫星提供精确的轨道与位置定位能力。激光后向反射器阵列由为 GPS 和 GLONASS 卫星提供该反射器的俄罗斯供应商提供，该阵列的尺寸大约是 GPS 的 2 倍。目前，ESA 已经完成了该卫星的全面测试，按计划将于 2005 年 12 月利用俄罗斯的联盟号运载火箭发射升空。

GIOVE‐A 卫星的控制由英国萨瑞公司负责，萨瑞公司的任务控制中心、部署在英国的地面站，以及设在印度和马来西亚的上行站协同工作，2006 年 1 月 9 日完成了卫星太阳电池帆板的展开、对太阳的捕获，以及卫星平台各分系统功能的测试。2006 年 1 月 10 日完成了卫星有效载荷各单元的测试，2006 年 1 月 12 日卫星首次成功地在太空发送了 GALILEO 导航信号。到目前为止，已经按顺序完成了 GALILEO 各种信号模式和信号结构的试验与验证工作。试验结果表明，GALILEO 导航信号非常清晰、明亮。

2009 年，GIOVE‐A 卫星完成全部试验任务后，移到墓地轨道。

（2）GIOVE‐B 卫星

GIOVE‐B 是继英国萨瑞公司建造的 GIOVE‐A 卫星之后的第 2 颗 GALILEO 试验卫星。卫星主承包商为 ASTRIUM GmbH 公司（德国），Thales Alenia Space 公司（意大利）负责卫星的总装与测试，有效载荷由 ASTRIUM UK 公司（英国）提供，采用 Thales Alenia Space 公司（法国）的海神（Proteus）卫星平台（见图 2‐25），设计寿命 2 年。GIOVE‐B 卫星见图 2‐24。

2008 年 4 月 27 日，GIOVE‐B 成功发射，GIOVE‐B 卫星除了进行技术验证外，还接管了 GIOVE‐A 的任务，确保 GALILEO 频率。GIOVE‐B 卫星的成功发射，标志着 GALILEO 计划验证阶段将要结束。GIOVE‐B 集成了 GALILEO 卫星的全部关键技术和有效载荷，是 GALILEO 的关键。GIOVE‐B 还载有一个辐射监视有效载荷，能表征

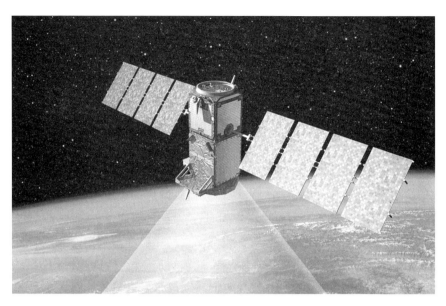

图 2 - 24　GIOVE - B 卫星

GALILEO 星座运行高度上的太空环境，还装有一个激光反射器，用于高精度激光测距。

　　GIOVE - B 卫星为三轴稳定卫星，卫星质量 530 kg，尺寸 0.95 m×0.95 m×2.4 m（收缩状态），两个展开后长 4.34 m 的太阳电池帆板提供 1 100 W 的功率，星上推进系统采用肼单组元推进剂，星上推进剂质量 28 kg。GIOVE - B 可以同时在 GALILEO 3 个信

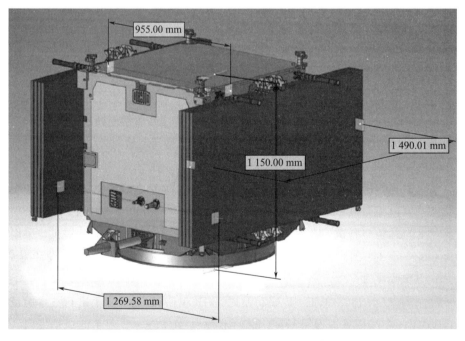

图 2 - 25　收缩状态的海神小卫星平台

号频段中的 2 个信号频段播发导航信号，并对导航信号发生器进行了改进，使其能够按欧盟与美国于 2007 年 7 月签署的协议播发复合二元偏置载波（MBOC）信号。星上安装 1 部氢钟和 2 部铷钟，氢钟的精度为每天 1 ns。

GIOVE - B 卫星的有效载荷还包括用于探测中地球轨道辐射环境的标准辐射环境探测器（SREM）和由俄罗斯研制的激光反射器。

GIOVE - B 卫星采用海神平台。该平台原为低地球轨道小卫星平台，平台主要技术参数见表 2 - 8。

卫星的姿态控制系统包括 4 个反作用飞轮，2 个磁力矩器，8 个推进器，2 个地球敏感器，2 个陀螺，卫星 TT&C 系统的上行速率为 2 Kbps，下行速率为 32 Kbps。

表 2 - 8　海神平台主要技术参数

轨道	低地球轨道（600～1 500 km），轨道倾角大于 20°
质量分配	平台 300 kg，有效载荷 300 kg
电力分配	平台 300 W，有效载荷 300 W，23～37 V 供电，锂离子电池
太阳电池	双翼，4 块电池板（每块 1.5×0.8 m²）
推进剂	28 kg
机动	4 个 1N 推力器
指向模式	地球、太阳、天底
可靠性	5 年 0.759，3 年 0.882

GIOVE - B 卫星的主要任务是：播发 GALILEO 导航信号；测试关键技术，如被动氢钟、铷钟、信号发生器等；轨道空间环境探测。

2008 年 7 月 7 日，ASTRIUM GmbH 公司在欧洲空间技术研究中心公布了 GIOVE - B 的试验结果。在为期 2 个月在轨验证试验活动中，GIOVE - B 卫星表现出色，满足设计要求。

（3）在轨组网验证卫星（IOV）

GALILEO 在轨组网验证系统由 4 颗在轨组网验证卫星、1 个主控站、5 个上行与跟踪站和 18～20 个 GALILEO 敏感器站组成，进行 GALILEO 性能的最终验证。

GALILEO 在轨组网验证卫星（GALILEO - IOV）具有与 GALILEO 工作星相同的有效载荷，播发 GALILEO 定义的全部导航信号，提供 GALILEO 全部导航定位服务与搜索救援服务。其任务为：

1）在系统全面部署前，验证空间段、地面控制段和用户段的组成，包括接口。

2）在系统全面部署前，分析系统性能，并进行优化。

3）确认合理的需求。

4）确认运行操作程序。

5）降低系统部署风险。

GALILEO - IOV 由 EADS ASTRIUM 公司研制，4 颗卫星分布在 2 个轨道面。

卫星采用经改进的 PROTEUS 小卫星平台，卫星质量 700 kg，功率 1 600 W，卫星尺寸：收缩状态 3.02 m×1.58 m×1.59 m，太阳电池展开后：2.74 m×14.5 m×1.59 m。导航有效载荷重 115 kg，功率 780 W，搜索与救援载荷重 20 kg，功率 100 W。

GALILEO‑IOV 卫星有效载荷与工作星相同，并在 GIOVE‑A 与 GIOVE‑B 卫星之后进行了在轨试验与验证。GALILEO 卫星有效载荷比较见表 2‑9。

表 2‑9 GIOVE 卫星与 IOV 卫星有效载荷参数对比

项目	GIOVE‑A	GIOVE‑B	GALILEO‑IOV
任务	测试平台，如频率占用、技术验证、检验空间信号设计、空间辐射环境特征探测		运行系统/服务
设计寿命	2.25 年	2.25 年	12 年
卫星质量	600 kg	500 kg	700 kg
卫星功率	700 W	1 100 W	1 600 W
信号	E5＋E2L1E1 或 E6＋E2L1E1		L1＋E5＋E6
	E5：AltBOC (15, 10)，2 个 QPSK (10) E6‑A：BOC (10, 5)，E6‑B：BPSK (5)		
	E2L1E1‑A：BOC (15, 2.5) E2L1E1‑B：BOC (1, 1)	E2L1E1‑B/C (1, 6, 1, 10/1)	L1‑A：BOC (15, 2.5) L1‑B/C：CBOC (1, 6, 1, 10/1)
带宽/MHz	E5：51.15 E5a/E5b：20.46 E6：40.92 E2L1E1：32.74	E5：54 E6：40 E2L1E1：32	E5：92.07 E6：40.92 L1：40.92
地面最小接收功率/dBW	E5a：−154.4 E6：−154.1 E2L1E1：−156.6	E5a：−152.1 E5b：−152.5 E6：−152.3 E2L1E1：−156.5	E5/E6/L1：−152.0

（4）全运行能力（FOC）卫星（见图 2‑26）

2010 年 1 月，ESA 将 GALILEO‑FOC 卫星的首个研发合同授予了由德国不莱梅轨道科学公司（OHB）和英国萨里公司（SSTL）组成的团队；其中 OHB 公司为主承包商，负责卫星平台、组装、测试等；英国萨里公司（SSTL）为有效载荷分包商，负责全部有效载荷的研发。目前，GALILEO‑FOC 卫星的采购数量为 22 颗，以满足 GALILEO 投入全面运行服务的需求。

GALILEO‑FOC 卫星采用模块化设计，整个卫星分为 7 个模块，分别为：有效载荷核心模块、时钟系统模块、天线模块，上述三个模块构成 GALILEO‑FOC 卫星的有效载荷单元；另外 4 个模块分别为：平台核心模块、中心模块、推进模块和太阳电池模块，上

图 2 - 26　伽利略全运行能力卫星

述 4 个模块构成 GALILEO - FOC 卫星平台单元。GALILEO - FOC 卫星主要参数见表 2 - 10。

表 2 - 10　GALILEO - FOC 卫星主要参数

序号	项目	参数
1	发射质量	732.8 kg
2	卫星本体尺寸	2.5 m×1.2 m×1.1 m
3	太阳帆板展开后尺寸	14.67 m
4	卫星尺寸（发射状态）	2.91 m×1.70 m×1.40 m
5	轨道参数	MEO，半径 29 600 km，倾角 56°，3 个轨道面等间隔分布，间距 120°，寿命结束后转入墓地轨道
6	寿命	在轨：>12 年，地面存贮：>5 年
7	设计	模块化设计，卫星由 7 个模块组成
8	导航信号 最小 EIRP 带宽	3 个频段（E5、E6、E1） E5：32.57 dBW，E6：33.20 dBW，E1：35.60 dBW E5：92.07 MHz，E6：50.00 MHz，E1：50.00 MHz
9	时钟频率稳定性	被动氢钟：$<4.5\times10^{-14}$@30 000 s 铷钟：$<5.1\times10^{-14}$@10 000 s
10	搜索救援应答转发器	接收频率 406 MHz，转发信道 L 频段，1 544 MHz

续表

序号	项目	参数
11	功率 子系统设计 太阳电池	电压 50 V，锂离子电池，3.8 kW·h 2 个太阳帆板，每个 2 块三结砷化镓太阳电池，寿命末期功率 1.9 kW
12	卫星可靠性	>0.88/12 年

GALILEO - FOC 卫星的主要有效载荷包括：时间子系统、任务上行子系统、导航信号生成子系统、射频放大子系统、搜索救援子系统和激光反射器阵列等。

时间系统由 2 个被动氢钟、2 个铷钟和时钟监测与控制单元组成，均产生 10.23 MHz 的基准频率。星上温度控制系统保证时间系统的环境温度在很小的范围内变化，以改善其稳定性。

任务上行子系统接收来自于外部区域完好性系统（ERIS）和 GALILEO 地面运行控制段的加密数据。数据接收采用具有 6 个并行信道的 CDMA 接收机，接收到的数据传输至公共安全单元进行解密。GALILEO 提供的服务性能见表 2 - 11。

表 2 - 11　GALILEO 提供的服务性能

GALILEO 全球服务	免费服务	商业服务	生命安全服务	公共特许服务
覆盖	全球	全球	全球	全球
定位精度	水平：15 m 垂直：35 m（单频） 水平：4 m 垂直：8 m（双频）	<1 m（双频） <10 cm（本地增强服务	水平：4 m 垂直：8 m（双频）	水平：15 m 垂直：35 m（单频） 水平：6.5 m 垂直：12 m（双频）
授时精度	30 ns	30 ns	30 ns	30 ns
连续性风险			$0.8 \times 10^{-5}/15$ s	$0.8 \times 10^{-5}/15$ s
服务可用性	99.5%	99.5%	99.5%	99.5%
接入控制	免费接入	控制对测距码和导航数据信息的访问	确认后免费接入	控制对测距码和导航数据信息的访问

为保证 GALILEO 于 2020 年前投入全面运行，2016 年 ESA 重新定义了 GALILEO 全面运行能力的星座状态，星座卫星数量从原来的"27 颗工作星＋3 颗备份卫星"调整为"24 颗工作星＋备份卫星"。该调整表明：在仅完成 4 颗 GALILEO - IOV 卫星和 22 颗 GALILEO - FOC 卫星采购的条件下，2020 年前欧洲已经不可能完成 30 颗卫星组成的 GALILEO 空间段部署，重新定义 GALILEO 全面运行能力星座状态是保证 GALILEO 于 2020 年前投入全面运行的很必要保证。

2.4.2　GALILEO 地面控制段

GALILEO 地面段的两大功能是卫星控制和任务控制。卫星控制是指利用遥测遥控站

（TT & C）上行链路进行监控来实现对卫星的管理；任务控制是指对导航任务的核心功能（如定轨、时钟同步等）进行全球控制。其具体组成包括：GALILEO 地面控制段由 2 个控制中心、9 个上行链路站、5 个遥测跟踪与控制站、30 ~ 40 个敏感器站，以及 GALILEO 全球通信网络组成。GALILEO 地面控制段全球分布，在轨组网验证阶段地面控制段如图 2 - 27 所示。

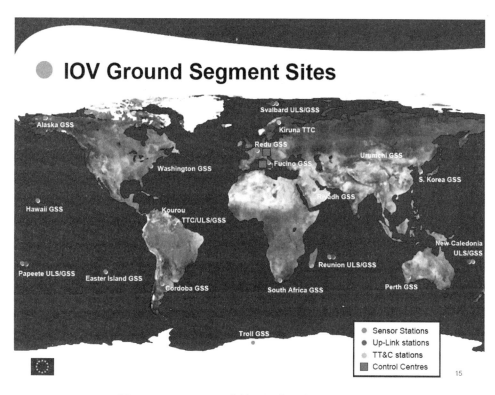

图 2 - 27　GALILEO 在轨组网验证阶段地面控制段

　　2 个控制中心是 GALILEO 地面控制段的核心，分别位于德国和意大利。控制中心的主要功能是：控制卫星星座，保证星上原子钟的同步，完好性信号处理，监控卫星及其卫星提供的服务，同时还进行内部与外部信息的处理。控制中心由轨道同步与处理设施（OSPF）、精确授时设施（PTF）、完好性处理设施（IPF）、任务控制设施（MCF）、卫星控制设施（SCF）和服务与产品设施（SPF）组成。

2.4.3　GALILEO 用户段

　　GALILEO 的用户终端在导航功能上可与 GPS 完全兼容，既能接收伽利略信号，又能接收 GPS 信号。GALILEO 的码长是 GPS C/A 码的 10 倍，是 GLONASS 民用码的 20 倍，这表明其抗干扰性能也比 GPS 和 GLONASS 民用信号提高很多。理论上用户接收机可以用单独的锁定环路对扩频码进行积分，即使干扰噪声很大，依然能在积分时间内锁定扩频码。

GALILEO 的数据速率比 GPS 和 GLONASS 提高 5～30 倍，可以在较短的时间内接收完星历数据，用户接收机可以更快地实现冷启动。与 GPS 需在世界范围内建设大量差分基准站相比，GALILEO 用户终端不依赖外部辅助信息，用廉价的设备即可实现高精度导航，在更多的应用领域具有较其他卫星导航系统更强的竞争力，图 2 - 28 为 GPS/GALILEO 双模接收机芯片。

图 2 - 28　GPS/GALILEO 双模接收机芯片

2.4.4　GALILEO 信号频率部署

GALILEO 所使用的频率分布在 1 164～1 214 MHz（E5A 和 E5B，低 L 频段）、1 260～1 300 MHz（E6，中 L 频段）和 1 559～1 591 MHz（E2 - L1 - E1，高 L 频段，简称为 L1）三个频段上。为了保证 GALILEO 与 GPS、GLONASS 的兼容性，GALILEO 的 E2 - L1 - E1 频段选用了 GPS L1 频段，GALILEO 的 E5A 频段选用了 GPS L5 频段，E5B 频段选用了 GLONASS L3 频段。三者通过共用中心频率的方式来实现协同工作。频率部分重叠，但利用不同信号结构和不同码序列，从而实现 GALILEO/GPS/GLONASS 互操作。在 E5A（对应 L5）、E5B（对应 L3）和 E2 - L1 - E1（或称 L1），GALILEO、GLONASS 和 GPS 信号用相同载波频率发射。在 L1，利用不同的调制体制，使 GPS 与 GALILEO 信号的频谱分离，这样可对民用信号实施干扰但却不会影响 GPS M 码或 GALILEO PRS 业务。在 E5A 和 L5 上，使系统间干扰在通常状况下一般更大，因为信号使用了相同的调制体制。

GALILEO 系统的空间星座部分与用户设备部分的接口是 GALILEO 卫星所发射的相互独立的 CDMA 信号，按它们的载波频率由高到低的顺序排列依次为 E1、E6 和 E5 信号，载波中心频率的值分别为

$$f_{E1} = 1\ 575.42\ \text{MHz} \tag{2-10}$$

$$f_{E6} = 1\ 278.75\ \text{MHz} \tag{2-11}$$

$$f_{E5} = 1\,191.795\ \text{MHz} \tag{2-12}$$

其中，E5 信号分为 E5a 和 E5b 两个子信号。

GALILEO 系统的所有 E1、E6、E5a 和 E5b 四个信号波段均分配在卫星无线电导航业务的频段内，而其中的 E5a、E5b 和 E1 信号波段又坐落于分配给民用航空等一些安全关键性应用系统的、受到保护的航空无线电导航服务频段内。因为 E5a、E5b 和 E1 三个信号波段均坐落于受到保护的航空无线电导航服务频段内，所以即使 GALILEO 信号和接收机受到干扰，接收机同时失去这三个不同频点上的信号的导航功能的概率也极其微小。GALILEO 的这种频率多样性有利于保障对这些 GALILEO 信号的安全使用，这对（比如利用 SOL 服务的）安全关键性应用来讲具有非凡的积极意义。由于不在航空无线电导航服务频段内的 E6 信号波段与民用和军用雷达站的使用频率波段重合，因而对 E6 信号使用的可靠性可能会存在疑虑。关于 E1 波段的使用，欧盟曾与美国有着激烈的讨论，其原因是 E1 波段信号会干扰 GPS L1 上的民用和军用信号，而最后采用了 BOC 调制以尽可能地降低这种干扰。E1 与 E5 两频点之间的较大频率差异有利于电离层延时的双频校正，而 E5a 与 E5b 两频点之间的较小差异可产生波长为 9.8 m 的载波相位组合测量值，这对精密定位中周整模糊度的求解十分有利。

表 2-12 为 GALILEO 信号波段的一些参数信号，其中第 2 列为这些信号的载波中心频率值，第 3 列给出了以这些标称载波频率为中心的各个信号的频宽，第 4 列是采用这些频宽值的接收机射频前端滤波给接下来的信号相关运算所带来的损耗（即相关损耗）。GALILEO 卫星上的各个载波频率和所有时间机制都基于卫星的同一个原子频率标准（AFS）所产生的值为 10.23 MHz 的基准频率，其中为了补偿相对论效应，这一基准频率值在地面上被特意减小 0.005 Hz。我们可以找出表中各个信号波段的标称载波频率与基准频率 10.23 MHz 之间的数值关系，比如 E5a 的载波频率 1 176.450 MHz 等于 10.23 MHz 的 115 倍。

表 2-12　GALILEO 信号波段概况

信号波段	载波中心频率/MHz	频宽/MHz	相关损耗/dB	信号组成分量		最小接收总功率/dBW
				数据信号组成分量	导频信号组成分量	
E5	1 191.795	51.150	0.4	参见 E5a 和 E5b		参见 E5a 和 E5b
E6	1 278.750	40.920	0.0	E6-B	E6-C	-155
E1	1 575.420	24.552	0.1	E1-B	E1-C	-157
E5a	1 176.450	20.460	0.6	E5a-I	E5a-Q	-155
E5b	1 207.140	20.460	0.6	E5b-I	E5b-Q	-155

如表 2-12 所示，GALILEO 信号接口控制文件对在地面上接收到的 GALILEO 信号的最小功率做了规定，而这些最小接收功率值假定了呈右旋圆极化的接收天线增益为 0 dBi，并且卫星仰角大于 10°。当卫星仰角为 5°时，GALILEO 信号的最小接收功率一般会比表中的值低 0.25 dB。需要说明的是，这里的信号接收功率指的是相应信号的总功率，

比如 E1 信号功率实际上是指它的 E1 - B 和 E1 - C 两信号分量的功率之和，而 E5a 信号功率是指其 E5a - I 和 E5a - Q 两信号分量的功率之和。GALILEO 不但在每一个信号波段上至少播发一对数据信号分量与导频信号分量（比如 E1 - B 与 E1 - C，再比如 E5a - I 与 E5a - Q），而且每一对信号分量中的数据与导频两信号分量有着相等的发射功率。在与这些最小接收功率做相同假设的条件下，地面上的最大信号接收功率不应该超过相应最小接收功率 3 dB，但是在设计和测试接收机动态范围时，我们可以假定最大接收功率不超过相应最小接收功率 7 dB。

2.5　北斗卫星导航系统

北斗卫星导航系统（以下简称北斗系统）是中国着眼于国家安全和经济社会发展需要，自主建设、独立运行的卫星导航系统，是为全球用户提供全天候、全天时、高精度的定位、导航和授时服务的国家重要空间基础设施。20 世纪后期，中国开始探索适合国情的卫星导航系统发展道路，逐步形成了三步走发展战略：

第一步，建设北斗一号卫星导航系统（也称北斗卫星导航试验系统）。1994 年，启动北斗一号卫星导航系统工程建设；2000 年，发射 2 颗地球静止轨道卫星，建成系统并投入使用，采用有源定位体制，为中国用户提供定位、授时、广域差分和短报文通信服务；2003 年，发射第三颗地球静止轨道卫星，进一步增强系统性能。

第二步，建设北斗二号卫星导航系统。2004 年，启动北斗二号卫星导航系统工程建设；2012 年年底，完成 14 颗卫星（5 颗地球静止轨道卫星、5 颗倾斜地球同步轨道卫星和 4 颗中圆地球轨道卫星）发射组网。北斗二号系统在兼容北斗一号技术体制基础上，增加无源定位体制，为亚太地区用户提供定位、测速、授时、广域差分和短报文通信服务。

第三步，建设北斗全球系统。2009 年，启动北斗全球系统建设，继承北斗有源服务和无源服务两种技术体制；计划 2018 年，面向"一带一路"沿线及周边国家提供基本服务；2020 年前后，完成 35 颗卫星发射组网，为全球用户提供服务。

北斗系统由空间段、地面段和用户段三部分组成。

空间段：北斗系统空间段由若干地球静止轨道卫星、倾斜地球同步轨道卫星和中圆地球轨道卫星三种轨道卫星组成混合导航星座。

地面段：北斗系统地面段包括主控站、时间同步/注入站和监测站等若干地面站。

用户段：北斗系统用户段包括北斗兼容其他卫星导航系统的芯片、模块、天线等基础产品，以及终端产品、应用系统与应用服务等。

2.5.1　北斗一号卫星导航系统

北斗一号是双向测距有源导航系统（北斗卫星导航试验系统），利用位于地球静止轨道上的 2 颗 GEO 卫星和地面运控站，实现无线电测定业务服务（RDSS：Radio Determination Satellite Service），为服务区域内用户提供定位、授时和位置报告/短报文通信服务。

RDSS 服务是通过卫星，由用户以外的地面运控系统完成用户定位所需的无线电导航参数的确定和位置计算，再通过卫星转发通知用户，完成用户的定位、授时。

由于 RDSS 体制提供的卫星导航信号，需要用户提出申请、发射信号至卫星才能完成导航定位，因此也有人称为有源卫星导航定位。

1994 年 1 月，国家批准了"双星导航定位系统"立项报告，命名为"北斗一号"，开始了中国导航定位卫星的研制。经过几年的努力，2000 年 10 月 31 日，第一颗北斗一号卫星发射成功；2000 年 12 月 21 日，第二颗北斗一号卫星入轨；2003 年 5 月 25 日，第三颗北斗一号卫星发射，作为北斗一号卫星导航系统的备份星。2003 年 12 月 15 日系统正式开通运行，在国际上首先实现了利用 GEO 卫星和 RDSS 原理，完成定位授时服务，使我国成为世界上第三个具备卫星系统提供 PNT 服务的国家，是我国卫星导航定位系统的第一个里程碑。

北斗一号系统的工作原理和过程如下：

1）地面运控中心系统完成对在轨的两颗卫星轨道确定、电离层校正等，以特定的频率发射至卫星；

2）两颗卫星分别向各自天线波束覆盖区域内的所有用户进行广播；

3）当用户需要定位服务时，提出申请并利用用户终端发送信号至卫星，通过卫星转发至地面运控系统；

4）地面运控中心接收到用户申请信号后，解调出用户发送的信息，测量出用户至两颗卫星的距离；

5）再通过卫星转发至用户，完成导航定位。

北斗一号系统工作原理与过程图如图 2 - 29 所示。

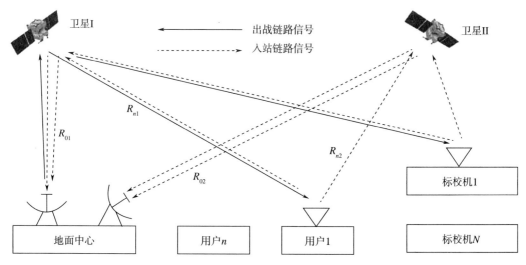

图 2 - 29　北斗一号系统工作原理与过程图

　　北斗一号系统具有两颗卫星，实现区域定位授时服务，满足了中国及周边地区需要，投资少见效快，双向授时精度 10 ns，且定位和报告在同一信道完成，实现了用户双向报文通信，用户知道"我在哪里"，还知道"我们在哪里"。北斗一号系统服务区域范围为东经 70°～145°，北纬 5°～55°的我国及周边地区，服务区域范围如图 2 - 30 所示。

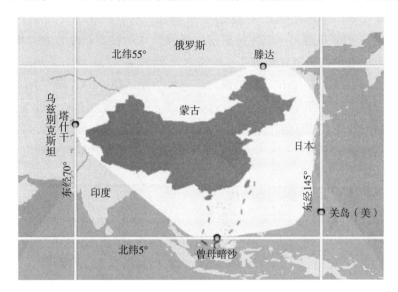

图 2 - 30　北斗一号系统服务区域

　　在卫星导航定位技术体系构架方面，北斗一号系统实现和验证了 RDSS 有源定位体制、单向/双向定时体制、定位通信授时一体化信号体制、基于短突发信号的用户随遇接入体制、基于时分/码分和 ID 识别的服务信号体制等 PNT 技术体制。

　　RDSS 有源定位体制虽然受技术体制的限制，不能满足快速运动物体的导航定位需要，且由于用户终端需要发射信号，用户机难以实现轻量化和小型化。但是在实际使用中，由于北斗一号实际上有三颗 GEO 卫星在轨提供服务，终端用户也创新性地提出了三星无源定位等新的使用模式。

　　北斗一号系统在服务区域内可实现连续、实时的定位能力，定位精度 20 m，可实现定位和位置报告服务，响应时间 1 s，短报文通信可传输 120 个汉字。在实际的使用中，终端用户采用多个接收机并行处理的方式，也突破了 120 个汉字的使用瓶颈。

2.5.2　北斗二号卫星导航系统

　　北斗二号卫星导航系统是在北斗一号系统的基础上，根据我国卫星导航系统发展战略实施的。

　　北斗二号系统利用混合星座构型（由 GEO 卫星、IGSO 卫星以及 MEO 卫星组成）的卫星系统，通过卫星配置高精度原子钟、导航电文产生器、卫星与地面运控站的双向测距等方法，实现卫星在区域范围内播发无线电导航信号，提供无线电导航业务服务（RNSS）能力，以及区域星基增强能力，同时保持北斗一号系统特有的位置报告/短报文通信服务能力。

　　无线电导航业务服务（RNSS）就是卫星系统按照地面运控系统测量和计算结果，播发导航信号，由用户根据接收到的卫星无线导航信号，自主完成位置定位和航速及航行参数计算，实现导航定位和授时。由于 RNSS 体制提供的卫星导航信号，用户只需要接收、不需要发射信号，因此也有人称为无源卫星导航定位。

　　北斗二号系统 RNSS 的工作原理和过程如下：

　　1）地面运控系统完成对空间段卫星的轨道确定、星历测量、时间比对、电离层校正等；

　　2）地面运控系统向卫星发送注入信号，包括导航电文；

　　3）卫星接收注入信号，利用卫星接收机完成星地距离测量，并按照要求进行处理与编排后形成下行导航信号，通过不同的信号编码、调制等方式向用户发送广播；

　　4）用户在同一时刻接收到 4 颗以上卫星发送的导航电文信号，从中测量出用户至卫星的距离，解算出卫星的空间坐标，再利用"距离交会法"完成自身的导航定位。

　　2004 年 8 月北斗二号工程立项，正式启动工程建设。2007 年 4 月 14 日成功发射第一颗北斗二号卫星，验证了北斗二号卫星导航系统新的技术体制、关键技术和研制流程，对 MEO 轨道的空间环境进行了研究，保证了我国宝贵的卫星导航频率与轨道资源。2010 年至 2012 年，北斗二号系统连续发射了 14 颗卫星，建成了基于混合星座"5GEO+5IGSO+4MEO"系统。同时完成了地面运控系统的建设工作，完成了星地联调等工作。系统实现了"边建设，边试验，边应用"的目标。2012 年 12 月 27 日，我们宣布北斗二号系统正式开始为亚太地区的用户提供无源定位、导航、授时等各项导航业务。

　　北斗二号系统服务区域和卫星星座图如图 2-31 和图 2-32 所示。

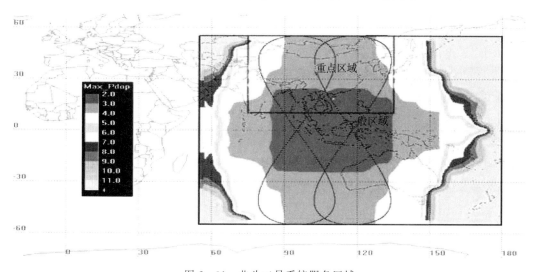

图 2-31　北斗二号系统服务区域

　　北斗二号系统由卫星系统、地面运控系统和用户系统组成。地面运控系统由主控站、监测站、时间同步/注入站三部分组成。其中主控站 1 个，一类监测站 7 个，二类监测站

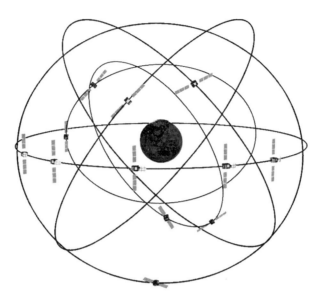

图 2-32　北斗二号卫星星座示意图

20 个，时间同步/注入站 2 个。

主控站是地面运控系统的运行控制中心，也是北斗二号卫星导航系统的运行控制中心。主控站的主要任务是收集系统内各种导航信号监测、时间同步观测比对等原始数据，完成系统时间同步，进行卫星钟差预报、卫星精密定轨及广播星历预报、电离层改正、广域差分改正、系统完好性监测等信息处理，实现任务规划与调度和系统运行管理与控制等。同时，主控站还需与所有卫星进行星地时间比对观测，与所有时间同步/注入站进行站间时间比对观测，向卫星注入导航电文参数、广播信息等。

监测站的主要任务是利用高性能监测接收机对卫星导航信号进行连续监测，为系统精密轨道测定、电离层校正、广域差分改正及完好性确定提供实时观测数据。监测站分为一类监测站和二类监测站：一类监测站主要用于卫星轨道测定及电离层延迟校正，二类监测站主要用于系统广域差分改正及完好性监测。北斗二号地面运控系统中有 3 个一类监测站分别与 1 个主控站及 2 个时间同步/注入站并址建设，其他所有监测站在我国陆地区域均匀分布，独立建设。

时间同步/注入站的主要任务是配合主控站完成星地时间比对观测，向卫星上行注入导航电文参数，并与主控站进行站间时间同步比对观测。

北斗二号系统采用连续导航与定位报告相融合的技术体制，卫星系统、运控系统、应用终端全面实现了两种体制融合，攻克了多信号兼容、邻频及收发隔离、用户终端小型化难题，解决了导航业务、卫星固定业务、卫星移动业务众多网络频率兼容与业务协调。

北斗二号系统采用三种轨道的混合星座构型，GEO 卫星和 IGSO 卫星组合可为特定区域范围内提供良好的信号覆盖，MEO 卫星构成星座可在全球范围内均匀地提供服务。这种星座设计，在低纬度地区及林区、城市交接区、山川峡谷区性能突出，"一带一路"沿线大部分国家用户可见卫星数维持在 7～9 颗。

相对国外卫星导航系统，北斗二号系统采用了以 GEO/IGSO 卫星为主、多功能服务融合的卫星方案，独具特色，攻克解决了区域布站下卫星高精度轨道和钟差测定等难题，同时兼备保持北斗一号系统 RDSS 和短报文报告的服务能力，使我国的卫星导航技术得到全面发展，为我国发展后续卫星导航系统积累了经验，奠定了基础。

2016 年 3 月、6 月，北斗二号系统又成功发射了两颗备份星（1 颗 IGSO 卫星和 1 颗 GEO 卫星），北斗二号系统在轨卫星冗余备份可有效保证系统提供连续稳定可靠的服务。

2012 年 12 月 27 日，我国政府宣布北斗二号系统正式对我国及亚太地区提供区域服务。2016 年 6 月，发布了《中国北斗卫星导航系统》白皮书。自正式提供服务以来，北斗二号卫星在轨工作正常，系统业务服务稳定，服务精度和可靠性不断提高。在交通运输、海洋渔业、水文监测、气象预报、森林防火、通信时统、电力调度、救灾减灾和国家安全等领域得到广泛应用，产生了显著的社会效益和经济效益。

北斗系统已全面实现大众应用，渗透到人类社会生产和人们生活的方方面面，并融入到互联网和物联网，催生新型产业模式，形成战略新兴产业，成为经济建设新增长点，为全球经济和社会发展注入新的活力。

同时，北斗二号系统积极推进国际化工作，开展进入国际民航、国际海事、国际移动通信组织等标准体系工作，取得了积极的进展，推动大规模国际应用。

2.5.3　北斗三号卫星导航系统

北斗三号全球卫星导航系统于 2009 年启动，2015 年发射新一代的北斗导航卫星试验星，完成了北斗三号系统新技术、关键技术和国产化产品等试验验证。

北斗三号全球卫星导航系统是在北斗二号区域卫星导航系统基础上，利用"3GEO＋3IGSO＋24MEO"卫星组成的混合星座，通过导航信号体制改进，提高星载原子钟性能和测量精度，建立星间链路等技术，实现全球服务、性能提高、业务稳定和与其他系统兼容互操作等目标。同时，要保证北斗二号特色服务和区域系统的平稳过渡。北斗三号卫星星座示意图如图 2-33 所示。

北斗三号全球卫星导航系统将在全球范围内提供连续稳定可靠的 RNSS 服务，在我国及周边地区提供 RDSS、位置报告/短报文通信、星基增强、功率增强等服务。在全球范围内定位精度将实现水平优于 4 m，高程优于 6 m 的要求。

北斗三号导航卫星下行导航信号在继承和保留部分北斗二号系统导航信号分量的基础上，采用了以信号频谱分离、导频与数据正交为主要特征的新型导航信号体制设计，优化调整信号分量功率配比，提高下行信号等效全向辐射功率（EIRP）值，实现了信号抗干扰能力、测距精度等性能的显著提升，改善了导航信号的性能，并且提高了导航信号的利用效率和兼容性、互操作性。同时，卫星系统具备下行导航信号体制重构能力，可根据未来发展和技术进步需要进一步升级改进。

2017 年 11 月 5 日，由中国空间技术研究院研制的我国北斗三号首批组网 MEO 以"一箭双星"方式在西昌卫星发射中心发射升空，卫星成功入轨，标志着我国北斗卫星导

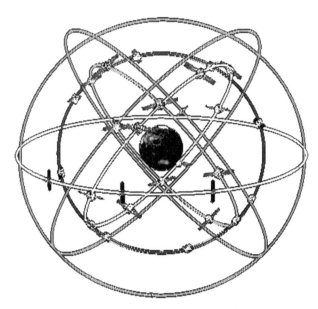

图 2 - 33　北斗三号卫星星座示意图

航系统建设工程开始由北斗二号系统向北斗三号系统升级，北斗三号卫星组网建设迈出了坚实的第一步。

　　北斗三号系统将按照国家"一带一路"、战略性新兴产业规划、信息化发展战略纲要、"中国制造 2025"等国家政策规划，2018 年率先在"一带一路"区域提供导航定位授时服务，2020 年完成以"3GEO＋3IGSO＋24MEO"混合星座、地面系统、应用工程为核心的工程建设目标，实现北斗与其他行业领域的融合发展。

2.5.4　北斗卫星导航系统信号频率部署

　　北斗卫星导航系统已经进入到了关键技术攻关阶段。北斗卫星导航系统-L 频段导航信号设计基本要求为：能够独立或与其他卫星导航系统共同向陆地、海洋和天空用户提供连续、稳定和高精度定位、导航与授时（PNT）等服务，具备较强的抗干扰和防欺骗能力，具备与其他卫星导航信号兼容和互操作的能力，能够满足用户平稳过渡需要，适应符合国际电信联盟规则，具有国际可协调性。

　　北斗卫星导航系统和 GPS 已经进行了 5 次频率协调，与 GALILEO 进行了 2 次频率协调，各方基于各自的参考假设文件（RAD），在 ITU 的框架下就 L 频段卫星导航信号中心频率、调制方式、卫星等效全向辐射功率（EIRP）以及公开导航信号伪随机扩频码等参数进行了交换、计算和分析。

　　为了与 GPS、GALILEO 和 GLONASS 信号波段加以区别，将北斗卫星导航系统的波段称为 B1、B2 和 B3 波段，其频率范围 B1 频段（1 559.052～1 591.788 MHz），B2 频段（1 166.22～1 217.37 MHz），B3 频段（1 250.618～1 286.423 MHz）。

　　北斗卫星导航系统导航信号的频谱结构如图 2 - 34 所示。与目前我国已建成的北斗二代一期导航系统相比较，主要增加了 B2a 导航信号，该信号的频谱与 GPS - L5 导航信号频谱重叠；在 L 频段高端，北斗卫星导航系统公开导航信号频谱结构与 GPS - L1C 导航信号频谱重叠。

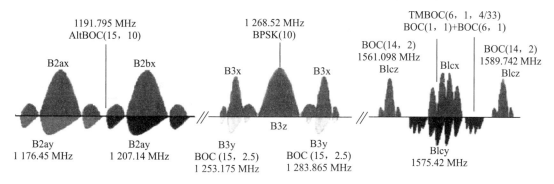

图 2 - 34　北斗卫星导航系统导航信号频谱结构图

第 3 章　全球导航卫星系统信号子载波调制方式

3.1　GNSS 信号基本结构

卫星导航系统的任务是传递信息。为了更有效地传递信息，需要对所要传递的信息进行调制。调制是一个将信息转换为适合在传输媒介（称为信道）上传输的波形的过程。调制的目的有以下 3 个方面：

1）将消息变换为更便于传送的方式；

2）提高性能，特别是抗干扰能力；

3）有效地利用频带。

在发送端，信息经过了调制，因此，在接收端需要进行调制的反过程，这就是解调，调制和解调是一个相反的过程。

3.1.1　扩频调制

扩频调制具有低功率谱传输、保密性、低截获概率、码分多址，以及对抗窄带干扰、多址干扰、多径干扰等优良特性；特别是直接序列扩频体制，因其对同步定时的精密要求和拥有陡峭的自相关特性而非常适于用来测时、测距。

（1）扩频通信的理论基础

扩频通信是利用与传输数据（信息）无关的伪随机码对传输信号进行扩频，使之占有远超过原有信息所需要的带宽，在接收机中利用本地码对接收到的信号进行同步相关处理，来解扩和解调数据。扩频系统的调制解调器须具有以下特征：

1）被传输信号能量所占的带宽必须大于信息比特速率所对应的带宽（一般是远大于），且几乎与信息速率无关。

2）必须进行解调，且接收到的信号与发射机中用来对信息信号进行扩频的本地再生信号是部分相关的。

扩频通信的基本原理来源于信息论与抗干扰理论。在信息论中，用于描述信道容量、带宽和噪声之间关系的香农（Shannon）定理指出：在高斯白噪声干扰的条件下，通信系统的极限传输速率（信道容量）可以表示为

$$C = B \log_2\left(1 + \frac{S}{BN_0}\right) = B \log_2\left(1 + \frac{S/B}{N_0}\right) \tag{3-1}$$

式中　C——信道容量（bps）；

　　　　B——传输带宽（Hz）；

S/BN_0——信噪比；

N_0——信道噪声功率谱密度（W/Hz）。

香农公式说明在信道容量一定的前提下，可通过增加传输带宽以允许使用更低的信号功率谱传输信息。

由香农公式可以看出：

1）要增加系统的信息传输速率，就要求增加信道容量；

2）信道容量 C 为常数时，信噪比 S/N_0 与带宽 B 可以互换，即可以通过增加带宽的方式来降低系统对信噪比的要求；也可通过增加信号功率，降低信号的带宽。这样，那些要求小的信号带宽的系统和那些对信号功率要求严格的系统就找到了一个可以减小带宽或降低功率的有效途径；

3）当带宽 B 增加到一定的程度后，信道容量 C 不可能无限增加。

扩频通信理论的核心基于香农定理的实际应用，其基本原理就是牺牲传输信号带宽来实现低信噪比下的可靠传输。

正是由于扩频通信技术的上述优点，GPS 采用它进行信息传输和测距，最终实现导航、定位、定时等功能。

扩频通信系统的工作方式有：直接序列扩频（DSSS – Direct Sequence Spread Spectrum）、跳变频率扩频（FHSS – Frequency Hopping Spread Spectrum）、跳变时间扩频（THSS – Time Hopping Spread Spectrum）和混合扩频。GNSS 采用的是直接序列扩频方式。在 GNSS 中，需要传输的信息是 50 bps 的导航电文。为实现扩频，在信息发送之前，将其与更高速率的信号调整，从而达到扩展信号频谱的目的，这种方式就称为直接序列扩频技术。

（2）直接序列扩频技术

直接序列扩频，简称直扩方式，是用一个宽带扩频信号或扩频码对已调的数据载波进行直接调制来实现带宽的扩展，即其载波被一个码速率远高于信息带宽的数字序列调制。扩频调制中，可以采用频移键控、振幅键控和相移键控，一般采用相移键控。在接收端，用和发射端相同的伪随机码序列对接收到的扩频信号进行相关，恢复出原有的信息。而干扰信息与伪随机序列是不相关的，其在接收端被扩展，落入信号频带内的功率已经大大降低，因此提高系统的输出信噪比，达到了抗干扰的目的。

直扩系统的组成框图如图 3 – 1 所示。

扩频信号的接收通常采用相干接收的原理进行信息的解扩和解调。进行相关运算后，还要经过窄带滤波，可消除绝大部分的干扰功率，提高解调器输入端的信噪比。扩频系统的接收比发射复杂得多，这种复杂性主要体现为接收端必须同时对伪码和载波进行捕获和跟踪。扩频信号的捕获是指调整本地信号使其与接收信号的伪码相位粗略同步（相差在一个码片以内）、载波频率大致相同的过程。信号捕获后就开始载波和伪码的跟踪，由于本地时钟振荡器存在钟漂，以及扩频发射端与接收端之间的相对运动可产生载波多普勒变化，使载波跟踪显得非常重要。接收机通过载波环维持本地载波始终与接收信号载波频率

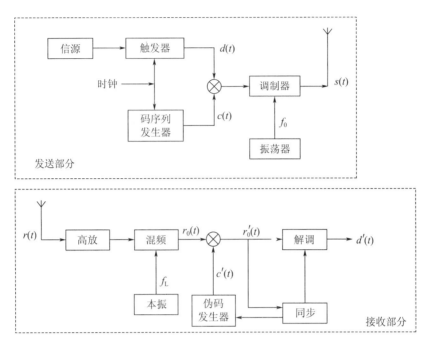

图 3 - 1　直扩系统的组成框图

一致，来保持载波的同步。伪码跟踪环路也是必不可少的，当伪码刚刚完成捕获后，本地码相位与接收信号仍有可能存在较大的误差，由于 PN 码的自相关特性很好，微小的码相位误差就会造成巨大的相关值损失，从而导致相关处理后信噪比太低而增加后面的解调差错率。同时，本地钟漂和载波的多普勒变化会改变伪码码片的瞬时宽度，造成伪码相位的滑动，从而导致伪码相位同步状态的变化。因此要维持伪码相位的同步，必须要有伪码跟踪环路。

扩频通信中最重要的一个概念就是相关（correlation）。在多数实际应用的扩频系统中，经过扩频以后信号功率谱往往比背景噪声谱要低得多，此时的信噪比一般为负。那么如何收拢展开的信号谱、恢复正常的信噪比呢？完成这一任务的方法便是相关。从概念上来理解，相关是扩展频谱的逆过程，即根据伪码序列的自相关特性，通过使用相同的本地码序列与接收码序列相乘并积分从而使得接收信号的频谱重新聚集，之后噪声带宽转为信息带宽，相关后信噪比恢复。图 3 - 2 给出了扩频通信频谱扩展和相关解扩的过程示意图。其中 1 为目标信号，2、3 为多址干扰。

扩展频谱系统中直扩系统目前应用较为广泛。人们对直扩系统的研究最早，尤其在卫星导航上取得了许多研究成果，如美国的 GPS 和我国研制的北斗卫星导航定位系统都是采用了直接序列扩频技术。

（3）伪随机序列

扩频系统的扩频运算是通过伪随机码或伪随机序列（扩频函数）来实现的。从理论上来讲，用纯随机序列扩展信号的频谱是最理想的，但是接收端必须复制同一个随机序列，由于随机序列的不可复制性，因此在工程中，无法使用纯随机序列，而改为采用伪随机序列。

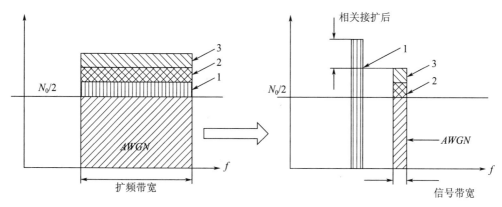

图 3-2　扩频的频谱扩展和相关解扩过程示意图

在扩频系统的实际运用中，伪随机序列要具有如下特点：

1）伪随机码必须有尖锐的自相关函数，而互相关函数应接近于零；

2）有足够长的码周期，以确保抗侦波、抗干扰的要求；

3）有足够多的独立地址数，以实现码分多址的要求；

4）工程上易于产生，加工，复制和控制。

在扩频系统中，通常采用伪随机序列作为扩频序列，常用的伪随机序列有 m 序列和 Gold 序列。

m 序列是最长线性移位寄存器序列的简称，其波形图如图 3-3 所示。它是由多级移位寄存器或其他延迟元件通过线性反馈产生的最长的码序列。在二进制移位寄存器发生器中，若 n 为级数，则所能产生的最大长度的码序列为 $2^n - 1$。由于 m 序列容易产生、规律性强、有许多优良的性能，在扩频通信中最早获得广泛的应用。

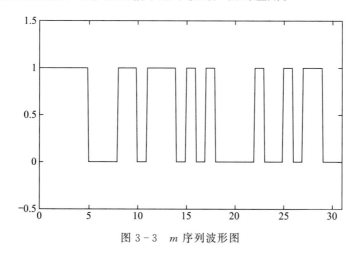

图 3-3　m 序列波形图

m 序列虽然性能优良，但同样长度的 m 序列个数不多，且序列之间的互相关值并不都好。戈尔德（R·Gold）提出了一种基于 m 序列的码序列，称为 Gold 码序列。这种序列有较优良的自相关和互相关特性，构造简单，产生的序列数多，因而获得了广泛的应用。

如有两个 m 序列，它们的互相关函数的绝对值有界，且满足以下条件

$$|R(\tau)| = \begin{cases} 2^{\frac{n+1}{2}} + 1, & n \text{ 为奇数} \\ 2^{\frac{n+2}{2}} + 1, & n \text{ 为偶数,且不是 4 的倍数} \end{cases} \qquad (3-2)$$

上述 m 序列为优选对。它们的互相关函数由小于某一极大值的旁瓣构成。

如果把两个 m 序列发生器产生的优选对序列模二相加，则产生一个新的码序列，即 Gold 序列。Gold 序列的主要性质有：

1）Gold 序列具有三值自相关特性，其旁瓣的极大值满足上式表示的优选对的条件。

2）两个 m 序列优选对不同移位相加产生的新序列都是 Gold 序列。因为总共有 $2^n + 1$ 个不同的相对位移，加上原来的两个 m 序列本身，所以，两个Ⅲ级移位寄存器可以产生 $2^n + 1$ 个 Gold 序列。

双极性 Gold 序列波形图如图 3-4 所示。

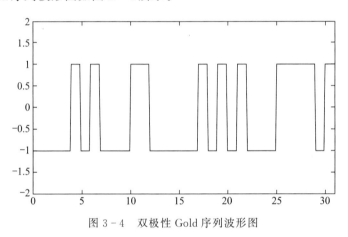

图 3-4　双极性 Gold 序列波形图

3.1.2　载波调制

（1）载波调制的本质

传输信息有两种方式：基带传输和调制传输。由信源直接生成的信号，无论是模拟信号还是数字信号，都是基带信号，其频率比较低。所谓基带传输就是把信源生成的数字信号直接送入线路进行传输，如音频市话、计算机间的数据传输等。载波传输则是用原信号去改变载波的某一参数实现频谱的搬移，如果载波是正弦波，则称为正弦波或连续波调制。把二进制信号调制在正弦波上进行传输，其目的除了进行频率匹配外，也可以通过频分、时分、波分复用的方法使信源和信道的容量进行匹配。为什么要进行调制？首先，由于频率资源的有限性，限制了我们无法用开路信道传输信息。由于传输失真、传输损耗以及保证带内特性的原因，基带信号是无法在无线信道或光纤信道内进行长距离传输的。为了进行长途传输，必须对数字信号进行载波调制将信号频谱搬移到高频处才能在信道中传输。最后，较小的倍频程也保证了良好的带内特性。所以调制就是将基带信号搬移到信道损耗较小的指定的高频处进行传输（即载波传输），调制后的基带信号称为通带信号，其

频率比较高。数字信号的载波传输与基带传输的主要区别就是增加了调制与解调的环节，是在复接器后增加了一个调制器，在分接器前增加一个解调器而已。

（2）映射

信息与表示和承载它的信号之间存在着对应关系，这种关系称为映射，接收端正是根据事先约定的映射关系从接收信号中提取发射端发送的信息的。信息与信号间的映射方式可以有很多种，不同的传输技术就在于它们所采用的映射方式不同。实际上，数字调制的主要目的在于控制传输效率，不同的数字调制技术正是由其映射方式区分的，其性能也是由映射方式决定的。

一个数字调制过程实际上是由两个独立的步骤实现的：映射和调制，这一点与模拟调制不同。映射将多个二元比特转换为一个多元符号，这种多元符号可以是实数信号（在 ASK 调制中），也可以是二维的复信号（在 PSK 和 QAM 调制中）。例如，在 QPSK 调制的映射中，每两个比特被转换为一个四进制的符号，对应着调制信号的四种载波。在这种多到一的转换过程中，实现了频带压缩。应该注意的是，经过映射后生成的多元符号仍是基带数字信号，经过基带成形滤波后生成的是模拟基带信号，但已经是最终所需的调制信号的等效基带形式，直接将其乘以中频载波即可生成中频调制信号。

（3）GNSS 信号载波频率

关于 GNSS 信号，曾讨论过很多不同的频段，但没有一个频段能够实现对所有设计准则的优化，选择 L 频段是综合考虑频率可用性、传播影响和系统设计的最佳折中方法。对其他的设计标准，C 波段具有更好的性能，也可以作为未来的卫星导航系统信号的一个频段。总体来说，频率越高，电离层延迟就越小，理想自由空间传播损失越小，天线的增益就越大。但是，频率越高，大气层的衰减也越高，多普勒的不确定性也增加，同时也需要更多的技术。

①调制方法

振幅调制、频率调制或者相位调制是通过各种不同的电磁波参数随时间变化来表达信息的。简单的载波调制机制就是区分参数的两种不同状态，如相位调制时，相位每次就在 $+\pi$ 和 $-\pi$ 之间变化。复杂的载波调制机制就是区分多个不同状态，每一步可传递多比特信息。复杂度和信息密度增加，同时也增加信号的易干扰性和错误比特率。

相位调制就是在码片序列的状态从 $+1$ 变到 -1 时，将载波的相位平移 π，反之亦然。这种调制方法只有两种相位移动条件，因而也称为二进制相移键控调制（BPSK）。经过码调制的载波频谱只是简单地将码的频谱平移到载波的频率上，除了码以外，数据链层的数据比特也调制在载波上，数据 $d(t)$ 和码 $c(t)$ 共同调制在载波频率 f 上，最后得到卫星信号 $s(t)$，即

$$s(t) = \sqrt{2P}d(t)c(t)\cos(2\pi f t) \tag{3-3}$$

式中　P——相应于信号分量的功率。

②信号复用技术

在卫星导航系统中，常常需要从一个卫星星座、一颗卫星甚至在一个频率上广播多个

信号。有一些技术可以用来共享同一发射信道而不会使广播的信号相互干扰。使用不同载波频率传输多个信号的技术称为频分多址（FDMA）或者频分多路复用（FDM）。两个或多个信号在不同时间上共享同一发射机称为时分多址（TDMA）或者时分多路复用（TDM）。CDMA 是使用不同的扩频码共享一个共用的频率。

当一颗卫星在一个载波上广播多个信号时，将这些信号组合形成一个恒包络的复合信号是比较理想的。两个二进制 DSSS 信号可以通过四相相移键控（QPSK）组合在一起。在 QPSK 中，使用相位相互正交的 RF 载波产生两个信号并简单加在一起。QPSK 信号的两个分量称为同相和正交分量。

当希望在一个共用载波上组合多于两个信号时，需要更复杂的复用技术。互复用在一个共用载波上组合三个二进制 DSSS 信号，同时保持包络恒定，为了能做到这一点，要发送一个完全由三个所希望信号确定的第四个信号。整个发送信号可以表示为 QPSK 信号的形式

$$s(t) = s_I(t)\cos(2\pi f_c t) - s_Q(t)\sin(2\pi f_c t) \qquad (3-4)$$

式中，同相和正交分量 $s_I(t)$ 和 $s_Q(t)$ 分别为

$$s_I(t) = \sqrt{2P_I}\,s_1(t)\cos(m) - \sqrt{2P_Q}\,s_2(t)\sin(m)$$

$$s_Q(t) = \sqrt{2P_Q}\,s_3(t)\cos(m) + \sqrt{2P_I}\,s_2(t)s_3(t)\sin(m)$$

式中　$s_1(t)$，$s_2(t)$，$s_3(t)$——三个所要发送的信号；

　　　f_c——载波频率；

　　　m——一个索引，与功率参数 P_I 和 P_Q 共同设置以达到四个复用（三个所希望的加上一个附加的）信号所需的功率电平。

3.1.3　子载波调制方式

贝茨（Betz. J. W）在 2001 年提出了二进制偏移载波（Binary Offset Carrier），由于它的基本原理是将伪随机（PRN）信号调制到频率远小于 L 波段的频率的子载波（sub-crrier）上，在频谱上等效于将伪随机信号频谱搬移到子载波频率上，因此把这种技术归入调制方式中。BOC 调制方式应用在卫星导航定位系统中，不仅可以显著提高伪码跟踪精度，还使多个导航系统同时工作在同一频段上提供了可能，使得信号之间的互操作和兼容更易于实现。美国和欧盟于 2004 年 6 月联合决定采用 $BOC_{sin}(1, 1)$ 调制方式作为未来现代化 L1 频段（1 575.42 MHz）上的基线信号，GALILEO 用 BOC(1，1) 来传输 OS 信号，现代化后的 GPS 用 BOC(1，1) 来传输 L1C 信号。

2006 年，GPS 和 GALILEO 工作组在 $BOC_{sin}(1, 1)$ 的基础上提出了 MBOC 调制方式，以进一步提高伪码跟踪精度及导航系统间的互操作和兼容，MBOC 调制方式的效果也是将伪随机信号频谱搬移到子载波频率上，我们把 BOC 和 MBOC 等具有将伪随机信号频谱搬移到子载波频率上的调制方式统称为子载波调制方式，或简称为调制方式。子载波调制方式是现代 GNSS 信号结构设计中的关键技术之一，它对 GNSS 信号的兼容起到举足轻重的作用，因此，后面几节将详细介绍不同的子载波调制方式。

3.1.4 导航电文数据调制

卫星导航电文是卫星以二进制码的形式发送给用户的导航电文数据，故又称为数据码或 D 码，是用户用来定位和导航的数据基础。它主要包括：卫星星历、时钟改正、电离层时延改正、全部卫星的概略星历等。

（1）导航电文的帧结构

导航电文的基本单位是"帧"，其结构如图 3-5 所示。

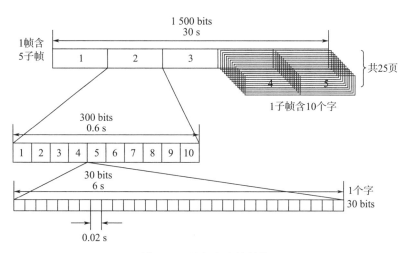

图 3-5 导航电文帧结构

由图 3-5 可知：一帧导航电文长 1 500 bits，包含 5 个子帧。而一个子帧电文包含 10 个字，而每一个字包含 30 bits，所以每个子帧电文长 300 bits。

第 1、2、3 子帧只有一个页面，而为了记载多达 25 颗卫星的星历，规定第 4、5 子帧包含 25 个页面。子帧 1、2、3 与子帧 4、5 的每一页面均组成一个帧。每 25 个帧才可以将所有卫星星历信息播发出去。在每一帧电文中，1、2、3 子帧的内容每一个小时更新一次，而 4、5 子帧的内容仅在卫星注入新的导航数据后才能更新。导航电文播送速率分 50 bps 和 500 bps 两种。因此播送一帧导航电文的时间分别为 30 s 和 3 s。

导航电文的一个主帧包含 5 个子帧。这 5 个子帧具有类似的帧结构，但是分别包含不同的导航数据参数。

第 1 子帧电文：包含帧同步码、子帧计数、整周计数、周内秒计数、用户可达精度、健康状况、钟差参数以及卫星星历；

第 2 子帧电文：卫星星历；

第 3 子帧电文：电离层时延及 UTC 时间参数；

第 4 子帧电文：卫星历书参数；

第 5 子帧电文：专用电文。

此外，由于每个子帧包含的参数信息位多，需要分多次发送才能传输完，因此，每个子帧又可分为若干不同的页面。

（2）导航电文主要内容

导航电文主要包括基本导航信息、卫星历书和与其他系统同步信息。

①基本导航信息

基本导航信息包括帧同步码、子帧计数、周内秒计数、整周计数、用户距离精度指数、电离层延迟改正模型等。

1）帧同步码（Pre）：每一个子帧的第 1～11 位均为同步码 Pre，由 11 bits 修改巴克码组成，其为“11100010010”；第一位上升沿为秒前沿，用以进行时标同步。

2）子帧计数（FraID）：每个子帧的第 16～18 位为子帧计数 FraID，共 3 bits，其值为 1～5。

3）周内秒计数（SOW）：每一子帧的第 19～26 位和第 31～42 位为周内秒计数 SOW，共 20 位，每周日的 0 点 0 分 0 秒从零开始，周内秒计数所对应的是子帧同步头的第一个脉冲上升沿所对应的时刻。

4）整周计数（WN）：整周计数共 13 bits，为导航系统的整周计数，其值范围为 0～8 191，以 2006 年 1 月 1 日 0 点 0 分 0 秒为起点。

5）用户距离精度指数（UARI）：用户距离精度指数 UARI 共 4 bits。用户距离精度指数用来描述卫星空间信号精度，单位是 m。用户距离精度指数 UARI 范围从 1～15 位。

6）卫星自主健康信息（SatH1）：卫星自主健康信息 SatH1 为 1 bits，由卫星填写，为“0”表示卫星可用，“1”表示卫星不可用。

7）电离层延迟改正模型参数：电离层延迟改正模型参数共包含 14 个参数（A_1，B，α_n，β_n，r_n，$n=0\sim3$），共 104 bits。用户利用 14 个参数和改进后的 Klobuchar 模型计算电离层垂直延迟改正 $I'_z(t)$，具体如下：

$$I'_z(t)=\begin{cases}5+A_1+B(t-t_0), & A_3+A_4/4\leqslant t\leqslant 86\,400\\ 5+A_1+A_2\cos[2\pi(t-A_3)/A_4], & A_3-A_4\leqslant t\leqslant A_3+A_4 \quad (3-5)\\ 5+A_1+B(t+86\,400-t_0), & 0\leqslant t\leqslant A_3-A_4/4\end{cases}$$

对于计算不同频率的 $I'_z(t)$，需要乘以一个与频率有关的因子 $K(f)$，电离层参考高度为 375 km。

式中，A_1，B 为夜间电离层延迟的常数和线性变化项，由导航电文获得。A_2 为白天电离层延迟余弦曲线的幅度，由 α_n 系数计算得到

$$A_2=\begin{cases}\sum_{n=0}^{3}\alpha_n\phi_M^n & A_2\geqslant 0\\ 0 & A_2\leqslant 0\end{cases} \quad (3-6)$$

式中　ϕ^n——电离层穿刺点的大地纬度。

A_3 是余弦函数的初相，对应于曲线极点的地方时，用系数 γ_n 系数求得

$$A_3=\begin{cases}43\,200 & A_3>43\,200\\ \sum_{n=0}^{3}\gamma_n\phi_M^n+50\,400 & 43\,200<A_3<55\,800 \quad (3-7)\\ 55\,800 & A_3>558\,800\end{cases}$$

A_4 为余弦曲线的周期，用 β_n 系数求得

$$A_4 = \begin{cases} 172\,800 & A_4 > 172\,800 \\ \sum_{n=0}^{3} \beta_n \phi_M^n & 72\,000 < A_4 < 172\,800 \\ 72\,000 & A_4 < 72\,000 \end{cases} \quad (3-8)$$

8）基本导航信息页面编号：第一子帧第 43～46 位为基本导航信息页面编号 Pnum1，共 4 bits。

9）完好性及差分信息页面编号：第一子帧第 155～157 位为完好性及差分信息页面编号 Pnum2，共 4 bits。

10）星历数据龄期（IODE）：IODE 为 5 bits，量化单位为 1 h，即本时段星历参数参考时刻与计算星历参数作测量的最后观测时刻之差。

11）时钟数据龄期（IODC）：5 bits，最小量化单位是 1 h，时钟数据龄期是本时段的钟差参数的参考时刻与计算钟差参数所作测量的最后观测时刻之差。

12）钟差参数包括 t_{oc}，a_0，a_1，a_2，共占用 74 bits，是本时段钟差参数参考时间。t_{oc} 单位为 s，有效范围为 1 星期，其他 3 个参数的最高有效位为符号位，"0" 表示为正，"1" 表示为负。

②卫星星历参数

卫星星历主要是描述卫星运行轨道以及卫星在某一时间在轨位置的信息。星历参数描述了在一定拟合间隔得出的卫星轨道。它包含 15 个轨道参数、一个星历参考时间，星历参数更新周期为 1 h。

星历参数主要包括椭球长半轴平方根、椭球偏心率、近地点幅角、参考时间的平近点角、卫星平均运动速率与计算值之差、升交点经度变化率、参考时间的轨道倾角、轨道倾角变化率、纬度幅角的正余弦调和改正项的振幅、轨道半径的正余弦调和改正项的振幅、轨道倾角的正余弦调和改正项的振幅。

星历参数的定义及物理意义，如表 3-1 所示。

表 3-1　星历参数意义

星历参数	物理意义
t_{oc}	星历参考时间
$\sqrt{A}$	长半轴的平方根
e	椭球偏心率
w	近地点幅角
Δn	卫星平均运动速率与计算值之差
M_0	参考时间的平近点角
Ω_0	按参考时间计算的升交点精度
$\dot{\Omega}$	升交点经度变化率

续表

星历参数	物理意义
i_0	参考时间的轨道倾角
IDOT	轨道倾角变化率
C_{uc}	纬度幅角的余弦调和改正项的振幅
C_{us}	纬度幅角的正弦调和改正项的振幅
C_{rc}	轨道半径的余弦调和改正项的振幅
C_{rs}	轨道半径的正弦调和改正项的振幅
C_{ic}	轨道倾角的余弦调和改正项的振幅
C_{is}	轨道倾角的正弦调和改正项的振幅

由于计算机产生的都是数字信号，再加上星历参数在传输的过程中必须为整数，而原始的星历参数一般包含小数位。这样，我们就必须把原始的星历参数加以处理。具体的方法就是读入星历数据后，先将星历参数放大数倍，再进行组帧传输，这样就可以保证在接收端解算出的星历参数的精度，最终可以保证接收机定位结果的精度。表 3 - 2 为星历参数的量化单位、比特数、范围等。

表 3 - 2　星历参数的特性

参数	比数特	量化单位	范围	单位
t_{oc}	17	2^3	604792	s
$\sqrt{A}$	32	2^{-19}	8192	$m^{1/2}$
e	32	2^{-33}	0.5	
w	32*	2^{-31}	± 1	π
Δn	16*	2^{-43}	$\pm 3.73 \times 10^{-9}$	π/s
M_0	32*	2^{-31}	± 1	π
Ω_0	32*	2^{-31}	± 1	π
i_0	32*	2^{-31}	± 1	π
IDOT	14*	2^{-43}	$\pm 9.31 \times 10^{-10}$	π/s
C_{uc}	18*	2^{-31}	$\pm 6.10 \times 10^{-5}$	弧度
C_{us}	18*	2^{-31}	$\pm 6.10 \times 10^{-5}$	弧度
C_{rc}	17*	2^{-6}	± 1024	m
C_{rs}	17*	2^{-6}	± 1024	m
C_{ic}	18*	2^{-31}	$\pm 6.10 \times 10^{-5}$	弧度
C_{is}	18	2^{-31}	$\pm 6.10 \times 10^{-5}$	弧度
$\dot{\Omega}$	24*	2^{-43}	$\pm 9.54 \times 10^{-7}$	π/s

③卫星历书参数

历书参数大致与星历参数相同，不同之处在于：

1）t_{oa} 是历书参考时间；

2）δ_1 是参考时刻的轨道参考倾角的改正量；

3）a_0 是卫星钟差，a_1 是卫星钟速。

卫星历书参数是用来预报卫星位置的，精度没有星历参数高。卫星星历参数是用来进行实时定位的。

3.2　BPSK 和 BOC 调制

3.2.1　BPSK 调制信号

数字相位调制又称相移键控，记作 PSK（Phase Shift Keying）。二进制相移键控记作 BPSK 或 2PSK。它们是利用载波相位的变化来表示不同的发送信息。在二进制数字解调中，当正弦载波的相位随二进制数字基带信号离散变化时就产生二进制相移键控（BPSK）信号。

BPSK 扩频调制先将信号源转换成双极性码，然后再与扩频码相乘，接着调制到载波上发送出去。绝对相移是利用载波的初相直接表示数字信号的相移方式。在 BPSK 中通常用相位 0 和 π 来分别表示"0"或"1"。BPSK 已调信号的时域表达式为

$$S_{\text{BPSK}}(t) = A\cos(\omega_c t + \varphi_n) \tag{3-9}$$

式中，φ_n 表示第 n 个符号的绝对相位，发送"0"时，$\varphi_n = 0$，发送"1"时，$\varphi_n = \pi$，这里，BPSK 为双极性数字基带信号，即

$$S(t) = \sum a_n g(t - nT_b) \tag{3-10}$$

式中　$g(t)$——高度为 1，脉宽为 T_b 的单个矩形脉冲；

　　　　a_n——以概率 P 发送"+1"，以概率 $1-P$ 发送"-1"。

3.2.2　BPSK 的功率谱和自相关函数

假定伪随机码波形是 BPSK 调制到载波上，并且载频和码是非相干的，则所产生的功率谱为

$$S(w) = \frac{1}{2}\left[P_c S_{PN}(\omega + \omega_c) + P_c S_{PN}(\omega - \omega_c)\right] \tag{3-11}$$

式中　P_c——未经调制的载波功率；

　　　　ω_c——载频（rad/s）；

　　　　$S_{PN}(\omega_c)$——在基带上伪随机码（加数据）的功率谱。

一般将采用矩形码片的 BPSK 调制的直序扩频信号标记为 BPSK - R 信号，BPSK - R（n）常常用来标记具有 $n \times 1.023$ MHz 码片频率的 BPSK - R 信号。图 3 - 6 为 BPSK

（10）的基带信号功率谱。主瓣宽度为扩频码速率的两倍，旁瓣宽度为扩频码速率的一倍，功率谱集中在中心频率上，具有单峰值的特点。图 3 - 7 为 BPSK（10）的自相关函数，它们具有单峰性。

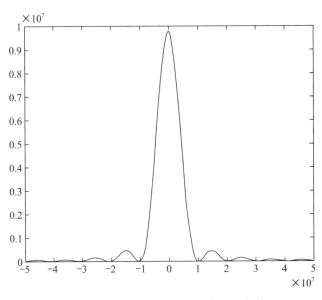

图 3 - 6　BPSK（10）的基带信号功率谱

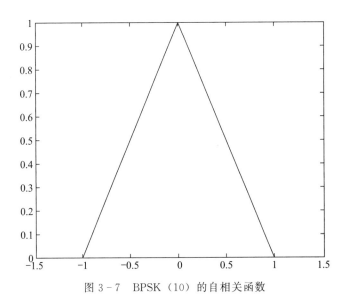

图 3 - 7　BPSK（10）的自相关函数

3.2.3　BOC 调制信号

　　随着 GPS、GALILEO、GLONASS 以及北斗卫星导航系统的开发、部署和升级，导航频带资源成为了稀缺资源，多系统之间的互操作性和兼容性越来越被重视。导航系统需要同时满足军事需求和民用需求，又要满足与其他系统的互操作性和兼容性。在此背景下，2001 年，贝茨首先提出二进制偏移载波（Binary Offset Carrier，BOC）调制的概念。BOC 调制信号结构的主要特点是信号功率并不是调制到载波频率的主瓣，而是调制到了载波频率的两侧，其功率谱密度形状由一些主瓣和副瓣构成，因为扩频码是矩形脉冲，亚载波采用方波，所以频谱是无限带宽的。由于 BOC 信号功率谱的裂谱特性以及自相关函数的尖峰特性，在各卫星通信频段使用拥挤的今天，有效地实现了导航信号的频谱分离，提高了多径分辨能力，从而使得 BOC 调制方式在军事和民用导航领域的关注度越来越高。

（1）BOC 信号的调制原理

BOC 调制技术的基本思想是对 PSK - R 基带信号使用一种类似于信源编码的处理方法，通常是在 PSK - R 的输出端再乘以副载波，从而使其频谱产生适当偏移。BOC 信号调制示意图如图 3 - 8 所示。

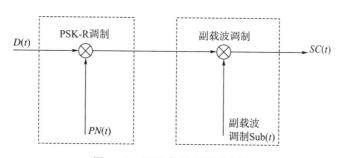

图 3 - 8　BOC 信号调制示意图

对于 BOC 调制的实现，无论是在 MATLAB 中的仿真还是在 FPGA 具体硬件电路的实现，都可以根据图 3 - 9 得到。

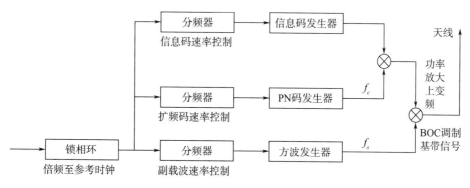

图 3 - 9　BOC 调制原理图

BOC 调制技术在卫星导航领域得到快速发展，特别是 BOC（10，5）、BOC（1，1）等信号类型已逐步应用于军事和民用领域。

（2）BOC 信号的表示

BOC 信号的表示方法可以有两种：BOC $(n，m)$ 和 BOC $(f_s，f_c)$。在 BOC $(n，m)$ 中 n 表示的是副载波频率，m 表示的是扩频码频率，它的数值分别是 1.023 MHz 的 n

倍和 m 倍，1.023 MHz 是时钟基准频率。例如 BOC（15，2.5）表示它的副载波频率为 15×1.023 MHz，C/A 码的频率为 2.5×1.023 MHz。在 BOC（f_s，f_c）中，f_s 表示副载波的频率，f_c 表示扩频码的频率。例如 BOC（14.322 MHz，2.046 MHz）表示 BOC 信号的副载波频率为 14.322 MHz，扩频码频率为 2.046 MHz。它也可以表示为 BOC（14，2）。

BOC 信号的时域表达式为

$$S(t) = e^{j\theta} \sum a_k u_{nT_s}(t - knT_s - t_0) C_{T_s}(t - t_0) \qquad (3-12)$$

式中　C_{T_s}——方波副载波，周期为 $2T_s$；

　　　a_k——扩频码序列，有单位幅值，相位则在符号表（alphabet）中随机选取；

　　　u_{nT_s}——扩频符号，是持续时间为 nT_s 的矩形脉冲；

　　　θ，t_0——相对于一个基准的相位和时间偏移；

　　　n——正整数，表示在一个扩频符号持续周期内的半周期数。

BOC 调制是一种偏置副载波调制，对于 BOC 调制信号，a_k 取 +1 或 -1，扩频符号与扩频码之积 $a_k u_{nT_s}(t - knT_s - t_0)$ 为持续时间 nT_s，幅值为 +1 或者 -1 的矩形脉冲。

3.2.4　BOC 调制信号的功率谱和自相关函数

BOC 调制技术之所以得到各国的高度重视，其优点主要在于信号功率谱具有裂谱特性及其自相关函数的尖峰特性，因此，BOC 信号的特性分析，重点为信号功率谱和自相关函数。

（1）功率谱特性分析

在 BOC 调制方式中，既可以使用余弦相位，也可以使用正弦相位。

n 取奇数和偶数，BOC 信号的表达方式不同。

当 n 为偶数时，可表示为

$$S_{\mathrm{BOC}}(t) = e^{-i\theta} \sum_K (-1)^k a_k q_{nT_s}(t - knT_s - \Delta t) \qquad (3-13)$$

当 n 为奇数时，可表示为

$$S_{\mathrm{BOC}}(t) = e^{-i\theta} \sum_K a_k q_{nT_s}(t - knT_s - \Delta t) \qquad (3-14)$$

由于 $q_{nT_s}(t)$ 是参考时间点在零时刻、持续时间为 n 个半周期的方波信号。即当 n 为偶数时，$q_{nT_s}(t)$ 的均值为零，没有直流分量产生；当 n 为奇数时，$q_{nT_s}(t)$ 的均值不为零，有直流分量产生。

当 BOC 调制的二进制序列为等似然、独立且均匀分布时，借助于对 BPSK 调制信号功率谱公式的推广，当 n 为奇数和偶数采用正弦相位时，BOC 的归一化基带功率谱密度分别为式（3-15）和式（3-16）

$$G_{\mathrm{BOC}}(f) = T_c \operatorname{sinc}^2(\pi f T_c) \tan^2\left(\frac{\pi f}{2f_s}\right), n \text{ 为偶数} \qquad (3-15)$$

$$G_{\mathrm{BOC}}(f) = T_c \frac{\cos^2(\pi f T_c)}{(\pi f T_c)^2} \tan^2\left(\frac{\pi f}{2f_s}\right), n \text{ 为奇数} \qquad (3-16)$$

BOC 的功率谱密度由主瓣和副瓣组成，其功率谱特点如下：

1) 主瓣与主瓣之间的副瓣数之和等于 n，则 $n = 2f_s/f_c$；

2) 主瓣宽度是扩频码速率的 2 倍，这和普通 BPSK 调制相同，而旁瓣宽度等于码速率，即比主瓣窄一半；

3) 主瓣的最大值发生在比副载波频率稍小一些的频率处，这是因为上下边带之间有相干交互作用的缘故。这样，当 f_s、f_c 及 n 不同时，将有不同的功率谱。

图 3-10 为 BOC（10，5）的功率谱，以 BOC（10，5）为例，对其功率谱特性进行具体说明：

1) 对于 BOC（10，5）信号，$n = 2 \times 10/5 = 4$，即主瓣与主瓣之间旁瓣的和为 4 个。由于上下边带之间有相干交互作用，因此，其主瓣的最大值发生在中心频率 ± 9.496 MHz 处，即比亚载波频率 f_s 稍小一些的地方。

2) BOC（10，5）信号主瓣最大功率谱密度为 $-70.697\ 3$ dBW/Hz，由于扩频符号的变化主要出现在较高的速率上，所以多数的 BOC（10，5）功率出现在高于扩展码速率的频率上，其中 90% 的功率集中在 23.606 MHz 带宽范围内。

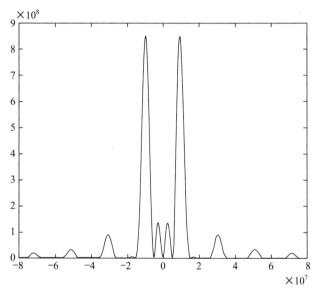

图 3-10　BOC（10，5）的功率谱

（2）自相关函数特性

对功率谱密度表达式作傅里叶反变换，即可以得出 BOC 信号的自相关函数，其中 $G_s(f)$ 为 BOC 信号的功率谱密度，β_r 为信号带宽。

$$R_s(\tau) = \int_{-\frac{\beta_r}{2}}^{\frac{\beta_r}{2}} G_s(f)\, \mathrm{e}^{\mathrm{i}2\pi f\tau}\, \mathrm{d}f \tag{3-17}$$

BOC 信号在宽带内计算出的自相关函数曲线，由一组相互连接的线段组成，曲线多次穿越零点而且有多个正峰值和负峰值。图 3-11 为 BOC 信号的归一化自相关函数图。

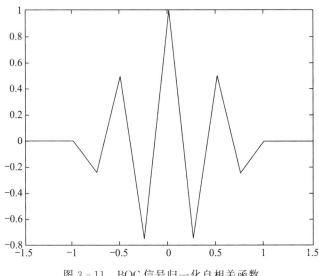

图 3-11　BOC 信号归一化自相关函数

通过分析可以得出，BOC 信号的自相关函数有如下特征：

1）各峰的高度为 $(-1)^k(n-|k|)/n$，k 为峰的编号，分别为 0，1，$\cdots$，$n-1$，0 号是主峰，其余为副峰。

2）正峰和负峰数之和为 $2n-1$，峰间的距离是 T_s。

3）最接近主峰的过零点发生在时延 $\pm 1/[1.023 \times 10^6 (4f_s - f_c)]$ 处，发生相关的总延迟区为 $2/(f_c \times 1.023 \times 10^6)$。

这样，对于 BOC（5，2）来说，一共有 9 个相关峰；峰间间隔为 97.8 ns；主峰旁边第一个副峰的幅度是 -0.8；离主峰最近的过零点大约在 ± 54 ns；而 BOC（10，5）一共有 7 个相关峰，峰间距离为 $T_s = 48.876$ ns，最接近主峰的过零点发生在时延 $\pm 1/(4f_s - f_c)$，约为 ± 27.929 ns。

下面以 GPS C/A 码、P 码和 BOC（10，5）信号为例对 BOC 信号功率谱进行对比分析。图 3-12 为 GPS C/A 码、P 码和 BOC（10，5）信号功率谱对比图，从图中可以看出，BOC（10，5）信号实现了频谱搬移，与 P 码、C/A 码频谱实现了分离，并达到了频段共用的目的。以 GPS P 码和 BOC（1，1）、BOC（5，2）信号为例分析 BOC 信号自相关函数特性，从图 3-13 可以看出与 GPS P 码信号相比，BOC（1，1）、BOC（5，2）具有更窄、更尖锐的相关峰值。因此，在信号捕获过程中，BOC 信号窄带相关器要比应用于 GPS P 码信号接收的窄带相关器更窄；另外，GPS P 码信号的码相位搜索宽度通常为 0.5 个码片，但是，因 BOC 信号相关函数的多峰值特性，BOC 信号必须减少其码相位的搜索宽度。

通过对 BOC 信号的特性分析以及与传统信号性能对比，可以看出，选择采用 BOC 信号，有许多潜在的优越性。由于 BOC 信号具有"分裂谱"的特性，其大部分功率分布在靠近载波频率边沿处，与传统信号能够很好的隔离，实现频段共享，即使以更大的功率发射也不会降低传统信号接收机的性能，其具有更高的定位精度和更强的分辨能力；BOC

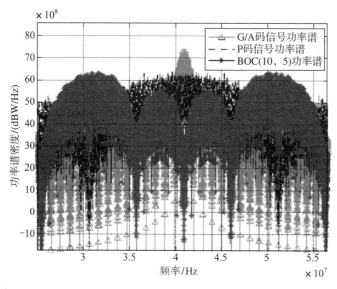

图 3 - 12　GPS C/A 码、P 码和 BOC（10，5）信号功率谱对比图

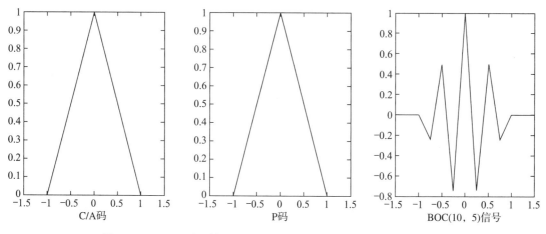

图 3 - 13　GPS C/A 码、P 码和 BOC（10，5）信号自相关函数特性

信号自相关函数主峰比传统信号更窄，能够产生更高的码跟踪精度并具有抗多径的能力。

　　由于 BOC 信号自相关函数的多峰特性，可能导致接收机在捕获过程中锁定在接收信号的副峰，使捕获处理结果出现错锁现象，导致信号跟踪解调出错误信息。为避免信号多峰特性的影响，在捕获过程中采用一些前端处理方法，尽量实现信号的单峰。跟踪阶段采用远超前（very early）和远滞后（very late）本地码进行处理，使这两个伪随机码的位置与 BOC 信号自相关函数的两个第一副峰相重合，以此来提高码跟踪的精度与稳定度。

3.3　MBOC 调制

3.3.1　MBOC 调制

随着全球导航卫星系统应用的日益广泛和 GNSS 本身的建设和发展，用户对 GNSS 服务的要求越来越高，服务成功的关键在于能否满足用户对导航定位的高精度和高连续性的要求。这就要求当用户处于室内或者多径干扰严重的恶劣环境时卫星导航信号依然能达到很强的性能。美欧就 GPS、GALILEO 共用民用信号设计最终达成了一致，将 L1/E1 频段原来推荐的 BOC（1，1）调制换成了更具优势的多元二进制偏置载波（Multiplexed Binary Offset Carrier，MBOC）调制。

从频域上对 MBOC 进行了定义，其功率谱密度则是数据通道和导频通道信号的联合功率谱密度。其 MBOC 功率谱密度表示为

$$G_{\text{signal}}(f) = \alpha G_{\text{BOC}(f_{s1,c1})}(f) + \beta G_{\text{BOC}(f_{s2,c2})}(f) \tag{3-18}$$

式中　α ——通道中 $G_{BOC(f_{s1,c1})}(f)$ 的功率占总功率的比；

　　　β ——通道中 $G_{BOC(f_{s2,c2})}(f)$ 的功率占总功率的比。

MBOC 调制可以通过时间多路二进制偏移载波（Time Multiplexed Binary Offset Carrier，TMBOC）和复合二进制偏移载波（Composite Binary Offset Carrier，CBOC）两种调制方式获得。其中，GALILEO E1 OS 拟采用 CBOC（6，1，1/11）调制方式实现 MBOC（6，1，1/11），而 GPS L1C 拟采用 TMBOC（6，1，4/33）调制方式实现 MBOC（6，1，1/11）。我国北斗卫星导航系统吸收了 GALILEO 和 GPS 现代化的最新研究成果。比如 B1 - BOC 拟采用的 MBOC（6，1，1/11）调制方式和 GALILEO E1 - B 和 E1 - C 信号类似；B2 - BOC 拟采用的 BOC（10，5）调制方式和 GALILEO E6 - A 以及 GPS 新军码（M 码）类似；而 B3 - BOC 拟采用的 BOC（15，2.5）调制方式和 GALILEO E1 - A 信号类似。

3.3.2　TMBOC 调制

GPS L1C 采用 TMBOC 调制，在数据信道使用单一 BOC（1，1）调制，在导频信道使用 BOC（1，1）和 BOC（6，1）混合调制，且 BOC（6，1）占导频信道功率的 4/33，则这种混合调制的子载波记为 TMBOC（6，1，4/33），导频和数据支路的功率分配为 75% 和 25%。

导频支路和数据支路的功率谱密度计算如下

$$G_P(f) = \frac{29}{33} G_{\text{BOC}}(1,1)(f) + \frac{4}{33} G_{\text{BOC}}(6,1)(f) \tag{3-19}$$

$$G_D(f) = G_{\text{BOC}}(1,1)(f) \tag{3-20}$$

组合后的 MBOC 功率谱密度为

$$G_{\text{MBOC}}(f) = \frac{3}{4}G_P(f) + \frac{1}{4}G_D(f)$$

$$= \frac{10}{11}G_{\text{BOC}}(1,1)(f) + \frac{1}{11}G_{\text{BOC}}(6,1)(f) \tag{3-21}$$

从而实现 MBOC（6，1，1/11）调制。

3.3.3　CBOC 调制

在 GALILEO 中，E1 OS 采用的 MBOC 信号是通过 CBOC 方式调制生成，即 MBOC（6，1，1/11）通过对 BOC（1，1）和 BOC（6，1）在时域加权叠加得到扩频调制的子载波，再分别调制到 E1 的导频和数据支路上，此子载波具有多电平形式，且导频和数据支路具有相同的功率分配（为 50% 和 50%）。导频支路（P 路）和数据支路（D 路）的功率谱密度计算公式如下

$$G_P(f) = \frac{10}{11}G_{\text{BOC}}(1,1)(f) + \frac{1}{11}G_{\text{BOC}}(6,1)(f) \tag{3-22}$$

$$G_D(f) = \frac{10}{11}G_{\text{BOC}}(1,1)(f) + \frac{1}{11}G_{\text{BOC}}(6,1)(f) \tag{3-23}$$

故组合的 MBOC 功率谱密度为

$$G_{\text{MBOC}}(f) = \frac{1}{2}G_P(f) + \frac{1}{2}G_D(f)$$

$$= \frac{10}{11}G_{\text{BOC}}(1,1)(f) + \frac{1}{11}G_{\text{BOC}}(6,1)(f) \tag{3-24}$$

即可 MBOC（6，1，1/11）调制。

3.3.4　MBOC 调制信号的功率谱密度和自相关函数

MBOC 调制的优点是不会干扰其他频段的信号，同时确保了和其他卫星导航信号的互操作性。此外，MBOC 调制通过在 BOC 调制的频谱上增加少量的高频分量，可获得更窄的自相关峰曲线，从而提高了伪码跟踪精度，并且在一定程度上缓解多径干扰。

BOC（m，n）的功率谱密度计算公式如下

$$G_{\text{BOC}}(m,n)(f) = n \cdot f_c \left(\frac{\sin\left(\dfrac{\pi f}{2m \cdot f_c}\right)\sin\left(\dfrac{\pi f}{n \cdot f_c}\right)}{\pi f \cos\left(\dfrac{\pi f}{2m \cdot f_c}\right)} \right)^2 \tag{3-25}$$

其中

$$f_c = 1.023 \text{ MHz}$$

传统 GPS 中采用的 BPSK（1）调制方式的功率谱密度为

$$G_{\text{BPSK}}(1)(f) = \frac{1}{f_c}\left(\frac{\sin\left(\dfrac{\pi f}{f_c}\right)}{\pi f \cos\left(\dfrac{\pi f}{f_c}\right)} \right)^2 \tag{3-26}$$

　　图 3-14 为 MBOC（6，1，1/11）、BOC（1，1）和 BPSK（1）的功率谱密度比较图。如图所示，通过 BOC（1，1）调制可使 BPSK 调制信号频谱分裂成两个对称部分，故可使得 GALILEO 信号与 GPS 码信号在频谱上没有重叠，从而具有良好的兼容性和互操作性。而 MBOC（6，1，1/11）较 BOC（1，1）而言，在 BOC（1，1）基础上增加了更丰富的高频分量，可获得更窄的自相关峰曲线，从而可提高伪码跟踪精度，并且在一定程度上缓解多径干扰。

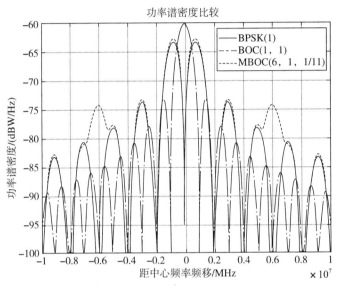

图 3-14　三种调制的功率谱密度

　　MBOC（6，1，1/11）、BOC（1，1）和 BPSK（1）的自相关峰比较曲线如图 3-15 所示。BOC 信号的自相关函数与 C/A 码不同，第二旁瓣峰值是主瓣的一半，形成曲折的自相关峰，MBOC（6，1，1/11）较 BOC（1，1）而言，自相关峰曲线更窄，从而相关性能更佳。

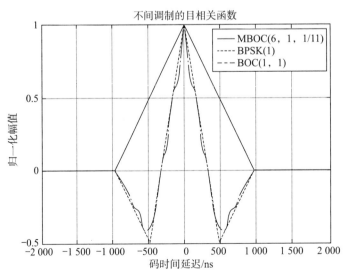

图 3-15　三种调制的自相关峰曲线

3.4　CBCS 调制

3.4.1　CBCS 调制信号的定义

CBCS（Composite Binary Coded Symbols）是由 BOC（1，1）和 BCS（n，1）按一定的功率比，以相同的码片速率进行叠加组合得到的，可表示为 CBCS＝aBOC（1，1）＋bBCS（n，1），其中，a 和 b 分别表示 BOC 和 BCS 各占总功率的百分之多少，$a+b=100\%$；BCS（Binary Coded Symbols）实际上是一个扩频序列，BCS（$[s]$，1）表示有 n 个符号数，$s=[s_1，s_2，\cdots s_n]$ 是符号序列，"1"表示 BCS 的速率和 BOC（1，1）的速率一样，都是 1.023 Mcps 的 1 倍。如 CBCS（$[1，-1，1，-1，1，-1，1，-1，1，1]$，1，20%），这是 GALILEO L1OS 信号采用的候选方案，其结构图如图 3-16 所示，CBCS 信号具有 4 个电平值。L1OS 信号的数据通道和导频通道上采用不同的 CBCS，时域波形表达式分别为

$$OS_{\text{Data}}=SC_1(t) \cdot \cos\theta_1+SC_2(t) \cdot \cos\theta_2$$
$$OS_{\text{Pilot}}=SC_1(t) \cdot \cos\theta_1-SC_2(t) \cdot \cos\theta_2 \tag{3-27}$$

其中

$$\cos\theta_1=\sqrt{1/5}，\cos\theta_2=\sqrt{4/5}$$

式中　θ_1，θ_2——相位调制的相角，通过改变 θ_1，θ_2 的值来调整 BOC 和 BCS 的功率比。

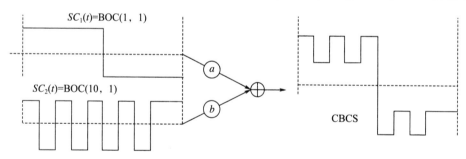

图 3-16　CBCS（$[1，-1，1，-1，1，-1，1，-1，1，1]$，1，20%）的结构图

3.4.2　CBCS 调制信号的功率谱密度和自相关函数

（1）CBCS 调制信号的功率谱密度

对于 $\text{BOC}_{\sin}(n，m)$，当 $k=(2*n)/m$ 为偶数时，其功率谱密度的解析表达式

$$G(f)=\frac{1}{T_c}\left\{\frac{\sin\{(\pi fT_c)/k\} \cdot \sin(\pi fT_c)}{\pi f \cdot \cos\{(\pi fT_c)/k\}}\right\}^2 \tag{3-28}$$

其中

$$T_c=1/(m*R_c)$$
$$R_c=1.023 \text{ Mcps}$$

式中　　T_c——伪码周期。

可得 BOC（1，1）功率谱密度的表达式为

$$G(f) = \frac{1}{T_c} \left\{ \frac{\sin\{(\pi f T_c)/2\} \cdot \sin(\pi f T_c)}{\pi f \cdot \cos\{(\pi f T_c)/2\}} \right\}^2 \qquad (3-29)$$

BOC（6，1）功率谱密度的表达式为

$$G(f) = \frac{1}{T_c} \left\{ \frac{\sin\{(\pi f T_c)/12\} \cdot \sin(\pi f T_c)}{\pi f \cdot \cos\{(\pi f T_c)/12\}} \right\}^2 \qquad (3-30)$$

BCS 的功率谱密度解析式为

$$G_{BCS([],1)}(f) = f_c \frac{\sin^2\left[(\pi f)/n f_c\right]}{(\pi f)^2} \cdot \left\{ \sum_{i=1}^n \sum_{j=1}^n 2 s_i s_j \cos\left[(j-i)\frac{2\pi f}{n f_c}\right] - n \right\} \qquad (3-31)$$

其中

$$f_c = 1.023\ \text{MHz}$$

式中　　n——一个码片里 BCS 的符号数；

　　　　s_i，s_j——BCS 的符号序列。

从频域上来观察 BOC、TMBOC、CBOC 和 CBCS 的特点。从图 3-17 可看出，在前端带宽为 30 MHz 内，相对于 BOC（1，1），TMBOC 或 CBOC 的归一化功率谱密度的高频分量出现在 ±6 MHz 附近，高频分量的幅度随着 BOC（6，1）所占比例的增大而增大。图 3-18 比较了 GALILEO L1OS 信号的数据通道、导航通道和 BOC（1，1）的归一化功率谱密度，$[s] = [1，-1，1，-1，1，-1，1，-1，1，1]$。在前端带宽为 40 MHz 内，相对于 BOC（1，1），数据通道的高频分量出现在 ±5 MHz 和 ±15 MHz 附近；导航通道的功率谱幅度在 ±7 MHz 范围内都稍高于 BOC（1，1），而数据通道的高频分量集中在某一个频点附近。图 3-19 比较了 BOC（1，1）、CBCS（$[s]$，1，20%）和 TMBOC（6，1，4/33），可见，GALILEO L1OS 信号和 GPS L1C 信号选用基于 BOC（1，1）的

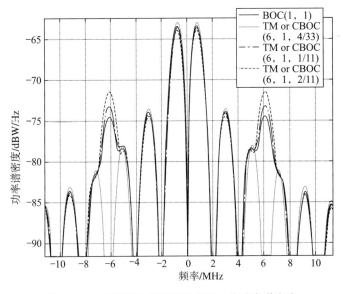

图 3-17　TMBOC 或 CBOC 的归一化功率谱密度

不同子载波调制方式，一是为了相互避开高频分量；二是为了便于互操作，因为这些功率谱密度的主瓣都在±1.023 MHz 附近，BOC（1，1）的接收机可以对它们进行捕获跟踪。

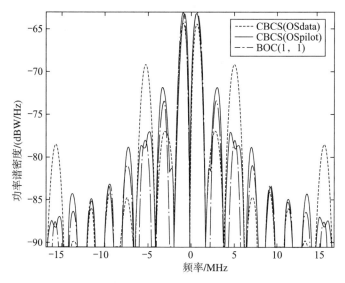

图 3-18　CBCS（[s]，1，20%）和 BOC（1，1）的归一化功率谱密度

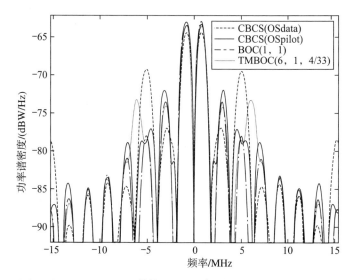

图 3-19　BOC（1，1），CBCS（[s]，1，20%）和 TMBOC（6，1，4/33）的比较

（2）CBCS 调制信号的自相关函数

如图 3-20 和图 3-21 所示，数据通道的 CBCS 的自相关主瓣的顶峰明显窄于导频通道的，对应于频域上的现象就是前者的高频分量在某一个频点附近显著大于后者，但在其他频点反而小于后者。还有，数据通道的 CBCS 的自相关主瓣的顶峰也明显窄于 TMBOC（6，1，4/33），从频域看到前者的高频分量显著大于后者。另外，TMBOC 的自相关函数与前端带宽关系比较密切，而 CBCS 受前端带宽的影响不明显。BOC（1，1）的自相关主

瓣的顶峰都比 CBCS 和 TMBOC 宽。将时域上的自相关函数与频域上的功率谱联系起来看，我们会发现，CBCS 通过增加高频分量来获得更窄的自相关函数。

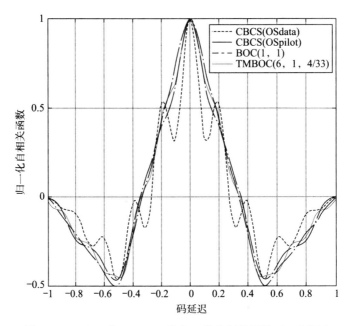

图 3-20　CBCS 与 TMBOC 的归一化自相关函数（12 MHz）

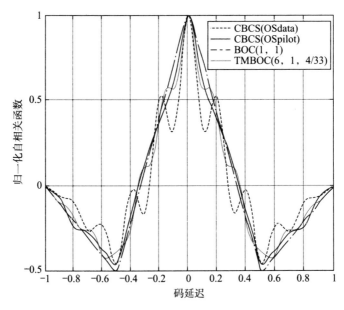

图 3-21　CBCS 与 TMBOC 的归一化自相关函数（24 MHz）

（3）CBCS 调制信号的多径误差包络

多径误差包络主要反映多径延迟给伪码跟踪精度引入多大的误差范围。仿真条件为：相关器间隔取 1/10 个码片，多径-直达信号幅度比取 −10 dB，采用非相干超前减滞后鉴别器算法。下面给出 BOC（1，1）、CBCS（［s］，1，20%）和 TMBOC 在不同前端带宽情况下的多径误差包络，可总结出：1）前端带宽为 24 MHz 时的多径误差要小于 12 MHz 的；2）在相同条件下，TMBOC（6，1，2/11）的多径误差略小于另两种 TMBOC，如图 3 - 22 和图 3 - 23 所示；3）当前端带宽为 12 MHz，多径时延在一个码片内时，数据通道的 CBCS 的多径误差几乎都小于导频通道的 CBCS 和 TMBOC 的；但当前端带宽为 24 MHz 时，数据和导频通道的 CBCS 的多径误差性能几乎没什么改善，而 TMBOC 的性能改善了大约 1 m；4）CBCS 和 TMBOC 的多径误差都小于 BOC（1，1），如图 3 - 24，图 3 - 25 所示。

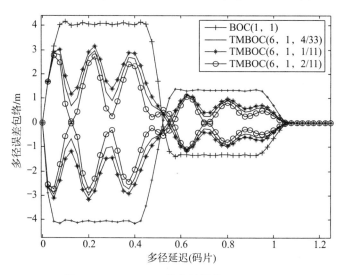

图 3 - 22　TMBOC 的多径误差（24 MHz）

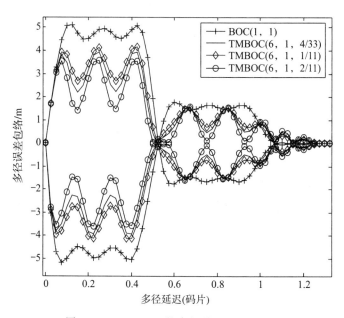

图 3 - 23　TMBOC 的多径误差（12 MHz）

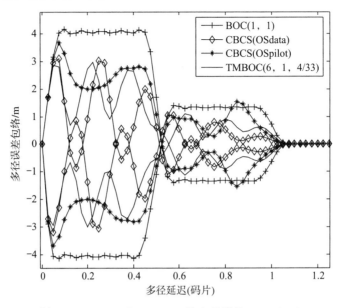

图 3 - 24　CBCS 与 TMBOC 的多径误差（24 MHz）

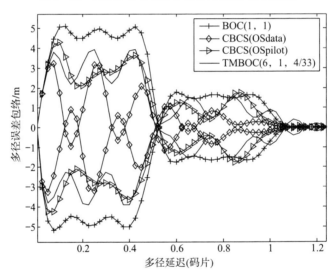

图 3 - 25　CBCS 与 TMBOC 的多径误差（12 MHz）

（4）CBCS 调制信号的 Cramer Rao 跟踪误差下边界

在载噪比足够高时，对于最佳延迟锁定环路（DLL），时延误差标准差的 Cramer Rao 下边界为

$$\sigma_{\tau CRB}[s] = \sqrt{\frac{B_L}{(C/N_0) \cdot \Delta f_{Gabor}^2[f_c]}} \tag{3-32}$$

$$\Delta f_{Gabor}[Hz] = 2\pi \sqrt{\frac{\int_{-f_c}^{f_c} f^2 P(f) \mathrm{d}f}{\int_{-f_c}^{f_c} P(f) \mathrm{d}f}} \tag{3-33}$$

式中　$\Delta f_{\mathrm{Gabor}}[f_c]$——单边频率带宽为 f_c 的带限信号的 Gabor 带宽，单位为 Hz；

　　　(C/N_0)——载噪比，单位为 dBHz；

　　　B_L——接收机 DLL 的环路带宽，单位为 Hz。

式（3-33）乘于光速，就得到单位为 m 的 Cramer Rao 跟踪误差下边界。

本章仿真了不同载噪比下 BOC（1，1）、CBCS（$[s]$，1，20%）和 TMBOC 的 Cramer Rao 跟踪误差下边界，仿真条件是 DLL 环路带宽为 2 Hz，前端带宽取 12 MHz 和 24 MHz 两种情况，如图 3-26～图 3-29 所示。从仿真结果可见：1）这几种调制方式的共同特点是，前端带宽为 24 MHz 时的跟踪精度要高于 12 MHz 时的。2）在相同条件下，TMBOC（6，1，2/11）比另两种 TMBOC 的跟踪精度要高。3）数据通道的 CBCS 的跟踪精度比导频通道的要高。4）前端带宽为 24 MHz，载噪比＝20 dBHz 时，数据通道的

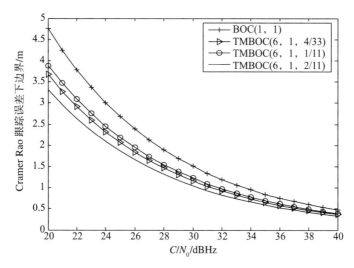

图 3-26　TMBOC 的 Cramer Rao （12 MHz）

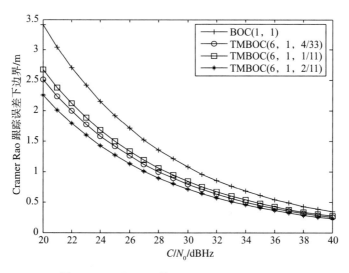

图 3-27　TMBOC 的 Cramer Rao （24 MHz）

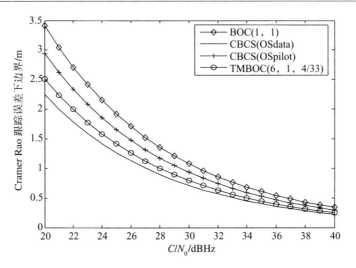

图 3 - 28　TMBOC 与 CBCS 的 Cramer Rao（24 MHz）

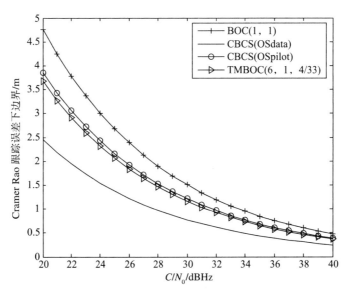

图 3 - 29　TMBOC 与 CBCS 的 Cramer Rao（12 MHz）

CBCS 的跟踪精度只略大于 TMBOC（6，1，4/33），大约 0.25 m，且随着载噪比的增加差距越来越小。但若前端带宽为 12 MHz，载噪比＝20 dBHz 时，前者的跟踪精度大于后者约 1.25 m，虽随着载噪比的增加这种差距越来越小，但直到 40 dBHz，两者的跟踪精度差距大约还有 0.2 m。可见，在前端带宽受限的情况下，CBCS 具有优势。5）CBCS 和 TMBOC 的跟踪精度都高于 BOC（1，1）。

　　通过对 BOC、MBOC 和 CBCS 的性能进行分析，从功率谱密度来看，TMBOC、CBOC 和 CBCS 的两个分裂主瓣在±1.023 MHz 附近，保证了与 BOC（1，1）的互操作性，但它们的高频分量幅度都明显高于 BOC（1，1）的。从自相关函数曲线看到，TMBOC、CBOC 和 CBCS 都是通过增加功率谱密度的高频分量来获得更窄的自相关函数。

从多径误差包络和 Cramer Rao 跟踪误差下边界曲线看出，这两方面性能越好的调制方式，其功率谱密度高频分量幅度越高。从分析结果可总结出目前国外关于子载波调制方式设计的思路——首先从频域出发，考虑要在哪些频点增加高频分量幅度，以提高信号性能，然后再从时域上选择满足频域要求的信号波形。这种设计思路有利于各个信号之间既可以共享频段又可以有意避开谱密度主瓣，以实现兼容和互操作。

3.5　AltBOC 调制

AltBOC 调制第一次出现于 2000 年，伽利略信号体制尚未最终确定之前。当时伽利略信号体制工作组（GSTF）面临很多需要解决的问题，其中之一就是需要在距离 GPS 的 L1 频段 14 MHz 远的 4 MHz 带宽的两个频带内发射信号，这就是后来的 El 和 E2 频带；并且需要两个频带发射不同的信号，但要采用同一个高功率放大器（HPA），这时 AltBOC 调制信号就应运而生了。但是，每个信道都是由数据和导频两个信号组成的，这就需要四通道 AltBOC 才能实现，但四通道 AltBOC 信号的包络不恒定，使用高功率放大器时会产生失真，这导致了四通道 AltBOC 很快就被弃用了。然而，在 2001 年法国国家航天研究中心（CNES）发现四通道恒包络 AltBOC 信号可以实现，并且提出了实现方法，于是恒包络 AltBOC 信号成为了 GALILEO 的 E5 信道可选方案之一。

AltBOC 调制是传统 BOC 调制的一种变换形式，实现类似于一般的 BOC 信号，若使用一般的 BOC 信号，其两个主瓣所含信息一致，而使用 AltBOC 信号，不同的主瓣可以携带不同的信息，频谱利用率提高。

3.5.1　双通道 AltBOC 调制

AltBOC 调制被定义为在上下边带调制不同伪随机码的类 BOC 信号，它可由基带信号乘以复数方波副载波表征，复数副载波及其共轭形式表示为

$$er(t) = cr(t) + jsr(t) \tag{3-34}$$
$$er^*(t) = cr(t) - jsr(t) \tag{3-35}$$

其中

$$sr(t) = \text{sign}[\sin(2\pi f_s t)]$$
$$cr(t) = \text{sign}[\cos(2\pi f_s t)]$$

式中　$sr(t)$——正弦方波副载波；

　　　$cr(t)$——余弦方波副载波；

　　　f_s——副载波频率；

　　　T_s——副载波周期。

双通道 AltBOC 调制信号表达式为

$$s(t) = c_a(t) \cdot er^*(t) + c_b(t) \cdot er(t) \tag{3-36}$$

将式（3-34）、（3-35）代入式（3-36）整理得

$$s(t) = [c_a(t) + c_b(t)] \cdot cr(t) + \text{j} [c_b(t) - c_a(t)] \cdot sr(t) \qquad (3-37)$$

式中 $c_a(t)$ 和 $c_b(t)$ ——具有不同伪随机码的基带信号。

AltBOC 调制信号通常表示为 AltBOC（n，m）形式，如果令 $f_s = 1.023$ MHz，则副载波频率为 $f_s = n \times f_0$，扩频码频率为 $f_c = m \times f_0$。

由式（3-37）可知双通道 AltBOC 调制信号是 $c_a(t) + c_b(t)$ 和 $c_b(t) - c_a(t)$ 分别调制 BOC 副载波后的叠加信号，两个信号的载波相位正交，副载波相位也正交。两个信号必有一个为零，而另一个为非零值。调制的结果如图 3-30 所示，调制信号有四个相位，沿着水平和垂直方向分布。

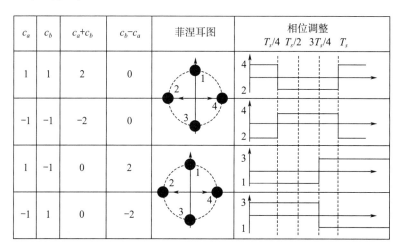

图 3-30   双码 AltBOC 调制相位

通过对图 3-30 分析可得出，双码 AltBOC 调制方式通过将基带信号分别乘以副载波和共轭副载波，使具有不同伪随机码的基带信号调制到高频载波的低频段和高频段，实现信号能量从载波中心频率分离。双通道 AltBOC 调制方式既充分利用频段资源，又避免引入不同信号间的相互干扰。双通道 AltBOC（15，10）调制信号和 BOC（15，10）调制信号大部分能量不在载波的中心频率上，更多的能量集中在调制信号所占带宽的边缘地方，增加了信号的有效带宽，如图 3-31 所示。

进一步分析，当双通道 AltBOC 调制的基带信号 $c_a(t) = c_b(t)$ 或 $c_a(t) = -c_b(t)$ 时，式（3-37）改写为 $s(t) = 2c_a(t) \cdot cr(t)$ 或 $s(t) = \text{j}2c_b(t) \cdot sr(t)$ 形式。双通道 AltBOC 调制信号表达式将转化为正弦副载波 BOC 调制信号或余弦副载波 BOC 调制信号数学表达式。所以可得出，BOC 调制技术是双通道 AltBOC 调制技术的一种特例。

3.5.2   标准 AltBOC 调制

基于双通道 AltBOC 调制原理，如果基带信号 $c_a(t)$、$c_b(t)$ 转化为复数形式，即 $c_a(t) = c_{a-I}(t) + \text{j}c_{a-Q}(t)$，$c_b(t) = c_{b-I}(t) + \text{j}c_{b-Q}(t)$。其中，$c_{a-I}$ 和 c_{b-I} 称为同相信号，c_{a-Q} 和 c_{b-Q} 称为正交信号。

标准 AltBOC 调制信号数学表达式为

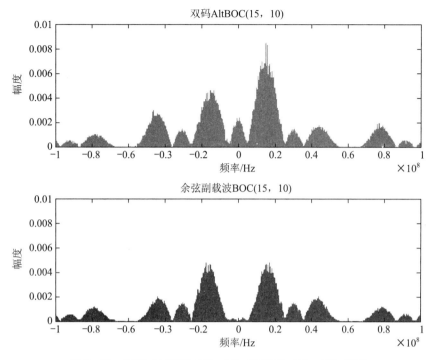

图 3 - 31　双码 AltBOC（15，10）和 BOC（15，10）频谱

$$s(t) = [c_{a-I}(t) + jc_{a-Q}(t)] \cdot er^*(t) + [c_{b-I}(t) + jc_{b-Q}(t)] \cdot er(t) \qquad (3-38)$$

将式（3 - 34）、（3 - 35）代入式（3 - 38）整理得

$$s(t) = \{ [c_{a-I}(t) + c_{b-Q}(t)] \cdot cr(t) + [c_{a-Q}(t) - c_{b-Q}(t)] \cdot sr(t) \} +$$
$$j\{ [c_{a-Q}(t) + c_{b-Q}(t)] \cdot cr(t) + [c_{b-I}(t) - c_{a-I}(t)] \cdot sr(t) \} \qquad (3-39)$$

同相信号和正交信号取值为 ±1，如果 $\{c_{a-I}(t), c_{b-I}(t), c_{a-Q}(t), c_{b-Q}(t)\} =$
$\{1, 1, 1, -1\}$，则标准 AltBOC 调制信号 $s(t) = 2[cr(t) + sr(t)]$，可由余弦副载波
和正弦副载波的时序图得到。

此时 $s(t)$ 的时序图如图 3 - 32 所示。

观察图 3 - 32 可知，此时信号振幅为 2，-2，0，如果结合其他 15（$2^4 - 1$）种同相、
正交信号取值情况下 $s(t)$ 的时序图，可归纳出，标准 AltBOC 调制信号的相位和振幅分布
情况如图 3 - 33 所示。

从图 3 - 33 可知，标准 AltBOC 调制信号在水平、垂直方向的振幅比斜对角线方向的
振幅高。但是，由于存在 0 振幅，调制信号包络将不是一个恒定的值。

由图 3 - 33 中标准 AltBOC 调制信号的振幅和相位之间关系，标准 AltBOC 调制信号
还可表示为

$$s(t) = A_k \cdot e^{(j \cdot k \cdot \pi/4)}$$

其中

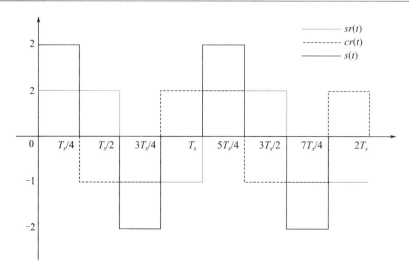

图 3-32　输入为 {1，1，1，−1} 时 $s(t)$ 的时序图

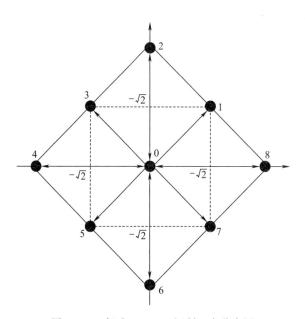

图 3-33　标准 AltBOC 调制 9 点分布图

$$
\begin{cases}
A_k = 0 & k = 0 \\
A_k = 2\sqrt{2} & k = 1,3,5,7 \\
A_k = 4 & k = 2,4,6,8
\end{cases}
\tag{3-40}
$$

标准 AltBOC 调制方式分别将信号，即 $c_a(t) = c_{a-I}(t) + \mathrm{j}c_{a-Q}(t)$ 和 $c_b(t) = c_{b-I}(t) + \mathrm{j}c_{b-Q}(t)$ 信号，调制到高频载波中心频率的高频段和低频段上。由于某一时刻标准 AltBOC 调制信号的振幅在 0 振幅处，频谱图中第二旁瓣处波形会发生突然变化，致使调制信号的包络不恒定，导致信号容易失真、变形，使接收机跟踪性能降低。因此，标准 AltBOC 调制方式不适合在卫星导航信号调制过程中使用，图 3-34 为 AltBOC（15，10）

频谱。

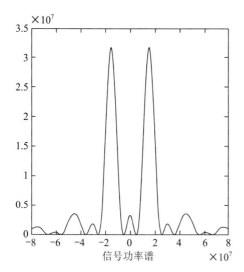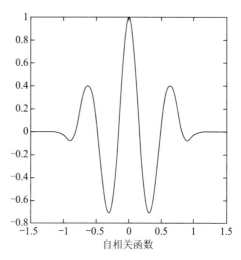

图 3-34　AltBOC（15，10）频谱示意图

3.5.3　恒包络 AltBOC 调制

从本质特性分析不恒定包络信号的原因，在原测距码 $c_a(t)$ 和 $c_b(t)$ 上各增加了一路测距码 $c_{a-Q}(t)$ 和 $c_{b-Q}(t)$，由于原测距码 $c_a(t)$ 和 $c_b(t)$ 与新增加的测距码 $c_{a-Q}(t)$ 和 $c_{b-Q}(t)$ 互不相关，所以叠加后的信号必然不是恒包络信号。

通过一些变化消除 0 相位，并使其他相位处包络恒定，就产生了一种新的调制方式，也是最终所需要的恒包络（constant envelope）AltBOC 调制。

如图 3-35 可以看出，AltBOC 信号不是恒包络信号，在通过饱和大功率非线性放大器时会产生不期望的 AM 到 AM、AM 到 PM 的失真。通过对图 3-35 所示的 AltBOC 星座图进行修正，将状态 2、4、6、8 处的幅度由 $2\sqrt{2}$ 变为 2，并去掉状态 0，从而使信号变为恒包络信号，如图 3-36 所示，这种信号与 8PSK 调制的星座图一致，记为 8PSK-AltBOC 信号。

改进后的 8PSK-AltBOC 信号表达式如下，其星座图如图 3-37 所示。

$$S_{8\text{PSK-AltBOC}} = 2 \cdot \exp\left(jk\frac{\pi}{4}\right), k \in \{1,2,3,4,5,6,7,8\} \tag{3-41}$$

由图 3-37 可知，整个星座图有 8 种相位状态，那么就有 8 种副载波相位与之对应。对数据支路和导频支路的 4 个信号，有 16 种码的组合，将这 16 种码组合中的任意一种配置到星座的 8 个相位点中的一个上，共有 128 种可能情况。将副载波时隙分为相等的 8 份，则每个码片周期对应 2 种不同的相位状态，根据时隙间隔和相位关系，这 16 种编码状态在每个时隙间隔内，可以对应到星座图的 8 种相位状态中的一点上。这就相当于进行了 8 个 PSK 调制。

恒包络 AltBOC 信号功率谱和自相关函数特征如图 3-38 所示。图 3-38（a）表明，

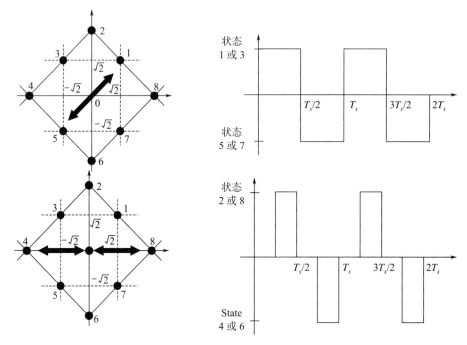

图 3-35　4 码 AltBOC 的振幅变化图

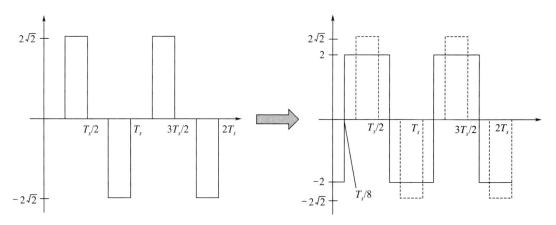

图 3-36　AltBOC 信号振幅修正示意图

相比于 AltBOC 信号，恒包络 AltBOC 功率更集中在主瓣上，而两者由主瓣决定的带宽均为 50 MHz；图 3-38（b）为 AltBOC 信号相位图，发现 AltBOC 信号最终调制结果也类似于 8PSK 调制，这为信号解调方式的选择提供了方便，例如可采用 8PSK 解调方式；图 3-38（c）是在带宽 160 MHz，采样频率 100 MHz 时信号仿真的功率谱密度包络；图 3-38（d）是 AltBOC 信号与 BOC（15，10）的自相关函数曲线，AltBOC 信号的自相关函数峰更窄，意味着具有更高的跟踪精度；这些都是 AltBOC 信号所具有的优点。

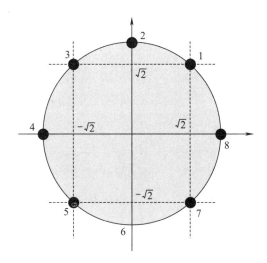

图 3 - 37　8PSK - AltBOC 信号星座图

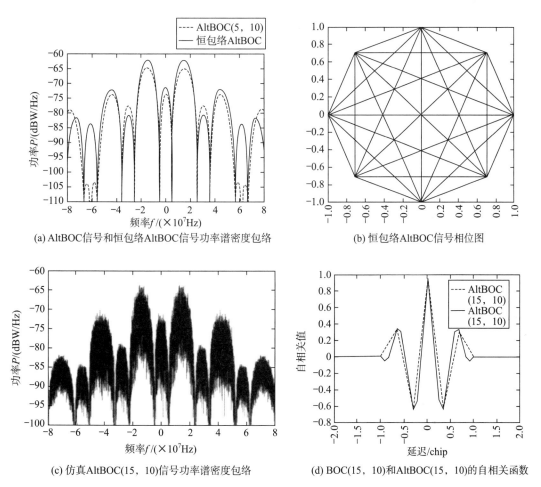

图 3 - 38　恒包络 AltBOC 信号功率谱和自相关函数特征

3.6　复用调制

互复用技术是目前适用于卫星导航系统的一种多路复用技术，它利用正交相位调制的原理，将多个信号在一个载波上进行相位调制以保证合成信号的恒包络特性，使得星载大功率发射机可以工作在非线性饱和区，达到较好的发射效率，同时也不会额外增加星上高功放载荷的设计及实现复杂性。

互复用调制目前主要有两种方法，Interplex 和相干自适应副载波调制（Coherent Adaptive Subcarrier Modulation，CASM）。这两种方法都是通过产生一个互调项（IM – Inter – Modulation）对合路信号的瞬时功率进行修正以达到基带信号的功率为一个恒定的值，减小功率放大器对信号的影响，这两种方法在数学上等效。

3.6.1　Interplex 调制

Interplex 调制的基本原理是，通过生成互调项（IM：Inter – Modulation）信号，与各信号组合成具有恒包络特性的混合信号。互调项的个数根据输入信号个数不同而不同，是输入信号的所有或部分与一个特定功率比例因子的乘积，这个比例因子是与各路信号功率有关的函数。

互复用调制表示如下

$$s(t) = \sqrt{2P} \cos(2\pi f_c t + \theta(t) + \varphi) \tag{3-42}$$

$$\theta(t) = \theta_1 s_1(t) + \sum_{n=2}^{N} \theta_n s_1(t) s_n(t) \tag{3-43}$$

式中　　$s_1(t)$，$s_2(t)$，$\cdots$，$s_N(t)$——调制信号；

　　　　θ_n——调制角度（调制系数），它的大小决定了各路信号的功率分配；

　　　　P——信号总功率；

　　　　f_c——载波频率。

在全球导航卫星系统的应用中 $s_n(t) = c_n(t) d_n(t) sq(2\pi f_n t)$ 为方波子载波，$d_n(t)$ 为数据信息，$c_n(t)$ 为扩频码，利用 $s_n(t) = \pm 1$，可得互复用调制表示

$$s(t) = \left[\sqrt{2P_c} + s_2(t) \sqrt{2P_2} + \cdots + s_k(t) \sqrt{2P_k} + \cdots + s_N(t) \sqrt{2P_N} + IM_1(t) \right] \cos(2\pi f_c t) +$$
$$\left[s_1(t) \sqrt{2P_1} + IM_2(t) \right] \sin(2\pi f_c t) \tag{3-44}$$

$$\begin{cases} P_c = P \cos^2\theta_1 \prod_{n=2}^{N} \cos^2\theta_n \\ \\ P_1 = P \sin^2\theta_1 \prod_{n=2}^{N} \cos^2\theta_n \\ \quad\quad\vdots \\ P_k = P \sin^2\theta_1 \tan^2\theta_k \prod_{n=2}^{N} \cos^2\theta_n \end{cases}$$

式中　P_c —— 未经信号调制的载波功率，其值由 θ_1，θ_2，$\cdots$，θ_N 决定；

　　　　P_k —— k 路的数据功率 $(k > 1)$；

　　　　$IM_1(t)$ 与 $IM_2(t)$ —— 互复用中的互调分量。

有用信号的功率效率 η，定义为

$$\eta = \left(P_1 + \sum_{k=2}^{N} P_k \right) / P \tag{3-45}$$

对式（3-44）和式（3-45）化简可得以下各式

$$\theta_1 = \arccos \left[\frac{P_c}{P} \prod_{k=2}^{N} (1 + \alpha_k) \right]^{1/2} \tag{3-46}$$

$$\theta_k = \arctan \sqrt{\alpha_k} \tag{3-47}$$

$$\eta = \left(\sum_{k=1}^{N} \alpha_k \right) \left(\prod_{k=2}^{N} (1 + \alpha_k)^{-1} - \frac{P_c}{P} \right) \tag{3-48}$$

其中

$$\alpha_k = \frac{P_k}{P_1} (k > 1)$$

为了使有用信号功率效率最大，可令载波功率为 0，即 P_c 为 0，由于 P_c 取决于各调制系数，当调制系数取特定值时，P_c 可以取 0，则由式（3-46），知 $\theta_1 = \pm \dfrac{\pi}{2}$。

以 $\theta_1 = -\dfrac{\pi}{2}$ 为例，互复用的信号可表示为

$$s(t) = \sqrt{2P} \cos \left[2\pi f_c t - \frac{\pi}{2} s_1(t) + \sum_{n=2}^{N} \theta_n s_1(t) s_n(t) \right] \tag{3-49}$$

三路信号的互复用形式如下式

$$s(t) = \sqrt{2P} \cos \left[2\pi f_c t - \frac{\pi}{2} s_1(t) + \theta_2 s_1(t) s_2(t) + \theta_3 s_1(t) s_3(t) \right] \tag{3-50}$$

由 $s_n(t) = \pm 1$，上式可简化为

$$s(t) = \sqrt{2P} \{ [s_2(t) \sin\theta_2 \cos\theta_3 + s_3(t) \cos\theta_2 \sin\theta_3] \cos(2\pi f_c t) +$$
$$[s_1(t) \cos\theta_2 \cos\theta_3 - IM(t)] \sin(2\pi f_c t) \} \tag{3-51}$$

式中　$IM(t) = s_1(t) s_2(t) s_3(t) \sin\theta_2 \sin\theta_3$ —— 互复用中的互调分量。

当 $\theta = \pi/2$ 时，分析方法和 $\theta = -\pi/2$ 时类似，对于 GNSS 应用

$$s(t) \big|_{\theta_1 = \pi/2} = -s(t) \big|_{\theta_1 = -\pi/2}$$

式（3-51）实现原理框图如图 3-39 所示。

在互复用调制中，总是希望分配给有用信号较大的功率，而分配给互调分量较小的功率，以保证有用信号的功率效率最大。

当 $\theta_1 = \pm \dfrac{\pi}{2}$ 时，式（3-48）可简化为

$$\eta = \frac{1 + \alpha_2 + \cdots + \alpha_k + \cdots + \alpha_N}{(1 + \alpha_2)(1 + \alpha_3) \cdots (1 + \alpha_k) \cdots (1 + \alpha_N)} \tag{3-52}$$

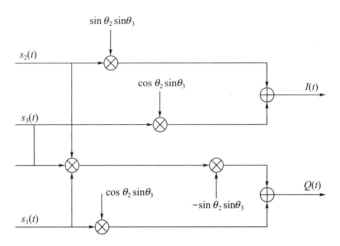

图 3 - 39　三路信号互复用调制框图

$$\frac{\partial \eta}{\eta \alpha_k} = \frac{-(1 + \alpha_2 + \cdots + \alpha_k + \cdots + \alpha_N)}{(1 + \alpha_2)(1 + \alpha_3) \cdots (1 + \alpha_k) \cdots (1 + \alpha_N)} \qquad (3 - 53)$$

$\partial \eta / \eta \alpha_k$ 为负数，故效率是 α_k 的单调递减函数。α_k 越小，则有用信号的功率效率越高。由此有如下结论：

1) 对于各路信号功率确定时，当 $s_1(t)$ 取各路信号中功率最大的信号时，$\alpha_k = P_k / P_1 \leqslant 1$，可使有用信号的功率效率最大。由于 $\alpha_k (k > 1)$ 在式（3 - 52）中具有对称性，所以 $s_k (k > 1)$ 的选取对功率效率没有影响。

2) 当 $\alpha_k \to 0$ 时，由式（3 - 52）可知 $\eta \to 1$，故当 $s_1(t)$ 的功率远远大于其他各路信号的功率时，使用互复用技术可得到极大的功率效率。

3) 当选定 $s_1(t)$ 为最大功率信号时，$\alpha_k \leqslant 1$；当取 $\alpha_k = 1$ 时，互复用调制功率效率的下限为 $\eta_{\min} = N / 2^{N-1}$。当复合的路数大于三路时，互复用的功率效率会小于 50%，当 $N \to \infty$ 时，$\eta_{\min} \to 0$。所以互复用技术一般用于三路信号的复合，此时，$\eta_{\min} = 75\%$。

对于三路复用的情况，令 P_1，P_2，P_3，P_{IM} 分别为 $s_1(t)$，$s_2(t)$，$s_3(t)$，$IM(t)$ 信号的实际发射功率，由式（3 - 44）可知

$$\begin{cases} P_1 = P \cos^2 \theta_2 \cos^2 \theta_3 \\ P_2 = P \sin^2 \theta_2 \cos^2 \theta_3 \\ P_3 = P \cos^2 \theta_2 \sin^2 \theta_3 \\ P_{IM} = P \sin^2 \theta_2 \sin^2 \theta_3 \end{cases} \qquad (3 - 54)$$

当 P_1 为 P_1，P_2，P_3 中的最大者时，由上式可知 $|\theta_2| \leqslant \pi/4$，$|\theta_3| \leqslant \pi/4$，此时 $P_{IM} \leqslant \min(P_1, P_2, P_3)$，否则 $P_{IM} \geqslant \min(P_1, P_2, P_3)$，所以当 $s_1(t)$ 取各路信号中功率最大者时可使互调分量所占的功率比例最小，即有用功率效率最大。

对于三路复合的最优配置，即取 $s_1(t)$ 为各路信号中功率最大的信号时

$$\eta = (P_1 + P_2 + P_3)/P = 1 - \sin^2 \theta_2 \sin^2 \theta_3 \qquad (3 - 55)$$

由于 $|\theta_2| \leqslant \pi/4$，$|\theta_3| \leqslant \pi/4$，当 $|\theta_2| = \pi/4$，$|\theta_3| = \pi/4$ 时，η 取最小值 $\eta_{\min} = 75\%$。

当 $\theta_2 \to 0$，$\theta_3 \to 0$，即 $\alpha_2 = \tan^2 \theta_2 \to 0$ 时，$\alpha_3 = \tan^2 \theta_3 \to 0$，$\eta \to 1$，这和上面所得出的结论一致。

3.6.2　CASM 调制

CASM 调制的基本思路与 Interplex 调制相同，但两者的实现方案有所差别。对于 N 路输入信号，CASM 信号表达式可写作

$$s(t) = I_0 \cos[2\pi f_c t + \phi_s(t) + \varphi] - Q_0 \sin[2\pi f_c t + \phi_s(t) + \varphi] \tag{3-56}$$

做如下定义可以保证 $s_1(t)$ 调制在 Q 路且不失一般性

$$I_0(t) = \sqrt{P_I}\, s_2(t)$$
$$Q_0(t) = \sqrt{P_I}\, s_1(t) \tag{3-57}$$

$$\phi_s(t) = \sum_{k=3}^{N} m_k(t) s_k(t) s_{mk}(t) \tag{3-58}$$

$$m_k = \tan^{-1} \sqrt{\frac{P_{sk}}{P_{smk}}}，(k = 3, \cdots, N) \tag{3-59}$$

式中　P_I —— I 支路信号的功率，其大小等于 $s_2(t)$ 的期望功率；

　　　P_Q —— Q 支路的功率，其大小等于 $s_1(t)$ 的期望功率；

　　　s_{mk} —— 取 $s_1(t)$ 或 $s_2(t)$；

　　　m_k —— 调制系数；

　　　P_{mk} —— $s_1(t)$ 或 $s_2(t)$ 的期望功率。

根据信号个数和 s_{mk} 不同可以选择不同的期望信号，仍使用三路信号为例，s_{mk} 取 $s_1(t)$，则 CASM 调制的原理框图如图 3-40 所示。

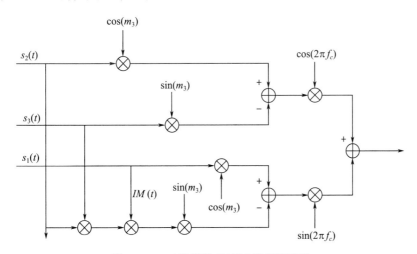

图 3-40　三路信号 CASM 调制原理图

三路信号的 CASM 调制的合成信号表达式展开如式

$$s(t) = \sqrt{P_I} s_2(t) \cos\left[2\pi f_c t + m_3 s_3(t) s_1(t) + \varphi\right] - \sqrt{P_Q} s_1(t) \sin\left[2\pi f_c t + m_3 s_3(t) s_1(t) + \varphi\right]$$

$$= \left[\sqrt{P_I} s_2(t) \cos m_3 - \sqrt{P_Q} s_3(t) \sin m_3\right] \cdot \cos(2\pi f_c t + \varphi) -$$

$$\left[\sqrt{P_Q} s_1(t) \cos m_3 + \sqrt{P_I} s_1(t) s_2(t) s_3(t) \sin m_3\right] \cdot \sin(2\pi f_c t + \varphi) \qquad (3-60)$$

各信号的实际发射功率满足

$$\begin{cases} P_1 = P_Q \cos^2 m_3 \\ P_2 = P_I \cos^2 m_3 \\ P_3 = P_Q \sin^2 m_3 \\ P_4 = P_I \sin^2 m_3 \end{cases} \qquad (3-61)$$

其中，定义各信号的期望发射功率为 P_{s1}、P_{s2}、P_{s3}，P_I、P_Q 分别表示 I、Q 支路的信号功率，并且有 $P_I = P_{s2}$，$P_Q = P_{s1}$，调制系数 $m_3 = \tan^{-1} \sqrt{\dfrac{P_{s3}}{P_{s1}}}$。根据式（3-61）可以计算各信号分量的实际发射功率。由此，可以求出各路的实际发射功率，通过验证可知，虽然各路的实际发射功率变小，但是各路功率比值不变，剩余的功率被分配给 IM 互调项以维持和信号的恒包络性质，所以在恒包络调制的同时，消耗部分能量是不可避免的。

第4章 全球导航卫星系统信号结构

4.1 GPS 卫星信号

随着 GNSS 技术的发展以及用户需求的不断提高，美国政府决定对 GPS 重新改进，即进行 GPS 现代化。美国军方和 Boeing 公司表示该举措的目的在于：一是发展军码和强化军码的保密性能；二是实现可调节信号发射功率以阻扰敌对方使用 GPS；三是为民用用户提供更精确、更安全的定位服务。

GPS 现代化对于军用领域拟采用以下四项技术措施：

1）增加发射的卫星信号强度；

2）增加与民用码分开的新的军用 M 码；

3）加强接收设备保护装置，提升其抗干扰和快速初始化能力；

4）开发新的无线电技术，以阻止或者干扰敌方对 GPS 的使用。

对于民用领域，拟采用以下四项技术措施：

1）停止 SA 干扰，使民用用户精度提高 3～5 倍；

2）在 1 227.6 MHz 的 L2 频段上增加新的 L2C 民用信号，用户可以有更好的多余观测，便于电离层延迟改正以获得更高定位精度；

3）在 1 176.45 MHz 的 L5 民用航空频段上增加新的 L5 信号，进一步增强用户安全性；

4）在 1 575.42 MHz 的 L1 频段上增加新的 L1C 信号，采用 BOC 的调制方式，显著地提高信号的抗多径干扰能力。

GPS 是一个基于码分多址（CDMA）的扩频（SS）系统，这个"码"指的是伪码，它是 GPS 信号的第二个结构层次。伪码具有良好的自相关和互相关特性，这些特性使得 GPS 星座中的所有卫星能在同一波段播发信号而又互不干扰。伪码在 GPS 中又常被称为测距码，这是因为接收机通过对所接收到的卫星信号与接收机内部所复制的伪码进行相关运算，再检测相关结果的峰值位置，从而确定接收信号中伪码的相位和测量出从卫星到接收机的几何距离（确切地说是伪距）。多种不同类型的伪距分别调制在各个不同的 GPS 信号上，其中 C/A 码和 P（Y）码是两类传统伪码，而 GPS 现代化计划中还出现了 L2C、L5C 和 L1C 民用码以及 M 军码。在某颗卫星的基准频率发生器出现故障等时刻，该卫星有可能会故意产生并发射一种错误的（确切地说是非正规的）伪码，以阻止 GPS 接收机接收并利用其所发射的故障信号。

数据码是 GPS 信号的第三个结构层次。我们将经编码或经其他信号处理之后的、可被直接用来调制载波的二进制数据流称为数据符号，数据符号与伪码经异或相加后得组合码，最后再对载波进行调制。一个载波上通常调制有一个或多个数据流，当然也有某些载波上的某个信号成分可能不含数据码。

表 4-1 所示为 L1C/A、L2C、L5C 和 L1C 这 4 个民用 GPS 信号以及 L1P（Y）、L1M、L2P（Y）和 L2M 这 4 个军用 GPS 信号的一些参数，对它们的伪码、导航电文、数据调制方式和频谱主瓣带宽等参数进行了总结和对比。

表 4-1　GPS 信号的一些参数

信号及其分量		伪码		导航电文		数据调制	主瓣带宽/MHz
		码速率/Mcps	码长/码片	类型	数据率/符率/（bps/sps）		
L1C/A		1.023	1 023	NAV	50/50	BPSK-R（1）	2.046
L1P(Y)		10.23	6.187 1×10^{12}	NAV	50/50	BPSK-R（10）	20.46
L1M		5.115	未公开	MNAV	未公开	BOC（10，5）	30.69
L1C	L1C$_D$	1.023	10 230	CNAV-2	50/100	BOC（1，1）	4.092
	L1C$_P$	1.023	10 230×1 800	导频信号分量		TMBOC（6，1，4/33）	14.332
L2P(Y)		10.23	6.187 1×10^{12}	NAV	50/50	BPSK-R（10）	20.46
L2C		0.511 5×2	10 230 和 767 251	CNAV	25/50	BPSK-R（1）	2.046
L2M		5.115	未公开	MNAV	未公开	BOD（10，5）	30.69
L5C	L5I	10.23	101 230×10	CNAV	50/100	QPSK-R（10）	20.46
	L5Q	10.23	10 230×20	导频信号分量			20.46

4.1.1　L1 频段信号

4.1.1.1　L1C/A 信号

GPS 卫星广播式发射测距码信号，它是由三部分组成的：导航电文、载波和测距码。L1 频段民用信号的导航电文是 NAV 电文，比特率为 50 bps，电文上的数据包括卫星星历、历书、健康状况、电离层延迟和时钟改正等参数；载波是频率为 1 575.42 MHz 的高频振荡波；测距码是 C/A 码，码频率为 1.023 MHz，周期为 1 ms。L1C/A 民用信号可用式（4-1）表示为

$$S_{L1} = \sqrt{2A_C} C(t) D(t) \cos(2\pi f_l t + \phi) \tag{4-1}$$

式中　A_C——信号功率；

$C(t)$——C/A 码序列；

$D(t)$——导航电文数据位；

f_l——L1 载波频率；

ϕ——载波初始相位。

（1）C/A 码的结构

C/A 码属于民用码，属于 Gold 码的一种形式，用于粗测距。而 Gold 码是长度相同的两个 m 序列，而且要求其互相关极大值最小，然后对 m 序列值进行逐位模二相加的运算方法，如表 4-2 所示，得到 C/A 码。C/A 码特点是比 m 序列有更好的独立码组，与 m 序列相比，不仅保持其自相关特性，还有极好的互相关特性。

表 4-2　模二加法

输入值	输入值	输出
1	1	0
1	0	1
0	1	1
0	0	0

C/A 码是由经过模二相加后两个 m 序列 G_1 和 G_2 产生，m 序列是由 10 位线性移位寄存器产生，时钟驱动频率为 1.023 MHz。G_1 和 G_2 的特征多项式为

$$\begin{cases} G_1(x) = 1 + x^3 + x^{10} \\ G_2(x) = 1 + x^2 + x^3 + x^6 + x^8 + x^9 + x^{10} \end{cases} \tag{4-2}$$

卫星的基准频率向移位寄存器提供一个 1.023 MHz 的时钟脉冲。由此可产生的 Gold 码周期 $T = 1$ ms，比较短的码长为 $2^{10} - 1$（1 023 bits），即

$$G(t) = G_1(t) \oplus G_2(t + N_i \tau_0) \tag{4-3}$$

式中　τ_0——码元长度；

　　　N_i—— G_1 和 G_2 之间相位偏置的码元数。

（2）C/A 码的产生

两个移位寄存器于每星期六零时，在置"1"脉冲的作用下处于全"1"状态，同时在频率为 1.023×10^6 Hz 时钟脉冲驱动下，两个移位寄存器分别产生码长为 $N = 2^{10} - 1$，周期为 1 ms 的两个序列 $G_1(t)$ 和 $G_2(t)$。$G_1(t)$ 序列的输出为 G_1 寄存器的最后一个存储单位，而 $G_2(t)$ 序列的输出不是最后一个存储单位，而是选择其中 G_2 寄存器中两个存储单元作模二相加。最后将产生的 $G_1(f)$ 和 $G_2(f)$ 序列的输出模二相加，便可产生一组由 m 序列构成的不同结构的 C/A 码，它们有 1 023 种，如图 4-1 所示。

如果每颗卫星选用不同的两级抽头，然后做模二相加运算，将会产生不同的 C/A 码。

4.1.1.2　L1/L2 P（Y）信号

P 码是复杂的 PRN 码，通常也叫做精码，精度比 C/A 码高将近 10 倍，但是其码元宽度仅为 C/A 的 1/10。其中，每颗 GPS 卫星使用 P 码的结构各不相同，但是周期均为一周。因为码元长度远远大于 C/A 码 1 023 的码元长度，所以 P 码用于较高精密的定位。

P 码的产生主要由四个 12 级线性反馈移位寄存器（X_{1A}、X_{2A}、X_{1B}、X_{2B}）组合构成，X_{1A}、X_{2A}、X_{1B}、X_{2B} 的生成多项式如式（4-4）所示。

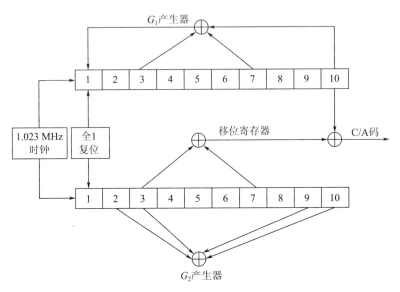

图 4 - 1　C/A 码产生序列图

$$\begin{cases} X_{1A}(x) = 1 + x^6 + x^8 + x^{11} + x^{12} \\ X_{2A}(x) = 1 + x + x^2 + x^3 + x^4 + x^5 + x^7 + x^8 + x^9 + x^{10} + x^{11} + x^{12} \\ X_{1B}(x) = 1 + x + x^2 + x^5 + x^8 + x^9 + x^{10} + x^{11} + x^{12} \\ X_{1B}(x) = 1 + x + x^2 + x^3 + x^4 + x^8 + x^9 + x^{12} \end{cases} \tag{4-4}$$

由式（4-4）可以得到 37 个不同的乘积码，每颗卫星就可以选择 37 种 P 码中的一种。而在实际捕获和运用中，我们截取 P 码一个星期作为一个周期。图 4-2 所示为 P 码产生的原理结构图。

如图 4-2 所示，P 码产生相对比较复杂，是由 X_1 产生器与 X_2 产生器异或产生。那么 X_1 是由 X_{1A} 产生器产生的信号与 X_{1B} 产生的信号异或，X_2 是由 X_{2A} 产生的信号与 X_{2B} 产生的信号异或，但是 X_2 信号与 X_1 信号异或前要加入一个 37 位移位寄存器，产生延迟 k（取值范围为 1～37 的整数），得到 $X_2(t + k\tau_p)$ 序列。将其与 X_1 异或，便产生了 P 码，如式（4-5）所示

$$P(t) = X_1(t) \oplus X_2(t + k\tau_p) \tag{4-5}$$

式中　τ_p——P 码的码元宽度；

k——X_2 与 X_1 异或前的延迟，其值为 1～37 之间的整数。

已知 X_1 序列长为 15 345 000 bits，X_2 序列长为 15 345 037 bits，和 C/A 码相同，每个星期六午夜零时将 X_1 与 X_2 状态值变为 1。经过一周时间回到初始状态。P 码的实际长度为 15 345 000×15 345 037＝2. 354 695 927 65×10^{14} bits。由于 P 码的频率是 10.23×10^6 MHz，因此 P 码的周期为 266.41 天，比 38 周稍长一些。由于 X_2 输出加入了延迟寄存器，所以每个卫星将拥有自己独特的 P 码，也就是 P 码的一个星期，38 周的码长被分为 37 个不同的 P 码序列，前 32 个 P 码序列作为卫星空间信号使用，第 33～37 号这 5 个识别号一般作为地面发射等其他用途，38 号 P 码序列作为 GPS 接收机的测试码和产生时钟噪声电平。

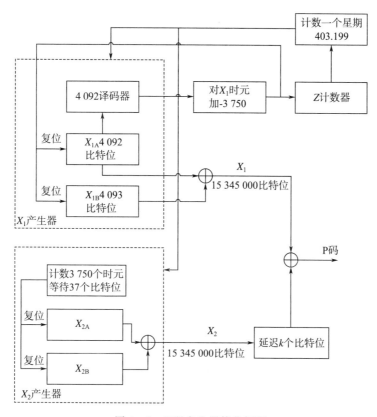

图 4 - 2　P 码发生器简化框图

4.1.1.3　L1C 信号

（1）L1C 信号结构

L1C 是 GPS Ⅲ 即将在 L1 频点使用的新民用信号形式，作为与其他 GNSS 兼容与互操作的信号形式，将在全球各个领域得到应用。GPS L1C 信号采用数据和导频双通道结构，导频信号采用 TMBOC（6，1，4/33）调制方式，可以显著提高码跟踪精度并具有良好的抗多径能力。

GPS L1C 信号由不调制导航数据的 L1C$_p$ 信号（即导频通道）和调制有导航数据的 L1C$_D$ 信号（即数据通道）两种分量组成。L1C$_p$ 和 L1C$_D$ 采用相同结构的测距码，与 L1C$_D$ 电文对应，L1C$_p$ 还经次级码 L1C$_D$（overlay）调制，一个电文符号或者次级码片对应着一个周期扩频码，L1C 信号特性如表 4 - 3 所示。

表 4 - 3　L1C 信号结构与特性

信号分量	码速率/Mcps	数据速率/bps 符号率/sps	码长/chips		调制方式	功率分配
			主码	次级码		
L1C$_D$	1.023	50/100	10 230	N/A	BOC（1，1）	25%
L1C$_p$	1.023	N/A	10 230	1 800	TMBOC（6，1，4/33）	75%

（2）L1C 伪码

L1C 信号上调制有两种伪码，即导频信号成分 $L1C_P$ 上的伪码和数据信号成分 $L1C_D$ 上的伪码，它们的码速率均为 1.023 Mcps，周期长均为 10 ms，即一周期伪码包含 10 230 个码片。我们将 PRN 编号为 i 的卫星所产生的 $L1C_P$ 和 $L1C_D$ 信号成分上的伪码分别记为 $C_P^{(i)}$ 和 $C_D^{(i)}$，它们两者之间相互独立，但在时间上同步。

简单地讲，不同卫星上的 L1C 伪码（即对应于不同编号 i 的 $C_P^{(i)}$ 和 $C_D^{(i)}$）有着相同的产生机制，它们均基于一个不同的、长为 10 223 位的 Weil 码序列和一个相同的、长为 7 位的扩展序列通过相同的方法构造而成。如图 4 - 3 所示，L1C 伪码的构造过程可分解成以下三个步骤：

1）根据如下定义产生一个固定的、长为 10 223 bits 的 Legendre 序列 $L(t)$：

$L(0) = 0$；

$L(t) = 1$：假如存在能使 $t - x^2$ 被 10 223 整除的整数 x；

$L(t) = 0$：假如不存在一个能使 $t - x^2$ 被 10 223 整除的整数 x。

其中，时间序号 $t = 0, 1, \cdots, 10\ 222$。可见，不管对于哪一颗卫星，不管是为了构造伪码 $C_P^{(i)}$ 还是构造伪码 $C_D^{(i)}$，Legendre 序列 $L(t)$ 是始终唯一的。在 L1C 信号接口规范文件中给出了一个完整 Legendre 序列 $L(t)$ 的值。

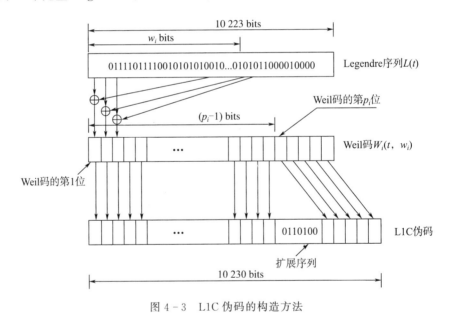

图 4 - 3　L1C 伪码的构造方法

2）基于第 1 步中 Legendre 序列 $L(t)$，利用式（4 - 6）产生一个长为 10 223 bits 的 Weil 码 $W_i(t, w_i)$

$$W_i(t, w_i) = L(t) \oplus L[(t + w_i)_{10\ 223}] \tag{4 - 6}$$

式中，$(x)_{10\ 223}$ 用来表示一个整数 x 对 10 223 的模，即 x 整除 10 223 后的余数，其值为一个小于 10 223 的非负整数；参数 w_i 称为 Weil 指数，它指出了平移序列 $L[(t + w_i)_{10\ 223}]$ 相对于原序列 $L(t)$ 的平移量；时间序号 $t = 0, 1, \cdots 10\ 222$，比如

$W_i(0，w_i)$ 代表该 Weil 码的第 1 个码位。由式（4-6）可见，Weil 码 $W_i(t，w_i)$ 是 Legendre 序列 $L(t)$ 与它的一个平移序列 $L[(t+w_i)_{10\,223}]$ 的异或相加。为了生成不同卫星所播发的各不相同的 L1C 伪码，以及为了生成同一颗卫星所播发的不同 $C_P^{(i)}$ 和 $C_D^{(i)}$ 伪码，相应于构造所有这些伪码的 Weil 指数 w_i 各自采用一个互不相同的值。L1C 信号接口规范文件列出了 PRN 编号 i 为 1～63 的、分别相应于 $C_P^{(i)}$ 和 $C_D^{(i)}$ 伪码的 w_i 值。

　　3）将一个长 7 位的扩展序列插到第 2）步所得的 Weil 码 $W_i(t，w_i)$ 之中，其中，二进制扩展序列固定为 0110100，插入位置为 p_i，即该扩展序列被插到 Weil 码 $W_i(t，w_i)$ 的第 p_i 个码位，如此形成以下一个序列

$\{W_i(0,w_i)，\cdots，W_i(p_i-2,w_i)，0,1,1,0,1,0,0，W_i(p_i-1,w_i)，\cdots，W_i(10\,222,w_i)\}$

　　这就是一个长为 10 230 码片的 L1C 伪码 $C_P^{(i)}$ 或 $C_D^{(i)}$。与 Weil 指数 w_i 一道，L1C 信号接口规范文件列出了 PRN 编号 i 为 1～63 的、分别相应于 $C_P^{(i)}$ 和 $C_D^{(i)}$ 伪码的 p_i 值，其取值范围为 1～10 223。式（4-6）所示的 Legendre 序列的定义式可以等价地改写成

$$L[(x^2)_{10\,223}]=1 \tag{4-7}$$

式中整数 $x=1，2，\cdots，5\,111$，而包括 $L(0)$ 在内的剩下所有 $L(t)$ 的值全部等于 0。顺便提一下，Legendre 序列具有这样一个特性，即满足式（4-7）的序列等价于满足如下等式

$$L[(2^x)_{10\,230}]=1 \tag{4-8}$$

　　当 x 很大时，2^x 的值会很大，而 x^2 的值相对较小，式（4-8）则成为用来产生 Legendre 序列 $L(t)$ 的一个较为简便的计算公式。在长为 10 223 bits 的 Legendre 序列 $L(t)$ 中，值为 1 的码位数目等于 5 111，而其余的 5 112 个码位的值则全部等于 0。顺便指出，Legendre 序列 $L(t)$ 的长度 10 223 是个质数，而这一长度刚好很接近于所要求的 L1C 伪码长度 10 230。

　　（3）L1C 覆盖码

　　除了伪码之外，导频信号成分 L1C$_P$ 上还调制有覆盖码，而覆盖码本质上也是一种伪随机码。覆盖码的码率为 100 cps，即码宽为 10 ms，其一个周期长 18 s，共计 1 800 个码片。我们将 PRN 编号为 i 的卫星所产生的覆盖码记为 $C_O^{(i)}$，而 $C_O^{(i)}$、$C_P^{(i)}$ 和 $C_D^{(i)}$ 三者之间相互独立，但在时间上相互对齐、同步。

　　覆盖码的码宽与数据信号成分 L1C$_D$ 上每一个 CNAV-2 电文数据编码符号 $d_{\text{L1C}}(t)$ 的码宽等长，同为 10 ms。于是，我们可以这样形象地理解覆盖码：在导频信号成分 L1C$_P$ 上，覆盖码 $C_O^{(i)}$ 替代了 CNAV-2 电文数据流 $d_{\text{L1C}}(t)$。

　　不同卫星产生并调制有各不相同的覆盖码 $C_O^{(i)}$。覆盖码可由一个或两个 11 级反馈移位寄存器产生，它是将其所产生的 2 047（即 $2^{11}-1$）个码片截短至 1 800 个码片而成的。对 PRN 编号 i 为 1～63 的卫星来讲，由一个 11 级反馈移位寄存器所产生的序列 $S_1^{(i)}$ 被直接作为它们相应的覆盖码 $C_O^{(i)}$；对 PRN 编号 i 为 64～210 的卫星来讲，分别从两个 11 级反馈移位寄存器所产生的 $S_1^{(i)}$ 和 S_2 两个序列的异或相加结果才作为它们相应的覆盖码 $C_O^{(i)}$。用来产生序列 $S_1^{(i)}$ 的那个 11 级反馈移位寄存器的特征多项式 $S_1^{(i)}(x)$ 为

$$S_1^{(i)}(x) = 1 + \Big(\sum_{j=1}^{10} m_{i,j} x^j \Big) + x^{11} \qquad (4-9)$$

而用来产生 S_2 序列的那个 11 级反馈移位寄存器的特征多项 $S_2(x)$ 为

$$S_2(x) = 1 + x^9 + x^{11} \qquad (4-10)$$

L1C 信号接口规范文件中给出了用来产生 PRN 编号 i 为 $1 \sim 63$ 的覆盖码 $C_O^{(i)}$ 的码发生器特征多项式 $S_1^{(i)}(x)$ 中的系数 $m_{i,j}$ 及其寄存器初始值。

从时间长度上讲，覆盖码 $C_O^{(i)}$ 的一个码片不但对应着一个 CNAV-2 电文数据编码符号，而且又正好对应着一周期 L1C 伪码 $C_P^{(i)}$，三者长均为 10 ms。于是，除了将覆盖码视为数据码的一种替代以外，覆盖码的作用还包括：在导频信号 L1C_P 上，长 1 800 码片的覆盖码 $C_O^{(i)}$ 与长 10 230 码片的伪码 $C_P^{(i)}$ 异或相加，如此构造成一个长为 $10\,230 \times 1\,800$ 码片的超长组合伪码，从而提高该导频信号伪码的相关特性。另外，覆盖码 $C_O^{(i)}$ 还有助于加快实现对 L1C 信号上 CNAV-2 导航电文的帧同步。

（4）L1C 的数据调制

L1C 信号的导频信号 L1C_P 和数据信号 L1C_D 这两个信号成分并不是分别调制在相位相差 90° 的同相和正交载波上，而是全部调制在一个与 L1P(Y) 信号的载波同相的 L1 载波上。在导频信号成分 L1C_P 上，用来调制载波的数据流是伪码 $C_P^{(i)}$ 与覆盖码 $C_O^{(i)}$ 的异或相加；在数据信号成分 L1C_D 上，用来调制载波的数据流是伪码 $C_D^{(i)}$ 与 CNAV-2 电文数据码 $D_{L1C}(t)$ 经编码后的数据流 $d_{L1C}(t)$ 的异或相加。图 4-4 给出了这些 L1C 信号成分之间的时间关系，它们一起与 X_1 历元同步。该图还显示了 CNAV-2 电文数据编码符号 $d_{L1C}(t)$ 的一些主要参数：它呈帧结构，一帧长 18 s，共计 1 800 个数据编码符号，即符率为 100 sps，每个符号的码宽为 10 ms。可见，因为 L1C 数据编码符号码宽和 L1C 伪码周期有着相同的长度，同为 10 ms，所以对 L1C 伪码的跟踪意味着对 L1C 信号的比特同步。

数据信号成分 L1C_D 采用 BOC（1，1）调制方式，即副载波频率为 $f_0 = 1.023 \times 10^6$ Hz，伪码 $C_D^{(i)}$ 的码率也等于 f_0。

导频信号成分 L1C_P 采用由 BOC（1，1）与 BOC（6，1）组合而成的 TMBOC（6，1，4/33）的调制方式。在相应于一个覆盖码 $C_O^{(i)}$ 码片宽度的 10 ms 时间里，伪码 $C_P^{(i)}$ 经历一周期（即 10 230 个码片），并且每一个覆盖码 $C_O^{(i)}$ 码片的起始沿均与一周期伪码 $C_P^{(i)}$ 的第一个码片起始沿同步、对齐。在此对 TMBOC 调制中 BOC（6，1）调制扩频符号 $p_{\text{BOC}(6,1),T_C}(t)$ 的码片调制位置做一些解释。假设伪码 $C_P^{(i)}$ 的一周期码片被标记成第 0，第 1，…，第 10 229 个码片，那么当整数 t 的值满足以下等式时

$$t = u_t + 33 v_t \qquad (4-11)$$

第 t 个伪码码片则被 BOC（6，1）调制扩频符号 $p_{\text{BOC}(6,1),T_C}(t)$ 所调制，否则被 BOC（1，1）调制扩频符号 $p_{\text{BOC}(1,1),T_C}(t)$ 所调制，其中整数 $u_t = 0$，4，6，29，整数 $v_t = 0$，1，…，309。这就是说，在一周期伪码 $C_P^{(i)}$ 的 10 230 个码片里，它的第 0，4，6，29，33，37，39，62，…，10 197，10 201，10 203 和第 10 226 个码片被 BOC（6，1）调制扩频符号 $p_{\text{BOC}(6,1),T_C}(t)$ 所调制，而其余的码片则被 BOC（1，1）调制扩频符号

$p_{\text{BOC}(1,1),\,T_C}(t)$ 所调制。由于一周期伪码 $C_P^{(i)}$ 的码片长度 10 230 刚好能被 33 整除，因而经 TMBOC 调制后的组合伪码仍呈 10 ms 长的周期性。

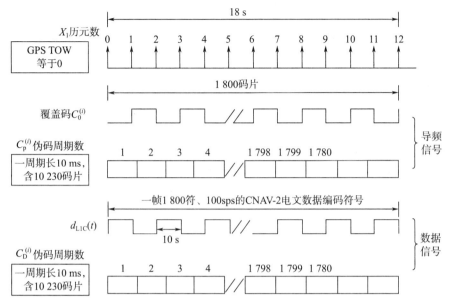

图 4 - 4　L1C 信号上伪码、覆盖码和数据码之间的时间关系

数据信号 L1C$_D$ 和导频信号 L1C$_P$ 这两个信号成分的功率各占 L1C 信号总功率的 25% 和 75%，L1C 信号采用了美国与欧盟双方所共同推荐的 MBOC（6，1，1/11）调制，以实现未来 GPS 与 GALILEO 之间的互操作性和兼容性。

4.1.2　L1/L2M 信号

随着 GPS 应用的发展，用户对 GPS 的性能要求越来越高，原有 GPS 已经不能满足用户的需求，美国于 2002 年提出 GPS 现代化计划，现代化计划在增加民用信号的同时，重新设计军用信号——M 码信号。

在传统 GPS，由于 L1 波段上的民用 C/A 码信号和军用 P（Y）码信号的频谱中心重叠在一起，因而若在战场区域干扰民用 L1C/A 信号，则该区域的军用 L1P(Y) 信号也必然会受到影响，至少会妨碍到利用 C/A 码引导对 P（Y）码信号的捕获或者重补性能。同时，GPS 不能为了增强军用 L1P(Y) 信号的抗干扰性能而增强对其的发射功率，否则会违反国际电信联盟对保护通信信号的有关规定，并且也会影响到民用 C/A 码信号的正常服务。可见，所有这些种种理由都曾要求 GPS 现代化军用信号的频谱与其民用信号频谱分离。为了实现军民 GPS 信号之间频谱的分离，美国军方确实考虑过为军用信号另择频率，然而由于 L 波段已经十分拥挤，再加上继续使用 GPS 现有波段在法规上和技术上都具有一定优势，所以它最终还是决定采用重新布局与利用 GPS 现有的 L1 和 L2 两个波段的方法。通过研究，比较各种频率分裂方法，在 L1 和 L2 两个波段上新增加播发的 M 码军用信号最终被决定采用 BOC 调制方法，以减少与已经占据在这两个波段上的其他信号间的干扰。

M 码信号的调制采用二进制偏移载波（BOC）调制，其副载波频率为 10.23 MHz，扩频码速率为 5.115 MHz，通常称为 BOC（10.23，5.115）调制［简称 BOC（10，5）］。扩频和数据调制采用了二相调制。扩频码是根据一种信号保护算法得到的伪随机比特流，没有明确的结构或周期。偏移载波信号的复包络为

$$s(t) = \mathrm{e}^{-j\theta} \sum_k a_k v_{nT}(t - knT - t_0) c_T(t - t_0) \qquad (4-12)$$

式中　a_k——数据调制后的扩频码，有单位幅值，相位在符号表中随机选取；

　　　$c_T(t)$——周期为 2T 的副载波；

　　　$v_{nT}(t)$——扩频符号，是持续时间等于或者大于 nT 的矩形或方形脉冲；

　　　n——a_k 保持不变时间内副载波的半周期数；

　　　θ, t_0——相对于某个基准的相位和时间偏移。

由式（4-12）可知，当没有副载波 $c_T(t-t_0)$ 时，偏移载波调制信号就是普通的 PSK 调制信号。当副载波 $c_T(t-t_0)$ 为方波时，偏移载波信号的复包络具有恒定模值，信号调制称为二进制偏移载波调制，记为 $\mathrm{BOC}(f_s, f_c)$，或记为 $\mathrm{BOC}(n, m)$，n 表示副载波频率为 $f_s = n \times 1.023\,\mathrm{MHz}$，$m$ 表示扩频码频率为 $f_c = m \times 1.023\,\mathrm{MHz}$。M 码采用的是 BOC（10，5）调制方式。图 4-5 为 M 码信号的生成框图。

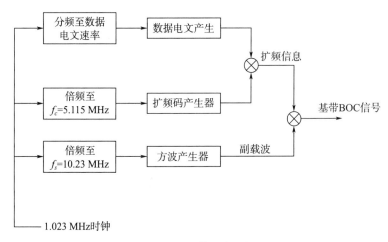

图 4-5　M 码信号产生框图

M 码信号上调制有一种新的称为 MNAV 的导航电文数据码。与 NAV 电文的帧和子帧结构形式不同，MNAV 电文以信息条作为其基本结构单位，从而让这种灵活的结构形式满足将来必然不断推陈出新的军事应用对导航电文内容的不同要求，并且能够让不同载波频率（比如 L1 和 L2）和不同卫星上的 MNAV 电文播发不同的数据内容。此外，MNAV 还提高了系统的完好性和电文数据的安全性。

编号为 i 的卫星所发射的 L1M 射频信号 $S_{\mathrm{L1M}}^{(i)}(t)$ 和 L2M 射频信号 $S_{\mathrm{L2M}}^{(i)}(t)$ 分别表达成

$$S_{\mathrm{L1M}}^{(i)}(t) = \sqrt{2P_{\mathrm{L1M}}}\,c_{\mathrm{M}}^{(i)}(t) \cdot d_{\mathrm{MNAV}}^{(i)}(t) \cdot \chi_{\mathrm{BOC(10,5)}}(t) \cdot \cos(2\pi f_{\mathrm{L1}}t + \theta_{\mathrm{L1}}) \qquad (4-13)$$

$$S_{\mathrm{L2M}}^{(i)}(t) = \sqrt{2P_{\mathrm{L2M}}}\,c_{\mathrm{M}}^{(i)}(t) \cdot d_{\mathrm{MNAV}}^{(i)}(t) \cdot \chi_{\mathrm{BOC(10,5)}}(t) \cdot \cos(2\pi f_{\mathrm{L2}}t + \theta_{\mathrm{L2}}) \qquad (4-14)$$

式中　　P_{L1M}，P_{L2M}——两信号的发射功率；

$\qquad c_{\mathrm{M}}^{(i)}(t)$——经加密后的 M 码电平值；

$\qquad d_{\mathrm{MNAV}}^{(i)}(t)$——MNAV 电文数据流电平值；

$\qquad \chi_{\mathrm{BOC(10,5)}}(t)$——BOC（10，5）调制副载波。

4.1.3　L2C 频段信号

（1）信号结构

L2C 民用信号于 2005 年 9 月首次在 GPS Block ⅡR‑M 卫星上被播发。与 C/A 信号相同，L2C 信号也是由导航电文、载波和 L2C 测距码三部分构成的。不同的是，L2C 信号上的导航电文采用的是新型 CNAV 电文，该电文原始速率为 25 bps，在进行调制前先经过卷积编码（$r=1/2$，$k=7$）形成每秒 50 个符号的序列，而后被调制到载波上去。载波是频率为 1 227.6 MHz 的高频振荡波。L2C 测距码有着与 C/A 码一样的 1.023 MHz 的频率，但具有不同于 C/A 码的结构和长度。

L2C 码是由 2 个不同长度的分别被称为 L2CM 码和 L2CL 码的伪随机码经时分复用而形成的，其中 CM 码长度为 10 230 码片，周期为 20 ms，其上调制有 CNAV 导航电文数据；CL 码长度为 767 250 码片，周期是 CM 码的 75 倍，为 1.5 s，且不含导航电文数据。复合而成的 L2C 码经 BPSK 调制到 L2 载波上形成 L2C 民用射频信号。采用这种结构的 L2C 码具有更强的抗干扰能力，较长的周期使得其有更强于 L1C/A 码的互相关保护特性，同时未包含电文数据的 CL 码不再受电文数据位跳变限制，可提供更长的预检测积分时间。

L2C 信号产生结构如图 4‑6 所示。

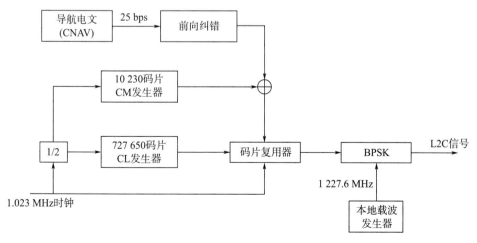

图 4‑6　L2C 信号产生结构

L2C 民用信号可用式（4-15）表示为

$$
S_{L2C}(t) = \begin{cases} \sqrt{2A_{C2}}\,D_2(t)CM(t)\cos(2\pi f_{L2}t + \theta_{L2})\,,nT_{C2} < T \leqslant \left(n + \dfrac{1}{2}\right)T_{C2} \\[3mm] \sqrt{2A_{C2}}\,CL(t)CM(t)\cos(2\pi f_{L2}t + \theta_{L2})\,,\left(n + \dfrac{1}{2}\right)T_{C2} < T \leqslant (n+1)\,T_{C2} \end{cases}
$$

$$(4-15)$$

式中　A_{C2}——信号功率；

　　　$D_2(t)$——CNAV 导航电文；

　　　$CM(t)$——L2CM 码；

　　　$CL(t)$——L2CL 码；

　　　f_{L2}——L2 载波频率；

　　　θ_{L2}——L2 载波初始相位；

　　　T_{C2}——码片宽度。

（2）码产生原理

CM、CL 码的产生均是基于 511.5 kHz 的基准驱动时钟，其码发生器的结构是相同的，均由 27 级线性移位寄存器组成，通过对各级寄存器赋入不同的初值，并截取相应长度移位寄存器最后一位的输出即可得到所需要的序列，CM/CL 码发生器结构如图 4-7 所示。

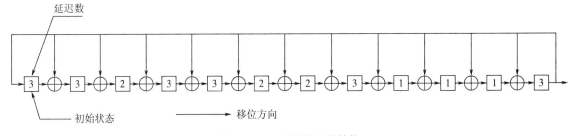

图 4-7　L2C 码发生器结构

移位寄存器的特征多项式为

$$G(x) = 1 + x^3 + x^4 + x^5 + x^6 + x^9 + x^{11} + x^{13} + x^{16} + x^{19} + x^{21} + x^{24} + x^{27}$$

$$(4-16)$$

根据图 4-7 中的结构，CM 和 CL 码序列的移位寄存器都是将最后 1 位寄存器的输出分别与第 3、4、5、6、9、11、13、16、19、21、24 和 27 位寄存器的值进行异或，反馈输入至各自的下一级移位寄存器，最后 1 位寄存器的值作为码序列的输出；根据各移位寄存器初始状态的不同而产生不同卫星的 CM 码与 CL 码。

（3）数据调制

CNAV 电文数据码 $D_C(t)$ 的数据比特率为 25 bps，它们被组织成一条条长为 300 bits（即 12 s）的信息形式，并且每条 CNAV 电文信息的起始沿时间上分别与从 GPS 零时刻算起的每 8 个（即第 0 个，第 8 个，第 16 个……）X_1 历元同步。

经速率为 1/2 的卷积编码后，25 bps 的原始 CNAV 电文数据码 $D_C(t)$ 变成一种速率为 50 bps 的前向纠错（FEC）编码数据流 $d_C(t)$。如图 4-8 所示，该卷积编码器主要由一个 6 级移位寄存器构成，其约束长度为 7，输入信号是 25 bps（即码宽为 40 ms）的 CNAV 电文数据码，输出信号则是一串速率为 50 bps（即码宽为 20 ms）的 CNAV 电文数据编码符号 $d_C(t)$。尽管 G_1 和 G_2 符号的码宽与输入信号的码宽等长，均为 40 ms，但是编码器交替地选择输出 G_1 符号和 G_2 符号，其中，每一个 G_1 符号在其前 20 ms 部分的时间里被选择作为输出，而每一个 G_2 符号的后 20 ms 部分被选择作为输出，如此形成 50 bps 的数据流输出。

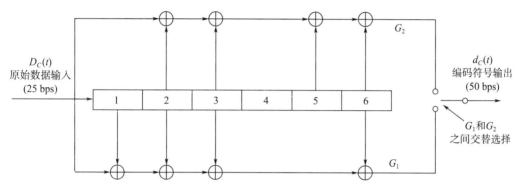

图 4-8　CNAV 数据卷积编码器示意图

由于卷积编码将每位原始数据比特的信息分散到所输出的多个编码符号中，因而假如某些编码符号在信号传输过程中遭受损坏或丢失，那么相关的原始数据比特还有可能从其他编码符号中得以恢复。正是由于卷积编码器的工作是连续的，其根本不计较所输入的 CNAV 电文数据码 $D_C(t)$ 是否属于同一条信息，因而它所输出的 FEC 编码符号 $d_C(t)$ 必然会涉及相邻不同条原始 CNAV 电文信息中的数据码。例如，在对当前一条原始 CNAV 电文信息数据码开始进行编码时，编码器中的寄存器事实上仍保留着上一条信息的最后 6 个原始数据比特。考虑到 FEC 编码器的这种连续运行特点，GPS 必须定义 CNAV 电文数据流 $d_C(t)$ 中各个编码符号的时间相位，从而能让接收机从 L2C 接收信息中正确地获取信号发射时间值。CNAV 电文编码符号的时间相位是这样定义的：相应于 CNAV 电文信息条中第一个原始数据比特的第一个编码符号的起始沿与每第 8 个 X_1 历元同步。

通过采用 FEC 编码算法，L2C 信号比 L1C/A 信号有着更好的数据解调性能。当用户接收机从接收信号中解调出 CNAV 电文数据流 $d_C(t)$ 之后，它接着需要运用维特比（Viterbi）等译码算法对这些卷积码进行译码，从而恢复原始 CNAV 电文数据码 $D_C(t)$，并根据译码延时、CNAV 电文信息结构与 X_1 历元之间的时间关系和信号传播延时而获得信号接收系统的时间值。

CNAV 电文数据码 $D_C(t)$ 经卷积编码后，CNAV 电文数据流 $d_C(t)$ 与 L2C 伪码组合在一起而对 L2 载波进行调制。如图 4-9 所示，L2C 信号的数据调制流程：首先，25 bps 的 CNAV 电文数据编码符号 $D_C(t)$ 经卷积编码后变成 50 bps 的 CNAV 电文数据编码符号

$d_C(t)$；然后，CNAV 电文数据编码符号 $d_C(t)$ 与 511.5 kcps 的 L2CM 码 $C_M^{(i)}$ 异或相加，生成 511.5 kHz 的组合码 $C_M^{(i)} \oplus d_C(t)$；接着，组合码 $C_M^{(i)} \oplus d_C(t)$ 再与 511.5 kcps 的 L2CL 码 $C_L^{(i)}$ 一起进行逐个码片的时分复用（TDM），即组合码 $C_M^{(i)} \oplus d_C(t)$ 与 L2CL 码 $C_L^{(i)}$ 两者一码片接着一码片地交替时分，其中 GPS 时间的零时刻与 L2CM 码 $C_M^{(i)}$ 的第一个码片起始沿对齐；最后，这个 1 023 kHz 的时分复用复合码数据流通过 BPSK-R（1）调制方式被用来调制 L2 载波。

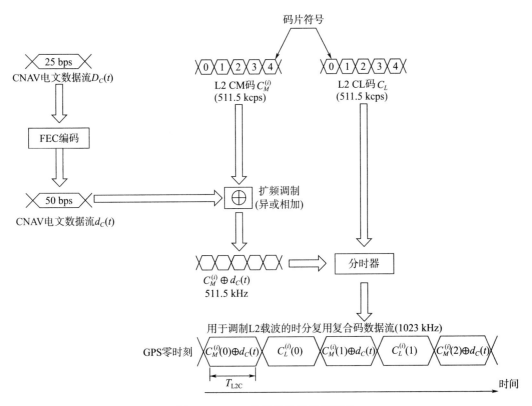

图 4-9　L2C 信号的数据调制流程

4.1.4　L5C 频段信号

L5 信号也是 GPS 现代化计划中增加的新型民用信号，第一颗 GPS Block ⅡF 卫星已于 2010 年 5 月发射升空，随后开始在 L5 波段增加播发了第三个民用 GPS 信号，即 L5C 信号。宽带型 L5C 信号位于以 L5 载波中心频率 $f_{L5} = 1\ 176.45$ MHz、带宽为 24 MHz 的波段上。

（1）信号结构

L5 信号采用的是与 L2C 信号相同类型的 CNAV 新型导航电文数据格式；其测距码与 L2C 有类似的结构，由 L5 XI 码及 L5 XQ 码组成，XI 码调制有 CNAV 导航电文，XQ 码则未包含导航数据，两路码分别经 QPSK 调制加载至载波上。L5 信号的产生结构如图 4-10 所示。

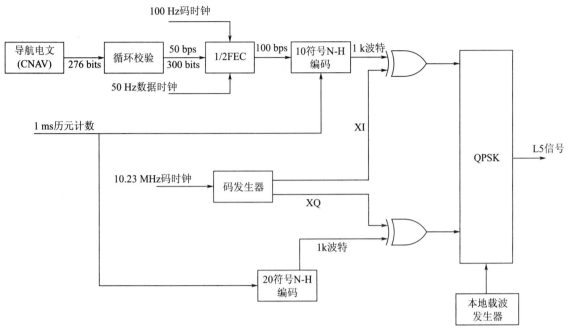

图 4-10　L5 信号产生结构

图 4-10 中，276 bits 的 CNAV 导航电文经与 24 bits 的循环校验码组合后形成 300 bits的数据序列，其速率为 50 bps，然后在 100 Hz 的码时钟作用下经过卷积编码（$r=1/2$，$k=7$）形成每秒 100 个符号的序列，再通过 10 符号的纽曼-哈弗曼编码，并与 XI 码模二相加，形成 1 k 波特的 XI 路码序列；类似地，同样得到 1 k 波特的 XQ 路码序列。L5 信号可用式（4-17）表示为

$$S_{i,\text{L5}}(t)=\sqrt{2A_{C5}}\,D_5(t)NH_I(t)G_I(t)\cos[2\pi f_{\text{L5}}t+\theta_{\text{L5}}]+$$
$$\sqrt{2A_{C5}}\,NH_Q(t)G_Q(t)\sin[2\pi f_{\text{L5}}t+\theta_{\text{L5}}] \tag{4-17}$$

式中　A_{C5}——信号功率；

　　　$D_5(t)$——CNAV 导航电文；

　　　$NH_I(t)$，$NH_Q(t)$——10 符号与 20 符号的纽曼-哈弗曼编码；

　　　$G_I(t)$，$G_Q(t)$——XI 与 XQ 两路测距码；

　　　f_{L5}——L5 的载波频率；

　　　θ_{L5}——L5 载波初始相位。

（2）码产生原理

XI 码和 XQ 码都是由两串 PRN 序列经模二相加而成：XI 由 XA 与 XBI 模二相加而成，XQ 由 XA 与 XBQ 模二相加而成。XA、XBI 和 XBQ 序列的驱动时钟都为 10.23 MHz，周期为 1 ms，码片长度为 10 230，故 XI 与 XQ 的周期也为 1 ms，码片长度为 10 230。

XA 与 XBI（XBQ）序列发生器的结构分别如图 4-11 和图 4-12 所示。

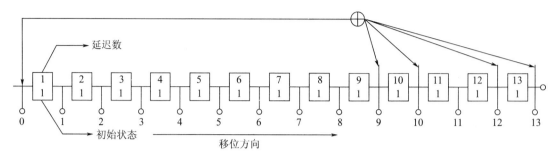

图 4 - 11　XA 序列发生器结构

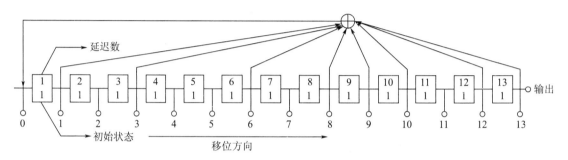

图 4 - 12　XBI 序列发生器结构

其特征多项式可分别表示为

$$XA: 1 + x^9 + x^{10} + x^{12} + x^{13} \tag{4-18}$$

$$XBI: 1 + x + x^3 + x^4 + x^6 + x^7 + x^8 + x^{12} + x^{13} \tag{4-19}$$

XA、XBI 和 XBQ 序列都是由 13 位移位寄存器产生，XA 移位寄存器分别是将第 9、10、12 和 13 位寄存器的值异或后反馈至第 1 位寄存器，最后 1 位寄存器的值作为输出；XBI（XBQ）移位寄存器分别是将 1、3、4、6、7、8、12 和 13 号寄存器的值异或后反馈至第 1 位寄存器，最后 1 位寄存器的值作为输出。XA 移位寄存器的初始状态全为"1"，根据卫星不同 XBI 和 XBQ 移位寄存器的初始状态设置不同。

（3）数据调制

原始 CNAV 电文数据码 $D_5(t)$ 的速率为 50 bps，码宽为 20 ms，它与 L2C 信号上的 CNAV 电文数据码 $D_C(t)$ 有着几乎完全相同的结构与内容。CNAV 电文数据码 $D_5(t)$ 被组织成一条条信息的结构形式，每条信息长 300 bits，它由 276 bits 的信息数据和 24 bits 的 CRC 码组成。在时间上，每一条长为 6s 的 $D_5(t)$ 电文信息的起始沿与从 GPS 时间零时刻算起的每第 4 个 X_1 历元对齐。

原始 CNAV 电文数据码 $D_5(t)$ 经速率为 1/2 的卷积编码后形成 CNAV 电文数据编码符号 $d_5(t)$。该卷积编码器的示意图与图 4 - 11 所示的相一致，只不过它的输入是调制在 L5C 信号上的、速率为 50 bps 的原始 CNAV 电文数据码 $D_5(t)$，而输出则是速率为 100 bps 的 CNAV 电文数据编码符号 $d_5(t)$。类似地，尽管 G_1 和 G_2 符号的码宽均为 20 ms，但是编码器交替地选择输出 G_1 符号和 G_2 符号，其中，每一个 G_1 符号在其前 10 ms 部分的时间里被选择作为输出，而每一个 G_2 符号的后 10 ms 部分被选择作为输出，如此形成速率为 100 bps 的数据编码符号 $d_5(t)$ 输出。由于卷积编码器的工作是连续的，因而前向纠错（FEC）编码 $d_5(t)$ 必然会涉及相邻不同条原始 CNAV 电文信息中的数据码。

在被伪码调制之前，100 bps 的 CNAV 电文数据编码符号 $d_5(t)$ 先通过异或相加而被调制在频率为 1 kHz 的 10 位 NH 码上，这 10 位二进制 NH 码 nh_{10} 的值为

$$nh_{10}(t) = 0000110101 \tag{4-20}$$

由 CNAV 电文数据编码符号 $d_5(t)$ 的符率和 NH 码的码率可知，一个 CNAV 电文数据编码符号与 10 位 NH 码在持续时间上刚好相等，都等于 10 ms，并且如上式所示这 10 位 NH 码在时延上又刚好与一个 CNAV 电文数据编码符号对齐、同步。这样，CNAV 电文数据编码符号 $d_5(t)$ 均被 NH 码调制成 0000110101，而每一个值为 1 的 CNAV 电文数据编码符号则均被替换成 1111001010。

经 NH 码调制后，1 kHz 的组合数据流再与 10.23 Mcps 的伪码 $g_1^{(i)}(t)$ 异或相加，所得的组合数据流最终用来调制 L5 同相载波。事实上，我们也可以将这一在 L5C 信号 I 分量上的数据调制过程视为 10 ms 长的 10 位 NH 码首先与周期为 1 ms 长的伪码 $g_1^{(i)}(t)$ 异或相加，形成一个周期长为 10 ms、包含 10 2300（即 10 230×10）个码片的组合伪码，然后该组合伪码再与 CNAV 电文数据编码符号 $d_5(t)$ 异或相加，最后这三者的异或相加结果再对 L5 同相载波进行 BPSK-R（10）调制。

在 L5C 信号的 Q 信道上，码率为 10.23 Mcps 的伪码 $g_Q^{(i)}(t)$ 先被频率为 1 kHz 的 20 位 NH 码调制，所得的组合伪码再对 L5 正交载波进行 BPSK-R（10）调制。这 20 位二进制 NH 码 $nh_{20}(t)$ 的值为

$$nh_{20}(t) = 00000100110101001110 \tag{4-21}$$

它在时间上持续 20 ms。这样，$g_Q^{(i)}(t)$ 与 $nh_{20}(t)$ 的组合伪码一周期长为 20 ms，包含 204 600（即 10 230×20）个码片。

因为 Q 信道上 20 位 NH 码 $nh_{20}(t)$ 中第一位码片的起始沿刚好与 I 信道上码宽为 20 m 的每一个 CNAV 电文数据比特 $D_5(t)$ 起始沿同步、对齐，也就是说与 I 信道上当卷积编码器的 G_1 端被选中时所输出的那个数据编码符号的起始沿对齐，所以这个 $nh_{20}(t)$ 码又称为在正交分量 L5Q 上的同步序列。我们可将 I 和 Q 信道上 NH 码的主要作用概括如下：它们可以进一步提高信号对载波干扰的抵抗能力，降低互相关干扰，并提供一种对 L5C 信号进行数据比特（或者说数据编码符号）同步的有效机制。

4.2　GALILEO 卫星信号

4.2.1　E1 频段信号

E1 信号的载波中心频率为 1 575.42 MHz，这与 GPS 的 L1 标称载波中心频率完全相一致，为了实现 GNSS 的兼容性与互操作性，GPS 和 GALILEO 系统在 L1（即 E1）波段

上的新型民用信号均采用 MBOC 调制。事实上，正是由于对 E1 信号的设计需要充分考虑其兼容性、互操作性、独立性和导航性能等因素，E1 信号成为众多 GALILEO 信号中最后一个被设计定型的信号。由于对提供 PRS 服务的 E1 - A 信号分量的获取受到限制，因而这一节的重点将是介绍 E1 - B 和 E1 - C 两个信号分量。GALILEO 在 E1 - B 信号分量上播发 1/NAV 电文，并通过 E1 - B 和 E1 - C 两信号分量提供 OS、SOL 和 CS 服务。E1 的信号参数如表 4 - 4 所示。

表 4 - 4　信号参数

信号	组成	调制类型	导航数据速率 $r_{D, E1-Y}$/sps	伪码速率 $r_{C, E1-Y}$/Mcps	副载波速率 $r_{S, a}$　　$r_{S, b}$	
E1	B（数据）	CBOC（+）	250	1.023	1.023	6.138
	C（导频）	CBOC（-）	无	1.023	1.023	6.138

E1 - B 信号码周期为 4 ms，频率为 1.023 MHz，其码长为 4 092 码片。E1 - C 使用长度为 Np = 4 092 码片的主码和长度为 Ns = 25 码片的次码。主码为截短的 Gold 序列，当达到 4 092 个码片数时，寄存器重置为初始状态。次码为调制主码的 25 个特定循环。对于每个载波，所有卫星发送相同的次码：八进制序列为 34 012 662，码长为 4 092×25，扩展成为 100 ms。最终生成的码在 GALILEO 术语中称为级联码。GALILEO 系统卫星的很多信号都是成对发送的，即带导航数据的信号和不带导航数据的导频信号一起发送。这些成对信号在相位上是对齐的，因此，有相同的多普勒频移。发射的导频信号由于没有导航电文限制，可实现长时间的相干积分，从而为实现弱信号的捕获和跟踪提供了更高的灵敏度。

GALILEO 的 E1 信号调制方式如图 4 - 13 所示。由图中可以看出，E1 - B 的信号分量是导航数据流 D_{E1-B}、PRN 码元序列 C_{E1-B} 与通道 B 副载波 χ_{E1-B} 的模二和。类似地，E1 - C 的信号分量是由 PRN 码元序列 C_{E1-C} 和通道 C 副载波 χ_{E1-C} 的模二和。图中副载波 χ_{E1-B}、χ_{E1-C} 都是由 a、b 两路方波按一定的方式组合，详见 BOC 调制。

E1 调制信号为

$$S_{E1}(t) = \frac{1}{\sqrt{2}} \{ e_{E1-B}(t)[\alpha\chi_{E1-B,a}(t) + \beta\chi_{E1-B,b}(t)] - e_{E1-C}(t)[\alpha\chi_{E1-C,a}(t) + \beta\chi_{E1-C,b}(t)] \}$$

(4 - 22)

式中　　$\chi_{E1-B, a}(t)$，$\chi_{E1-B, b}(t)$，$\chi_{E1-C, a}(t)$，$\chi_{E1-C, b}(t)$——副载波；

　　　　α，β——两常系数。

由于 E1 信号不采用同相-正交载波调制，因而 E1 基带信号的表达式 $S_{E1}(t)$ 是一个实数，而不是复数。

E1 - B 信号分量 $e_{E1-B}(t)$ 是一个数据信号分量，它是由 1/NAV 电文数据流 $D_{E1-B}(t)$ 经伪码 $C_{E1-B}(t)$ 调制而成的，即

$$e_{E1-B}(t) = \sum [c_{E1-B, |i|_{L_{E1-B}}} d_{E1-B, \lfloor i \rfloor_{l_{E1-B}}} u_{TC, E1-B}(t - iT_{C, E1-B})] \tag{4 - 23}$$

式中，$c_{E1-B, j}$ 代表一周期伪码 C_{E1-B} 中的第 j 个码片，而伪码的码宽为 $T_{C, E1-B}$，码率记为

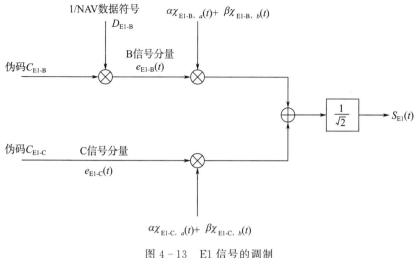

图 4 - 13　E1 信号的调制

$r_{C, E1-B}$；$d_{E1-B, j}$ 代表导航数据流 D_{E1-B} 中的第 j 个编码符号，而导航数据编码符号的码宽记为 $T_{D, E1-B}$，码率记为 $r_{D, E1-B}$；L_{E1-B} 代表伪码 C_{E1-B} 的长度，即它一周期所包含的码片数目；l_{E1-B} 为一个导航数据编码符号所对应的伪码码片的数目，即

$$l_{E1-B} = \frac{T_{D,E1-B}}{T_{C,E1-B}} = \frac{r_{C,E1-B}}{r_{D,E1-B}} = \frac{1.023 \times 10^{6}}{250} = 4\ 092 \tag{4-24}$$

表 4 - 4 会给出码率 $r_{D, E1-B}$ 和 $r_{C, E1-B}$ 的值分别为 250 Hz 和 1.023 Mcps；$|i|_{x}$ 代表整数 i 对整数 x 的模；$\lfloor i \rfloor_{x}$ 代表对商 $\frac{i}{x}$ 沿负无穷大方向的简单取整，即不论商 $\frac{i}{x}$ 是正还是负，整数 $\lfloor i \rfloor_{x}$ 的值一定不会大于 $\frac{i}{x}$。

E1 - C 信号分量 $e_{E1-C}(t)$ 是一个导频信号分量，它不含导航电文数据，只含伪码 C_{E1-C}，其数学表达式为

$$e_{E1-C}(t) = \sum_{i=-\infty}^{+\infty} \left[c_{E1-C, |i|_{L_{E1-C}}} \mu_{T_{C,E1-C}}(t - iT_{C,E1-C}) \right] \tag{4-25}$$

显然，与式（4 - 24）相比，上式的不同之处主要在于其省略了导航数据编码符号。

如式（4 - 25）和图 4 - 13 所示，二进制 B 信号分量 $e_{E1-B}(t)$ 被调制在副载波 $\chi_{E1-B, a}(t)$ 和 $\chi_{E1-B, b}(t)$ 上，二进制 C 信号分量 $e_{E1-C}(t)$ 相应地被调制在副载波 $\chi_{E1-C, a}(t)$ 和 $\chi_{E1-C, b}(t)$ 上；接着，经各自的副载波调制后的 B 和 C 两信号分量叠加（确切地说是相减）在一起，组成 E1 基带信号 $S_{E1}(t)$；最后，在 E1 信号被卫星播发之前，E1 基带信号 $S_{E1}(t)$ 被调制到一个标称频率为 1 575.42 MHz 的 E1 载波信号上。

E1 基带信号 $S_{E1}(t)$ 的表达式共包含 $\chi_{E1-B, a}(t)$、$\chi_{E1-B, b}(t)$、$\chi_{E1-C, a}(t)$ 和 $\chi_{E1-C, b}(t)$ 四个不同的副载波信号成分，它们可以统一表达成

$$\chi_X(t) = \text{sgn}[\sin(2\pi f_{\chi X} t)] \tag{4-26}$$

χ 用来指定某一 E1 副载波信号成分，比如为 "E1 - B, a" 或 "E1 - C, b" 等；$f_{\chi X}$

为副载波 $\chi_x(t)$ 的频率。可见，E1 信号的这些副载波信号成分全是正弦取相的 BOC 副载波。

式（4-22）中各个副载波函数前面的常系数 α 和 β 有如下取值

$$\alpha = \sqrt{10/11} \qquad\qquad (4-27)$$

$$\beta = \sqrt{1/11} \qquad\qquad (4-28)$$

副载波 $\chi_{E1-B,\,a}(t)$ 和 $\chi_{E1-C,\,a}(t)$ 的能量各自占相应 B 和 C 信号分量能量的 10/11。式（4-22）表明了 E1-B 和 E1-C 两信号分量的能量相等，它们各占 E1 信号总能量的 50%，副载波 $\chi_{E1-B,\,a}(t)$ 和 $\chi_{E1-C,\,a}(t)$ 的能量之和占 E1 信号总能量的 10/11，相应地，副载波 $\chi_{E1-B,\,b}(t)$ 和 $\chi_{E1-C,\,b}(t)$ 的能量之和就占 E1 信号总能量的 1/11。

4.2.2　E5 频段信号

（1）E5 信号特性

GALILEO 的 E5 信号播发在 1 164～1 215（即带宽为 51.15）MHz 的波段上，它同时被分配在卫星无线电导航业务频段和航空无线电导航服务的频段内。GALILEO E5 信号与 EGNOS、GPS 的 L5C、GLONASS 的 G5、测距仪（DME）和塔康导航系统（TACAN）等信号共享 L5/E5 波段，这些系统信号间会产生相互干扰。然而，与 E6 信号的设计情况相似，由于 L5/E5 波段上没有其他任何的传统 GNSS 信号，因而对 E5 信号的设计不存在一个错综复杂的兼容性与互操作性问题，也不存在信号兼容的评估问题，但为了以后导航信号设计的需要，本书将 E5 频段信号也做简要介绍。

GALILEO 卫星导航 E5 频段上的信号为 AltBOC（15，10）调制，这是伽利略卫星传输的一种比较先进的信号，在测距精度、抗多径、热噪声等方面有着很大的优势。

Alternate BOC 简称 AltBOC，是在标准 BOC 调制基础上的变形，其目的是产生一个单一的采用与 BOC 类似的信源编码的副载波信号，处理过程使得在允许区分旁瓣的同时，保持 BOC 实施的简单性和恒包络。AltBOC 与标准 BOC 调制过程相同，不同的是在基带信号上与一复数矩形副载波相乘，在此方式下，信号频谱没有被分开，而是搬移到一个更高的频率处。当然也可以搬移到一个较低的频率处。一个不同的信号 $s(t)$，含有不同的伪码和导航数据可以用来搬移到较低或较高的频率上。根据这个原理，BOC 信号的两个旁瓣能够传输不同的信息。GALILEO 在 E5 频段传输四路不同信号，其中两路为携带导航信息的数据信道，另外两路为导航信道。

E5a 信号是一个可公开访问的信号，位于 E5 频段，包括一个数据通道和一个导频通道。它调制未加密的测距码和导航电文以供所有用户接收。它传输的基本数据可支持导航和授时的功能，采用相对较低的 25bps 的数据速率使数据解调更加稳定。E5a 信号支持 OS。

E5b 信号是一个可公开访问的信号，位于 E5 频段，包括一个数据通道和一个导频通道。它调制未加密的测距码和导航电文以供所有用户接收。E5b 数据流还包含完好性信息和加密的商业数据。数据速率为 12 5 bps，E5b 信号支持 OS，CS，SoL 服务。

（2）E5 信号调制方案

E5 信号 $S_{E5}(t)$ 包含以下四路信号的复用：

1）E5a 数据通道：即 E5a 导航数据流 $d_2(t)$ 与其 PRN 码序列 $c_2(t)$ 的模二和，码片频率为 10.23 MHz。

2）E5a 导频通道：即 E5a 导航通道 PRN 码序列 $c_4(t)$，码片频率为 10.23 MHz。

3）E5b 数据通道：即 E5b 导航数据流 $c_1(t)$ 与其 PRN 码序列 $c_4(t)$ 的模二和，码片频率为 10.23 MHz。

4）E5b 导频通道：即 E5b 导航通道 PRN 码序列 $c_3(t)$，码片频率为 10.23 MHz。

这四个通道信号通过 AltBOC（10，15）调制按照式（4-29）的基带信号表达式来实现的

$$S_{E5}(t) = d_1(t)c_1(t)e^{j\omega_s t} + d_2(t)c_2(t)e^{-j\omega_s t} + c_3(t)e^{j(\omega_s t + \pi/2)} + c_4(t)e^{-j(\omega_s t - \pi/2)}$$

$$(4-29)$$

其中，ω_s 为边带偏移脉动：$\omega_s = 2\pi f_s$，$f_s = 15.345$ MHz，$S_{E5}(t)$ 将调制在 1 191.795 MHz 的 E5 载波上。

四路信号平分整个 E5 信号的功率，图 4-14 为 E5 信号整个调制框图。

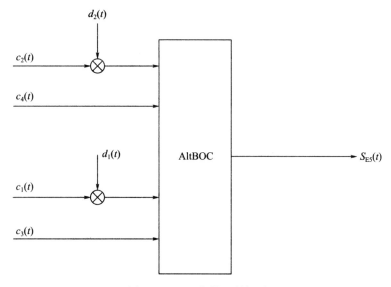

图 4-14　E5 信号调制框图

宽带 AltBOC 信号比较难于处理，原因有以下两个：

1）要处理 AltBOC 信号则需要将整个 E5 频段通过同一个 RF/IF 通道进行下变频。要求最小信号带宽为 50 MHz（仅包含主波峰）。这将导致采样率和时钟频率过高。

2）由于 AltBOC 基带信号为复数值，所以增加了处理难度。

4.2.3　E6 频段信号

（1）E6 频段信号特性

E6 频段信号包含 E6C 信号和 E6P 信号。E6P 信号为一个限制访问的信号。它的测距码和电文采用官方的加密算法进行加密。E6P 信号支持 PRS。E6C 信号是一个供商业访问的信号，包括一个数据通道和一个导频通道。它的测距码和电文采用商业算法加密。其 500 bps 的数据速率允许增值商业数据的传输。E6 信号专用于商业服务。

（2）E6 频段信号调制方案

E6 信号 $S_{E6}(t)$ 包含以下信号的复用：

1）E6C 数据通道（E6C - d）：调制信号是 E6C 导航数据 $d_{E6C}(t)$ 和 E6C - d 通道 PRN 码序列 $c_{E6C-d}(t)$ 的模二和。产生的信号是 E6 载波上码率为 5.115×10^6 cps 的二进制移相键控（BPSK）调制，即 BPSK - R（5）。

2）E6C 导频通道（E6C - P）：调制信号是 E6C - P 通道的 PRN 码序列 $c_{E6C-p}(t)$，产生的信号是 E6 载波上码率为 5.115×10^6 cps 的 BPSK 调制，即 BPSK - R（5）。

3）E6P 通道：调制信号是 E6P 的导航数据 $d_{E6P}(t)$ 和 E6P 副载波 $sc_{E6P}(t)$ 的模二和。产生的信号是 E6 载波上码率为 5.115×10^6 cps，副载波频率为 10.23 MHz 的 BOC（10，5）调制。

这些 E6 信号分量通过修正十六相调制的方式复用到 E6 载波上。

$$S_{E6}(t) = \sqrt{2P_{E6}} \left[\alpha \cdot s_{E6C-d}(t) - \alpha \cdot s_{E6C-p}(t) \right] \times \cos(2\pi f t) -$$
$$\sqrt{2P_{E6}} \left[\beta \cdot s_{E6P}(t) + \gamma \cdot s_{E6,int}(t) \right] \times \sin(2\pi f t) \qquad (4 - 30)$$

其中

$$s_{E6C-d}(t) = d_{E6C}(t) \cdot c_{E6C-d}$$
$$s_{E6C-p}(t) = c_{E6C-p}(t)$$
$$s_{E6P}(t) = d_{E6P}(t) \cdot c_{E6P}(t) \cdot sc_{E6P}(t)$$
$$s_{E6,int}(t) = s_{E6C-d}(t) \cdot s_{E6C-p}(t) \cdot sc_{E6P}(t)$$

式中　$s_{E6C-d}(t)$ ——E6C - d 信号分量；

　　　$s_{E6C-p}(t)$ ——E6 - P 信号分量；

　　　$s_{E6P}(t)$ ——E6P 信号分量；

　　　$s_{E6,int}(t)$ ——互调产物，以保证发射信号的恒包络特性

　　　α、β、γ ——系数，用来调整各分量的相对功率。

4.3　GLONASS 卫星信号

GLONASS 卫星信号在信号组成上和 GPS 既有相同点也有区别，和 GPS 一样在特定的载波频率 L1 和 L2 子带上发送的导航信息是个二进制序列，调制方式是 BPSK。同样 GLONASS 也有载波 L1 子带和载波 L2 子带。GLONASS 与 GPS 为同一时代，信号设计

时不存在频率兼容的问题，因此，信号结构相对于 GALILEO 简单很多。

4.3.1　基本组成

GLONASS 与 GPS 同样使用的是 DSSS 结合 BPSK 的方式将导航信息和伪随机测距码调制到载波上，与 GPS 所使用的码分多址（CDMA）技术不同，GLONASS 在 G1（1.6 GHz）和 G2（1.2 GHz）子带上使用的是频分多址（FDMA）技术。其在 G1 和 G2 子带上分别提供标准精度信号和高精度信号，前者是为全球民用用户应用设计的，而后者是为俄罗斯特许用户设计的。

当前的 GLONASS 卫星星座主要是由 GLONASS 型和 GLONASS - M 型两款卫星构成的，它们均在 G1 和 G2 两个波段上发射信号，而 GLONASS - M 型卫星是 GLONASS 型卫星的改进版，它们所发射的信号在体质上略有不同。另外，第三代即 GLONASS - K 型卫星自 2011 年起开始被发射升空，并向外播发信号。这三款 GLONASS 卫星所播发的导航信号情况可概括如下。

1) GLONASS 型卫星在 G1 波段内发射两种信号：一种是类似于 GPS 标准定位服务（SPS）的民用标准精度（SP 或 ST）信号，我们在此称之为 C/A 码信号，又叫 S 码信号，它对所有用户开放；另一种是类似于 GPS 精密定位服务（PPS）的军用高精度（HP）信号，我们在此称之为 P 码信号，又叫 W 信号，它只对特殊用户开放。然而，GLONASS 型卫星在 G2 波段内只发射 P 码信号，而不发射 C/A 码信号。这就是说，GLONASS 型卫星只在 G1 波段上发射 C/A 码信号，并同时在 G1 和 G2 两波段上发射 P 码信号，而这一状况与 GPS 卫星所发射的传统信号状况相类似，即 GPS 只在 L1 波段上发射 C/A 码信号，并同时在 L1 和 L2 两波段上发射 P（Y）码信号。

2) GlONASS - M 型卫星除了像 GLONASS 型卫星那样在 G1 波段上发射 C/A 码信号以外，它还在 G2 波段上增加发射这种 C/A 码信号。这就是说，GLONASS - M 型卫星在 G1 和 G2 两波段上均分别发射 C/A 码和 P 码两类信号。

3) GLONASS - K 型卫星等随后的现代化 GLONASS 卫星除了像 GLONASS - M 型卫星一样继续在 G1 和 G2 两波段内均分别发射 C/A 码和 P 码两个信号以外，它们还至少在 G3 波段上增加播发一个基于 CDMA 多址机制的导航信号。

4.3.2　C/A 码

GLONASS 采用的伪随机测距码是一种最长移位寄存器序列（m 序列）。与 GLONASS 定位服务相对应，分别为用于标准精度通道服务 CSA 的标准精度测距伪随机码（C/A 码）和用于高精度通道服务 CHA 的高精度测距伪随机码（P 码）。P 码用一种特殊的码进行加密，只能用于俄罗斯特许用户。

GLONASS 的 C/A 码由 511 个码片循环组成，其频率为 511 kHz，码周期为 1 ms，包含 511（即 2^9-1）个码片，码宽为 1/511 ms，码片长 586.7 m。所有 GLONASS 卫星在 G1 和 G2 波段上所发射的传统民用信号全部调制有这同一个 C/A 码序列。

　　C/A 码序列是一种最长移位寄存器序列，即 m 序列，GLONASS 调制所采用的 C/A 码序列由 9 级移位寄存器产生，它的特征多项式为

$$G(x) = 1 + x^5 + x^9 \qquad (4-31)$$

　　C/A 码序列由移位寄存器的第七级输出，如图 4-15 所示。生成该序列的初始化矢量是（111111111），C/A 码序列第一个字符是（111111100）字符组中的第一个字符，其重复率是每毫秒一次。

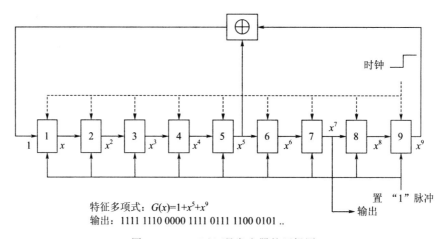

图 4-15　C/A 码发生器的逻辑图

4.3.3　P 码

　　P 码为俄罗斯国防部授权用于军事用途的高精度 m 序列，只能供俄罗斯国防部特许用户使用，其由一个 25 级的最大长度移位寄存器产生，并经截短形成，如图 4-16 所示。P 码周期为 6.566 s，码频率为 5.11 MHz，移位寄存器的初始状态为全"1"，生成多项式为

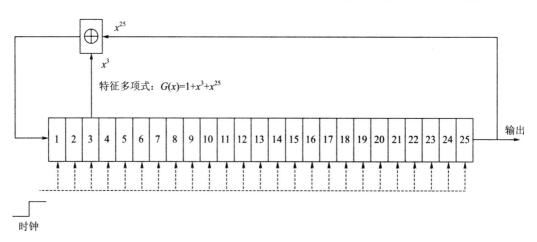

图 4-16　P 码发生器的逻辑图

$$G(x) = 1 + x^3 + x^{25} \qquad (4-32)$$

式中，所有寄存器的初始状态值均设置为 1，而最后一级（即第 25 级）寄存器的值作为 P 码输出。在 5.11 MHz 的频率驱动下，若不做任何截短，则该 P 码发生器所产生的一周期伪码将包含 33 554 431（即 $2^{25}-1$）个码片，相当于长 6.566 4 s。经截短后，P 码长 1 s，包含 5 110 000 个码片，其码速率 5.11 Mcps 是 C/A 码码速率（即 0.511 Mcps）的 10 倍。

4.3.4　数据调制

对播发在 G1 和 G2 载波上的民用标准精度信号来讲，用来调制载波的二进制数据流主要是伪码（即 C/A 码）、经编码后的导航电文数据流和辅助曲码（Meander）这三个信号成分的模二和，然后它们的模二和结果通过双相移键控（BPSK）进行载波调制。

GAONASS 导航电文的基本结构单元为串，每一串导航电文长 2 s。图 4 - 17 描述了一串导航电文数据流的生成过程和数据调制流程，它可以分为以下几步。

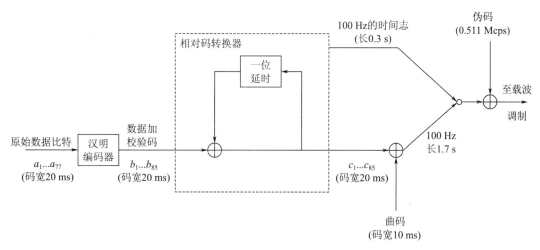

图 4 - 17　数据调制流程示意图

1）一串导航电文包含 77 位原始数据比特 $a_1 \cdots a_{77}$，其比特率为 50 bps，码宽为 20 ms，a_1 代表时间上的首个比特。顺便提一下，GPS NAV 电文与 GLONASS 导航电文碰巧有着相同的 50 bps 的数据比特率。

2）一串 77 位原始数据比特 $a_1 \cdots a_{77}$ 经汉明编码后，产生 8 位汉明码，那么两者前后合并在一起总共组成 85 位数据加校验码，记为 $b_1 \cdots b_{85}$，在时间上总长 1.7 s，其码宽仍为 20 ms。

3）一串 85 位数据加校验码 $b_1 \cdots b_{85}$ 被变换成码宽仍为 20 ms 的相对码 $c_1 \cdots c_{85}$，其中，相对码转换器的基本工作原理是将 i 历元的 b_i 和 c_{i-1} 的异或相加作为 c_i，即

$$c_i = b_i \oplus c_{i-1} \tag{4-33}$$

式中 $i = 2$，3，4，…，85，而 $c_1 = 0$。

4）将码宽为 10 ms 的辅助曲码与码宽为 20 ms 的相对码 $c_1 \cdots c_{85}$ 进行异或相加，生成频率为 100 Hz 的数据流，它全长仍为 1.7 s。

　　曲码通俗地讲只是一个不停振荡的方波，它不含任何数据信息，其频率与时间志的频率一样同为 100 Hz，即每一个曲码码片长 10 ms。如图 4－17 所示，码宽为 10 ms 的曲码与码宽为 20 ms 的数据相对码在时间上呈如下的同步关系：每一位数据相对码（0 或 1）对应于二进制值为 10 的两位曲码。同时，图 4－18 还给出了曲码与相对码进行异或相加的运算规则：每一位长 20 ms、值为 0 的相对码被变成码宽为 10 ms、值为 01 的两位二进制数，而每一位值为 1 的相对码被变成值为 10 的两位二进制数。可见，曲码与相对码的异或相加在本质上是对相对码进行曼彻斯特（Manchester）编码：原先逻辑值为 0 的每一个相对码被编码成一个从低电平至高电平的跳变，而原先逻辑值为 1 的每一个相对码被编码成一个从高电平至低电平的跳变。需要说明的是，二进制数电平值的表达方式可能与我们平常所见的不一致，但是该图严格地来自 GLONASS 接口控制文件。由于曲码的存在，接收机必须对 GLONASS 信号的捕获、数据解调和比特同步等算法做出相应的变动。

　　相应于 GLONASS 信号的曼彻斯特编码，GPS 信号则采用不归零（NRZ）编码，它将一位逻辑值编码成一个电平值，而电平跳变只在逻辑值变化时才发生。因为每一位曼彻斯特编码的中间均含有一个跳变，所以与不归零编码相比，它至少具有两个特点：一是它的平均值为 0，不存在直流分量，这使得其具有良好的抗干扰性能；二是它所包含的电平跳变相对较为频繁，不存在三个或三个以上连续相同的编码符号值，这有利于接收机完成比特同步。例如，图 4－18 中的 5 位相对码经曼彻斯特编码后包含 6 个电平跳变，而它的不归零编码却只含 3 个跳变。

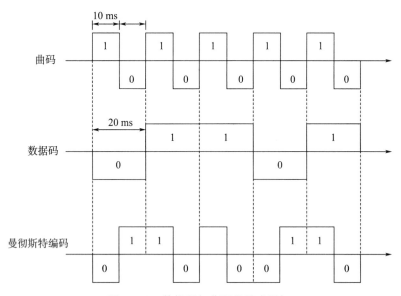

图 4－18　数据码与曲码的异或相加

　　我们还可以这样理解 GLONASS 的曲码编码技术：如图 4－18 所示的曲码波形等同于正弦相副载波函数 $\chi_{\sin}(t)$ 波形，曲码与相对码的异或相加相当于对相对码进行 $\mathrm{BOC}_{\sin}(1，1)$ 调制。

　　5）以上长为 1.7 s 的相对码曼彻斯特编码数据流与长为 0.3 s 的时间志前后连接在一

起，形成长为 2 s、频率为 100 Hz 的导航电文数据流，它总共包含 200 个二进制值。在 2 s 长的数据流中，没有经曼彻斯特编码的那 0.3 s 的时间志部分发生比特跳变的几率相对较小。

6）频率为 100 Hz 的一串导航电文数据流与码速率为 0.511 Mcps 的 C/A 码进行异或相加，从而实现扩频调制。

7）经扩频调制所得的一串二进制数据流再对载波进行 BPSK 调制，如此完成信号发射前的信号调制。

4.4　BDS 卫星信号

BDS 向 GPS 和 GALILEO 提供的 RAD 中，导航信号设计为 3 个载波和 10 个导航信号，见表 4-5，信号定义及特征如下：

1）B1c 导航信号为公开和授权服务信号，中心频率为 1 575.42 MHz，其中公开导航信号设置数据电文通道（B1cx）和导频信号通道（B1cy），采用 TMBOC（6，1，4/3）调制方式；授权导航信号 B1cz 采用 BOC（14，2）调制。

2）B2a/B2b 导航信号为公开服务信号，中心频率为 1 191.795 MHz，采用 AltBOC（15，10）圆包络调制。其中 B2a 中心频率为 1 176.45 MHz，B2b 中心频率为 1 207.14 MHz。B2a 和 B2b 分别调制不同导航数据电文，B2a 和 B2b 分别设置数据电文通道（分别为 B2ax 和 B2bx）和导频通道（分别为 B2ay 和 B2by）。

3）B3 导航信号为授权导航信号，中心频率为 1 268.52 MHz。其中 B3x 和 B3y 分别为数据电文通道和导频信号通道，采用 BOC（15，2.5）正交调制；B3z 采用 BPSK（10）调制。

表 4-5　BDS 导航信号中心频率及结构

导航信号		中心频率/MHz	码频率/MHz	符号速率/（bps）	二次编码/bit	调制方式	服务类型
B2a/B2b	B2ax	1 191.795	10.23	50	10	AltBOC（15，10）	公开
	B2ay		10.23	无电文	200		
	B2bx		10.23	100	10		
	B2ay		10.23	无电文	200		
B3	B3x	1 268.52	2.557 5	100	不公开	BOC（15，2.5）	授权
	B3y		2.557 5	无电文	不公开		
	B3z		10.23	500	不公开	BPSK（10）	
B1c	B1cx	1 575.42	1.023	100	不公开	TMBOC（6，1，4/33）	公开
	B1cy		1.023	无电文	200		
	B1cz		2.046	100	不公开	BOC（14，2）	授权

BDS 的 RAD 中导航信号伪随机码是由基码和辅码（次编码）模二加构成的复合码，公开导航信号伪随机码特征如表 4-6 所示。

表 4 - 6　BDS 公开信号伪码参数

导航信号		伪码周期/ms	伪码长度/bits	
			基码	辅码
B2a	数据通道	1	10 230	10
	导频通道	1	10 230	200
B2b	数据通道	1	10 230	10
	导频通道	1	10 230	200
B1c	数据通道	10	10 230	无
	导频通道	10	10 230	200

BDS 导航信号的基码和二次编码的复合关系如图 4 - 19 所示。

f_c 表示导航信号的基码码钟频率，基码产生器和二次编码产生器由同一基码码钟驱动。对于 B2a/B2b 信号，二次编码码钟频率 f_{ca} 为其基码码钟频率的 1/10 230，基码码钟和二次编码码钟频率分别为 10.23 MHz 和 1 kHz；对于 B1c 信号，二次编码码钟频率为基码码钟频率的 1/10 230，基码码钟和二次编码码钟频率分别为 1.023 MHz 和 100 Hz。

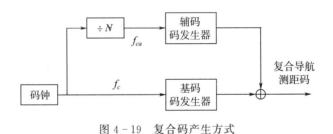

图 4 - 19　复合码产生方式

4.4.1　扩频基码

RAD 中 BDS 伪随机扩频基码分为公开导航信号测距伪码和授权导航信号测距伪码，这里根据频率协调过程中与 GPS 所交换的 RAD，只对公开导航信号的伪随机扩频基码进行描述。

（1）B2a、B2b 导航信号伪随机扩频基码

BDS 导航信号 B2a 和 B2b 的导频通道和数据通道基码是 13 级 m 序列产生的复合码，分别由下列 4 组码生成多项式产生，周期均为 1 ms，长度均为 10 230 bits，其产生多项式如下。

B2a 数据通道

$$f_1(x) = 1 + x + x^5 + x^{11} + x^{13} \tag{4-34}$$

$$f_2(x) = 1 + x^3 + x^5 + x^9 + x^{11} + x^{12} + x^{13} \tag{4-35}$$

B2a 导频通道

$$f_1(x) = 1 + x^3 + x^6 + x^7 + x^{13} \tag{4-36}$$

$$f_2(x) = 1 + x + x^5 + x^7 + x^8 + x^{12} + x^{13} \tag{4-37}$$

B2b 数据通道

$$f_1(x) = 1 + x + x^9 + x^{10} + x^{13} \qquad (4-38)$$

$$f_2(x) = 1 + x^3 + x^4 + x^6 + x^9 + x^{12} + x^{13} \qquad (4-39)$$

B2b 导频通道

$$f_1(x) = 1 + x + x^{11} + x^{12} + x^{13} \qquad (4-40)$$

$$f_1(x) = 1 + x^2 + x^8 + x^9 + x^{10} + x^{11} + x^{13} \qquad (4-41)$$

B2a/B2b 导航信号中，所有 $f_1(x)$ 对应的初相均置为"1"，4 个 $f_2(x)$ 的初相为每颗卫星唯一的伪随机噪声编号（PRNi）。对于同一颗卫星而言，B2a/B2b 数据通道和导频通道的 4 组基码由同一 PRNi 产生。图 4-20 为 B2a 基码的产生示意图。

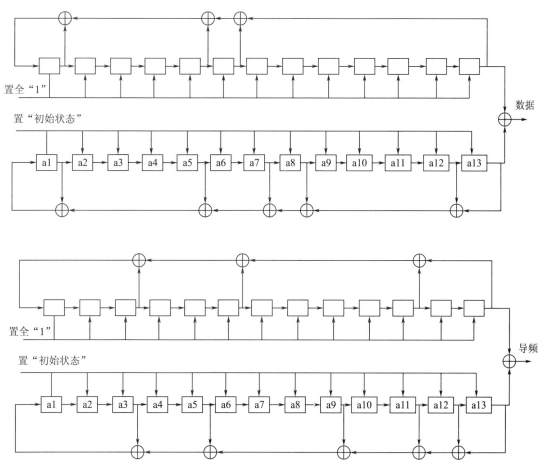

图 4-20　B2a 基码产生方式

B2a 基码序列的产生过程为：整毫秒起始时刻自初相开始产生序列，每整毫秒回复至初始相位状态，$f_1(x)$ 在产生 8 190 个码片后，其初相重新置为全"1"继续产生序列，直至 1 ms 结束，产生 10 230 个码片为止。由于 13 级线性移位寄存器产生的序列周期为 8 191，这就相当于 $f_1(x)$ 产生的序列截掉最后一位后重复产生直至 10 230 位后，开始另一个周期。$f_2(x)$ 与 $f_1(x)$ 一样，整毫秒起始时刻自初相开始产生序列，产生一个周期

8 191个码片后，重新回到初相状态继续产生，直至 10 230 个码片产生完毕，开始另外一个周期。$f_2(x)$ 与 $f_1(x)$ 产生的码片进行模二加后生成的码片即作为 B2a 导航信号的扩频序列。

根据上述的方法对产生 BDS 公开导航信号 B2a/B2b 伪随机扩频序列的初始状态进行了遍历计算搜索。对于 B2a/B2b，从 8 191 种可能的状态中，通过计算无符号翻转（even）和存在符号翻转（odd）两种情况的相关值，选取自相关和互相关均满足一定要求的序列共 400 个（即 B2a 导频通道和数据通道各 100 个，B2b 导频通道和数据通道也各 100 个），可分配给 100 颗 BDS 卫星使用。在与 GPS 的频率协调中，通过 RAD 文件交换了其中可供 60 颗卫星使用的序列。

（2）B1c 导航信号伪随机扩频基码

B1c 公开导航信号包括数据通道 B1cx 和导频通道 B1cy。B1cx 和 B1cy 导航信号基码周期均为 10 ms，长度均为 10 230 bits。基码选定为 10 243 bits 威尔（Weil）序列截掉 13 位后构成的10 230 bits 序列组成。Weil 序列必须通过素数构成，10 230 附近的素数一个为 10 223，另一个为 10 243。由 10 223 构成的 Weil 序列可通过补 7 bits 的方式构成10 230 bits的序列，这种方式已经为 GPS‐L1C 导航信号使用，因此 BDS 选择了 10 243 作为素数产生相应的 Weil 序列。10 243 bits 的 Weil 序列由唯一的 10 243 bits 勒让德（Legendre）序列移位 W 位后与原序列模二加得到，这样，由唯一的 10 243 bits Legendre 序列可以构成 5 121 个 10 243 bits 的 Weil 序列，10 243 bits Weil 序列通过截断 13 位的方式可得到用于 BDS 公开导航信号 B1c 的扩频码序列。

根据上述方法对产生 BDS 公开导航信号 B1c 伪随机扩频序列的初始状态进行了遍历计算搜索。在 5 121 种可能的状态中，通过计算无符号翻转和存在符号翻转两种情况的相关值，先确定截断 13 位的起始点，然后从满足条件的备选序列中，选择自相关和互相关均满足一定要求的序列共 200 个（即 B1c 导频通道和数据通道各 100 个），可分配给 100 颗 BDS 卫星使用。在与 GPS 的频率协调中，通过 RAD 文件交换了其中可供 60 颗卫星使用的序列。

4.4.2　二次编码

在与 GPS 交换的 RAD 中，BDS 公开导航信号 B2ax、B2ay、B2bx、B2by 和 B1cy 设计有二次编码，特征如表 4‐7 所示。BDS 导航信号中不同频点的数据通道二次编码不同，各卫星同频点数据通道的二次编码相同。

表 4‐7　BDS 二次编码

导航信号		码元宽度/ms	码长/bits
B2a	B2ax	1	10
	B2ay	1	200
B2b	B2bx	1	10
	B2ay	1	200
B1c	B2cy	10	200

（1）数据通道二次编码

数据通道二次编码采用长度为 10 bits 的固定序列，B2ax 的二次编码为 01010 00011；B2bx 的二次编码为 1001101111。

（2）导频通道的二次编码

RAD 中 BDS 公开导航信号 B2a、B2b 和 B1C 导频通道二次编码分别由 8 级移位寄存器产生的 m 序列截断而成。不同卫星、不同导频信号二次编码不同，分别调制不同的固定码。二次编码长度为 200 bits。BDS 导频通道二次编码生成多项式：B2ay 为 $1+x+x^6+x^7+x^8$；B2by 为 $1+x^2+x^5+x^6+x^8$；B1cy 为 $1+x+x^5+x^6+x^8$。图 4-21 为信号 B2ay 二次编码产生示意图。对于同一颗卫星而言，B2ay、B2by 和 B1cy 三个导频通道的二次编码由同一初相确定产生。

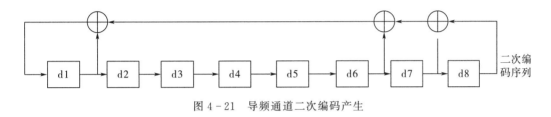

图 4-21 导频通道二次编码产生

在频率协调中，从可供 100 颗 BDS 卫星使用的二次编码序列中，选择了 60 颗卫星的序列初始状态通过 RAD 与 GPS 进行了交换。

第 5 章　全球导航卫星系统干扰对捕获、
跟踪与数据解调的影响

前几章介绍了 GNSS 频谱分配、信号结构和各种子载波调制方式，为无线频率兼容的探讨预备了七个导航信号参数的相关知识。接下来这一章和下一章将要讨论在接收端 GNSS 干扰对捕获、跟踪和数据解调产生怎样的影响，如何建立干扰分析模型，用哪些参数或量来反映 GNSS 干扰造成影响的程度。本章首先介绍射频干扰（Radio Frequency Interference，RFI）的概念，以及在 GNSS 无线频段附近潜在的各种射频干扰及干扰源，重点讨论 GNSS 干扰的概念和分类。接下来简要介绍 GNSS 接收机的工作流程，介绍捕获、载波跟踪、码跟踪与数据解调的基本工作原理，解释 I/Q 解调法，以及一些重要的基本概念和术语，讨论相干积分和非相干积分对码跟踪性能的影响。然后介绍接收机设计参数对射频干扰的影响，最后建立 GNSS 接收机信号处理模型，建立信号对噪声加干扰功率（之）比（signal to noise plus interference power ratio，SNIR，简称信噪干扰功率比）分析模型，研究干扰对捕获、载波跟踪与数据解调的影响，推导 SNIR 解析表达式，从而给出等效载噪比和谱分离系数的定义。

5.1　GNSS 干扰

GNSS 信号是指全球导航卫星系统信号，GNSS 干扰是指 GNSS 信号对其他信号造成的干扰。我们知道，GNSS 信号之间之所以相互干扰，以及 GNSS 信号对其他信号造成干扰，主要是因为信号之间共享频谱的原因。依据目前公布的四个全球导航卫星系统 GPS、GALILEO、GLONASS 和 BDS 的频率分配（见图 5-1 所示），除了分配给 GLONASS 的频段与其他三个系统没有明显重叠之外，其他频段都比较拥挤，有同一个导航系统内部的不同信号频谱之间的相互重叠，有不同导航系统信号频谱间的相互重叠。因频谱重叠造成的干扰可能导致系统性能不稳定，因此，需要评估这种干扰引起的兼容问题。

5.1.1　射频干扰

射频是一种高频交流电，也就是通常所说的电磁波。射频干扰就是电磁波所带来的干扰，如两个频率相差不多的电磁波会同时被接收机接收造成干扰，在离发射台近的地方会有谐波干扰，干扰其他的接收设备。由于 GNSS 接收机依赖于外部的射频信号，因而很容易受 RFI 的影响。RFI 会导致导航精度降低或是接收机完全失锁。

根据干扰信号带宽相对于被干扰信号带宽的不同，干扰信号可以分为连续波干扰（Continuous-wave interference，CWI）、窄带干扰（Narrowband interference）、扫频连续波和宽带干扰（Broadband interference），窄带/宽带调频信号等。连续波干扰也称为单频干扰，通常在时域里表现为正弦波，在频域中是一根谱线。窄带干扰是指干扰信号的带宽远小于被干扰信号的带宽，一种极限情况就是单频干扰。宽带干扰的带宽要大于被干扰信号的带宽。表 5-1 总结了按带宽进行分类的各种射频干扰类型及潜在的干扰源。

表 5-1　射频干扰的类型和潜在的干扰源

典型类型	潜在干扰
宽带——带限高斯	故意的匹配带宽的噪声干扰机
宽带——相位/频率调制	使 GNSS 接收机前端滤波器过载的电视机谐波或邻近频段的微波链路发射机
宽带——匹配频谱	故意的匹配频谱的干扰机、欺骗机或者附近的伪卫星
宽带——脉冲	任意一种脉冲发射机，如雷达或超带宽
宽带——连续扫频波	故意的扫频 CW 干扰机或者调频（FM）电台发射机的谐波
宽带——连续波	故意的 CW 干扰机或者邻近频段的未调制发射机的载波

5.1.2　GNSS 干扰

GNSS 干扰是特指全球导航卫星系统信号对其他无线电系统造成的一种射频（RF）干扰，本书主要探讨某一全球导航卫星系统信号对本系统其他目标信号或其他全球导航卫星系统的某一目标信号造成的干扰，它是一种无意干扰。

根据干扰信号带宽相对于被干扰的 GNSS 信号带宽的大小不同，GNSS 干扰可分为连续波（CW）干扰、窄带干扰、宽带干扰和匹配谱干扰（Matching spectrum interference）。如，相对于 GPS L1P(Y) 码，C/A 码是 P（Y）码的窄带干扰，而相对于 GPS L1C/A 码，L1P(Y) 码、M 码对它则是宽带干扰。GPS L1C 和 GALILEO E1CS 信号是匹配谱干扰。根据干扰所处的频带相对于被干扰信号频带的位置情况，干扰可分为带内干扰和带外干扰两种。对于带内干扰而言，如果某种时间连续型高斯干扰的功率集中在被干扰信号带宽之内的某一部分上，称之为局部频带干扰。

除了这种分法之外，GNSS 干扰还分为系统内干扰和系统间干扰。不同导航系统信号间的干扰称为系统间干扰。例如，目标信号是 GPS 的某一颗卫星发射的 C/A 码，其受到的系统间干扰包括同一频段内接收机"所看到的"BDS 和 GALILEO 卫星发射的信号。相对于不同系统信号间产生的系统间干扰，同一系统内部的不同信号之间也会存在相互干扰，即系统内干扰。例如，目标信号是 GPS 的某一颗卫星发射的 C/A 码，其受到的系统内干扰就由接收机视界内其他卫星发射的 C/A 码（称为 CDMA 干扰），以及视界内所有卫星发射的 P（Y）码、M 码和 L1C 码。

本书主要探讨目标 GNSS 信号受其他 GNSS 信号的干扰。但事实上，工作于 L 波段上的 GNSS 接收机会遭受到此频段上其他的无意射频干扰，下面略微提一下。参照《GPS 原理与应用（第二版）》书上示出的在 GPS 信号所用频率附近美国和国际频率分配情况的缩略表，以及图 5 - 1 所示的 GPS、GALILEO、GLONASS 和 BDS 的频率部署图，我们将针对目前公开的 GPS、GLONASS、GALILEO 和 BDS 频段，讨论导航频段内及附近存在的干扰业务。

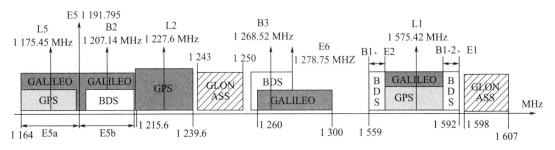

图 5 - 1　GPS、GALILEO、GLONASS 和 BDS 的频率分配

L1 波段范围为 1 559～1 610 MHz，GPS L1 的中心频点是 1 575.42 MHz，此波段仅用于卫星导航服务，其上的导航业务得到最好保护，将有 GPS、GLONASS、GALILEO 和 BDS 信号共享此波段。L1 波段的两头分配有卫星通信服务、射电天文学和无线电测定卫星服务，这些服务将对 L1 波段上的信号产生不同程度的邻道干扰。L2 波段范围包括 1 215～1 240 MHz，从图 5 - 1 看到，只有 GPS L2 占用此波段，GPS L2 的中心频点是 1 227.6 MHz。参照缩略表看到，工作于此波段的无线电定位服务包括大量用于空中交通管制、军事侦察和禁毒的一级雷达，有些雷达工作时将发射功率很高的脉冲信号（千瓦到兆瓦），但幸运的是，它们都属于脉冲系统，GPS 接收机在脉冲干扰下很稳健，因其前端设计并未饱和，且其自动增益控制具有很快的启动恢复速度，使 A/D 转换器产生嵌位。在 L2 波段右边的 1 240～1 300 MHz波段上，有 GLONASS 信号、BDS B3 和 GALILEO E6 信号，后两者信号占用的频段将有大部分重叠，而前者与后两者无重叠，且 GLONASS 采用的是 FDMA（频分复用）体制，因此 GLONASS 信号对后两者造成的 GNSS 干扰可忽视，这也是本书将不讨论 GLONASS 信号对其他信号造成干扰的原因。

在 960～1 215 MHz 波段上有 GPS L5、GALILEO E5 和 BDS B2 信号，GPS L5 和 GALILEO E5a 信号在 1 164～1 188.9 MHz 部分，GPS L5 的中心频率为 1 176.45 MHz，GALILEO E5 中心频率为 1 191.795 MHz，此波段的上部分有 BDS B2 和 GALILEO E5b 信号。此频带在世界范围内用于航空导航的电子装置。DME 和 TACAN 的地面信标在落入 GPS L5 接收机通带内的频率上发射的功率电平达 10 kW。一些国家也允许使用 Link 16，这是一种军用战术通信系统，其电台在 960～1 215 MHz 波段的 51 个频点上的标称发射功率为 200 W。所幸 DME/TACAN 和 Link 16 都是脉冲式的。

由于 GPS L2 和 L5 信号所在的波段没有 L1 信号的纯净，它们将不可避免地受到同一波段上其他非 GNSS 信号的干扰，或同一波段上其他 GNSS 信号的干扰，如 GALILEO E5a 信号对 GPS L5 信号的干扰。

同时，L1、L2 和 L5 信号也将受到邻近波段信号带外衍生信号的干扰，这些带外干扰信号可能是谐波干扰或互调干扰产物。谐波干扰是因邻近波段信号经过非线性放大器放大时产生高次谐波，其高次谐波刚好为 GNSS 信号载波频率的整数倍，于是在接收端被一同接收进入接收机，而造成对目标信号的干扰。互调干扰也是由传输信道中非线性电路产生的，当两个或多个不同频率的信号输入到非线性电路时，由于非线性器件的作用，会产生很多谐波和组合频率分量，其中与所需要的信号频率相接近的组合频率分量会顺利通过接收机而形成干扰，这种干扰称为互调干扰（Intermodulation interference）。

5.2　卫星信号的捕获、跟踪与数据解调的基本原理

为深入理解信号受干扰影响的整个过程，并为评估 GNSS 兼容性奠定理论基础，这一章和下一章将分析等效载噪比、谱分离系数、码跟踪误差和码跟踪谱灵敏度系数的来龙去脉。由于分析干扰对目标信号的影响主要是从信号的接收性能受到的影响来反映，因此，干扰分析模型需要建立在接收机的工作原理之上。目前只有 GPS 接收机广泛投入使用，其原理也相对比较成熟，虽然最近几年出现了新的导航技术，接收机技术也要随着改革，但基本的信号处理思想不变。因此，这一节以 GPS 典型的传统接收机为例，来说明接入技术采用码分多址技术（CDMA）的 GNSS 接收机的基本原理和工作流程。

5.2.1　GNSS 接收机工作原理简介

这一节将对接收机的工作流程做一个扼要的介绍，指出接收机的每一个信号通道对于其所跟踪的那颗可见卫星的信号处理过程，可以大体分为捕获、跟踪、位同步和帧同步四个阶段。

一种典型的 GPS 接收机结构方框图如图 5-2 所示。先不考虑干扰和噪声，接收天线接收的目标信号表示为

$$s_0(t) = \sqrt{2P_0}\, d\,(t-\tau)\, c\,(t-\tau)\cos\left[2\pi(f_c + f_D)t + \theta\right] \tag{5-1}$$

式中　P_0——包含接收机天线增益和其他可能损耗的目标信号功率，因信号中包含射频载
　　　　　波分量，因此信号幅值是 $\sqrt{2P_0}$ ；

　　　$d(t)$——数据序列；

　　　$c(t)$——伪码；

　　　τ——时延；

　　　f_c——载波中心频率；

　　　f_D——多普勒频移；

　　　θ——初始相位。

接收机前端的预滤波器是一个无源带通滤波器，以使带外射频干扰减至最小。射频信号经低噪声前置放大器放大之后，送入带通滤波器以进一步减小带外干扰，这个射频带通滤波器的带宽将决定了进入接收机的目标信号的带宽和干扰信号的带宽。从射频带通滤波器出来的信号需要进行下变频处理，以将载波频率降低到中频，下变频处理过程如图5-3所示，$x(t)$ 为由频率合成器产生的本地参考信号。

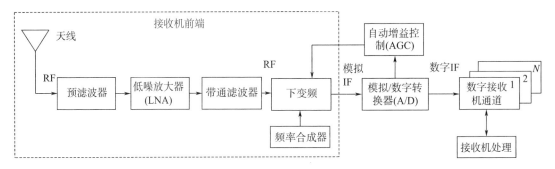

图 5-2 GPS 接收机结构图

$$x(t) = \sqrt{2} \cos\left[2\pi(f_c - f_{IF})t + \theta_{IF}\right] \qquad (5-2)$$

式中，IF 代表中频，该信号也有相移 θ_{IF}，其取值相对于收到的 GPS 信号相位是随机的。该信号的振幅比接收到的信号振幅大得多，我们将其设为 $\sqrt{2}$，以简化下面的运算过程而不失通用性。

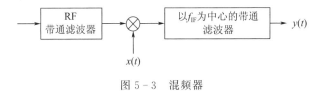

图 5-3 混频器

设 RF 带通滤波器的传递函数为 $h(t)$，把接收到的信号与参考信号表示成复数，将它们相乘，并经过以中频为中心的带通滤波器得到模拟中频信号 $y(t)$，则下变频过程表示为

$$
\begin{aligned}
y(t) &= [s_0(t) * h(t)] \cdot x(t) \\
&= \mathrm{Re}\left\{\left[\left(\sqrt{2P_0}\, d(t-\tau)c(t-\tau)\exp(\mathrm{j}\theta)\right) * h_B(t)\right]\exp\left[\mathrm{j}2\pi(f_c+f_D)t\right]\right\} \cdot \\
&\quad \mathrm{Re}\left\{\sqrt{2}\exp\left[\mathrm{j}(2\pi(f_c-f_{IF})t+\theta_{IF})\right)\right\} \\
&= \mathrm{Re}\left\{\left[\left(\sqrt{P_0}\, d(t-\tau)c(t-\tau)\right) * h_B(t)\right]\exp\left[\mathrm{j}(2\pi(f_{IF}+f_D)t+\theta-\theta_{IF})\right]\right\} \\
&= \left[\left(\sqrt{P_0}\, d(t-\tau)c(t-\tau)\right) * h_B(t)\right]\cos\left[2\pi(f_{IF}+f_D)t+\theta-\theta_{IF}\right]
\end{aligned}
$$

$$(5-3)$$

其中，上式利用到 $\mathrm{Re}\{Z_1\}\mathrm{Re}\{Z_2\} = \dfrac{1}{2}\mathrm{Re}\{Z_1 \cdot Z_2\} + \dfrac{1}{2}\mathrm{Re}\{Z_1 \cdot Z_2^*\}$。$h_B(t)$ 是 $h(t)$ 的基带冲激响应，若它的频率特性 $H_B(f)$ 是共轭对称的，则 $h_B(t)$ 是实函数，这个条件很容易满足，因为接收机前端的带通滤波器带宽远远小于中心频率，可认为是窄带带通滤波器，而窄带带通滤波器的 $H_B(f)$ 通常是共轭对称的。因此，$h_B(t)$ 在这里就是实函数。

模拟中频信号经过 A/D 转换器转换为数字中频信号 $s_{IF}(n)$，为控制输入信号的振幅，确保信号振幅分布于 A/D 量化值之间，A/D 转换器的前端有自动增益控制（AGC）。输出的数字中频信号送入数字接收机通道，该部分主要完成捕获、跟踪和数据解调，并进行位置、速度和时间的估算。单个数字接收机通道的典型高层方框图如图 5-4 所示，先捕获目标工作卫星信号，获得粗略的多普勒频移和码相位估计值之后，接收机转入连续的信号跟踪模式。为了捕获卫星信号，接收机需要同时复现卫星的伪码和载波信号（加上载波多普勒），在频域上完成剥离载波和去除多普勒，在时域上完成码剥离。中频载波剥离和去除多普勒过程如图 5-5 所示，载波 NCO 产生同相和正交参考信号，与输入的数字中频信号相乘并通过低通滤波器，得到基带信号——同相支路 $I_s(t)$ 和正交支路 $Q_s(t)$

$$I_s(t) = y(t) \cdot 2\cos[2\pi(f_{IF} + \hat{f}_D)t + \hat{\theta}]$$
$$= \sqrt{P_0}\{[d(t-\tau)c(t-\tau)] * h_B(t)\}\cos(2\pi\Delta f_D t + \Delta\theta) \tag{5-4}$$

$$Q_s(t) = y(t) \cdot 2\sin[2\pi(f_{IF} + \hat{f}_D)t + \hat{\theta}]$$
$$= \sqrt{P_0}\{[d(t-\tau)c(t-\tau)] * h_B(t)\}\sin(2\pi\Delta f_D t + \Delta\theta) \tag{5-5}$$

其中

$$\Delta f_D = f_D - \hat{f}_D$$
$$\Delta\theta = \theta - \theta_{IF} - \hat{\theta}$$

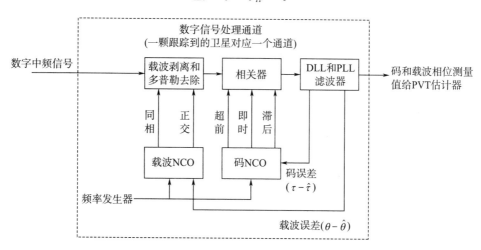

图 5-4　数字接收机通道

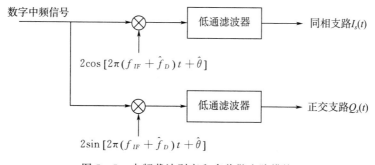

图 5-5　中频载波剥离和多普勒去除模块

这个过程经常称为中频载波剥离和多普勒去除，因为信号不再被载波频率或者任何中频信号调制，输出的信号频率是真实的多普勒 f_D 和接收机最佳多普勒估算值 $\hat{f}_D$ 的差，信号相位是输入相位 $(\theta - \theta_{IF})$ 和最佳相位估算值 $\hat{\theta}$ 的差。

中频载波剥离之后得到的同相和正交信号送入图 5 - 6 所示的相关器，与本地码产生器的超前码、即时码和滞后码进行相关，分别得到预积分时间内 I、Q 支路上的超前、即时和滞后相关值

$$I_{PS} = \frac{1}{T} \int_0^T I_s(t) c(t - \hat{\tau}) \, \mathrm{d}t$$

$$I_{ES} = \frac{1}{T} \int_0^T I_s(t) c(t + dT_c/2 - \hat{\tau}) \, \mathrm{d}t$$

$$I_{LS} = \frac{1}{T} \int_0^T I_s(t) c(t - dT_c/2 - \hat{\tau}) \, \mathrm{d}t$$

$$Q_{PS} = \frac{1}{T} \int_0^T Q_s(t) c(t - \hat{\tau}) \, \mathrm{d}t \qquad (5-6)$$

$$Q_{ES} = \frac{1}{T} \int_0^T Q_s(t) c(t + dT_c/2 - \hat{\tau}) \, \mathrm{d}t$$

$$Q_{LS} = \frac{1}{T} \int_0^T Q_s(t) c(t - dT_c/2 - \hat{\tau}) \, \mathrm{d}t$$

式中　　d ——相关器间隔，单位是码片；

　　　　T ——预检测积分时间。

积分时间的起始和停止边界不应该跨越数据位的跳变边界，因为每一次卫星数据比特改变符号时，接着的积分 I 和 Q 数据的符号也发生改变。如果跨越了边界，存在数据跳变，将导致那个时间段的预检测积分信号变差。

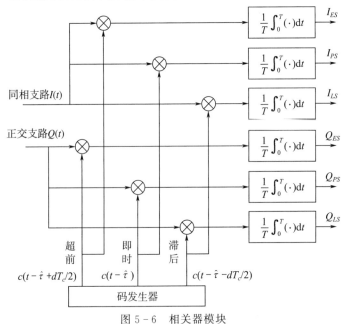

图 5 - 6　相关器模块

对离散的即时 I、Q 支路相关值进行捕获判定，如图 5 - 7 所示，若捕获上信号，则接收机转入信号跟踪模式，通常载波跟踪和码跟踪一起连续工作，如图 5 - 8 所示。超前和滞后相关值送入码跟踪环路，即时相关值送入载波跟踪环路，载波环的输出应一直对码环提供多普勒辅助，载波环滤波器的输出按比例因子调整之后作为辅助量加到码环滤波器的输出端。外界速度辅助，比如来自惯性测量单元的辅助，可以提供给在闭合载波环中的接收机通道。

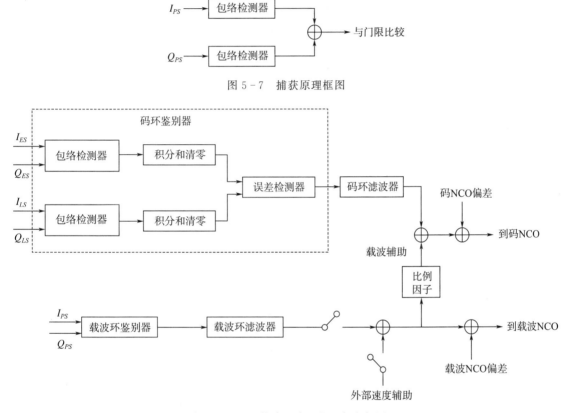

图 5 - 7　捕获原理框图

图 5 - 8　码和载波跟踪环的一般方框图

GNSS 接收机将天线接收到的卫星信号经射频前端处理后变成了数字中频信号，如果在接收端复制的载波和伪码分别与接收到的该卫星信号中的载波和伪码保持同步与一致，那么复制载波与接收信号进行混频可以实现中频载波剥离，并将信号下变频到基带，而复制伪码与接收信号进行相乘可以实现伪码剥离和信号解扩，这时在接收信号中剩下的便只是数据码。为了将数据码，即导航电文数据比特解调出来并且再将一系列比特组成字，接收机在进入信号跟踪阶段之后还需要完成位同步和帧同步。只有找到了数据比特边沿以实现位同步，接收机才能将接收信号一比特接着一比特地划分开来。在实现位同步之后，只有找到了子帧边沿以实现帧同步，相邻的每 30 个数据比特才能被正确地划分成一个个有结构意义的字，并最终从字中解译出有实用价值的导航电文参数。接收机基带数字信号处理模块处理卫星信号的过程如图 5 - 9 所示，可依次分为捕获、跟踪、位同步和帧同步四个阶段。

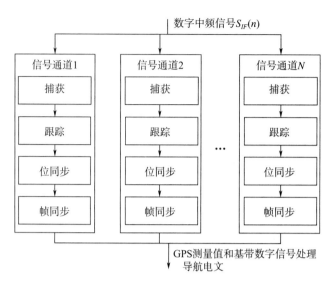

图 5 - 9　信号通道处理信号的四个阶段

本节完整地描述了 GNSS 接收机的工作过程，下面将更为详细地介绍捕获、载波跟踪和码跟踪的过程。

5.2.2　信号捕获

为了能让接收机在启动后成功地跟踪、锁定某颗可见卫星的信号，接收机在跟踪信号之前先要捕获信号，借助捕获过程粗略地估算出该信号的载波频率和 C/A 码相位值，并且这些参数估计值的误差必须分别小于载波环和码环的牵入范围，然后接收机根据这些信号参数值初始化跟踪环路的载波数控振荡器和码数控振荡器，这样跟踪环路才能对接收信号进行牵入和锁定，直至最后成功地进入正常的跟踪状态。

（1）三维搜索

依据式（5-3），得到下变频之后的模拟中频信号（A/D 转换之前）为

$$s_{IF}(t) = \left[\left(\sqrt{P_0} d(t-\tau) c(t-\tau) \right) * h_B(t) \right] \cos \left[2\pi (f_{IF} + f_D) t + \theta - \theta_{IF} \right] \quad (5-7)$$

从式（5-7）可知，捕获过程实际上需要对伪码、伪码时延、中频载波中心频率、多普勒频移、初始相位和中频载波相位进行估计。伪码时延体现在伪码相位上，因为码相位值实际上是一种时间信息，所以码相位这一维可称为时间维。多普勒频移包含在中频的载波频率上。这样，卫星信号的捕获实际上是一个关于伪码、频率和时间的三维搜索过程。以 GPS 接收机为例，假设接收机在启动之前未获得任何关于卫星星座和星历的信息，则其需要依照图 5-10 所示的三维搜索来工作。首先接收机按照从 1～32 号伪码的顺序依次产生本地参考信号，然后对各颗卫星进行二维搜索。在进行二维搜索之前，需要确定以下几个量：多普勒频率估计值、多普勒频率和码相位搜索步长、频率搜索区间大小和码相位搜索区间大小。在频率域上，若多普勒不确定性是未知的，且卫星的多普勒不能从对用户位置和对时间的知识以及卫星轨道数据计算出来，那么必须从起始搜索单元（通常是零多

普勒）开始的两个方向上对频率逐一进行搜索。在码相位域上，如对 GPS C/A 码进行搜索，则一般要逐一对 1 023 个 C/A 码相位状态进行检测。频率搜索区间和码相位搜索区间所包围的面积构成了对一个接收机信号的二维搜索范围。假设多普勒频率的搜索步长为 f_{bin}，码相位的搜索步长为 t_{bin}，这两者交叉的区域构成一个搜索单元，接收机在一个搜索单元上搜索时，所复制的载波频率与码相位值对应于该搜索单元的中心点位置，如图 5 - 10 所示。f_{bin} 一般为几十或几百赫兹，这由用户和卫星的相对运动来决定；t_{bin} 经常为半个码片，或更小。若接收机成功捕获了信号，则它对该信号载波频率的估计误差不大于半个 f_{bin}，对码相位的估计误差同样也不大于半个 t_{bin}。假如接收机在开始进行信号捕获前对信号多普勒频移或者码相位的估计误差均方差为 σ，那么以估计值为中间预测值的 ±3σ 范围一般可作为信号捕获的搜索范围。确定了信号参量的不定区间后，接收机就可以在这一不定区间内逐个单元地搜索信号，从而避免在其他范围内进行不必要的搜索，提高信号捕获的效率和速度。

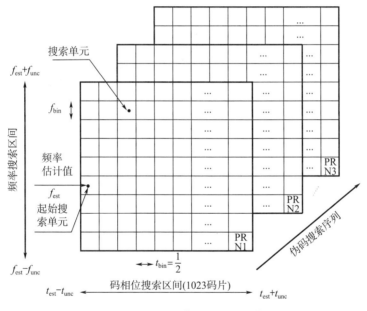

图 5 - 10 卫星信号的三维搜索

假设多普勒频率与码相位的不定值分别为 ±f_{unc} 和 ±t_{unc}，多普勒频率的搜索步长为 f_{bin}，码相位的搜索步长为 t_{bin}，那么该二维搜索范围所包含的搜索单元数目 N_{cell} 为

$$N_{cell} = \frac{(2f_{unc})(2t_{unc})}{f_{bin}t_{bin}} \qquad (5-8)$$

驻留时间 T_{dwell} 是指接收机在每个搜索单元上进行一次信号搜索所需要的时间。于是，驻留时间乘以搜索单元总数就等于搜索一遍整个不定区间所需要的时间 T_{tot}，即

$$T_{tot} = N_{cell} T_{dwell} \qquad (5-9)$$

如果接收机在逐个单元的信号搜索过程中确信已经检测到了信号，那么接收机即可停止搜索二维搜索范围中剩下的那些尚未被搜索过的搜索单元。

平均捕获时间 T_{acq} 的估算公式为

$$T_{acq} = \frac{1}{2} N_{cell} T_{dwell} \qquad (5-10)$$

平均捕获时间 T_{acq} 被广泛地用来衡量信号捕获的快慢程度，而它在实践中通常指的是接收机从开始搜索到声明捕获首个卫星信号所需的平均时间。接收机对卫星信号的频率和码相位掌握得越准确，也就是说相应的二维搜索范围越小，那么搜索单元数目就越少，信号捕获也就完成得越快。除了信号搜索范围的大小之外，影响信号捕获速度的一些关键因素还包括信号强弱、搜索算法和声明捕获信号的条件。

（2）信号检测

判断信号是否捕获成功是通过将信号测量值与捕获门限值相比较，若信号测量值大于捕获门限值，则说明捕获成功；否则，接收机需要继续调整本地信号参数，重复这个过程一直到捕获成功为止。下面将简述信号检测过程，以及确定捕获门限值大小的一般方法，并简单讨论信号捕获过程中可采用的相干积分时间取值长短问题。

信号捕获电路如图 5-11 所示，在接收机对某个卫星信号进行捕获的过程中，数字中频信号 $S_{IF}(n)$ 首先分别与在一个接收通道的同相支路上的正弦和正交支路上的余弦复制载波进行混频，由于接收机所接收到的 GPS 信号上调制着 C/A 码，因而在数字中频信号 $S_{IF}(n)$ 与正弦和余弦复制载波相乘混频分别生成 $i(n)$ 和 $q(n)$ 之后，这些混频结果还必须与接收机内部所复制的 C/A 码相乘相关，以剥离接收信号上的 C/A 码。接着相关结果 i 和 q 经过时间为 T_{coh} 的相干积分后生成数据对 I 和 Q，最后经非相干积分后得到非相干积分幅度 V，即信号检测量。信号捕获的非相干检测法通过检测非相干积分幅值 V 的大小来判断接收机信号是否已被搜索到：若非相干积分幅值 V 小于捕获门限，则信号尚未被搜索到，于是接收机按照既定的搜索步长调节载波数控振荡器和 C/A 码数控振荡器，继续在下一个搜索单元进行信号搜索与检测；否则，若 V 超过捕获门限，则信号被搜索到，接收机接下来一般是进一步确认信号是否真实捕获成功。除了将最大非相干积分幅值与门限值作比较以外，信号捕获还可将最大非相干积分幅值与次大非相干积分幅值做比较，来帮助检测信号是否被搜索到。

假设图 5-11 中的相关器完整地进行 1 ms（C/A 码的周期）长的相关运算，我们知道，只有当复制 C/A 码和接收 C/A 码相互对齐时，它们两者相乘才能彻底地剥离接收信号中的 C/A 码，并且它们之间的相关结果 $i_p(n)$ 和 $q_p(n)$ 也只有在这时才能达到最大值，从而保证这些被检信号的强度。混频结果 $i(n)$ 与 $q(n)$ 分别与即时复制 C/A 码相关后，从相关器输出的结果 $i_p(n)$ 与 $q_p(n)$ 可分别表达成

$$\begin{aligned}
i_p(n) &= aD(n)R(\tau_p)\cos[\omega_e(n)t(n)+\theta_e]+n_I \\
q_p(n) &= aD(n)R(\tau_p)\sin[\omega_e(n)t(n)+\theta_e]+n_Q
\end{aligned} \qquad (5-11)$$

式中　下标 p——"即时"，以表明接收机努力且刻意地让该即时 C/A 复制码与接收的 C/A 码相对齐；

　　　　$D(n)$——± 1 的数据比特电平值；

　　　　τ_p——即时复制 C/A 码相位与接收 C/A 码之间的相位差异；

$R(\tau_p)$——C/A 码自相关函数；

ω_e——角频率差；

θ_e——初始相位误差；

n_I 与 n_Q——在 I 支路和 Q 支路上均值为零且互不相关的正态噪声。

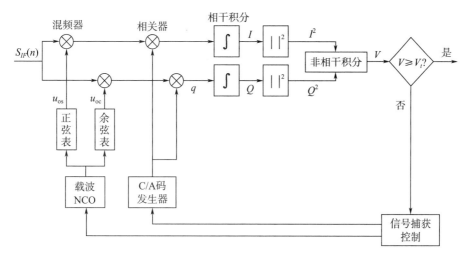

图 5-11 信号捕获电路

对相关结果 $i_p(n)$ 与 $q_p(n)$ 分别进行相干积分（之所以称为相干积分，是因为积分结果与载波相位差有关，犹如相干解调概念中的"相干"是指解调过程与载波频率和相位有关），则相干积分结果 $I_p(n)$ 和 $Q_p(n)$

$$I_p(n) = aD(n)R(\tau_p)\mathrm{sinc}(f_eT_{\mathrm{coh}})\cos\phi_e + n_I$$
$$Q_p(n) = aD(n)R(\tau_p)\mathrm{sinc}(f_eT_{\mathrm{coh}})\sin\phi_e + n_Q$$
$$(5-12)$$

式中 ϕ_e——载波相位差异；

f_e——频率误差。

在非相干检测中，非相干积分值 V 为

$$V = \frac{1}{N_{nc}}\sum_{n=1}^{N_{nc}}\sqrt{I_p^2(n) + Q_p^2(n)} \qquad (5-13)$$

N_{nc} 为非相干积分数目，则检测量 V 中的噪声分量的功率（即方差）σ_n^2 为

$$\sigma_n^2 = \frac{N_0}{T_{\mathrm{coh}}} \qquad (5-14)$$

式中 N_0——噪声功率谱密度。

除了非相干检测之外，信号捕获还可采用相干检测。在非相干检测中，因为检测量反映着 I 支路和 Q 支路上的信号总功率，所以接收机不用掌握接收信号的载波相位值；在相干检测中，接收机将 I 支路和 Q 支路合并前的相干积分值作为检测量，故检测的部分任务是要估算出接收载波信号的相位值。尽管相干检测比非相干检测的性能要好，并且一般来说有着更高的灵敏度，但是它需要估算频率残余，而这在有些情况下很难实现。

为了确定捕获门限值的大小，我们必须首先掌握作为检测量的非相干积分值 V 的概率

分布情况。检测量 V 的概率分布与非相干积分数目的大小有关，下面分析非相干积分数目等于 1 时的信号检测概率情况。假定相干积分值 $I(n)$ 和 $Q(n)$ 中的噪声均呈均值为零、方差为 σ_n^2 的正态分布，并且信号幅值因子 $D(n)$、$R(\tau_p)$ 和 $\mathrm{sinc}(f_e T_{\mathrm{coh}})$ 的绝对值均等于 1，那么在卫星信号不存在与存在的两种情况下，非相干积分幅值 V 分别呈瑞利（Rayleigh）概率分布与莱斯（Ricean）概率分布。图 5 - 12 画出了非相干积分值概率分布的大致轮廓。

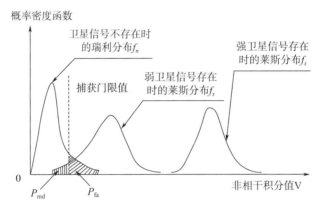

图 5 - 12　非相干积分值的概率分布

　　合理地选取捕获门限值的大小，是信号捕获取得良好性能的关键一步：一方面，过小的门限值容易造成虚警（FA），即某卫星信号实际上不存在而接收机却声明捕获了该信号，其中噪声、C/A 码自相关函数侧峰和互相关干扰等是造成虚警错误的根本原因；另一方面，过大的门限值又容易造成漏警（MD），即实际上存在着的卫星信号，但接收机捕获不到。我们通常设置一个所需的信号捕获虚警概率，然后再根据此虚警概率的要求计算出相应的捕获门限值。因为当卫星信号不存在时检测量 V 呈瑞利分布，所以门限值所对应的虚警概率 P_{fa} 大小为

$$P_{\mathrm{fa}} = \int_{V_t}^{\infty} f_n(v)\, \mathrm{d}v = \int_{V_t}^{\infty} \frac{v}{\sigma_n^2} \mathrm{e}^{-\frac{v^2}{2\sigma_n^2}}\, \mathrm{d}v = \mathrm{e}^{-\frac{V_t^2}{2\sigma_n^2}} \qquad (5-15)$$

　　由式（5 - 15）算出捕获门限值

$$V_t = \sigma_n \sqrt{-2\ln P_{\mathrm{fa}}} \qquad (5-16)$$

　　给定噪声信号功率 σ_n^2 和虚警概率 P_{fn}，上式可用来计算捕获门限值 V_t。一旦门限值被确定，那么一个实际存在的信号能够被检测出来的检测概率（又称为实警率）P_{d} 为

$$P_{\mathrm{d}} = \int_{V_t}^{\infty} f_s(v)\, \mathrm{d}v = 1 - P_{\mathrm{md}} \qquad (5-17)$$

式中　　P_{md}——信号捕获的漏警率。

　　从图 5 - 12 所示的捕获门限值 V_t 的设置与相应漏警率 P_{md} 和虚警率 P_{fa} 的大小关系可以看出：当卫星信号较强时，门限值 V_t 的大小设置显得较为容易，信号捕获能轻松地同时满足一个很小的虚警率 P_{fa} 和一个很小的漏警率 P_{md}；当卫星信号较弱时，因为 V 的莱斯概率分布曲线与信号不存在情况下的瑞利概率分布曲线有很大一部分概率重叠在一起，

所以若信号捕获要保持一个较小的虚警概率 P_{fa}，则漏警率会较高，弱信号不能被检测出来的概率就增大。

莱斯概率密度函数 $f_s(v)$ 的表达式为

$$f_s(v) = \frac{v}{\sigma_n^2} e^{-\frac{v^2+a^2}{2\sigma_n^2}} I_0\left(\frac{va}{\sigma_n^2}\right) \tag{5-18}$$

包含着 a 和 σ_n 两个参数，其中 V 的信号功率等于 a^2，噪声功率等于 $2\sigma_n^2$，因此信号的信噪比 SNR 为

$$\text{SNR} = K = \frac{a^2}{2\sigma_n^2} \tag{5-19}$$

这样，式（5-17）中的检测概率 P_d 实际是一个关于 SNR（或者说载噪比）的函数。如果我们要求信号捕获达到一定值的检测概率，那么这个函数关系就限定了接收机能捕获到的信号的最小 SNR 值，这就是接收机的信号捕获灵敏度。通常，首先给定一个虚警概率，接着根据式（5-16）设置捕获门限值，然后根据式（5-17）计算出在一定相干积分时间和载噪比条件下的检测概率。可见，SNR 越高，则在相同虚警条件下的检测概率就越高。

加长相干积分时间和非相干积分时间可以提高信噪比，从而相应地提高信号捕获灵敏度。我们在此讨论一下接收机在信号捕获过程中可采用的相干积分时间 T_{coh} 的取值长短问题。因为接收机在信号捕获阶段尚未知晓接收信号中数据比特边沿的位置，所以此时的相干积分起始沿与数据比特沿之间的相对位置可以认为是随机的。考虑到 C/A 码一周期长 1 ms，并且数字相关器一般进行以 1 ms 为最小时间单元的相关运算，接收机在信号捕获阶段仍以 1 ms 为相干积分的基本时间单元，以获得必要的信号解扩处理增益。对于捕获正常强度的接收信号来说，1 ms 长的相干积分时间 T_{coh} 一般也就够了。但是为了提高信号捕获灵敏度，信号捕获通常需要加长相干积分时间。当相干积分时间采用 1 ms 时，即使某个 1 ms 时间内有跨越数据比特边沿的现象，可是接下来的 19 个 1 ms 相干积分时段就必定不会跨越任何数据比特边沿，因此加长相干积分时间而不影响检测和捕获性能是可行的。信号捕获可采用的相干积分时间最长一般为 10 ms，它可以保证任何相邻两个 10 ms 的相干积分值中至少有一个不会受到数据比特跳变的影响。若接收机希望采用等于或者超过 20 ms 长的相干积分时间 T_{coh}，则它需要借助数据辅助和剥离技术，否则，相干积分效果会由于随机的比特跳变而遭到削弱。综上所述，可有如下结论：相干积分时间在信号捕获阶段的取值通常在 1～10 ms 范围之间，其中对强信号的捕获通常采用 1～2 ms 长的相干积分时间，而对弱信号的捕获则用 5～10 ms 长的相干积分时间，若接收信号越弱，则 T_{coh} 需要越长。虽然加长相干积分时间有助于接收机捕获到弱信号，但是它也使信号搜索时间变长。

除了上面的非相干检测之外，信号捕获还可采用相干检测，可参考其他书籍或文献。在非相干检测中，因为检测量反映着 I 支路和 Q 支路上的信号总功率，所以接收机不必掌握接收信号的载波相位值；而在相干检测中，接收机将 I 支路和 Q 支路合并前的相干积分值作为检测量，故检测的部分任务是要估算出接收载波信号的相位值。尽管相干检测的性能比非相干检测的性能要好，并且一般来说有着最高的灵敏度，但是它需要估算频率残

余，而这在有些情况下很难实现。

5.2.3　载波跟踪

5.2.3.1　载波环

　　捕获目标工作卫星信号，获得粗略的多普勒频移和码相位估计值之后，接收机转入连续的信号跟踪模式。图 5-13 所示的是一种典型的数字式 GPS 接收机载波环，与图 5-11 信号捕获电路一样，对接收信号依次进行中频载波剥离和伪码剥离之后，载波环再利用积分-清除器分别对即时 I 支路和 Q 支路上的相关结果 $i_P(n)$ 和 $q_P(n)$ 进行低通滤波，得到即时支路的相干积分结果 $I_P(n)$ 和 $Q_P(n)$。而这两个电路不一样的地方是，接收机在信号捕获阶段末将跟踪反馈回路闭合，而是根据预先设定好的信号搜索捕获策略来直接控制与调节载波数控振荡器和 C/A 码数控振荡器，使它们复制出相应于某一搜索单元的载波和 C/A 码信号。与信号捕获不同，在信号跟踪过程中，接收机通过实时地鉴相，并将所得的码跟踪误差信息及时地反馈给数控振荡器，以精确地复制出与当前接收信号相一致的载波和 C/A 码信号。

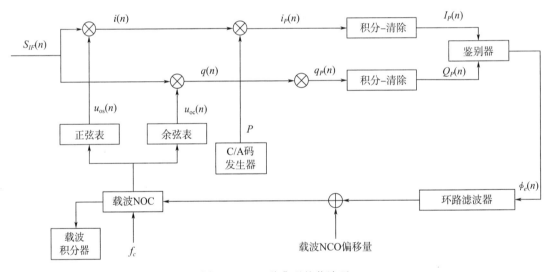

图 5-13　一种典型的载波环

5.2.3.2　I/Q 解调

　　针对 GPS 信号的 BPSK 调制和强度微弱等特点，GPS 接收机锁相环通常采用 I/Q 解调法来帮助完成对输入信号的中频载波剥离、鉴相和数据解调等任务。

　　图 5-14 所示的是一个包含 I/Q 解调机制的锁相环，其中作为系统输入的连续时间信号 $u_i(t)$ 可表达成

$$u_i(t) = \sqrt{2}aD(t)\sin(\omega_i t + \theta_i) + n \qquad (5-20)$$

　　$D(t)$ 代表调制在载波上的值为 ± 1 的数据电平，n 代表均值为零、方差为 σ_n^2 的高斯白噪声。为了方便讨论，这里 $u_i(t)$ 的表达式中暂时省略了调制在载波上的伪码 $x(t)$。锁

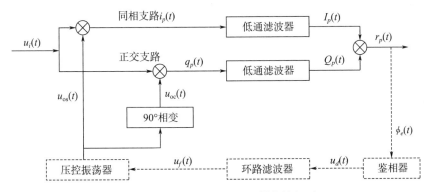

图 5 - 14　包含 I/Q 解调机制的锁相环

相环复制相位差为 90° 的正弦和余弦载波信号，将它们各自与输入信号相乘，实现对输入信号的下变频。正弦载波和余弦载波复制信号可分别表示成

$$u_{os}(t) = \sqrt{2}\sin(\omega_o t + \theta_o) \tag{5-21}$$

$$u_{oc}(t) = \sqrt{2}\cos(\omega_o t + \theta_o) \tag{5-22}$$

其中，它们的幅值均不含数据码 $D(t)$，因卫星所播发的导航电文数据码一般来说是不可预测的。将输入信号与正弦载波复制信号混频的分支称为同相支路（简称 I 支路），而与余弦载波复制信号混频的另一条环路分支称为正交支路（简称 Q 支路）。这样，在即时 I 支路上的混频结果为

$$
\begin{aligned}
i_P(t) &= u_i(t)u_{os}(t) \\
&= \left[\sqrt{2}\,aD(t)\sin(\omega_i t + \theta_i) + n\right]\sqrt{2}\sin(\omega_o t + \theta_o) \\
&= -aD(t)\{\cos[(\omega_i + \omega_o)t + (\theta_i + \theta_o)] - \cos(\omega_e t + \theta_e)\} + n_{i,P}
\end{aligned}
\tag{5-23}
$$

其中，最后一个等号右边的第一项为高频成分，第二项为低频成分，ω_e 和 θ_e 分别为输入信号 $u_1(t)$ 与复制信号 $u_{os}(t)$ 之间的载波频率差异和初相位差异，即

$$\omega_e = \omega_i - \omega_o \tag{5-24}$$

$$\theta_e = \theta_i - \theta_o \tag{5-25}$$

输入信号 $u_i(t)$ 的平均功率为 a^2，噪声功率为 σ_n^2，于是输入信号的信噪比（记为 $\mathrm{SNR_{pd}}$）为 a^2/σ^2。当输入信号 $u_i(t)$ 在 I 支路上与复制载波 $u_{os}(t)$ 相乘后，我们可计算出噪声量 $n_{i,P}$ 的功率仍维持在 σ_n^2。

混频结果 $i_P(t)$ 经低通滤波器滤除其所包含的高频成分后，得到如下的滤波结果

$$I_P(t) = -aD(t)\cos(\omega_e t + \theta_e) + n_{i,P} \tag{5-26}$$

类似的，输入信号 $u_i(t)$ 在 Q 支路上与余弦载波复制信号 $u_{oc}(t)$ 相乘混频，所得的混频结果 $Q_P(t)$ 再经低通滤波器滤波后得

$$Q_P(t) = aD(t)\sin(\omega_e t + \theta_e) + n_{q,P} \tag{5-27}$$

先不考虑噪声分量，将同相信号 $I_P(t)$ 与正交信号 $Q_P(t)$ 合在一起表示为复数相量 $r_P(t)$

$$r_P(t) = I_P(t) + jQ_P(t) = aD(t)\mathrm{e}^{j(\omega_e t + \theta_e)} = A_P(t)\mathrm{e}^{j\phi_e(t)} \tag{5-28}$$

其中

$$A_P(t) = aD(t) \tag{5-29}$$

$$\phi_e(t) = \omega_e t + \theta_e \tag{5-30}$$

可见，复数相量 $r_P(t)$ 的幅值 $A_P(t)$ 包含着数据码信息，而其相位角 $\phi_e(t)$ 反映着输入信号与复制信号之间包含频率差异在内的相位差异。当锁相环锁定信号后，相位差异 $\phi_e(t)$ 的值就基本在零附近晃动，由式（5-26）和式（5-27）表明，此时同相信号 $I_P(t)$ 所包含的正是数据信号 $D(t)$ 和一些噪声，而正交信号 $Q_P(t)$ 则基本上仅是噪声而已。这就是说，I/Q 解调法通过环路的反馈调节机制使 I 支路输出信号的功率保持最大，同时又使 Q 支路输出信号的功率保持最小。这还表明了当数据电平值 $D(t)$ 发生跳变时，$I_P(t)$ 和 $Q_P(t)$ 的幅值也随之发生正负号跳变。可见，借助 I/Q 解调法，锁相环可通过观察 $I_P(t)$ 值的正负号来实现数据解调。I/Q 数据解调法可简单地描述如下：若 $I_P(t)$ 值为正，则当前的数据码电平为 +1；若 $I_P(t)$ 值为负，则当前的数据码电平为 -1。但由于接收信号的载波初相位未知，所以由此解调出来的数据有可能全部反相，即原本为 +1 的所有数据电平被解调为 -1，而原本为 -1 的所有数据电平被解调为 +1。

最后，我们对 I/Q 解调法做个简单的总结：

1）当锁相环锁定信号后，I/Q 解调法通过环路的反馈调节机制使 I 支路输出信号的功率保持最大，同时又使 Q 支路输出信号的功率保持最小。

2）当锁相环锁定信号后，可直接从 I 支路获得数据码 $D(t)$。

3）存在 180° 相位模糊问题。

5.2.3.3 鉴相方法的种类

由图 5-14 可见，预检积分、鉴别器和环路滤波器这三个功能块基本决定了载波环的特性。这一部分将介绍 GPS 接收机锁相环经常采用的多种相位鉴别器，因不同鉴别器算法将对 GNSS 干扰的抑制有不同的影响。

1）二象限反正切函数鉴相器，它的离散时间型计算公式如下

$$\phi_e = \arctan\left(\frac{Q_P}{I_P}\right) \tag{5-31}$$

当实际相位差异位于 -90°～+90° 的范围之内时，该鉴相器的工作保持线性，并且其输出的鉴相结果与信号幅值无关。二象限反正切函数法是各种鉴别器算法中最准确的一种，但是由于该鉴别器需要进行反正切求值，因而它也是计算量最大的一种。

2）为了避免运算量较大的反正切函数，第二种鉴相器采用如下的计算公式

$$\phi_e = \frac{Q_P}{I_P} \tag{5-32}$$

可见，上式计算所得的实际上并不是 ϕ_e，而是 $\tan\phi_e$。当 ϕ_e 的绝对值较小时，$\tan\phi_e$ 与 ϕ_e 之间的差异不是很大。由式（5-32）输出的鉴相结果也与信号幅值无关，但它显然不与实际的相位差异输入值成线性关系。

3）第三种鉴相方法是将 I 与 Q 支路上的信号相乘，即

$$\phi_e = Q_P I_P \tag{5-33}$$

上式计算的实际上是 $\sin(2\phi_e)$ ，而 $\sin(2\phi_e)$ 与 $2\phi_e$ 的值在 ϕ_e 较小时十分接近。这种鉴相方法在信噪比较低的情况下仍具有较好的性能，然而其鉴相结果与信号幅值的平方成正比。

4）最后一种鉴相法的计算公式为

$$\phi_e = Q_P \cdot \text{sign}(I_P) \tag{5-34}$$

式中　$\text{sign}(x)$ ——符号函数，它返回 x 的正负号，即当 x 小于 0 时得到 -1 ，否则为 $+1$ 。

因此，$\text{sign}(I_P)$ 相当于获得了数据电平值，然后再乘以 Q_P 就抵消了数据电平跳变对 Q_P 值正负的影响。该鉴相方法所需的计算量最小，鉴相结果与 $\sin(\varphi_e)$ 成正比，并且还与信号的幅值有关。

5.2.4　码跟踪

码跟踪环路简称码环，其主要功能是跟踪伪码的相位，保持复制 C/A 码与接收 C/A 码之间的相位一致，从而得到接收信号的码相及其伪距测量值。码环与上节所介绍的载波环联系紧密，彼此互相支持，它们一起共同组成 GPS 接收机的信号跟踪环路，完成各种基带数字信号处理任务。

5.2.4.1　码环

码环将通过复制一个与接收信号中的伪码相一致的伪码，然后让接收信号与复制伪码相乘相关，以剥离接收信号中的伪码，并从中获得 GPS 定位所必需的伪距这一重要测量值。

一种典型的码环实现形式通常表现为如图 5-15 所示的延迟锁定环路（DLL）。与图 5-14 相比较，码环中的预检积分、鉴别器和环路滤波器这三个功能块与载波环中的这三个模块功能相同，唯一区别的是，在码环中需要多个数字相关器（至少六个相关器），但在图 5-15 中只画出超前（Early）和滞后（Late）复制 C/A 码，没有画出即时（Prompt）相关支路上接收信号与即时复制 C/A 码进行相关运算的那部分信号处理流程，这将在下面进行解释。

根据 C/A 码具有良好的自相关和互相关特性，即，当两个相同序列的 C/A 码对齐时，它们的自相关函数值才达到最大，若两个相同序列之间存在相位差异，则它们的自相关函数值变低；当两个 C/A 码为不同序列时，它们的互相关函数值很小，甚至接近于零。接收机码环首先通过 C/A 码发生器复制目标卫星所发射的、具有一定相位（也称为延迟或者时序）的 C/A 码信号，并将这一复制 C/A 码与接收信号做相关运算，然后让码相位鉴别器检测所得的相关结果幅值是否达到最大，并且从中估算出作为 C/A 码数控振荡器的控制输入，以相应地调节 C/A 码发生器所输出的复制 C/A 码的频率和相位，使复制 C/A 码与接收 C/A 码时刻保持对齐。

尽管码环的用意在于将复制 C/A 码与接收 C/A 码之间的相关结果维持在最大值，并

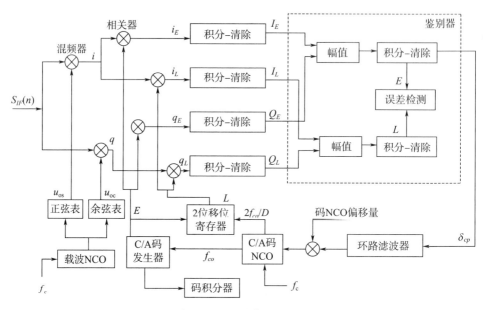

图 5-15 一种典型的码环

由此锁定接收信号，但是我们可以想象，如果码环在每一时刻只复制一份 C/A 码，那么由于缺乏可比性，码环会难以判断该份复制 C/A 码与接收信号的相关结果是否真的达到最大。鉴于此，码环一般复制出三份（也可以是两份或者更多份）不同相位的 C/A 码，它们分别称为超前（Early）、即时（Prompt）和滞后（Late）复制 C/A 码，并分别用字母 E，P 和 L 表示，其中超前码的相位比即时码的相位略微超前，滞后码的相位比即时码的相位略微落后，而码环希望即时码与接收 C/A 码之间的相位保持一致。当三份不同相位的复制 C/A 码分别同时与接收信号做相关运算后，码环可以通过比较所得的多个（比如 E 和 L 两支路上的）相关结果，从中推算出 C/A 码自相关函数（ACF）主峰顶端的位置。这也就相当于确定了即时 C/A 码与接收 C/A 码之间的相位差异，进而一方面获得对接收信号的码相位测量值，另一方面将码相位差异信息反馈给 C/A 码数控振荡器（NCO）而闭合环路。

如图 5-15 所示，作为基带数字信号处理模块输入的数字中频信号 $S_{IF}(n)$ 首先分别同时与 I 支路上的正弦载波复制信号 $u_{os}(n)$ 和 Q 支路上的余弦载波复制信号 $u_{os}(n)$ 相乘，混频生成 $i(n)$ 和 $q(n)$ 信号，使得输入信号中包含多普勒频移在内的中频载波被彻底剥离，也就是说 $i(n)$ 和 $q(n)$ 信号的中心频率被平移到零频率，但是它们此时仍被噪声所淹没；然后，I 支路上的混频结果信号 $i(n)$ 再分别同时与超前、即时和滞后复制 C/A 码进行时间长达 1 ms 的相关运算而生成 i_E，i_P 和 i_L 信号（为了简化表达，我们以后将省略数字信号中的编号 n），Q 支路上的信号 q 也分别同时与这三份复制 C/A 码进行相关而生成 q_E，q_P 和 q_L 信号，此时输入信号中（特别是即时支路上）的 C/A 码彻底被剥离，解扩后的 i_E，i_P，i_L，q_E，q_P 和 q_L 变成只含数据比特的真正的基带信号，并且它们的强度一举超过噪声强度；接着，为了进一步提高信噪比，i_E，i_P，i_L，q_E，q_P 和 q_L 又经过相干积

时间为 T_{coh} 的积分-清除器后，分别变成 I_E，I_P，I_L，Q_E，Q_P 和 Q_L；后来，根据这六个相干积分结果信号中的 I_E，I_L，Q_E 和 Q_L，码环鉴别器可估算出即时复制 C/A 码与输入 C/A 码之间的相位差异 δ_{cp}，并经环路滤波器的滤波后作为 C/A 码数控振荡器的控制输入；最后，C/A 码数控振荡器相应地调整其所输出的频率 f_{co}，而 C/A 码发生器在 f_{co} 的驱动下输出码率和相位，得到相应调整的复制 C/A 码。

从以上码跟踪过程的描述，我们看到码环鉴别器只需要超前 E 和滞后 L 两条相关支路上的信号作为输入，与上面两节描述的捕获和载波跟踪过程不同，后两者必须利用即时 P 支路信号，为了突出这个区别，我们在图 5-15 中特意没有画出 P 相关支路上接收信号与即时复制 C/A 码进行相关那部分的信号处理流程。

当码环进入锁定状态后，由于它复制的即时 C/A 码与接收 C/A 码之间的相位保持一致，因而 P 支路上的即时 C/A 码可用来替载波环彻底剥离接收信号中的 C/A 码，使得经中频载波剥离和伪码剥离之后的接收信号只剩下导航电文数据比特。正是由于码环能复制出与接收 C/A 码一致的 C/A 码，图 5-13 中载波环的 P 支路复制 C/A 码是由码环提供的。在码环为载波环的正常运行提供帮助的同时，载波环反过来也协助码环正常运行。图 5-15 码环中的数字正弦载波和余弦载波是由载波环提供的，以帮助码环彻底剥离接收信号中的载波。

5.2.4.2　相关器

接收信号与复制 C/A 码的相关运算由数字相关器完成，相关器可以算是接收机的心脏。在码环中，I 和 Q 支路上的信号要分别同时与超前、即时和滞后复制 C/A 码做相关运算，所以每一通道原则上需要六个数字相关器。每一份不同的复制 C/A 码被输入到一个不同的相关器内与接收信号进行相关运算，即超前码被输入到超前相关器，即时码被输入到即时相关器，而滞后码被输入到滞后相关器。我们把两份不同复制 C/A 码之间的相位差称为相应两个相关器的间距。超前码与即时码之间的相位差通常等于即时码与滞后码之间的相位差，也就是说超前、即时和滞后这三个相关器之间等间距。需要再次强调的是，相关器间距并不是相关器硬件之间的物理距离，而是作为输入的复制 C/A 码之间的相位差异。如果 d 代表相邻两个相关器之间的间距，D 代表超前与滞后这两个相关器之间的间距，那么前后相关器间距 D 是相邻相关器间距 d 的两倍，即

$$D = 2d \tag{5-35}$$

间距 d 和 D 通常以码环所跟踪的目标伪码 [例如 C/A 码或者 P（Y）码] 的码片为单位，或者也可以说它们是一个与伪码码片长度相比的比率值，没有单位。相关器间距 d 是码环的一个非常重要的设计参数，其中对于常规型接收机来说，相关器间距 d 一般为 1/2 码片，但对于目前的 BOC 信号采用的窄带相关技术，相关器间距 d 要更小。

为了加深理解码环利用 C/A 码自相关结果进行鉴相的原理，图 5-16 对这一鉴相过程形象地做了描述。在获得接收信号分别与超时、即时和滞后复制 C/A 码的相干积分结果 I_E，I_P，I_L，Q_E，Q_P 和 E_L 后，码环鉴别器先根据稍后的式（5-42）～式（5-44）计算出自相关幅值 E，P 和 L，然后将这些自相关结果与主峰呈三角形的 C/A 码自相关函

数（ACF）曲线进行对照，从而检测出复制的即时 C/A 码与接收到的 C/A 码之间的相位差异 δ_{cp}。C/A 码自相关函数的三角形主峰左右对称，而码环鉴相的基本原理正是利用了这种自相关函数主峰的对称性：如果超前与滞后相关器输出的相关幅值 E 与 L 相等，那么位于超前码与滞后码中间的即时码就必然与接收 C/A 码在相位上保持一致；否则，如果超前与滞后相关器输出的相关幅值 E 与 L 不等，那么这就意味着即时码与接收 C/A 码之间的相位不一致，于是码环根据相关幅值 E 与 L 之间的差异鉴别出此时即时码与接收 C/A 码之间的相位差异 δ_{cp}，然后再通过反馈调节机制尽力使下一时刻超前与滞后相关器输出的相关幅度值相等。在图 5 - 16 中，三角形自相关函数曲线上的实心圆点代表即时复制码与接收 C/A 码对齐的各个自相关结果，而空心圆点则代表即时复制码在相位上落后于接收 C/A 码相位时刻的各个自相关结果。

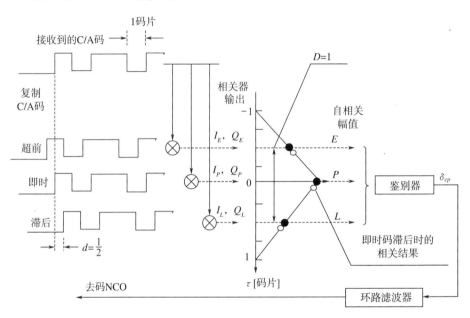

图 5 - 16　码环鉴相原理

5.2.4.3　相干积分和非相干积分

在捕获、载波跟踪和码跟踪电路中都需要进行相干积分，积分器参数设置将极大影响着接收机的性能，特别是相干积分时间的设置会影响 GNSS 干扰的大小。另外，为了提高被检信号的信噪比，捕获、载波跟踪和码跟踪通常还进一步对接收信号进行非相干积分。我们将在这一部分分别对它们进行讨论。

（1）相干积分

在图 5 - 14 和图 5 - 16 中，积分-清除器通过积分低通滤波器来消除信号 $i_P(n)$ 和 $q_P(n)$ 中的高频信号成分和噪声，以提高载噪比，它发挥着低通滤波器的功效。在 I 支路和 Q 支路上的积分-清除电路的工作过程大致如下：积分器对输入信号 $i_P(n)$ 和 $q_P(n)$ 经过一定时间的积分后，分别输出积分结果 $I_P(n)$ 和 $Q_P(n)$，然后清除器消除积分中的各个寄存单元，接着再进行下一段时间的积分，如此重复不断。在接收机的基带数字信号处理过程中，位于相位鉴别之前的那些信号处理通常称为预检，它主要是指中频载波剥离之后的相关和相干积分，于是相干积分时间 T_{coh} 也经常被称为预检相干积分时间，或者简称为预检积分（PDI）时间。

为方便我们在下面对相干积分增益进行讨论，将式（5-12）的相干积分结果用下式来表示

$$I_P(n) = \frac{1}{N_{coh}} \sum_{k=1}^{N_{coh}} i_P(nN_{coh} = k) \tag{5-36}$$

$$Q_P(n) = \frac{1}{N_{coh}} \sum_{k=1}^{N_{coh}} q_P(nN_{coh} = k) \tag{5-37}$$

式中　N_{coh}——在相干积分时间 T_{coh} 内输入到 I（和 Q）支路上的积分器的相关结果个数。

事实上，积分器不一定要对累加值除以 N_{coh}，但有时为了避免加法累加器溢出，接收机需要对累加值除以一个并不一定等于 N_{coh} 的系数。

积分器对噪声进行低通滤波后，信号的信噪比将得到改善，下面以 I 支路为例来说明积分器的相干积分增益 G_{ci}。我们知道，输入到相关器的混频结果信号 $i(n)$ 附和着均值为零的高斯白噪声，并且经相关器之后的相关结果信号 $i_P(n)$ 仍包含着均值为零、方差为 σ_n^2 的高斯白噪声。其中，N_{coh} 个 $i_P(n)$ 相加所得到的相干积分结果 $I_P(n)$（在除以 N_{coh} 之前），其信号功率为 $N_{coh}^2 a^2$，而噪声功率为 $N_{coh} \sigma_n^2$，可得出相干积分后的信噪比为

$$\text{SNR}_{coh} = N_{coh} \frac{a^2}{\sigma_n^2} \tag{5-38}$$

则以分贝为单位的相干积分增益 G_{ci} 为

$$G_{ci} = 10 \lg N_{coh} \tag{5-39}$$

相干积分时间对载波相位测量误差和码相位测量误差的影响如式（5-40）和式（5-41）。

由热噪声引起的载波相位测量误差均方差 σ_{tPLL} 的估算公式为

$$\sigma_{tPLL} = \frac{180°}{\pi} \sqrt{\frac{B_L}{C/N_0} \left(1 + \frac{1}{2T_{coh}C/N_0}\right)} \tag{5-40}$$

在不考虑多路径和其他干扰的情况下，对于非相干超前减滞后功率法，由热噪声所导致的码相位测量误差均方差 σ_{tPLL} 估算为

$$\sigma_{tPLL} = \begin{cases} \sqrt{\dfrac{B_L}{2 \cdot C/N_0} D \left(1 + \dfrac{2}{(2-D)T_{coh} \cdot C/N_0}\right)}, D \geqslant \dfrac{\pi}{B_{fe}T_C} \\ \sqrt{\dfrac{B_L}{2 \cdot C/N_0} D \left[\dfrac{1}{B_{fe}T_C} + \dfrac{B_{fe}T_C}{\pi - 1}\left(D - \dfrac{1}{B_{fe}T_C}\right)\right]\left(1 + \dfrac{2}{(2-D)T_{coh} \cdot C/N_0}\right)}, \dfrac{1}{B_{fe}T_C} < D < \dfrac{\pi}{B_{fe}T_C} \\ \sqrt{\dfrac{B_L}{2 \cdot C/N_0} \dfrac{1}{B_{fe}T_C}\left(1 + \dfrac{2}{T_{coh} \cdot C/N_0}\right)}, D \leqslant \dfrac{1}{B_{fe}T_C} \end{cases} \tag{5-41}$$

式中　B_{fe}——射频前端带宽；

　　　T_C——伪码码宽［例如 C/A 码的码宽为（1/1 023）ms］。

上述热噪声误差的均方差的估算公式虽看起来比较复杂，但定性地讲，若前后相关器间距 D 越窄、环路噪声带宽 B_L 越窄、信号载噪比 C/N_0 越强以及相干积分时间 T_{coh} 越长，则 σ_{tDLL} 值越小。σ_{tDLL} 以伪码码片为单位。从上式看到，相干积分时间 T_{coh} 是一个相当关键的接收机设计参数。与环路噪声带宽 B_L 的取值问题类似，相干积分时间 T_{coh} 的取值也是 GPS 接收机设计中的一种妥协处理：一方面，为了增强滤波效果、降低噪声和提高跟踪精度，积分滤波器的通带带宽必须相当窄，也就是说 T_{coh} 的值应该尽量地长；另一方面，为了支持用户的高动态性，让跟踪环路能更大程度地容忍由用户运动而导致的频率跟踪误差，并且限制频率误差损耗，积分滤波器的通带带宽必须相当宽，也就是说 T_{coh} 的值应该尽量地短。可见，相干积分时间 T_{coh} 的取值问题必须兼顾接收机的噪声和动态这两方面的性能。

相干积分还降低了环路中的数据速率和所需的运算量。我们知道，C/A 码接收机射频前端输出一个频率大致在 $5\sim50\,MHz$ 之间的数字中频信号，即预检前的 $S_{IF}(n)$，$i(n)$ 和 $q(n)$ 的数据速率大约为 $5\times10^6/s\sim50\times10^6/s$，并且每个数据可能用好几位"0"、"1"来表示。要实时处理如此庞大的数据量，即便对于高性能的微处理器来说也是一个很大的挑战。但经过相干积分后可有效地降低数据速率，使得积分-清除器的输出部分运行在真正的数据基带，即每隔 T_{coh}（例如每 1 ms 甚至 20 ms）输出一对 $I_P(n)$ 和 $Q_P(n)$ 积分值，使后续的鉴相、环路滤波等所需处理的数据速率降低到每秒 1 000 个甚至每秒 50 个，使微处理器能更为轻松地完成运算处理。不难想象，锁相环的更新周期最短应为 T_{coh}，长的则为 T_{coh} 的整数倍。

（2）非相干积分

非相干积分的目的是进一步提高信号的信噪比，在捕获电路的非相干检测环节，以及码环和载波环的积分-清除器中进行，并且一般以软件形式加以实现。

以即时支路为例，假设接收通道在即时支路上每隔一个相干积分时间 T_{coh} 产生一对相干积分结果 $I_P(n)$ 和 $Q_P(n)$，非相干积分就是对即时支路上的 I 和 Q 两分支上的相干积分结果进行平方后再相加，所得结果称为 C/A 码的自相关功率，而该功率的平方根称为自相关幅值。对于超前、即时和滞后支路，C/A 码自相关幅值 $E(n)$，$P(n)$ 和 $L(n)$ 分别等于

$$E(n)=\sqrt{I_E^2(n)+Q_E^2(n)} \tag{5-42}$$

$$P(n)=\sqrt{I_P^2(n)+Q_P^2(n)} \tag{5-43}$$

$$L(n)=\sqrt{I_L^2(n)+Q_L^2(n)} \tag{5-44}$$

那么非相干积分就是码环对 N_{nc} 个自相关幅值 $P(n)$ 再进行相加累积，即

$$P=\frac{1}{N_{nc}}\sum_{n=1}^{N_{nc}}P(n)=\frac{1}{N_{nc}}\sum_{n=1}^{N_{nc}}\sqrt{I_P^2(n)+Q_P^2(n)} \tag{5-45}$$

式中　整数 N_{nc} ——非相干积分数目。

对于超前和滞后支路，它们的非相干积分值 E 和 L 的计算公式与上式完全相仿。

非相干积分时间 T_{nc} 定义为

$$T_{nc} = N_{nc} + T_{coh} \tag{5-46}$$

即每个非相干积分值一共需要经过 T_{nc} 长的时间累积才能得到，故 T_{nc} 也称为积分时间总长。例如，当相干积分时间 T_{nc} 为 10 ms，并且 N_{nc} 为 10 时，非相干积分时间 T_{nc} 就等于 100 ms，于是码环每隔 100 ms 就从三条不同延时支路上各自得到一个非相干积分结果，即 E，P 和 L。将这些非相干积分值代入码相位鉴别公式，接收机就可以估算出码相位差异 δ_{cp}。

非相干积分值的计算涉及平方与开根号的非线性运算，这会加重跟踪环路控制软件的计算负担。为了减少计算量，一般意义上的开根号运算

$$V = \sqrt{I^2 + Q^2} \tag{5-47}$$

可用以下的 Robertson 近似计算法来代替

$$V = \max\left(|I| + \frac{1}{2}|Q| , |Q| + \frac{1}{2}|I| \right) \tag{5-48}$$

而上式也可以等价地表达成

$$V = \max(|I|, |Q|) + \frac{1}{2}\min(|I|, |Q|) \tag{5-49}$$

为了减少计算量，接收机可采用如下另一种形式的非相干积分

$$P^2 = \frac{1}{N_{nc}} \sum_{n=1}^{N_{nc}} P^2(n) = \frac{1}{N_{nc}} \sum_{n=1}^{N_{nc}} \left[I_P^2(n) + Q_P^2(n) \right] \tag{5-50}$$

它是对信号功率而不是对信号幅值进行积累与平均。

非相干积分增益的计算公式为

$$G_{nc} = 10\lg G_{nc} - L_{SQ} \tag{5-51}$$

其中，等号右边的第一项与相干积分增益 G_{ci} 的计算公式如出一辙，它体现了积分的增益效果，而第二项是下面将要讨论的平方损耗 L_{SQ}。我们知道，相干积分增益 G_{ci} 是指接收信号从相关前到相关积分后的信噪比增益，相应地非相干积分增益 G_{nc} 指的是从非相干积分前（即相干积分后）到非相干积分后的信噪比增益，于是从相关前到非相干积分后的总增益 G_{tot} 为

$$G_{tot} = G_{ci} + G_{nc} \tag{5-52}$$

以上两式的增益均以 dB 为单位。

虽然非相干积分中的积分运算能增强信噪比，但是积分之前的平方运算却会引入平方损耗 L_{SQ}。相干积分不存在平方损耗，平方损耗是非相干积分所特有的。假如非相干积分结果 I_P 和 Q_P 中的噪声分别为 n_I 和 n_Q，那么根据式（5-47），接收机得到如下的相关信号功率 V^2

$$\begin{aligned} V^2 &= (I_P + n_I)^2 + (Q_P + n_Q)^2 \\ &= P^2 + (2I_P n_I + 2Q_P n_Q) + (n_I^2 + n_Q^2) \end{aligned} \tag{5-53}$$

式中　n_I，n_Q ——均值为零、方差相等的正态噪声。

这样，上式第二个等号右边的第一项为被检信号的自相关功率，第二项的均值为零，但第三项 $n_I^2 + n_Q^2$ 的均值不等于零。正是因为平方运算造成噪声平方项的均值不等于零，

使得这种噪声不能被积分器滤除，这就是平方损耗的根源。

相干积分和非相干积分是接收机用以接收微弱 GPS 信号的关键技术。这两种积分运算之所以被分别称为相干和非相干的原因，主要在于考量参加积分运算的数据是否与 20 ms 长的导航电文数据比特同步，其中要求必须同步的相干积分原则上最长只能进行 20 ms，而无需同步的非相干积分原则上可以进行无限长的时间。接收机通过一定时间的相干积分和非相干积分来提高信噪比，并且不论是相干积分值还是非相干积分值，它们都直接反映了相关结果的大小。此外，相比于相干积分，非相干积分法通过把 I 和 Q 支路上的能量聚集起来，使得这种积分结果不再受到相位差异变化的影响。

5.2.4.4　鉴相方法的种类

以相关器间距 d 为 $\frac{1}{2}$ 码片的常规接收机为例，我们介绍以下几种常见的码环鉴别器。

1）非相干超前减滞后幅值法：它简称前减后幅值法，可以说是一种最流行的码相位鉴别方法。码环前减后幅值鉴别法的计算公式为

$$\delta_{cp} = \frac{1}{2}(E - L) \tag{5-54}$$

上式假定了接收机得到的自相关幅值的最大值为 1；否则，我们可对上式进行单位化，得到如下更为常用的鉴别公式

$$\delta_{cp} = \frac{1}{2}\frac{E-L}{E+L} \tag{5-55}$$

2）非相干超前减滞后功率法：它是将超前支路与滞后支路上的非相干积分功率相减，即

$$\delta_{cp} = \frac{1}{2}(E^2 - L^2) \tag{5-56}$$

相应地，其单位化后的计算公式为

$$\delta_{cp} = \frac{1}{2}\frac{E^2-L^2}{E^2+L^2} \tag{5-57}$$

因为在非相干超前减滞后幅值法中的自相关幅值 E 和 L 需要经过开根号运算才能求得，而这种非相干超前减滞后功率法却可以免去开根号运算，所以后者的运算量比前者有所减少；然而，由于自相关幅值曲线与功率曲线不相重合，因而非相干超前减滞后功率法会产生一定的鉴相误差。考虑到，码环鉴别器的基本思路是让码环朝着使超前支路功率与滞后支路功率相等的方向上调节复制码相位，这种鉴别法最终也会使码环达到稳态。

3）似相干点积功率法：这种鉴别法不再采用非相干积分结果，而是直接利用超前、即时和滞后三条支路上相干积分值。它具体的计算公式为

$$\delta_{cp} = \frac{1}{2}\left[(I_E - I_L)I_P + (Q_E - Q_L)Q_P\right] \tag{5-58}$$

而上式经 I_P^2 和 Q_P^2 的单位化后变为

$$\delta_{cp} = \frac{1}{4}\left(\frac{I_E - I_L}{I_P} + \frac{Q_E - Q_L}{Q_P}\right) \tag{5-59}$$

似相干点积分功率法所需的计算量比前面两种非相干型鉴别器都要低，但是它至少需要三对相关器，而不是只是两对。

4）相干点积分功率法：前面内容告诉我们，当载波环采用锁相环的形式并且锁相环又已工作在稳态时，接收信号的所有功率全部集中在 I 支路上，Q 支路上的信号接近于零，那么在这种情况下，式（5-58）可改写成

$$\delta_{cp} = \frac{1}{2} (I_E - I_L) I_P \tag{5-60}$$

其单位化后的计算公式为

$$\delta_{cp} = \frac{1}{4} \frac{I_E - I_L}{I_P} \tag{5-61}$$

由以上两式所表达的相干点积分功率法计算最为简单，然而它要求信号的功率集中在 I 支路上。如果载波环采用锁频环，或者如果作为载波环的锁相环还未达到稳态，那么接收信号的一部分功率会在 Q 支路中流失，这使得 I 支路上输出的信号功率未能达到最大，从而导致该鉴别器性能的下降。此外，在信号强度较弱的情况下，锁相环解调数据比特的错误率较高，此时 I_P 的正负号不再可靠，这会导致该鉴别器失效。我们把采用相干点积分功率法作为鉴别器的码环称为相干码环，而现实中的大多数接收机采用非相干形式的码环及其鉴别器。

5.2.5　数据解调

GNSS 干扰会影响数据解调的正确率，即误比特率或误码率。误码率的大小主要取决于载波环即时支路输出的载噪比。因此，在 5.4 节将要讨论 GNSS 干扰的影响机制时，把捕获、载波跟踪和数据解调归为一类。本节先讨论位同步的概念，然后简单介绍一种基本的位同步算法，最后指出当利用科斯塔锁相环时误比特率的计算方法。

当接收机在捕获、跟踪接收信号后，它接着要对信号进行位同步和帧同步处理，从而从接收信号那里获得信号发射时间和导航电文，并最终实现定位。GPS 接收机对卫星信号跟踪的目的主要是获取对该可见卫星的伪距测量值和解调出卫星信号上的导航电文。我们知道，产生伪距测量值基本上等价于确定接收信号的发射时间，而信号发射时间信息的一部分隐含在接收到的导航电文数据比特中，剩下的部分与当前接收信号在导航电文子帧格式中的位置有关。不论是为了解调出导航电文数据比特还是为了组装成伪距测量值，接收通道从信号捕获进入信号跟踪阶段后，它必定还需要完成位同步，即从接收信号中找到数据比特的边缘，接着再实现帧同步，即从接收信号中找到子帧起始边缘。

位同步又称比特同步，它是接收通道根据一定算法来确定当前接收信号在某一个数据比特中的位置，或者说是确定接收信号中比特起始边缘位置。

当接收机开始跟踪信号后，虽然码环能鉴别出当前接收信号的码相位值，即它能找出当前接收信号在一个 C/A 码周期中的位置，但是因为一个数据比特对应着 20 个 C/A 码周期，所以码相位值并不能指出当前接收信号是位于某个数据沿下的第几个 C/A 码周期中。在接收通道进入位同步阶段之前，由于 C/A 码整周期数未知，因而接收机不能获得该信

号的发射时间和伪距测量值；同时，由于接收信号中的数据比特边缘尚未确定，因而接收通道自然也就不能开始解译导航电文。

先来回顾载波环进行数据解调的过程。如果载波环的相干积分时间为 1 ms，那么它的鉴别器在鉴相或者鉴频的同时，还解调出宽为 1 ms 的数据比特电平值，于是随着载波环的运行，它将输出一串频率为 1 000 Hz 的二进制数。考虑到卫星导航电文中的每一个数据比特持续 20 ms，接收机接下来的任务是要将这 1 000 Hz 数据流变成正常的 50 Hz（即 50 bps），也就是说，要将每 20 个 1 ms 宽的数据合并起来组成一个 20 ms 宽的正常数据比特。在位同步之前，接收机并不知道哪 20 个相继的 1 ms 数据属于同一个比特；反过来，如果接收机能够通过数据分析而将这一连串的 1 ms 数据合理地划分成每 20 个一组，那么位同步也就能得以实现。由于载波环在噪声等因素的作用下不可能正确地解调出全部的 1 ms 宽数据电平值，并且 20 ms 宽的导航电文数据比特的跳变基本上是随机的，因而接收机要十分可靠地实现位同步其实并不是一件轻松的任务。

需要指出的是，在刚才的讨论中假定了任何一个 1 ms 的相干积分不跨越两个相邻的数据比特，但是在环路刚开始从信号捕获进入信号跟踪阶段时，跨越两个比特而进行相干积分现象会不可避免地发生，并且这自然会在相干积分结果中引入损耗。随着码环的运行，码环逐渐正确地估算出接收信号的码相位值，并且时刻保持着对接收 C/A 码信号的跟踪，于是根据码环对接收 C/A 码信号的码相位估计值，接收机可以时刻调整相干积分的起始沿，使相干积分的起始沿始终与接收信号中 C/A 码周期的起始沿保持对齐。因为卫星信号中的 C/A 码时沿与数据比特的时沿存在着固有的同步关系，所以当每个 1 ms 宽的相干积分时段正好与每个 1 ms 宽的 C/A 码周期重合时，每个数据比特边沿就会刚好与某个相干积分的起始沿重合，也就是说，没有一个 1 ms 宽的相干积分会跨越两个数据比特。只要以毫秒计的相干积分时间为 20 的一个约数，那么当位同步实现之后，所有相干积分就都可以被调整到不跨越两个数据比特。

位同步算法有很多种，它们的思路基本上均是出于以下三个事实：第一，在没有噪声的情况下，载波环正确解调出来的 1 ms 宽的比特值在同一个 20 ms 宽的数据比特时沿下应该相等，而相邻两个 1 ms 宽的比特值只可能在数据比特边沿处发生跳变；第二，在正常情况下，接收到卫星信号中所含的导航电文必然存在着数据比特跳变；第三，每一个 20 ms 宽的数据比特起始沿在时间上必定与某个 C/A 码周期中的第一个码片起始沿重合，而这一点在上一段中刚被提及。在 1 ms 宽的相干积分起始沿与 C/A 码周期起始沿对齐的前提下，位同步算法可利用这三个事实来确定数据比特起始沿。

直方图（Histogram）是一种相当基本的位同步算法。在相干积分时间为 1 ms 的情况下，载波环每 1 ms 输出一个值为 0 或 1 的当前数据比特估计值。如果没有噪声和其他接收机运行错误，那么确定比特边沿这一任务其实相当简单：只要相邻两个 1 ms 宽的数据比特之间发生了跳变，那么它们之间的交界沿就是数据比特边沿，并且在该比特沿后的每 20 个值，应该与全部为 0 或者全部为 1 的 1 ms 宽的数据比特一起，合并成一个值为 0 或者为 1 的 20 ms 宽的正常数据比特。在实际中，由于噪声等各种原因，1 ms 宽的数据比特流有时并不呈现一个清晰而又有规律的模式，因而我们此时就不能简单地凭着 1 ms 宽的数据流中的单个跳变来决定比特边沿，否则会发生很高的位同步错误率。如图 5-17 所示，为了观察多个数据比特跳变现象以提高判断比特边沿的可靠性，直方图法首先将载波环所输出的 1 ms 宽数据比特流用 1~20 个循环编号，其中编号为 1 的首个数据比特是任意选定的，然后逐个统计相邻两个毫秒之间的数据跳变情况：若第 i 个数据到第 $i+1$ 个数据发生了跳变，则对应于第 $i+1$ 个直方的计数器值加一，否则计数器值不变。这样，每当处理完 20 ms 的数据之后，直方图法查看统计结果是否为以下两种情况中的一种。

1）有一个直方的计数器值达到门限值 N_1：这种情况如图 5-17 所示，因为第 4 个直方的计数器值最大，即数据流中从第 3 ms 至第 4 ms 的比特跳变次数变多，并且该计数器值又已经达到了 N_1 次，所以位同步被认为已经成功实现，其中比特边沿偏差为 3 ms。这样，第 1~3 ms 属于一个比特，第 4~20 ms 加上紧随其后的第 1~3 ms 属于下一个比特，而余下的数据比特分割则以此类推。

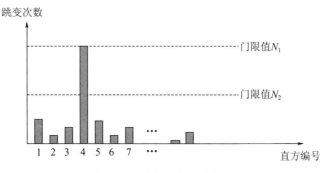

图 5-17　位同步的直方图法

2）至少有两个直方的计数器值达到或超过门限值 N_2：这种情况表明了信号强度太弱，或者这一段导航电文所包含的数据比特跳变太少，于是位同步失败，所以各个直方的计数器清零，然后重新开始对数据跳变进行统计。

如果以上两种情况均没有发生，那么接收机对数据流进行逐个检查和统计。若载波环在尚未实现位同步之前出现对信号的失锁，则以上统计过程同样需要清零重启。门限值 N_1 和 N_2 的设置可参阅其他文献或书籍。

当使用科斯塔锁相环锁定信号，不发生失锁、失周时，数据的误比特率（BER）P_{be} 为

$$P_{be} = \frac{1}{2} \mathrm{erfc} \left(\sqrt{(C/N_0)/R_b} \right) \qquad (5-62)$$

式中　R_b——数据速率（单位是 bps）。

互补误差函数

$$\mathrm{erfc}(x) = \frac{2}{\sqrt{\pi}} \int_{t=x}^{\infty} \mathrm{e}^{-t^2} \mathrm{d}t \qquad (5-63)$$

可见，载波环即时支路输出的载噪比将会影响接收机数据解调的性能。若 GNSS 干扰造成 C/N_0 显著降低，则将会使误比特率恶化。

5.3　接收机射频前端设计参数对干扰的抑制作用

虽然采用码分多址（CDMA）的 GPS 信号具有很强的抗干扰能力，一般的 GPS 接收机确实也能承受强度超过 GPS 信号的一些干扰，但是由于 GPS 信号微弱，因而能影响接收机正常工作的干扰信号的强度绝对值也很小，这使得接收机参数的合理设计显得尤为重要。

射频前端模块位于接收机天线与基带数字信号处理模块之间，它的主要目的是将接收到的射频模拟信号离散成包含 GPS 信号成分的、频率较低的数字中频信号，并在此过程中进行必要的滤波和增益控制。我们希望接收机射频前端具有低噪声指数、低功耗、高增益和高线性等优点，使其输出的数字中频信号具有较高的载噪比，以利于随后的基带数字信号处理模块对信号的跟踪变得更为鲁棒，对信号的检测变得更为精确。图 5 - 18 是一种比较典型的 GPS 接收机射频前端处理流程，它依次分为射频信号调整、下变频混频、中频信号滤波放大以及模数转换这几个主要阶段。为着后面研究的需要，这一节将简要提到射频前端带宽、自动增益控制（AGC）和 A/D 转换率参数的设置对射频干扰起到怎样的抑制作用。

5.3.1　射频前端带宽的影响

从接收天线接收到的 GPS 卫星信号功率很弱，并且信号中不但掺杂着噪声，而且在信号波段内外还可能存在着各种故意或无意干扰信号。因此，射频前端对接收到的信号的第一步处理是进行信号调整，即利用带通滤波器（BPF）尽可能地滤除 L1 波段之外的各种噪声和干扰，并通过功率放大器对信号进行功率放大。本节将讨论射频前端带宽的定义，以及带通滤波器带宽的大小设置问题。

从图 5 - 18 看到，通常有三级带通滤波器来实现噪声和干扰滤除，各级滤波器的有效信号通带越来越窄，而射频前端带宽 B_{fe} 是指射频前端最后一级滤波器的有效通带带宽，即中频信号滤波放大环节中带通滤波器的有效带宽。虽然越窄的射频前端带宽 B_{fe} 能滤除越多的干扰和噪声，但是目标信号中更多的高频成分也将被滤除，这使得目标信号的能量损失更严重，以至于影响到接收信号与复制信号之间相关结果的正确性。例如 GPS C/A 码，它是一个以 1 575.42 MHz 为中心频率的 sinc² 函数，主峰频宽为 2.046 MHz。为了防止 C/A 码信号发生畸变，要求 C/A 码信号的主瓣必须完全位于射频前端各级滤波器的通带之内，并且 2 MHz 宽的滤波通带响应必须平稳。下面来看看射频前端带宽 B_{fe} 与码相位测量误差的关系，把上一节的公式再写一遍

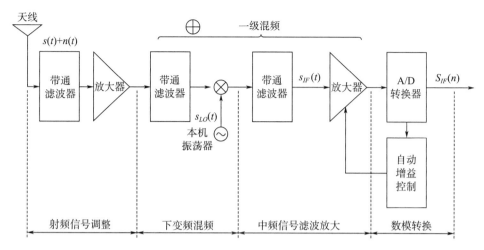

图 5 - 18　GPS 接收机射频前端处理

$$\sigma_{iDLL} = \begin{cases} \sqrt{\dfrac{B_L}{2 \cdot C/N_0} D \left[1 + \dfrac{2}{(2-D)T_{\mathrm{coh}} \cdot C/N_0} \right]}, D \geqslant \dfrac{\pi}{B_{fe} T_C} \\[4mm] \sqrt{\dfrac{B_L}{2 \cdot C/N_0} \left[\dfrac{1}{B_{fe} T_C} + \dfrac{B_{fe} T_C}{\pi - 1} \left(D - \dfrac{1}{B_{fe} T_C} \right)^2 \right] \left[1 + \dfrac{2}{(2-D)T_{\mathrm{coh}} \cdot C/N_0} \right]}, \dfrac{1}{B_{fe} T_C} < D < \dfrac{\pi}{B_{fe} T_C} \\[4mm] \sqrt{\dfrac{B_L}{2 \cdot C/N_0} \dfrac{1}{B_{fe} T_C} \left(1 + \dfrac{2}{T_{\mathrm{coh}} \cdot C/N_0} \right)}, D \leqslant \dfrac{1}{B_{fe} T_C} \end{cases}$$

$$(5 - 64)$$

从上式看到，虽然减小前后相关器间距 D 总体上有助于降低码环噪声，但是其效果还与射频前端带宽 B_{fe} 有关。射频前端带宽 B_{fe} 控制着进入中频的目标信号功率。若 B_{fe} 越窄，则目标码中越多的高频成分被滤除，从而导致相关器所输出的目标码自相关函数曲线的三角形主峰顶点等富含高频成分的部分受到的滤波畸变越严重。如果设置的相关器间距很窄，则自相关幅值 E，P 和 L 会紧密地集中在自相关函数曲线三角形主峰的顶端，这就需要相应地增加 B_{fe} 到一个足够大的宽度，才能尽量保持三角形主峰顶端的原状，避免产生巨大的码相位测量误差。

可见，越小的前后相关器间距 D 需要越宽的射频前端带宽 B_{fe} 的支持，而在 B_{fe} 固定的情况下，减小 D 并不能一直有效地降低热噪声均方差 σ_{tDLL}。而正是这个原因，式 (5 - 64) 将 B_{fe} 的估算分成三种情况来表达，其中当 $D \leqslant \dfrac{1}{B_{fe} T_C}$ 时，再进一步减小 D 却会无助于 σ_{tDLL} 的降低。例如，当 B_{fe} 为 8 MHz 时，为了使热噪声均方差 σ_{tDLL} 达到最小，前后相关器间距 D 可取值为 1/8（即接近于 $\dfrac{1}{B_{fe} T_C} = 0.128$）码片。

若 $D \geqslant \dfrac{1}{B_{fe} T_C}$，则射频前端带宽 B_{fe} 相对于 C/A 码带宽而言很宽，此时我们甚至可以近似地将 B_{fe} 视为无限宽。假定射频前端带宽 B_{fe} 为无限宽的情况下，给出了其他几种

鉴别器的热噪声均方差的近似估算式，例如似相干点积功率法的 σ_{tDLL} 为

$$\sigma_{tDLL} = \sqrt{\frac{B_L D}{2 \cdot C/N_0}\left(1 + \frac{2}{T_{coh} \cdot C/N_0}\right)} \qquad (5-65)$$

而相干点积功率法的 σ_{iDLL} 为

$$\sigma_{iDLL} = \sqrt{\frac{B_L D}{2 \cdot C/N_0}} \qquad (5-66)$$

对前面几式进行比较可看出：在相同的条件下，相干点积功率法的热噪声均方差小于似相干点积功率法的，而后者又小于非相干前减后功率法的 σ_{tDLL}。若载噪比较高，则以上各种鉴别器之间的性能区别不大。

在式（5-64）中用圆括号括住的、包含相干积分时间的一项因子，代表非相干积分的平方损耗，它表明了增加相干积分时间可减小非相干前减后功率鉴别器的平方损耗。虽然减小噪声带宽 B_L 与增加相干积分时间 T_{coh} 均可降低热噪声均方差，从而提高码环跟踪微弱 GPS 信号的能力，但是减小 B_L 的方法比增加 T_{coh} 显得更为有效。

因经过适当的"白化"处理，GNSS 干扰在接收端的影响可视为在信号中添加了噪声的作用，因此，式（5-64）的讨论分析结果仍可适用于后面 GNSS 的干扰分析处理。我们将在下一节解释"白化"处理。

5.3.2 自动增益控制的影响

前端的自动增益控制（AGC）模块是为了使热噪声和干扰噪声的均方根（RMS）幅度在模数转换器（ADC）输入端基本维持为常数。一般而言，AGC 工作于接收机热噪声水平上，对应于接收机的最高增益模式。带内射频干扰有时会出现在热噪声水平之上，当 AGC 检测出输入到 ADC 的信号强度发生了明显提升时，AGC 就会快速降低增益，以使 ADC 输入端维持在最初的 RMS 电平上，从而让 ADC 有能力对包含着有用信号在内的干扰进行模数转换。在 AGC 设计中，AGC 时间常数和增益大小是有效抑制干扰的关键参数，但通常不存在一个最佳的 AGC 时间常数适合于所有可能的 RF 干扰类型。作为一条导则，启动/恢复时间应远远小于相关处理之后积分和清除的最短时间。可接受的典型 AGC 启动和恢复时间范围须远小于 1 ms，但不小于 50 μs，实际时间应尽可能接近 50 μs，与 AGC 放大器稳定性相符。可见，AGC 增益的变化大小反映着干扰与噪声的功率比，而这一信息可提供给接收机随后的功能模块作为参考。

5.3.3 A/D 转换的影响

A/D 转换包含两个截然不同的过程：信号采样和信号量化。由于不可能全部滤除更高频率分量以完全符合奈奎斯特采样定理的要求，信号采样过程通常会在数字化信号中引入混叠噪声。奈奎斯特采样定理指出，只要以模拟数据最高频率的两倍去采样，采样数据中就会保留所有的信息。例如，如果一个给定信号在 B_S（Hz）带宽之外没有其他频率成分，那么以 $2B_S$（Hz）对此信号进行采样就会保留其所有的信息，而且没有混叠。显然，抗混

叠滤波器只能将高于 B_S（Hz）的频率分量"降低"到 RMS 电平，此电平很微弱但不是零。这些低电平带外分量都被采样过程混叠（折回）到带内。一旦被混叠到了带内，就没有后处理技术可以消除这种噪声。例如，当 GPS L1 上的 C/A 码是目标信号，通过抗混叠滤波器滤除 P（Y）码之后，带外的低电平分量会因为采样过程被混叠（折回）到带内，对 C/A 码造成新的干扰。虽然这个干扰很小，但却不可忽视。因此，前端带通滤波器带宽设计和 ADC 采样速率的选择都会影响到 GNSS 干扰最终的干扰效果。

量化过程中存在量化噪声和过载噪声。量化噪声是由有限的幅度分辨率引起的，分辨率由 ADC 的最小有效位限定。过载噪声与超出 ADC 参考电压范围峰峰值的那一部分模拟信号幅度相关。典型的军用频率剔除应用中 ADC 量化比特是 12 位，而商用是 10 位，这些情况下量化噪声和过载噪声可忽略。

绝大多数 GPS 接收机采用少于 4 bits 的 ADC，因为在超出 3 bits 之后对信号损耗的改善很小。在适当的采样速率（$R_S \geqslant 2B_S$）下，对于宽带高斯噪声，1 bit、2 bits 和 3 bits ADC 的损耗分别是 1.96 dB，0.55 dB 和 0.16 dB。这里假定抗混叠滤波器在 $R_S \geqslant B_S$ 处可以将 RMS 噪声水平抑制到远低于 ADC 损耗的程度。作为对比，采样不足（$R_S = 2B_P$）时，对于宽带高斯噪声，不匹配的采样速率下 1 bit、2 bits、3 bits ADC 会导致约 3.5 dB，1.2 dB 和 0.6 dB 的损耗。这些结果是基于一个 P（Y）码接收机，其通带设计为扩频码速率的两倍（$B_P = 2R_C$），且进入 ADC 的 AGC 信号幅度是最佳的。对于一个设计通带为 $B_P = 5R_C$ 的宽带 C/A 码接收机，同样采用不匹配的采样频率（$R_S = 2B_P$），损耗有所减少，对 1 bit、2 bits 和 3 bits ADC 分别近似为 2.3 dB，0.7 dB 和 0.3 dB。对于此例 C/A 码接收机（仍然假定 ADC 电压参考峰峰值为 10 V），要使 ADC 信号损耗最小化，从 AGC 输出到 ADC 的最佳 AGC 电平对 2 bits ADC 近似为 10.1V，对 3 bits ADC 近似为 5.6 V。这说明对于 2 bits ADC 最佳 AGC 电平会在高百分比的时间内被削掉，而对于 3 bits ADC 则很少被削掉。这同 ADC 比特数增加时量化噪声降低相符。显然，由于采样不足引起的混叠噪声，两种设计都会遭受附加的信号损耗。这些讨论也说明，AGC 电平必须适应抗混叠滤波、采样速率和 ADC 的量化比特数，以在宽带高斯噪声背景下达到最小的信号损耗。

5.4　全球导航卫星系统干扰对捕获、载波跟踪与数据解调的影响

从接收机的基本工作原理看到，信号的接收性能包括信号捕获、载波跟踪、数据解调和码跟踪，信号的前三种接收性能主要取决于接收机中即时相关器输出端的信号功率与噪声功率加干扰功率之比（SNIR），而码跟踪则依赖于超前相关器和滞后相关器的差分。对于信号的前三种接收性能受到的影响，可以通过评估 GNSS 信号间的干扰对即时相关器输出 SNIR 的影响来评定。而信号的码跟踪性能受到的影响，则通过码跟踪误差标准差来反映，这将在下一章讨论。这一节先建立 GNSS 接收机模型，在这基础上给出 SNIR 分析模型，推导 SNIR 的解析表达式。但由于 SNIR 的分析比较麻烦，而且在导航领域通常用载

波功率与噪声密度比（载噪比）来表征 GNSS 信号质量。我们利用信噪比（SNR）和载噪比的关系，并为了使干扰信号的功率谱可以直接与系统热噪声进行相加，我们定义了谱分离系数，它起到"白化"干扰信号功率谱的作用，从而可以从 SNIR 导出等效载噪比（载波功率与等效噪声密度比），并利用等效载噪比来表征所接收 GNSS 信号的质量，使分析过程变得简单。

5.4.1　GNSS 接收机模型

由于 GNSS 应用、接收机架构、接收机算法、信号调制方式和性能评价方法均存在多样性，因而要想建立一个统一的标准来正确、公平地衡量不同接收机对不同调制信号的多方面性能其实很难，也很难根据这些评价结果对信号性能做一个最后论断，即使我们不计较有些评价方法有时需要耗费巨大的计算量。鉴于此，我们将首先在本节里建立一个 GNSS 接收机简化模型，并将它视为一个对采用不同构架和算法接收机的统一模型。

我们曾在前一节里简单地介绍过 GNSS 接收机的工作原理，其中一种典型的 GNSS 接收机的工作是先在其射频前端对接收到的 GNSS 射频信号下变频至中频（IF），接着利用数字混频器和码相关器分别剥离数字中频信号中的载波和伪码。对采用 BOC 调制的 GNSS 信号而言，接收机除了需要剥离载波和伪码之外，它还需要剥离 BOC 调制副载波，而这一般可以通过如下两种方法加以实现：一是将 BOC 调制副载波视为伪码的一部分，码相关器直接同时剥离伪码和 BOC 调制副载波；二是将 BOC 调制副载波视为载波的一部分，在做码相关运算之前的数字混频器首先将其剥离。不管接收机的架构和算法如何设计，也不管 GNSS 信号是采用 BPSK - R（n）、BOC 还是其他方式的调制，将接收信号与接收机内部所复制的（对 BOC 调制而言，还包含 BOC 调制副载波）伪码做相关运算的相关器，始终都可以视为 GNSS 接收机基带数字信号处理功能模块的核心，它又经常称为匹配滤波器。这就是说，与 GNSS 信号性能紧密相关的接收机主要基带数字信号处理功能可以简单地视为一个匹配滤波过程，它用来剥离接收信号中的伪码和可能的 BOC 调制副载波，而下变频功能则可认为与接收信号的调制方式无关，它不必出现在接收机的基带模型中，并且通常为了简化计算，接收信号的多普勒频移影响甚至也被忽略不计。但在一些场合下（如码长较短），多普勒频移的影响是不可忽略的。在如图 5 - 19 所示的 GNSS 接收机基带模型中，除了匹配滤波功能之外，我们还考虑了位于基带数字信号处理之前的射频前端滤波功能，其滤波带宽通常取决于接收信号带宽，并且在很大程度上影响着接收机的性能。

假设 GNSS 接收机对某颗 GNSS 卫星所播发的某个波段信号进行接收与跟踪，我们将该基带形式的接收信号（即目标信号）记为 $s_0(t)$，其功率值记 P_0 为 C，功率谱密度（PSD）记为 $G_0(f)$，功率谱密度对频率的积分得到功率 P_0，即

$$C = P_0 = \int_{-\infty}^{+\infty} G_0(f)\,\mathrm{d}f \qquad\qquad (5-67)$$

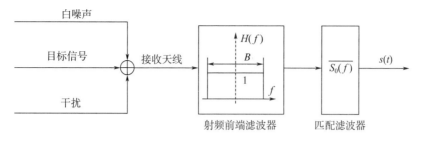

图 5-19　GNSS 接收机的基带模型

信号 $s_0(t)$ 定义在无限带宽上的归一化功率谱密度为 $G_{0,\infty}(f)$

$$G_{0,\infty}(f) = \frac{G_0(f)}{\int_{-\infty}^{+\infty} G_0(f)\,\mathrm{d}f} \tag{5-68}$$

归一化功率谱密度 $G_{0,\infty}(f)$ 符号中的下标"∞"用以指明归一化带宽为无穷带宽。归一化功率谱密度 $G_{0,\infty}(f)$ 对频率的积分值为 1，即

$$\int_{-\infty}^{+\infty} G_{0,\infty}(f)\,\mathrm{d}f = 1 \tag{5-69}$$

可见，信号 $s_0(t)$ 的功率谱密度也就等于 $CG_{0,\infty}(f)$。假定目标信号 $s_0(t)$ 的傅里叶变换存在，并且等于 $\sqrt{C}S_0(f)$，即具有单位功率信号的傅里叶变换为 $S_0(f)$，则傅里叶变换 $S_0(f)$ 与归一化功率谱密度 $G_{0,\infty}(f)$ 存在如下关系

$$G_{0,\infty}(f) = S_0(f)\overline{S_0(f)} = |S_0(f)|^2 \tag{5-70}$$

式中　$\overline{S_0(f)}$ —— $S_0(f)$ 的复数共轭。

需要说明的是，由于多普勒效应，实际接收信号的归一化功率谱密度函数会是 $G_{0,\infty}(f)$ 在频率轴上的一个平移，如此我们就能在 GNSS 性能评估中考虑多普勒频移因素。

类似地，假设进入接收机天线的干扰信号为 $s_I(t)$，其功率为 C_I，傅里叶变换为 $\sqrt{C_I}S_I(f)$，功率谱密度为 $C_I S_{I,\infty}(f)$，$S_{I,\infty}(f)$ 表示在无限带宽上的归一化功率谱密度，那么这些参量之间的关系也满足式（5-69）和式（5-70）的关系。

跟随目标信号 $s_0(t)$ 一起进入接收机射频前端的除了干扰 $s_I(t)$ 以外，还有噪声 $n(t)$，它在无限带宽上的功率谱密度假定为一常数 N_0，其值一般在 $-203 \sim -210.5$ dBW/Hz 的范围之内。噪声不同于干扰，前者的功率谱密度为常数，故其又称为白噪声，而后者不是白噪声，其功率谱密度 $S_{I,\infty}(f)$ 呈某种特定分布。为了方便分析干扰对接收机性能的影响，我们需要假定接收机的自动增益控制（AGC）对信号、噪声和干扰的带宽而言反应缓慢，即在我们所讨论的时间段内 AGC 增益值恒定不变。

我们知道，接收机射频前端的最后一级中频滤波器在让目标信号 $s_0(t)$ 的绝大部分功率进入基带数字信号处理的同时，它还控制着进入信号处理的噪声量，并且还对干扰 $s_I(t)$ 有一定的滤波功能。正因为考虑到射频前端滤波功能对接收机性能的重要影响，所以我们应当在 GNSS 接收机模型中相应地加入一个射频前端滤波功能模块，它被认为是一个理想的带通滤波器，其带宽称为接收机射频前端带宽 B，又称为相关前带宽，其中心频率通常位于目标信号 $s_0(t)$ 的频带中心处，通带上增益为 1，通带外增益为 0，相应的传递函数记为 $H_r(f)$。在此，射频前端带宽是个双边带宽值，即通带为 $-B/2 \sim +B/2$。

匹配滤波器的运算功能是让接收机内部所复制的基带接收信号与实际接收到的信号做相关运算，两信号在时域上做相关运算相当于它们的傅里叶变换在频域中做乘积运算〔即 $S_0(f)\overline{S_0(f)}$〕，只不过其中的一个傅里叶变换是取其共轭值〔即 $\overline{S_0(f)}$〕。因此，根据线性系统的输入、输出响应关系，在接收机的某一信道接收跟踪信号时，可将其相应的匹配滤波器的传递函数不失一般性地表示成如图 5 - 19 所示的 $\overline{S_0(f)}$，即单位功率的接收信号的傅里叶变换 $S_0(f)$ 的复数共轭。

5.4.2 SNIR 分析模型

从以上几节介绍捕获、跟踪、数据解调工作原理的内容，我们看到信号的捕获、载波跟踪、数据解调性能主要取决于接收机中即时相关器输出端的信号功率与噪声功率加干扰功率之比（SNIR）。因此，评估射频干扰对相关器输出 SNIR 的影响，可以为评定此干扰对这三种接收机功能的影响提供基础。本节主要分析 GNSS 信号间干扰对 SNIR 的影响。先给出分析 SNIR 的模型，然后推导出受系统内干扰和系统间干扰影响时信号的 SNIR 的解析表达式。但由于对 SNIR 的分析比较麻烦，而且在导航领域通常用载波功率与噪声密度比（载噪比）来表征 GNSS 信号质量，我们利用信噪比和载噪比的转换关系，从 SNIR 导出等效载噪比（载波功率与等效噪声密度比），并利用等效载噪比来表征所接收 GNSS 信号的质量，同时给出谱分离系数的定义式，使分析过程变得简单。利用等效载噪比和谱分离系数可以直接分析 GNSS 干扰对捕获、载波跟踪和数据解调的影响。

从接收机的工作过程，我们看到，接收机射频前端的带通滤波器限制了一部分干扰和噪声，相关器在完成码解扩过程中进一步削弱了干扰和噪声的影响，而其他处理过程，如低噪放、AGC、采样和量化过程也会对 SNIR 有一定影响。但从分析信号的 SNIR 出发，影响最为显著的还是射频前端带通滤波器（BPF）带宽和即时相关器的处理算法，因此这部分主要研究 BPF 带宽和相关器处理算法对 SNIR 的影响。从图 5 - 19 看到，射频前端带宽 B_{fe} 是指射频前端最后一级滤波器的有效通带带宽，即在混频器之后的 BPF 的有效带宽，这个带宽决定了中频信号的带宽。因此，可以把接收机射频前端对信号处理的过程等效为一个带通滤波器，建模为如图 5 - 20 所示，图中 $S_{IF}(n)$ 是数字中频信号，$\sin(\omega_{IF}t)$ 和 $\cos(\omega_{IF}t)$ 是中频本地载波。下面推导 SNIR 的解析表达式。

假设多个 GNSS 信号之间相互独立，从天线进入接收机射频前端处理模块的信号 $r(t)$ 可表示为

$$r(t) = s_0(t) + s_{\text{intra}}(t) + s_{\text{inter}}(t) + n(t) \tag{5-71}$$

式中　$s_0(t)$ ——目标信号；

　　　$s_{\text{intra}}(t)$ ——系统内干扰信号；

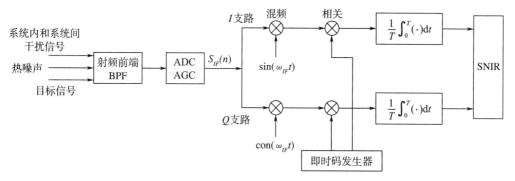

图 5 - 20　SNIR 的分析模型

$s_{\text{inter}}(t)$——系统间干扰信号；

$n(t)$——系统热噪声，其双边功率谱密度为 $N_0/2$。

系统内干扰 $s_{\text{intra}}(t)$ 包含了接收机视界内的 CDMA 干扰和同一频段上其他服务信号的干扰。假设某一导航系统在同一频段上同时提供 U 个不同服务信号，接收机可以"看到"同一系统内的卫星共有 I 颗，则目标信号受到的 CDMA 干扰信号有 $(I-1)$ 个，系统内的其他服务信号有 $(U-1)$ 个，设目标信号是第 J 个服务的第 j 颗卫星 $(1 \leqslant J \leqslant U)$，$(1 \leqslant j \leqslant I)$，则目标信号 $s_J^{(j)}(t)$ 受到的系统内干扰信号分量可表示为 $s_{\text{intra},J}^{(j)}(t)$

$$s_{\text{intra},J}^{(j)}(t) = \sum_{i=1,i\neq j}^{I} s_M^{(i)}(t) + \sum_{u=1,u\neq j}^{U} \sum_{i=1}^{I} s_u^{(i)}(t) \tag{5-72}$$

$$s_M^{(i)}(t) = \sqrt{2P_M^{(i)}} d_M^{(i)}(t - \tau_M^{(i)}) c_M^{(i)}(t - \tau_M^{(i)}) \cos[2\pi(f_c + f_M^{(i)})t + \theta_M^{(i)}] \tag{5-73}$$

$$s_u^{(i)}(t) = \sqrt{2P_u^{(i)}} d_u^{(i)}(t - \tau_u^{(i)}) c_u^{(i)}(t - \tau_u^{(i)}) \cos[2\pi(f_c + f_u^{(i)})t + \theta_u^{(i)}] \tag{5-74}$$

式中　上标 i——视界内看到的第 i 颗卫星；

下标 u——第 u 个服务信号；

下标 M——CDMA 干扰；

$s_M^{(i)}(t)$——第 i 颗卫星发射的 CDMA 干扰信号表示式；

$\sum_{i=1,\ i\neq j}^{I} s_M^{(i)}(t)$——总的 CDMA 干扰；

$s_u^{(i)}(t)$——第 u 个服务的第 i 颗卫星信号表示式；

$\sum_{u=1,\ u\neq j}^{U} \sum_{J=1}^{I} s_u^{(i)}(t)$——非目标信号之外的其他服务信号产生的总干扰；

P——在天线输入端接收到的功率；

$d(t), c(t)$——信号的数据序列和伪码；

f_c——载波中心频率；

θ——初始相位；

$f_M^{(i)}$——第 i 颗 CDMA 干扰卫星信号相对于接收机的多普勒频偏；

$f_u^{(i)}$——第 u 个服务第 i 颗信号相对于接收机的多普勒频偏。

例如，在 GPS L1 频段上提供 4 种服务信号 C/A 码、P（Y）码、M 码和 L1C 码，这

4 个服务信号的编号 $u=1$，2，3，4，假设某一接收机视界内可见卫星有 10 颗，其中一个接收机通道中的相关器要跟踪 7 号卫星发射的 C/A 码信号，则目标信号受到的系统内干扰信号就包括接收机视界内其他 9 颗卫星发射的 C/A 码，以及视界内 10 颗卫星发射的 P（Y）码、M 码和 L1C 码。目标信号 $s_1^{(7)}(t)$ 受到的系统内干扰信号可表示为 $s_{\text{intra}}(t)=$

$$\sum_{i=1,\ i\neq7}^{10} s_M^{(i)}(t)+\sum_{u=2}^{4}\sum_{i=1}^{10} s_u^{(i)}(t)。$$

假设目标信号所在的频段上另有 Q 个不同的 GNSS，由于在接收机视界内，不同系统的可视卫星颗数不同，用 J_q 表示接收机视界内所看到的第 q 个系统的卫星颗数，且假设第 q 个系统有 K_q 个服务信号，下标"q"表示第 q 个系统 $(1\leqslant q\leqslant Q)$，则目标信号受到的系统间干扰表示为

$$s_{\text{inter}}(t)=\sum_{q=1}^{Q}\sum_{k=1}^{K_q}\sum_{j=1}^{J_q} s_{q,k}^{(j)}(t) \tag{5-75}$$

$$s_{q,k}^{(j)}(t)=\sqrt{2P_{q,k}^{(j)}}d_{q,k}^{(j)}(t-\tau_{q,k}^{(j)})c_{q,k}^{(j)}(t-\tau_{q,k}^{(j)})\cos[2\pi(f_c+f_{q,k}^{(j)})t+\theta_{q,k}^{(j)}] \tag{5-76}$$

式中 　$s_{q,k}^{(j)}(t)$ ——第 q 个系统的第 k 个服务的第 j 颗卫星信号；

$f_{q,k}^{(j)}$ ——第 q 个系统的第 k 个服务的第 j 颗卫星信号相对于接收机的多普勒频偏。

式中用到的符号（除了上下标）的意思与前面一样。例如，在 L1 频段上，目前共存的采用 CDMA 体制的 GNSS 有 GPS、GALILEO 和 BDS 三个系统，假设目标信号是 GPS 的某一个服务信号，则 $Q=2$，另两个系统的编号分别为 $q=1$，2，GALILEO 和 BDS 分别提供 2 种服务信号，即 $K_1=2$，$K_2=2$，假设某一接收机"看到"系统 1 的卫星有 $J_1=$ 8 颗，系统 2 有 $J_2=6$ 颗，则目标信号受到的系统间干扰信号就包括另两个系统发射的服务信号，系统间干扰信号可表示为

$$s_{\text{inter}}(t)=\sum_{k=1}^{2}\sum_{j=1}^{8} s_{1,k}^{(j)}(t)+\sum_{k=1}^{2}\sum_{j=1}^{6} s_{2,k}^{(j)}(t)$$

假设带通滤波器的冲激响应为 $h(t)$，接收机前端带通滤波器的输入信号 $r(t)$ 通过带通滤波器后得到

$$ur(t)=r(t)*h(t)=[s_0(t)+s_{\text{intra}}(t)+s_{\text{inter}}(t)+n(t)]*h(t)$$
$$=s_0(t)*h(t)+s_{\text{intra}}(t)*h(t)+s_{\text{inter}}(t)*h(t)+n(t)*h(t) \tag{5-77}$$

上式等式右边各个信号分量经过下变频、模数转换和中频载波剥离，经过相关器相关后，从 I 和 Q 支路输出的信号分别为各个信号分量的同相和正交分量之和（因假设这些信号是相互独立的）

$$I_{ur}(t)=I_s(t)+I_{\text{intra}}(t)+I_{\text{inter}}(t)+I_n(t)$$
$$Q_{ur}(t)=Q_s(t)+Q_{\text{intra}}(t)+Q_{\text{inter}}(t)+Q_n(t) \tag{5-78}$$

其中

$$I_{\mathrm{intra}}(t) = \sum_{i=1,i\neq j}^{I} I_M^{(i)}(t) + \sum_{u=1,u\neq J}^{U} \sum_{i=1,i\neq j}^{I} I_u^{(i)}(t)$$

$$Q_{\mathrm{intra}}(t) = \sum_{i=1,i\neq j}^{I} Q_M^{(i)}(t) + \sum_{u=1,u\neq J}^{U} \sum_{i=1,i\neq j}^{I} Q_u^{(i)}(t)$$

(5-79)

$$I_{\mathrm{inter}}(t) = \sum_{q=1}^{Q-1} \sum_{k=1}^{K_q} \sum_{j=1}^{J_q} I_{q,k}^{(j)}(t)$$

$$Q_{\mathrm{inter}}(t) = \sum_{q=1}^{Q-1} \sum_{k=1}^{K_q} \sum_{j=1}^{J_q} Q_{q,k}^{(j)}(t)$$

(5-80)

式中　$I_s(t)$，$Q_s(t)$——目标信号的同相和正交支路信号；

　　　$I_{\mathrm{intra}}(t)$，$Q_{\mathrm{intra}}(t)$——总的系统内干扰的同相和正交支路信号；

　　　$I_{\mathrm{inter}}(t)$，$Q_{\mathrm{inter}}(t)$——总的系统间干扰的同相和正交支路信号；

　　　$I_n(t)$，$Q_n(t)$——热噪声的同相和正交支路信号；

　　　$I_M^{(i)}(t)$、$Q_M^{(i)}(t)$、$I_u^{(i)}(t)$，$Q_u^{(i)}(t)$——第 i 颗卫星的 CDMA 干扰和第 u 个服务信
　　　　　　　号的同相和正交支路信号；

　　　$I_{q,k}^{(j)}(t)$，$Q_{q,k}^{(j)}(t)$——系统间干扰的第 q 个系统的第 k 个服务的第 j 颗卫星信号的
　　　　　　　同相和正交支路信号。

　　系统内干扰信号和系统间干扰信号的属性与目标信号一样，接收机对它们的处理过程
一样，因此，利用式（5-4）至式（5-5），可以得到它们的 I、Q 分量分别为

$$I_M^{(i)}(t) = \sqrt{P_M^{(i)}} \{[d_M^{(i)}(t-\tau_M^{(i)})c_M^{(i)}(t-\tau_M^{(i)})] * h_B(t)\} \cos(2\pi\Delta f_M^{(i)}t + \Delta\theta_M^{(i)})$$

$$Q_M^{(i)}(t) = \sqrt{P_M^{(i)}} \{[d_M^{(i)}(t-\tau_M^{(i)})c_M^{(i)}(t-\tau_M^{(i)})] * h_B(t)\} \sin(2\pi\Delta f_M^{(i)}t + \Delta\theta_M^{(i)})$$

(5-81)

$$I_u^{(i)}(t) = \sqrt{P_u^{(i)}} \{[d_u^{(i)}(t-\tau_u^{(i)})c_u^{(i)}(t-\tau_u^{(i)})] * h_B(t)\} \cos(2\pi\Delta f_u^{(i)}t + \Delta\theta_u^{(i)})$$

$$Q_u^{(i)}(t) = \sqrt{P_u^{(i)}} \{[d_u^{(i)}(t-\tau_u^{(i)})c_u^{(i)}(t-\tau_u^{(i)})] * h_B(t)\} \sin(2\pi\Delta f_u^{(i)}t + \Delta\theta_u^{(i)})$$

(5-82)

$$I_{q,k}^{(j)}(t) = \sqrt{P_{q,k}^{(j)}} \{[d_{q,k}^{(j)}(t-\tau_{q,k}^{(j)})c_{q,k}^{(j)}(t-\tau_{q,k}^{(j)})] * h_B(t)\} \cos(2\pi\Delta f_{q,k}^{(j)}t + \Delta\theta_{q,k}^{(j)})$$

$$Q_{q,k}^{(j)}(t) = \sqrt{P_{q,k}^{(j)}} \{[d_{q,k}^{(j)}(t-\tau_{q,k}^{(j)})c_{q,k}^{(j)}(t-\tau_{q,k}^{(j)})] * h_B(t)\} \sin(2\pi\Delta f_{q,k}^{(j)}t + \Delta\theta_{q,k}^{(j)})$$

(5-83)

式中　$\Delta f_M^{(i)}$，$\Delta\theta_M^{(i)}$——CDMA 干扰信号的残留多普勒频偏和相差；

　　　$\Delta f_u^{(q)}$，$\Delta f_{q,k}^{(j)}$——除了包含残留多普勒频偏，还包含了干扰信号和目标信号中心
　　　　　　　频率的偏差；

　　　$\Delta\theta_u^{(i)}$，$\Delta\theta_{q,k}^{(j)}$——干扰信号的残留相差。

　　假设系统热噪声 $n(t)$ 表示为

$$n(t) = n_a(t)\cos(2\pi f_c t + \theta_n)$$

(5-84)

式中　$n_a(t)$——噪声幅度；

　　　θ_n——噪声的随机初始相位。

　　$n(t)$ 经过接收机前端处理之后，得到

$$N(t) = [n(t) * h(t)] \cdot x(t)$$

$$= \text{Re}\{ [n_a(t) * h_B(t)] \exp [\text{j}(2\pi f_c t + \theta_n)] \} \cdot \text{Re}\{\sqrt{2} \exp [\text{j}(2\pi (f_c - f_{IF})t + \theta_{IF})] \}$$

$$= \frac{\sqrt{2}}{2} [n_a(t) * h_B(t)] \cos (2\pi f_{IF} t + \theta_n - \theta_{IF}) \tag{5-85}$$

则它的 I、Q 支路信号为

$$I_n(t) = N(t) \cdot 2\cos [2\pi (f_{IF} + \hat{f}_D)t + \hat{\theta}] = \sqrt{2} [n_a(t) * h_B(t)] \cos (2\pi \hat{f}_D t + \Delta\theta_n)$$

$$Q_n(t) = N(t) \cdot 2\sin [2\pi (f_{IF} + \hat{f}_D)t + \hat{\theta}] = \sqrt{2} [n_a(t) * h_B(t)] \sin (2\pi \hat{f}_D t + \Delta\theta_n)$$

$$\tag{5-86}$$

其中

$$\Delta\theta_n = \theta_n - \theta_{IF} - \theta$$

观察式 (5-4) 和式 (5-5)，以及式 (5-79) ～式 (5-83)，发现它们的表示方式是类似的，为了不重复一些雷同的推导过程，先撇开符号中的上下标，并令

$$z(t-\tau) = [d(t-\tau)c(t-\tau)] * h_B(t) \tag{5-87}$$

则 I、Q 支路信号表示为

$$I(t) = \sqrt{P} z(t-\tau) \cos (2\pi \Delta f t + \Delta\theta)$$

$$Q(t) = \sqrt{P} z(t-\tau) \sin (2\pi \Delta f t + \Delta\theta) \tag{5-88}$$

将 I、Q 支路信号与本地即时码进行相关，得到

$$I_P(t) = \frac{1}{T_{co}} \int_0^{T_{co}} I(t)c(t-\hat{\tau}) \text{d}t = \frac{\sqrt{P}}{T_{co}} \int_0^{T_{co}} z(t-\tau)c(t-\hat{\tau}) \cos (2\pi \Delta f t + \Delta\theta) \text{d}t$$

$$Q_P(t) = \frac{1}{T_{co}} \int_0^{T_{co}} Q(t)c(t-\hat{\tau}) \text{d}t = \frac{\sqrt{P}}{T_{co}} \int_0^{T_{co}} z(t-\tau)c(t-\hat{\tau}) \sin (2\pi \Delta f t + \Delta\theta) \text{d}t$$

$$\tag{5-89}$$

式中　T_{co}——预积分时间。

将目标信号代入式 (5-87) 和式 (5-89)，则

$$z_0(t-\tau) = [d_0(t-\tau)c_0(t-\tau)] * h_B(t)$$

得到

$$I_{P,s0}(t) = \frac{\sqrt{P_0}}{T_{co}} \int_0^{T_{co}} z_0(t-\tau)c(t-\hat{\tau}) \cos (2\pi \Delta f_D t + \Delta\theta) \text{d}t$$

$$\tag{5-90}$$

$$Q_{P,s0}(t) = \frac{\sqrt{P_0}}{T_{co}} \int_0^{T_{co}} z_0(t-\tau)c(t-\hat{\tau}) \sin (2\pi \Delta f_D t + \Delta\theta) \text{d}t$$

将系统内干扰的 $I_M^{(i)}(t)$、$Q_M^{(i)}(t)$、$I_u^{(i)}(t)$ 和 $Q_u^{(i)}(t)$ 分别代入式 (5-87) 和式 (5-89)，得到

$$I_{P,M}^{(i)}(t) = \frac{\sqrt{P_M^{(i)}}}{T_{co}} \int_0^{T_{co}} z_M^{(i)}(t-\tau)c(t-\hat{\tau}) \cos (2\pi \Delta f_M^{(i)} t + \Delta\theta_M^{(i)}) \text{d}t$$

$$\tag{5-91}$$

$$Q_{P,M}^{(i)}(t) = \frac{\sqrt{P_M^{(i)}}}{T_{co}} \int_0^{T_{co}} z_M^{(i)}(t-\tau)c(t-\hat{\tau}) \sin (2\pi \Delta f_M^{(i)} t + \Delta\theta_M^{(i)}) \text{d}t$$

$$I_{P,u}^{(i)}(t) = \frac{\sqrt{P_u^{(i)}}}{T_{co}} \int_0^{T_{co}} z_u^{(i)}(t-\tau) c(t-\hat{\tau}) \cos(2\pi\Delta f_u^{(i)}t + \Delta\theta_u^{(i)}) \, dt$$

$$Q_{P,u}^{(i)}(t) = \frac{\sqrt{P_u^{(i)}}}{T_{co}} \int_0^{T_{co}} z_u^{(i)}(t-\tau) c(t-\hat{\tau}) \sin(2\pi\Delta f_u^{(i)}t + \Delta\theta_u^{(i)}) \, dt$$

(5 - 92)

将系统间干扰的 $I_{q,k}^{(j)}(t)$ 和 $Q_{q,k}^{(j)}(t)$ 分别代入式（5 - 87）和式（5 - 89），得到

$$I_{P,q,k}^{(j)}(t) = \frac{\sqrt{P_{q,k}^{(j)}}}{T_{co}} \int_0^{T_{co}} z_{q,k}^{(j)}(t-\tau) c(t-\hat{\tau}) \cos[2\pi\Delta f_{q,k}^{(j)}t + \Delta\theta_{q,k}^{(j)}] \, dt$$

$$Q_{P,q,k}^{(j)}(t) = \frac{\sqrt{P_{q,k}^{(j)}}}{T_{co}} \int_0^{T_{co}} z_{q,k}^{(j)}(t-\tau) c(t-\hat{\tau}) \sin[2\pi\Delta f_{q,k}^{(j)}t + \Delta\theta_{q,k}^{(j)}] \, dt$$

(5 - 93)

将热噪声的 I、Q 支路信号与本地即时码进行相关，得到

$$I_{P,n}(t) = \frac{1}{T_{co}} \int_0^{T_{co}} I_n(t) c(t-\hat{\tau}) \, dt$$

$$= \frac{\sqrt{2}}{T_{co}} \int_0^{T_{co}} [n_a(t) * h_B(t)] c(t-\hat{\tau}) \cos(2\pi\hat{f}_D t + \Delta\theta_n) \, dt$$

$$Q_{P,n}(t) = \frac{1}{T_{co}} \int_0^{T_{co}} Q_n(t) c(t-\hat{\tau}) \, dt$$

$$= \frac{\sqrt{2}}{T_{co}} \int_0^{T_{co}} [n_a(t) * h_B(t)] c(t-\hat{\tau}) \sin(2\pi\hat{f}_D t + \Delta\theta_n) \, dt$$

(5 - 94)

即时相关器输出端的 SNIR 如图 5 - 21 所示。

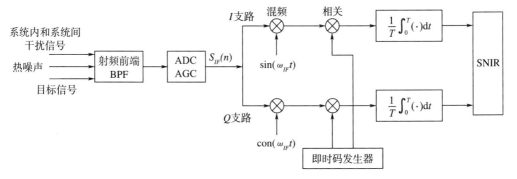

图 5 - 21　即时相关器输出端的 SNIR

$$\rho = \frac{C_s}{C_{\text{intra}} + C_{\text{inter}} + N}$$

(5 - 95)

式中　C_s——目标信号平均功率；

　　　C_{intra}——总的系统内干扰平均功率；

　　　C_{inter}——总的系统间干扰平均功率；

　　　N——噪声功率。

下面先求目标信号的平均功率。目标信号 $s_0(t)$ 的平均功率等于 I、Q 支路信号的平均功率之和

$$C_s = E\left[I^2_{P,s0}(t) + Q^2_{P,s0}(t)\right] = E\left[I^2_{P,s0}(t)\right] + E\left[Q^2_{P,s0}(t)\right] \qquad (5-96)$$

$E\left[I^2_{P,s0}(t)\right]$

$$= \frac{P_0}{T^2_{co}} E\left[\int_0^{T_{co}}\int_0^{T_{co}} z_0(t-\tau)c(t-\hat{\tau})z_0(s-\tau)c(s-\hat{\tau})\cos(2\pi\Delta f_D t + \Delta\theta)\cos(2\pi\Delta f_D s + \Delta\theta)\,dt\,ds\right]$$

$$= \frac{P_0}{T^2_{co}}\int_0^{T_{co}}\int_0^{T_{co}} E\left[z_0(t-\tau)z_0(s-\tau)\right]E\left[c(t-\hat{\tau})c(s-\hat{\tau})\right]\cos(2\pi\Delta f_D t + \Delta\theta)\cos(2\pi\Delta f_D s + \Delta\theta)\,dt\,ds$$

$$= \frac{P_0}{2T^2_{co}}\int_0^{T_{co}}\int_0^{T_{co}} R_{z0}(t-s)R_c(t-s)\left\{\cos\left[2\pi\Delta f_D(t+s) + 2\Delta\theta\right] + \cos\left[2\pi\Delta f_D(t-s)\right]\right\}\,dt\,ds$$

$$(5-97)$$

$E\left[Q^2_{P,s0}(t)\right]$

$$= \frac{P_0}{2T^2_{co}}\int_0^{T_{co}}\int_0^{T_{co}} R_{z0}(t-s)R_c(t-s)\left\{\cos\left[2\pi\Delta f_D(t-s)\right] - \cos\left[2\pi\Delta f_D(t+s) + 2\Delta\theta\right]\right\}\,dt\,ds \quad (5-98)$$

把式（5-97）和式（5-98）代入式（5-96），经简化，得目标信号的平均功率为

$$C_s = \frac{P_0}{T^2_{co}}\int_0^{T_{co}}\int_0^{T_{co}} R_{z0}(t-s)R_c(t-s)\cos\left[2\pi\Delta f_D(t-s)\right]\,dt\,ds \qquad (5-99)$$

对上式的二重积分进行变量替换，令 $v = t - s$，$u = s = t - v$，则 $t = v + u$，$s = u$

$$C_s = \frac{P_0}{T^2_{co}}\int_{-T_{co}}^0\int_{-v}^{T_{co}} R_{z0}(v)R_c(v)\cos(2\pi\Delta f_D v)\,|J|\,du\,dv\ +$$

$$\frac{P_0}{T^2_{co}}\int_0^{T_{co}}\int_0^{T_{co}-v} R_{z0}(v)R_c(v)\cos(2\pi\Delta f_D v)\,|J|\,du\,dv$$

$$= \frac{P_0}{T^2_{co}}\int_{-T_{co}}^0 R_{z0}(v)R_c(v)\cos(2\pi\Delta f_D v)\,(T_{co} + v)\,dv\ + \qquad (5-100)$$

$$\frac{P_0}{T^2_{co}}\int_0^{T_{co}} R_{z0}(v)R_c(v)\cos(2\pi\Delta f_D v)\,(T_{co} - v)\,dv$$

$$= \frac{P_0}{T_{co}}\int_{-T_{co}}^{T_{co}} R_{z0}(v)R_c(v)\cos(2\pi\Delta f_D v)\left(1 - \frac{|v|}{T_{co}}\right)dv$$

式中，雅可比式为

$$J = \begin{vmatrix} \dfrac{\partial t}{\partial v} & \dfrac{\partial s}{\partial v} \\ \dfrac{\partial t}{\partial u} & \dfrac{\partial s}{\partial u} \end{vmatrix} = \begin{vmatrix} 1 & 0 \\ 1 & 1 \end{vmatrix} = 1 \qquad (5-101)$$

其中，$R_{z0}(v)$ 是 $z_0(t)$ 的自相关函数，$R_c(v)$ 是本地即时码 $c(t)$ 的自相关函数，$\left(1 - \dfrac{|v|}{T_{co}}\right)$ 是一个三角形，$-T_{co} \leqslant v \leqslant T_{co}$；$\Delta f_D$ 是残留多普勒频偏。利用相关函数与功率谱是傅里叶变换对的关系，式（5-100）表示为

$$C_s = \frac{P_0}{T_{co}}\left(\frac{1}{2\pi}\right)^2\int_{T_{co}}^{T_{co}}\left[\int_{-\infty}^{\infty} G_{z0}(f)\exp(j2\pi f v)\,df\right]\cdot\left[\int_{-\infty}^{\infty} G_D(f')\exp(j2\pi f' v)\,df'\right]\cdot\left(1 - \frac{|v|}{T_{co}}\right)dv$$

$$= \frac{P_0}{T_{co}}\left(\frac{1}{2\pi}\right)^2\int_{-\infty}^{\infty}\int_{-\infty}^{\infty} G_{z0}(f)G_D(f')\int_{T_{co}}^{T_{co}}\left(1 - \frac{|v|}{T_{co}}\right)\exp\{-j2\pi[-(f+f')]v\}\,dv\,df\,df'$$

$$= P_0 \left(\frac{1}{2\pi} \right)^2 \int_{-\infty}^{\infty} \int_{-\infty}^{\infty} G_{z0}(f) G_D(f') \operatorname{sinc}^2 [\pi(f+f') T_{co}] \mathrm{d}f \mathrm{d}f' \qquad (5-102)$$

式中　$G_D(f)$——$R_c(v) \cos(2\pi\Delta f_D v)$ 的傅里叶变换；

　　　　$G_{z0}(f)$——$R_{z0}(v)$ 的傅里叶变换。

$$G_{z0}(f) = FT[R_{z0}(v)] = \lim_{T_{co} \to \infty} \frac{E\{|FT[z_0(t)]|^2\}}{T_{co}}$$

$$= \lim_{T_{co} \to \infty} \frac{E\{|FT[d_0(t)c_0(t)] \cdot FT[h_B(t)]|^2\}}{T_{co}} \qquad (5-103)$$

$$= G_0(f) \cdot |H_B(f)|^2$$

$$G_0(f) = \lim_{T_{co} \to \infty} \frac{E\{|FT[d_0(t)c_0(t)]|^2\}}{T_{co}} \qquad (5-104)$$

式中　FT——傅里叶变换；

　　　　$G_0(f)$——目标信号在预积分时间内的功率谱；

　　　　$H_B(f) = |FT[h_B(t)]|^2$——带通滤波器的基带频率特性。

设 $R_c(v)$ 的傅里叶变换是 $G_c(f)$，则 $G_D(f)$ 为

$$G_D(f) = \frac{1}{2} [G_c(f+\Delta f_D) + G_c(f-\Delta f_D)] \qquad (5-105)$$

可见，$G_D(f)$ 相当于把本地参考信号 $c(t)$ 的功率谱 $G_c(f)$ 幅度减小一半，并相对于中心频率上下搬移了 Δf_D。本地参考信号的功率谱和目标信号的功率谱都是以中心频点为中心，因此，这两者中哪一个搬移都对结果没有影响，即

$$G_{z0}(f) G_D(f') = |H_B(f)|^2 \cdot G_0(f) \cdot \frac{1}{2} [G_c(f'+\Delta f_D) + G_c(f'-\Delta f_D)]$$

$$= |H_B(f)|^2 \cdot G_c(f') \cdot \frac{1}{2} [G_0(f+\Delta f_D) + G_0(f-\Delta f_D)]$$

$$(5-106)$$

通常，导航信号是实函数，它的功率谱密度是对称的实偶函数，因此式（5-106）等同于

$$G_{z0}(f) G_D(f') = |H_B(f)|^2 \cdot G_c(f') \cdot \frac{1}{2} [G_0(f+\Delta f_D) + G_0(f-\Delta f_D)]$$

$$= |H_B(f)|^2 \cdot G_0(f+\Delta f_D) \cdot G_c(f')$$

$$(5-107)$$

此外，通常 $T_{co} \gg T_c$，因此式（5-102）中的 $\operatorname{sinc}^2[\pi(f+f')T_{co}]$ 包络主瓣宽度远远小于码片的功率谱主瓣，图 5-22 将码片宽度为 $1\,\mu s$ 的谱包络与预积分时间 T_{co} 为 $1\,ms$ 和 $20\,ms$ 时的 sinc 包络相比较，图 5-23 是 $\operatorname{sinc}^2(\pi f T_{co})$ 包络在零频附近放大。可见，相对于码片的功率谱，$\operatorname{sinc}^2[\pi(f+f')T_{co}]$ 函数就像一个在 $(f+f')$ 频点上的冲激采样函数，因此，式（5-102）可简化为

$$C_s \cong P_0 \left(\frac{1}{2\pi}\right)^2 \int_{-\infty}^{\infty} \int_{-\infty}^{\infty} \mid H_B(f) \mid^2 G_0(f + \Delta f_D) G_c(f') \delta(f + f') \, \mathrm{d}f \, \mathrm{d}f'$$

$$= P_0 \left(\frac{1}{2\pi}\right)^2 \int_{-\infty}^{\infty} \mid H_B(f) \mid^2 G_0(f + \Delta f_D) G_c(f) \, \mathrm{d}f$$

$$(5-108)$$

式中　　$H_B(f)$ ——前端带通滤波器的基带频率特性。

设 $H_B(f)$ 带宽为 $B\mathrm{MHz}$，则上式的有效积分范围为（$-B/2$，$B/2$），代入上式，得

$$C_s = P_0 \left(\frac{1}{2\pi}\right)^2 \int_{-B/2}^{B/2} \mid H_B(f) \mid^2 G_0(f + \Delta f_D) G_c(f) \, \mathrm{d}f \qquad (5-109)$$

对于目标信号，载波跟踪环路连续跟踪它的多普勒频偏，以保证残留的多普勒频偏远远小于信号的带宽，因此，当处于稳态跟踪时，Δf_D 相对于信号带宽很小，可以忽略，式（5-109）可进一步简化为

$$C_s \cong P_0 \left(\frac{1}{2\pi}\right)^2 \int_{-B/2}^{B/2} \mid H_B(f) \mid^2 G_0(f) G_c(f) \, \mathrm{d}f \qquad (5-110)$$

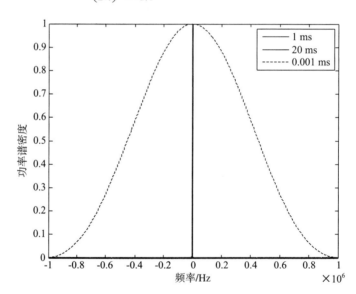

图 5-22　码片谱包络与 sinc 包络相比较

总的系统内干扰平均功率 C_{intra} 等于系统内部所有干扰信号的平均功率之和

$$C_{\mathrm{intra}} = \sum_{i=1}^{I-1} C_M^{(i)} + \sum_{u=1}^{U-1} \sum_{i=1}^{I} C_u^{(i)} \qquad (5-111)$$

$$C_M^{(i)} = E\{[I_{P,M}^{(i)}(t)]^2\} + E\{[Q_{P,M}^{(i)}(t)]^2\} \qquad (5-112)$$

$$C_u^{(i)} = E\{[I_{P,u}^{(i)}(t)]^2\} + E\{[Q_{P,u}^{(i)}(t)]^2\} \qquad (5-113)$$

总的系统间干扰平均功率 C_{inter} 等于干扰系统所有信号的平均功率之和

$$C_{\mathrm{inter}}(t) = \sum_{q=1}^{Q-1} \sum_{k=1}^{K_q} \sum_{j=1}^{J_q} C_{q,k}^{(j)}(t) \qquad (5-114)$$

$$C_{q,k}^{(j)}(t) = E\{[I_{P,q,k}^{(j)}(t)]^2\} + E\{[Q_{P,q,k}^{(j)}(t)]^2\} \qquad (5-115)$$

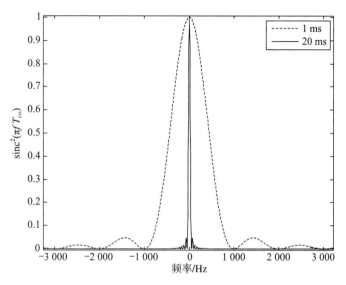

图 5 - 23　$\mathrm{sinc}^2(\pi f T_{co})$ 函数包络

$C_M^{(i)}$、$C_u^{(i)}$ 和 $C_{q,k}^{(j)}$ 的推导过程与 C_s 相似，把式（5 - 109）中的 $G_0(f + \Delta f_D)$ 代换成各个干扰信号所对应的功率谱表达式即可得到其等效功率，因此，可得

$$C_M^{(i)} = P_M^{(i)} \left(\frac{1}{2\pi}\right)^2 \int_{-B/2}^{B/2} |H_B(f)|^2 G_M^{(i)}(f + \Delta f_M^{(i)}) G_c(f) \, \mathrm{d}f \qquad (5 - 116)$$

$$G_M^{(i)}(f) = \lim_{T_{co} \to \infty} \frac{E\{|FT[d_M^{(i)}(t) c_M^{(i)}(t)]|^2\}}{T_{co}} \qquad (5 - 117)$$

$$C_u^{(i)} = P_u^{(i)} \left(\frac{1}{2\pi}\right)^2 \int_{-B/2}^{B/2} |H_B(f)|^2 G_u^{(i)}(f + \Delta f_u^{(i)}) G_c(f) \, \mathrm{d}f \qquad (5 - 118)$$

$$G_u^{(i)}(f) = \lim_{T_{co} \to \infty} \frac{E\{|FT[d_u^{(i)}(t) c_u^{(i)}(t)]|^2\}}{T_{co}} \qquad (5 - 119)$$

$$C_{q,k}^{(j)} = P_{q,k}^{(j)} \left(\frac{1}{2\pi}\right)^2 \int_{-B/2}^{B/2} |H_B(f)|^2 G_{q,k}^{(j)}(f + \Delta f_{q,k}^{(j)}) G_c(f) \, \mathrm{d}f \qquad (5 - 120)$$

$$G_{q,k}^{(j)}(f) = \lim_{T_{co} \to \infty} \frac{E\{|FT[d_{q,k}^{(j)}(t) c_{q,k}^{(j)}(t)]|^2\}}{T_{co}} \qquad (5 - 121)$$

式中　$G_M^{(i)}(f)$、$G_u^{(i)}(f)$，$G_{q,k}^{(j)}(f)$ ——干扰信号在预积分时间内的功率谱；

$\Delta f_M^{(i)}$ ——CDMA 干扰信号 $s_M^{(i)}(t)$ 相对于接收机的残留多普勒频偏。

$\Delta f_u^{(i)}$ 和 $\Delta f_{q,k}^{(j)}$ 除了包含残留多普勒频偏，还包含了干扰信号与目标信号中心频率的偏差，若干扰信号与目标信号中心频率重合，则 $\Delta f_u^{(i)}$ 和 $\Delta f_{q,k}^{(j)}$ 就只包含残留多普勒频偏。

对于双边功率谱密度为 $N_0/2$ 的系统热噪声，经过相似的推导和简化，得到噪声的功率为

$$N = N_0 \left(\frac{1}{2\pi}\right)^2 \int_{-B/2}^{B/2} |H_B(f)|^2 G_c(f) \, \mathrm{d}f \qquad (5 - 122)$$

将式（5 - 110）、式（5 - 116）、式（5 - 119）、式（5 - 121）和式（5 - 122）代入式（5 - 95），得到相关器输出端的 SNIR 为

$$\rho = \cfrac{P_0 \displaystyle\int_{-B/2}^{B/2} \mid H_B(f) \mid^2 G_0(f) G_c(f) \, \mathrm{d}f}{\left[\begin{array}{l} \displaystyle\sum_{i=1}^{I-1} P_M^{(i)} \int_{-B/2}^{B/2} \mid H_B(f) \mid^2 G_M^{(i)}(f + \Delta f_M^{(i)}) G_c(f) \, \mathrm{d}f \\[3mm] + \displaystyle\sum_{u=1}^{U-1} \sum_{i=1}^{I} P_u^{(i)} \int_{-B/2}^{B/2} \mid H_B(f) \mid^2 G_u^{(i)}(f + \Delta f_u^{(i)}) G_c(f) \, \mathrm{d}f \\[3mm] + \displaystyle\sum_{q=1}^{Q-1} \sum_{k-1}^{K_q} \sum_{j-1}^{J_q} P_{q,k}^{(j)} \int_{-B/2}^{B/2} \mid H_B(f) \mid^2 G_{q,k}^{(j)}(f + \Delta f_{q,k}^{(j)}) G_c(f) \, \mathrm{d}f \end{array}\right] + N_0 \displaystyle\int_{-B/2}^{B/2} \mid H_B(f) \mid^2 G_c(f) \, \mathrm{d}f}$$

(5 - 123)

式中　ρ ——SNIR。

可见，对干扰下相关器输出 SNIR 的分析比较麻烦，而且通常用载波功率与噪声密度比（载噪比）来表征 GNSS 信号质量。若能把分母中的 GNSS 干扰进行"白化"处理，得到类似于白噪声性质（具有恒定的功率谱密度）的信号，称为等效白噪声，其叠加上白噪声可产生与实际的混合白噪声和干扰相同的 SNIR，就可以利用载波功率与等效噪声密度比（等效载噪比）来表征所接收 GNSS 信号的质量。

5.4.3　等效载噪比和谱分离系数

观察式（5 - 123）在无干扰时的信噪比为

$$\rho_{\mathrm{SNR}} = \cfrac{P_0 \displaystyle\int_{-B/2}^{B/2} \mid H_B(f) \mid^2 G_0(f) G_c(f) \, \mathrm{d}f}{N_0 \displaystyle\int_{-B/2}^{B/2} \mid H_B(f) \mid^2 G_c(f) \, \mathrm{d}f} \tag{5 - 124}$$

这时的载噪比为

$$\frac{P_0}{N_0} = \cfrac{\rho_{\mathrm{SNR}} \displaystyle\int_{-B/2}^{B/2} \mid H_B(f) \mid^2 G_c(f) \, \mathrm{d}f}{\displaystyle\int_{-B/2}^{B/2} \mid H_B(f) \mid^2 G_0(f) G_c(f) \, \mathrm{d}f} \tag{5 - 125}$$

当同时存在干扰和白噪声时，等效载噪比可以用与式（5 - 125）类似的方式定义如下

$$\left(\frac{P_0}{N_0}\right)_{eq} = \frac{\rho \int_{-B/2}^{B/2} |H_B(f)|^2 G_c(f)\, df}{\int_{-B/2}^{B/2} |H_B(f)|^2 G_0(f) G_c(f)\, df}$$

$$= \frac{P_0 \int_{-B/2}^{B/2} |H_B(f)|^2 G_c(f)\, df}{\left[\begin{array}{l} \sum_{i=1}^{I-1} P_M^{(i)} \int_{-B/2}^{B/2} |H_B(f)|^2 G_M^{(i)}(f + \Delta f_M^{(i)}) G_c(f)\, df \\ + \sum_{u=1}^{U-1} \sum_{i=1}^{I} P_u^{(i)} \int_{-B/2}^{B/2} |H_B(f)|^2 G_u^{(i)}(f + \Delta f_u^{(i)}) G_c(f)\, df \\ + \sum_{q=1}^{Q-1} \sum_{k=1}^{K_q} \sum_{j=1}^{J_q} P_{q,k}^{(j)} \int_{-B/2}^{B/2} |H_B(f)|^2 G_{q,k}^{(j)}(f + \Delta f_{q,k}^{(j)}) G_c(f)\, df \end{array}\right] + N_0 \int_{-B/2}^{B/2} |H_B(f)|^2 G_c(f)\, df}$$

$$(5-126)$$

定义谱分离系数 k 为

$$k(\Delta f) = \frac{\int_{-B/2}^{B/2} |H_B(f)|^2 G(f + \Delta f) G_c(f)\, df}{\int_{-B/2}^{B/2} |H_B(f)|^2 G_c(f)\, df} \qquad (5-127)$$

其中

$$\int_{-\infty}^{\infty} G(f)\, df = 1$$

$$\int_{-\infty}^{\infty} G_c(f)\, df = 1$$

式中　$G(f)$ ——GNSS 基带干扰信号在无穷带宽上归一化为单位面积的功率谱密度，单位是 1/Hz；

　　　　$G_c(f)$ ——本地参考信号在无穷带宽上归一化为单位面积的功率谱密度，单位是 1/Hz。

　　Δf 包含了残留多普勒频偏，以及干扰信号与目标信号的中心频率之间的偏差，把这两项之和称为频差。谱分离系数的单位是 1/Hz。当 $G(f) = G_c(f)$ 时，我们把 $k(\Delta f)$ 称为自谱分离系数。

　　需要说明的是，有的文献在分析干扰时使用的谱分离系数（spectral separation coefficient，SSC）定义式为

$$k(\Delta f) = \int_{-B/2}^{B/2} G(f + \Delta f) G_c(f)\, df \qquad (5-128)$$

而有的文献对谱分离系数的定义为

$$k(\Delta f) = \frac{\int_{-B/2}^{B/2} G(f + \Delta f) G_c(f)\, df}{\int_{-B/2}^{B/2} G_c(f)\, df} \qquad (5-129)$$

还有的文献使用的谱分离系数定义式为

$$k(\Delta f) = \int_{-B/2}^{B/2} |H_B(f)|^2 G(f + \Delta f) G_c(f) \, df \quad (5-130)$$

将以上这几个定义式进行比较，发现谱分离系数的定义式中把滤波器视为单位幅度的理想滤波器，而且式（5-129）和式（5-130）的定义式不同。式（5-130）定义的谱分离系数比我们定义的谱分离系数少了一个分母，由于信号的功率谱密度是在无穷带宽上归一化为单位面积的，因此，我们认为不能忽略分母的影响。可见，如果视前端滤波器为单位幅度的理想滤波器，则我们的定义与式（5-129）相近。

用谱分离系数来表示式（5-126）

$$\left(\frac{P_0}{N_0}\right)_{eq} = \frac{P_0}{\sum\limits_{i=1}^{I-1} P_M^{(i)} k_M^{(i)}(\Delta f_M^{(i)}) + \sum\limits_{u=1}^{U-1} \sum\limits_{i=1}^{I} P_u^{(i)} k_u^{(i)}(\Delta f_u^{(i)}) + \sum\limits_{q=1}^{Q-1} \sum\limits_{k=1}^{K_q} \sum\limits_{j=1}^{J_q} P_{q,k}^{(j)} k_{q,k}^{(j)}(\Delta f_{q,k}^{(j)}) + N_0}$$

$$(5-131)$$

$$k_M^{(i)}(\Delta f_M^{(i)}) = \frac{\int_{-B/2}^{B/2} |H_B(f)|^2 G_M^{(i)}(f + \Delta f_M^{(i)}) G_c(f) \, df}{\int_{-B/2}^{B/2} |H_B(f)|^2 G_c(f) \, df} \quad (5-132)$$

$$k_u^{(i)}(\Delta f_u^{(i)}) = \frac{\int_{-B/2}^{B/2} |H_B(f)|^2 G_u^{(i)}(f + \Delta f_u^{(i)}) G_c(f) \, df}{\int_{-B/2}^{B/2} |H_B(f)|^2 G_c(f) \, df} \quad (5-133)$$

$$k_{q,k}^{(j)}(\Delta f_{q,k}^{(j)}) = \frac{\int_{-B/2}^{B/2} |H_B(f)|^2 G_{q,k}^{(j)}(f + \Delta f_{q,k}^{(j)}) G_c(f) \, df}{\int_{-B/2}^{B/2} |H_B(f)|^2 G_c(f) \, df} \quad (5-134)$$

式中，$\left(\dfrac{P_0}{N_0}\right)_{eq}$ 作为一个整体符号，表示等效载噪比，用这个符号的目的是继承载噪比的含义而又有别于载噪比；$k_M^{(i)}$、$k_u^{(i)}$ 和 $k_{q,k}^{(j)}$ 分别是 CDMA 干扰信号、系统内干扰信号、系统间干扰信号与目标信号之间的谱分离系数；P_0、$P_M^{(i)}$、$P_u^{(i)}$ 和 $P_{q,k}^{(j)}$ 分别表示在天线输入端接收到的目标信号功率、CDMA 干扰信号功率、系统内干扰信号功率和系统间干扰信号功率，单位是 W；N_0 是白噪声的功率谱密度，单位是 W/Hz。

观察式（5-131）的分母，GNSS 干扰信号的接收功率与谱分离系数相乘得到等效的"白"功率谱密度，单位是 W/Hz，可以直接与系统热噪声进行相加。等效载噪比解析表达式是从 SNIR 表达式中推导出来的，因此，用等效载噪比来分析干扰过程得到同样正确的效果，并且可直接利用等效载噪比来分析干扰的影响。需要注意的是，这个结果是基于 GNSS 干扰信号之间相互独立，并与目标信号不相关的假设，而这个假设是合理的。图 5-24 示意了这个等效过程。

因此，总的系统内干扰等效谱密度为 I_{intra}

$$I_{intra} = \sum_{i=1}^{I-1} P_M^{(i)} k_M^{(i)}(\Delta f_M^{(i)}) + \sum_{u=1}^{U-1} \sum_{i=1}^{I} P_u^{(i)} k_u^{(i)}(\Delta f_u^{(i)}) \quad (5-135)$$

总的系统间干扰等效谱密度为 I_{inter}

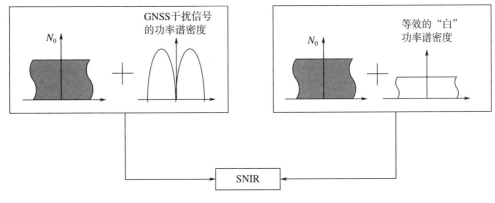

图 5 - 24 等效示意图

$$I_{\text{inter}} = \sum_{q=1}^{Q-1} \sum_{k=1}^{K_q} \sum_{j=1}^{J_q} P_{q,k}^{(j)} k_{q,k}^{(j)} (\Delta f_{q,k}^{(j)}) \tag{5 - 136}$$

可见，等效载噪比与总的系统内干扰等效谱密度 I_{intra}、总的系统间干扰等效谱密度 I_{inter} 和热噪声功率谱密度这三者之和成反比关系，而等效谱密度与接收机视界内总的干扰卫星颗数、总的干扰系统个数、天线输入端接收到的功率和谱分离系数成线性关系，任何一者增大都会使等效谱密度增大，导致载噪比减小。

按式（5 - 135）和式（5 - 136）计算 I_{intra} 和 I_{inter} 的运算量比较大，当不需要很精确地估计系统内干扰和系统间干扰的影响时，可以近似认为视界内所有 CDMA 干扰信号的接收功率和谱分离系数相同，系统内所有第 u 个服务信号的接收功率和谱分离系数相同，第 q 个系统的所有第 k 个服务信号的接收功率和谱分离系数相同，则 I_{intra} 和 I_{inter} 可以近似等于

$$I_{\text{intra}} = I \cdot P_M \cdot k_M (\Delta f_M) + \sum_{u=1}^{U-1} I \cdot P_u \cdot k_u (\Delta f_u) \tag{5 - 137}$$

$$I_{\text{inter}} = \sum_{q=1}^{Q-1} \sum_{k=1}^{K_q} P_{q,k} k_{q,k} (\Delta f_{q,k}) \tag{5 - 138}$$

前面介绍过的谱分离系数 $k_{X,I}$ 等于具有单位功率的干扰 $s_I(t)$ 经接收机匹配滤波器滤波后所产生的干扰功率，它较为真实地反映了干扰对那些依赖即时相关结果的多方面接收机运行性能的影响，这为计算机等效载噪比和信干噪比这些最终体现干扰和噪声对接收机性能影响程度的重要指标奠定了理论基础。

谱分离系数是用来计算当一个外界信号随着输入信号一起进入接收机而引起的噪声量，因而它可以作为比较在同一波段中不同信号之间相互作用、干扰的一种量度。在设计一个新的 GNSS 信号时，我们可以通过计算、比较多种不同候选设计形式的新信号与在同一波段中已经存在的或将来会出现的信号之间的谱分离系数，从而对这些新信号的候选设计方案进行评估、选择，以优化 GNSS 信号设计。

第6章 全球导航卫星系统干扰对码跟踪误差的影响

从上一章接收机的工作过程和原理我们已经知道，信号的捕获、载波跟踪、数据解调性能主要取决于接收机中即时相关器输出端的信号功率与噪声功率加干扰功率之比（SNIR），而码跟踪性能与超前和滞后支路的相关值有关。我们讨论了 GNSS 干扰对捕获、载波跟踪与数据解调的影响之后，接下来这一章将要探讨 GNSS 干扰对码跟踪误差的影响。在探讨这个问题之前，先解释码跟踪误差与码跟踪精度这两个概念，它们与哪些因素有关；然后分析码跟踪信号处理模型，建立码跟踪误差分析模型，推导相干超前减滞后处理（Coherent Early–Late Processing，CELP）的码跟踪误差，定义码跟踪谱灵敏度系数，并给出基于码跟踪谱灵敏度系数的相干超前减滞后处理（CELP）和非相干超前减滞后处理（NELP）的码跟踪误差估算式；最后给出不同干扰下的码跟踪误差。

6.1 码跟踪误差与码跟踪精度的概念

6.1.1 码跟踪精度

伪距是卫星导航系统的基本观测量，伪距观测量的提取是通过码和载波的精确跟踪来实现的，因而，码和载波跟踪精度直接决定了伪距观测精度。本节主要简单介绍伪码跟踪精度的概念，以及影响伪码跟踪精度的外部因素和内在因素。

卫星导航系统是利用伪随机码 TOA（Time of Arrival）测距以确定用户位置，而直扩系统测距主要是利用了扩频伪随机码尖锐的自相关特性。扩频伪随机码的测距精度，通常称为码跟踪精度，取决于码元宽度，而扩频码的码元宽度可以做得很窄，周期也可以设计得任意长，无模糊距离随伪码长度增加而正比增加，因此，扩频伪码测距可以做到很高的距离分辨率和测距精度。最大测距距离为

$$R = \frac{c}{2} \cdot L_0 \cdot T_c \tag{6-1}$$

式中 c ——电波传播速度；

L_0 ——伪码长度；

T_c ——码元宽度。

对于伪码测距，为了保证最大的作用距离的模糊分辨度，码序列的周期应该约为信号对目标往返距离对应的最大时延；为了得到要求的测距精度，码元宽度应该取得足够小；为了抗干扰、准确捕获，要求测距码自相关峰值足够尖锐。这就需要设计伪码周期足够长，但给伪码的捕获同步带来一定的困难。

伪码扩频信息帧测距的实质是利用信息帧的时延测距，传统解调信息的前后沿抖动很

大，不能保证测距的精度，但是由于扩频码与信息数据位相干，即一个信息数据位内填一个完整的伪码周期，所以可用扩频码的特征相位作为信息数据的位同步信号，这样测距的精度就取决于接收端伪码跟踪的精度，而无模糊距离由信息帧的长度决定，可以用于远距离测距。我国北斗一号就是利用这种方法，测距达 16 万千米，精度很高。

决定码跟踪精度的内在因素主要是信号体制结构，导航信号参数一旦确定，导航系统所能达到的最高测距精度就确定了，即码相位最高分辨率就确定了，我们称这为理想情况下的码跟踪精度，反映信号的特征性能。如 C/A 码的跟踪精度低于 P 码的精度，因为 C/A 码的码元宽度大于 P 码的码元宽度；BOC 类调制信号的跟踪精度高于 PSK - R 类调制信号的精度，因为 BOC 类调制信号的自相关函数主峰通常较为狭窄、尖锐，所以它有着更高的码相位跟踪精度。而影响码跟踪精度的外部因素主要包括白噪声、高斯干扰、多径干扰及接收系统，因此，在实际接收环境中所能达到的精度称为实际码跟踪精度，用不同接收设备所能达到的码跟踪精度要小于理想情况下的精度。

可见，码跟踪精度是导航信号体制设计中所必须考虑的关键指标。导航领域许多国外著名的专家学者对伪码跟踪精度进行了比较深入的研究。其中，以约翰·W·贝茨（John W. Betz）的伪码跟踪精度理论在通用性和精确性方面最为突出，他于 2009 年在 IEEE 杂志（IEEE TRANSACTIONS ON AEROSPACE AND ELECTRONIC SYSTEMS）上发表两篇文献，文中给出了相干及非相干码跟踪精度的详细推导，并给出最终解析表达式。

6.1.2　码跟踪误差

因实际接收环境中噪声、干扰、多径及接收机自身软硬件条件的限制，使得实际码跟踪精度与理想码跟踪精度有一定误差，这偏差称为码跟踪误差，误差大小通常用码跟踪均方根误差来表示。影响码跟踪误差大小的因素很多，如噪声、干扰、多径干扰及接收机硬件条件（量化位数、前端带宽、环路带宽、天线噪声温度、电缆插入损耗、环路阶数等）和软件算法。因此，欲全面分析码跟踪误差受到的影响是困难的，通常会抓住重点因素而简化其他因素。

我们知道，GNSS 接收机码环的基本功能是让接收机复制伪码与接收信号做相关运算，通过鉴相器找出自相关函数的主峰位置，从而一方面获得对接收信号的码相位测量值，另一方面调整复制伪码的相位，以保持对接收信号伪码的跟踪与锁定。我们在此所说的伪码对 BPSK - R 调制信号而言是指单纯的伪码这一信号结构层次，而对 BOC 类调制信号而言是指经 BOC 类调制副载波所调制后的伪码。

GNSS 接收机码环常采用的鉴相器是非相干超前减滞后（EML）方法，它的功能就是通过比较超前和滞后支路上的非相干结果，从而估算出接收机内部复制伪码与接收伪码之间相位差 τ 的值。关于接收机对 BPSK - R（甚至更为广泛的 PSK）调制信号的跟踪，图 6 -1（a）中的实线 $E(\tau)$ 和虚线 $L(\tau)$ 分别为超前和滞后相关器相对于码相位跟踪差异 τ 所测量获得的三角形自相关函数曲线，在任一时刻超前和滞后相关器相关支路上的非相干积分输出值分别是 $E(\tau)$ 和 $L(\tau)$ 曲线在同一个 τ 值处的一个采样点，而 D 为前后相关器间

距。采用非相干超前减滞后鉴别器的鉴相结果参量 $S(\tau)$ 为

$$S(\tau)=E(\tau)-L(\tau) \qquad (6-2)$$

相应的鉴相曲线如图 6-1（b）所示，它代表着码相位跟踪差异 τ 与码环所产生的码相位校正量之间的函数关系。因为码环鉴相曲线大致呈字母 S 型形状，所以我们又常称码环鉴相曲线为 S 曲线。

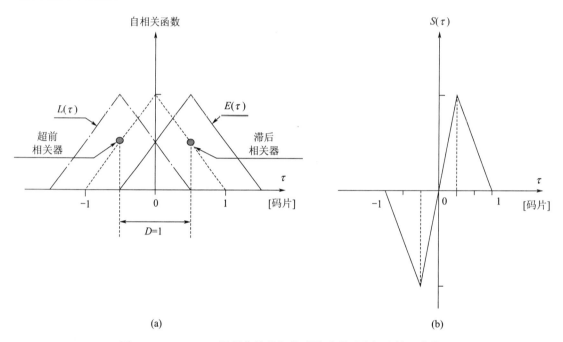

图 6-1　BPSK-R 调制信号的超前减滞后码环鉴相及其 S 曲线

在码环鉴相器的线性工作区域内，给定一个接收机非相干超前减滞后值 $S(\tau)$，我们就可以从 S 曲线上找到相应于此 $S(\tau)$ 值的 τ 值，那么这个 τ 值就是码环对此时码相位跟踪差异 δ_{cp} 的估算值，而估算值 τ 与真实值 δ_{cp} 之间的差异才是码相位测量误差 $[\pm(\delta_{cp}-\tau)]$。换一种说法，码环鉴相器计算 τ 值其实也就是在寻找 S 曲线上的零点，并希望下一个鉴相时刻 $S(\tau)$ 值能收敛到此零点。图 6-1（b）显示，BPSK-R 调制信号的 S 曲线在 τ 为 -1.5～$+1.5$ 码片这一范围内只有一个过零点，于是接收机码环要么对信号失锁，要么很容易正确地锁定信号主峰，锁定信号时只有一个稳定状态。在噪声存在的条件下，寻找 S 曲线上零点的精度与 S 曲线在零点处的斜率有关：若斜率越大，则一个微小的码跟踪相位差 τ 也会产生一个很明显的 $S(\tau)$ 值。因此，我们通常将 S 曲线在零点处的斜率定义为鉴相器增益 g，即

$$g=\frac{\mathrm{d}S(\tau)}{\mathrm{d}\tau}\bigg|_{\tau=0} \qquad (6-3)$$

它体现着码环对接收信号的码相位跟踪精度：鉴相器增益值 g 越大，则码相位跟踪误差均方差就越小。也就是说，当接收机码环鉴相曲线斜率越大，码相位跟踪精度越高，则码相位跟踪误差越小。

6.2　GNSS 干扰对码跟踪误差的影响

6.2.1　码跟踪信号处理模型

对于接收机超前和滞后码跟踪环而言，信号的码跟踪性能严重依赖于超前和滞后支路，可用码跟踪误差的方差来进行评价。接收机的码跟踪信号处理模型如图 6 - 2 所示。

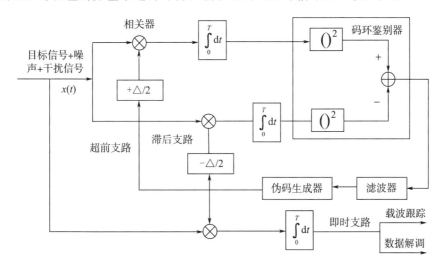

图 6 - 2　码跟踪信号处理模型

假设码跟踪的积分时间为 T，码跟踪环单边带宽 B_L 的范围为 $0 < B_L T < 0.5$，码环鉴别器估计输出的方差为 σ_u^2，码跟踪环滤波器输出方差为 σ_s^2，则

$$\sigma_s^2 \cong \sigma_u^2 2 B_L T (1 - 0.5 B_L T) \tag{6-4}$$

当 $B_L T$ 值很小时，式（6 - 4）可以近似等价为 $\sigma_s^2 \cong \sigma_u^2 2 B_L T$，此结论无论对相干超前减滞后处理还是非相干超前减滞后处理的码跟踪环路都是适用的。

6.2.2　码跟踪误差分析模型

基于上节码跟踪信号基带处理流程，可得出如图 6 - 3 所示的码跟踪误差分析模型，从射频前端带通滤波器（BPF）输出的信号经过的处理流程与第 5 章的 SNIR 分析模型相同，不同的是，在 SNIR 分析模型中，处理的对象是即时支路信号，而这里是超前和滞后支路信号，从 BPF 输出的 I、Q 支路信号送入相关器，分别与超前、滞后码进行预相关和相干积分，然后送入码跟踪环路，从环路滤波器中输出的跟踪误差反馈给码发生器，以调节码相位，使输出的即时码与接收信号码相位同步。码跟踪环路中选用的鉴相器算法和环路参数不同，估算得到的跟踪误差不同。

这里考虑的系统内和系统间干扰建模为高斯的、零均值的，然而不必具有白色谱。分析中假定接收机前端不会饱和，也不会以其他方式对干扰产生非线性响应。同时没有多

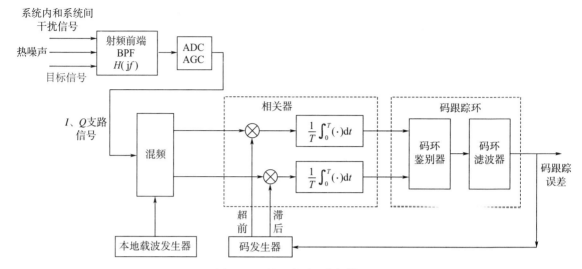

图 6-3　码跟踪误差分析模型

径，这样码跟踪误差仅由噪声和干扰引起。下面推导信号经过码跟踪环路各个环节的信号处理流程表达式。假设目标信号已处于稳态跟踪状态，基于第 5 章的式（5-4）和式（5-5），当信号处于稳态跟踪状态时，有 $\Delta f_D = f_D - \hat{f}_D = 0$，$\Delta\theta = \theta - \theta_{IF} - \hat{\theta} = 0$，则目标信号的 I、Q 支路基带信号为

$$I_s(t) = \sqrt{P_0}\{[\mathrm{d}(t-\tau)c(t-\tau)] * h_B(t)\}$$
$$Q_s(t) = 0 \tag{6-5}$$

式中　$I_s(t)$，$Q_s(t)$——目标信号的同相和正交支路信号；

　　　　P_0——包含接收机天线增益和其他可能损耗的目标信号功率，因信号经过中频载波剥离之后不再包含射频载波分量，因此信号幅值不再是第 5 章式（5-1）中的 $\sqrt{2P_0}$；

　　　　$\mathrm{d}(t)$——数据序列；

　　　　$c(t)$——伪码；

　　　　τ——时延；

　　　　f_D——多普勒频移；

　　　　θ——初始相位。

上式仍用连续时间来表示数字基带信号，一方面是为了便于理解和推导，另一方面是假设采样频率大于奈奎斯特频率，这样表示是可行的。下面的推导均采用连续时间来代替离散时间，经过载波剥离后送入相关器的 I、Q 支路信号表示为

$$I_{ur}(t) = I_s(t) + I_{\mathrm{intra}}(t) + I_{\mathrm{inter}}(t) + I_n(t)$$
$$Q_{ur}(t) = Q_{\mathrm{intra}}(t) + Q_{\mathrm{inter}}(t) + Q_n(t) \tag{6-6}$$

式中　$I_{\mathrm{intra}}(t)$，$Q_{\mathrm{intra}}(t)$——系统内干扰信号的同相和正交支路信号；

　　　　$I_{\mathrm{inter}}(t)$，$Q_{\mathrm{inter}}(t)$——系统间干扰信号的同相和正交支路信号；

$I_n(t)$，$Q_n(t)$——热噪声的同相和正交支路信号。

因目标信号的正交支路分量为 0，$Q_s(t)$ 项消失。设目标信号是第 J 个服务的第 j 颗卫星 $(1 \leqslant J \leqslant U)$，$(1 \leqslant j \leqslant I)$，目标信号用符号 $s_J^{(j)}(t)$ 来表示。为了推导需要，我们把第 5 章的式（5-79）至式（5-83）和式（5-86）在这里重写一遍

$$I_{\text{intra}}(t) = \sum_{i=1, i \neq j}^{I} I_M^{(i)}(t) + \sum_{u=1, u \neq J}^{U} \sum_{i=1, i \neq j}^{I} I_u^{(i)}(t) \tag{6-7}$$

$$Q_{\text{intra}}(t) = \sum_{i=1, i \neq j}^{I} Q_M^{(i)}(t) + \sum_{u=1, u \neq J}^{U} \sum_{i=1, i \neq j}^{I} Q_u^{(i)}(t)$$

$$I_{\text{inter}}(t) = \sum_{q=1}^{Q-1} \sum_{k=1}^{K_q} \sum_{j=1}^{J_q} I_{q,k}^{(j)}(t) \tag{6-8}$$

$$Q_{\text{inter}}(t) = \sum_{q=1}^{Q-1} \sum_{k=1}^{K_q} \sum_{j=1}^{J_q} Q_{q,k}^{(j)}(t)$$

$$I_M^{(i)}(t) = \sqrt{P_M^{(i)}} \{ [\mathrm{d}_M^{(i)}(t - \tau_M^{(i)}) c_M^{(i)}(t - \tau_M^{(i)})] * h_B(t) \} \cos(2\pi \Delta f_M^{(i)} t + \Delta \theta_M^{(i)})$$

$$Q_M^{(i)}(t) = \sqrt{P_M^{(i)}} \{ [\mathrm{d}_M^{(i)}(t - \tau_M^{(i)}) c_M^{(i)}(t - \tau_M^{(i)})] * h_B(t) \} \sin(2\pi \Delta f_M^{(i)} t + \Delta \theta_M^{(i)})$$

$$\tag{6-9}$$

$$I_u^{(i)}(t) = \sqrt{P_u^{(i)}} \{ [\mathrm{d}_u^{(i)}(t - \tau_u^{(i)}) c_u^{(i)}(t - \tau_u^{(i)})] * h_B(t) \} \cos(2\pi \Delta f_u^{(i)} t + \Delta \theta_u^{(i)})$$

$$Q_u^{(i)}(t) = \sqrt{P_u^{(i)}} \{ [\mathrm{d}_u^{(i)}(t - \tau_u^{(i)}) c_u^{(i)}(t - \tau_u^{(i)})] * h_B(t) \} \sin(2\pi \Delta f_u^{(i)} t + \Delta \theta_u^{(i)})$$

$$\tag{6-10}$$

$$I_{q,k}^{(j)}(t) = \sqrt{P_{q,k}^{(j)}} \{ [\mathrm{d}_{q,k}^{(j)}(t - \tau_{q,k}^{(j)}) c_{q,k}^{(j)}(t - \tau_{q,k}^{(j)})] * h_B(t) \} \cos(2\pi \Delta f_{q,k}^{(j)} t + \Delta \theta_{q,k}^{(j)})$$

$$Q_{q,k}^{(j)}(t) = \sqrt{P_{q,k}^{(j)}} \{ [\mathrm{d}_{q,k}^{(j)}(t - \tau_{q,k}^{(j)}) c_{q,k}^{(j)}(t - \tau_{q,k}^{(j)})] * h_B(t) \} \sin(2\pi \Delta f_{q,k}^{(j)} t + \Delta \theta_{q,k}^{(j)})$$

$$\tag{6-11}$$

$$I_n(t) = \sqrt{2} [n_a(t) * h_B(t)] \cos(2\pi \hat{f}_D t + \Delta \theta_n) \tag{6-12}$$

$$Q_n(t) = \sqrt{2} [n_a(t) * h_B(t)] \sin(2\pi \hat{f}_D t + \Delta \theta_n)$$

式中　$I_M^{(i)}(t)$，$Q_M^{(i)}(t)$——第 i 颗卫星的 CDMA 干扰的同相和正交支路信号；

　　　$I_u^{(i)}(t)$，$Q_u^{(i)}(t)$——第 i 颗卫星第 u 个服务信号的同相和正交支路信号；

　　　$I_{q,k}^{(j)}(t)$，$Q_{q,k}^{(j)}(t)$——系统间干扰的第 q 个系统的第 k 个服务的第 j 颗卫星信号的同相和正交支路信号。

将 $I_{ur}(t)$、$Q_{ur}(t)$ 支路信号与本地超前码进行相关，得到

$$\begin{aligned} I_E &= \frac{1}{T_{co}} \int_0^{T_{co}} I_{ur}(t) c(t + \mathrm{d}T_c/2 - \hat{\tau}) \mathrm{d}t \\ &= \frac{1}{T_{co}} \int_0^{T_{co}} [I_s(t) + I_n(t) + I_{\text{intra}}(t) + I_{\text{inter}}(t)] c(t + \mathrm{d}T_c/2 - \hat{\tau}) \mathrm{d}t \\ &= I_{E,s} + I_{E,n} + I_{E,\text{intra}} + I_{E,\text{inter}} \end{aligned} \tag{6-13}$$

$$Q_E = \frac{1}{T_{co}} \int_0^{T_{co}} Q_{ur}(t) c\left(t + \mathrm{d}T_c/2 - \hat{\tau}\right) \mathrm{d}t$$

$$= \frac{1}{T_{co}} \int_0^{T_{co}} \left[Q_s(t) + Q_n(t) + Q_{\mathrm{intra}}(t) + Q_{\mathrm{inter}}(t)\right] c\left(t + \mathrm{d}T_c/2 - \hat{\tau}\right) \mathrm{d}t \qquad (6-14)$$

$$= Q_{E,s} + Q_{E,n} + Q_{E,\mathrm{intra}} + Q_{E,\mathrm{inter}}$$

其中

$$I_{E,s} = \frac{1}{T_{co}} \int_0^{T_{co}} I_s(t) c\left(t + \mathrm{d}T_c/2 - \hat{\tau}\right) \mathrm{d}t \qquad (6-15)$$

$$I_{E,n} = \frac{1}{T_{co}} \int_0^{T_{co}} I_n(t) c\left(t + \mathrm{d}T_c/2 - \hat{\tau}\right) \mathrm{d}t$$

$$I_{E,\mathrm{intra}} = \sum_{i=1}^{I-1} I_{E,M}^{(i)} + \sum_{u=1}^{U-1} \sum_{i=1}^{I} I_{E,u}^{(i)}$$

$$I_{E,M}^{(i)} = \frac{1}{T_{co}} \int_0^{T_{co}} I_M^{(i)}(t) c\left(t + \mathrm{d}T_c/2 - \hat{\tau}\right) \mathrm{d}t \qquad (6-16)$$

$$I_{E,u}^{(i)} = \frac{1}{T_{co}} \int_0^{T_{co}} I_u^{(i)}(t) c\left(t + \mathrm{d}T_c/2 - \hat{\tau}\right) \mathrm{d}t$$

$$I_{E,\mathrm{inter}} = \sum_{q=1}^{Q-1} \sum_{k=1}^{K_q} \sum_{j=1}^{J_q} I_{E,q,k}^{(j)} \qquad (6-17)$$

$$I_{E,q,k}^{(j)} = \frac{1}{T_{co}} \int_0^{T_{co}} I_{q,k}^{(j)}(t) c\left(t + \mathrm{d}T_c/2 - \hat{\tau}\right) \mathrm{d}t$$

$$Q_{E,s} = \frac{1}{T_{co}} \int_0^{T_{co}} Q_s(t) c\left(t + \mathrm{d}T_c/2 - \hat{\tau}\right) \mathrm{d}t \qquad (6-18)$$

$$Q_{E,n} = \frac{1}{T_{co}} \int_0^{T_{co}} Q_n(t) c\left(t + \mathrm{d}T_c/2 - \hat{\tau}\right) \mathrm{d}t$$

$$Q_{E,\mathrm{intra}} = \sum_{i=1}^{I-1} Q_{E,M}^{(i)} + \sum_{u=1}^{U-1} \sum_{i=1}^{I} Q_{E,u}^{(i)}$$

$$Q_{E,M}^{(i)} = \frac{1}{T_{co}} \int_0^{T_{co}} Q_M^{(i)}(t) c\left(t + \mathrm{d}T_c/2 - \hat{\tau}\right) \mathrm{d}t \qquad (6-19)$$

$$Q_{E,u}^{(i)} = \frac{1}{T_{co}} \int_0^{T_{co}} Q_u^{(i)}(t) c\left(t + \mathrm{d}T_c/2 - \hat{\tau}\right) \mathrm{d}t$$

$$Q_{E,\mathrm{inter}} = \sum_{q=1}^{Q-1} \sum_{k=1}^{K_q} \sum_{j=1}^{J_q} Q_{E,q,k}^{(j)} \qquad (6-20)$$

$$Q_{E,q,k}^{(j)} = \frac{1}{T_{co}} \int_0^{T_{co}} Q_{q,k}^{(j)}(t) c\left(t + \mathrm{d}T_c/2 - \hat{\tau}\right) \mathrm{d}t$$

将 $I_{ur}(t)$、$Q_{ur}(t)$ 支路信号与本地滞后码进行相关，得到

$$I_L = \frac{1}{T_{co}} \int_0^{T_{co}} I_{ur}(t) c\left(t - \mathrm{d}T_c/2 - \hat{\tau}\right) \mathrm{d}t \qquad (6-21)$$

$$= I_{L,s} + I_{L,n} + I_{L,\mathrm{intra}} + I_{L,\mathrm{inter}}$$

$$Q_L = \frac{1}{T_{co}} \int_0^{T_{co}} Q_{ur}(t) c(t - \mathrm{d}T_c/2 - \hat{\tau}) \, \mathrm{d}t \tag{6-22}$$

$$= Q_{L,s} + Q_{L,n} + Q_{L,\text{intra}} + Q_{L,\text{inter}}$$

其中

$$I_{L,s} = \frac{1}{T_{co}} \int_0^{T_{co}} I_s(t) c(t - \mathrm{d}T_c/2 - \hat{\tau}) \, \mathrm{d}t \tag{6-23}$$

$$I_{L,n} = \frac{1}{T_{co}} \int_0^{T_{co}} I_n(t) c(t - \mathrm{d}T_c/2 - \hat{\tau}) \, \mathrm{d}t$$

$$I_{L,\text{intra}} = \sum_{i=1}^{I-1} I_{L,M}^{(i)} + \sum_{u=1}^{U-1} \sum_{i=1}^{I} I_{L,u}^{(i)}$$

$$I_{L,M}^{(i)} = \frac{1}{T_{co}} \int_0^{T_{co}} I_M^{(i)}(t) c(t - \mathrm{d}T_c/2 - \hat{\tau}) \, \mathrm{d}t \tag{6-24}$$

$$I_{L,u}^{(i)} = \frac{1}{T_{co}} \int_0^{T_{co}} I_u^{(i)}(t) c(t - \mathrm{d}T_c/2 - \hat{\tau}) \, \mathrm{d}t$$

$$I_{L,\text{inter}} = \sum_{q=1}^{Q-1} \sum_{k=1}^{K_q} \sum_{j=1}^{J_q} I_{L,q,k}^{(j)}(t) \tag{6-25}$$

$$I_{L,q,k}^{(j)}(t) = \frac{1}{T_{co}} \int_0^{T_{co}} I_{q,k}^{(j)}(t) c(t - \mathrm{d}T_c/2 - \hat{\tau}) \, \mathrm{d}t$$

$$Q_{L,s} = \frac{1}{T_{co}} \int_0^{T_{co}} Q_s(t) c(t - \mathrm{d}T_c/2 - \hat{\tau}) \, \mathrm{d}t \tag{6-26}$$

$$Q_{L,n} = \frac{1}{T_{co}} \int_0^{T_{co}} Q_n(t) c(t - \mathrm{d}T_c/2 - \hat{\tau}) \, \mathrm{d}t$$

$$Q_{L,\text{intra}} = \sum_{i=1}^{I-1} Q_{L,M}^{(i)} + \sum_{u=1}^{U-1} \sum_{i=1}^{I} Q_{L,u}^{(i)}$$

$$Q_{L,M}^{(i)} = \frac{1}{T_{co}} \int_0^{T_{co}} Q_M^{(i)}(t) c(t - \mathrm{d}T_c/2 - \hat{\tau}) \, \mathrm{d}t \tag{6-27}$$

$$Q_{L,u}^{(i)} = \frac{1}{T_{co}} \int_0^{T_{co}} Q_u^{(i)}(t) c(t - \mathrm{d}T_c/2 - \hat{\tau}) \, \mathrm{d}t$$

$$Q_{L,\text{inter}} = \sum_{q=1}^{Q-1} \sum_{k=1}^{K_q} \sum_{j=1}^{J_q} Q_{L,q,k}^{(j)}(t) \tag{6-28}$$

$$Q_{L,q,k}^{(j)}(t) = \frac{1}{T_{co}} \int_0^{T_{co}} Q_{q,k}^{(j)}(t) c(t - \mathrm{d}T_c/2 - \hat{\tau}) \, \mathrm{d}t$$

　　以上只罗列了系统内、系统间各信号分量与超前、滞后码相关后的表达式,下面将分相干和非相干情况推导码跟踪误差,以及码跟踪谱分离系数和等效载噪比。以上各式中,d 为超前-滞后相关器间隔。

6.2.3　相干超前减滞后码跟踪误差

　　对于相干超前减滞后处理 (Coherent Early-Late Processing,CELP),由噪声和干扰引起的码跟踪误差标准差的一般表达式为

$$\sigma [s] = \sqrt{\frac{2 B_L T_{co}}{G_d^2} \sigma_{d\tau}^2} \tag{6-29}$$

其中

$$G_d = \frac{E [d\tau_k]}{\hat{\tau}_k} \bigg|_{\hat{\tau}_k = 0} \tag{6-30}$$

式中　　T_{co} ——预积分时间；

B_L ——环路带宽；

$\sigma_{d\tau}^2$ ——鉴相器方差；

G_d ——鉴相器增益。

$\hat{\tau}_k$ 值是码环对 k 时刻码相位跟踪差异的估算值。通常，相干鉴相器算法的估算值 $d\tau_k$ 都可以写成

$$d\tau_k = (I_E - I_L) \hat{d}_I \tag{6-31}$$

式中　　$\hat{d}_I$ —— I 支路数据位的估计值。

假设数据位已经准确估计，超前支路和滞后支路不相关，GNSS 信号间相互独立，系统内干扰信号和系统间干扰建模为高斯的、零均值的随机过程，接收机前端带通滤波器近似成一个理想线性相位和单位幅度的带通滤波器，带宽为 B MHz。基于这些假设和上节推出的超前、滞后支路信号的数学表达式，下面推导受 GNSS 干扰信号影响，码鉴相器采用相干超前减滞后（CEML）算法时，码跟踪误差标准差的解析表达式。由于加性噪声和干扰引入的误差会影响到接收机更新码相位估计值，但只要占主导地位的误差源（误差必须足够小以保证线性分析成立）是噪声与干扰，且码跟踪环路不失锁，下面的理论分析结果就仍适用。

对于相干鉴相器，当没有噪声和干扰时，码跟踪环路准确跟踪上目标信号，即目标信号的超前减滞后支路差值的统计值为 0，表示为 $E [d\tau_k] = E [I_{E,s} - I_{L,s}] = 0$，$E [(d\tau_k)^2] = E [(I_{E,s} - I_{L,s})^2] = 0$。因此，可得到噪声和干扰对鉴相器方差的贡献为

$$\begin{aligned}
\sigma_{d\tau,\text{CEML}}^2 &= E [(d\tau_k)^2] - E^2 [d\tau_k] \\
&= E [(I_E - I_L)^2] - E^2 [I_E - I_L] \\
&= E [(I_E - I_L)^2] - 0 \\
&= E [(I_{E,n} - I_{L,n})^2] + E [(I_{E,\text{intra}} - I_{L,\text{intra}})^2] + E [(I_{E,\text{inter}} - I_{L,\text{inter}})^2]
\end{aligned} \tag{6-32}$$

其中

$$I_{E,s} - I_{L,s} = \frac{1}{T_{co}} \int_0^{T_{co}} I_s(t) [c(t + dT_c/2 - \hat{\tau}) - c(t - dT_c/2 - \hat{\tau})] dt$$

$$I_{E,n} - I_{L,n} = \frac{\sqrt{2}}{T_{co}} \int_0^{T_{co}} I_n(t) [c(t + dT_c/2 - \hat{\tau}) - c(t - dT_c/2 - \hat{\tau})] dt$$

$$I_{E,\text{intra}} - I_{L,\text{intra}} = \frac{1}{T_{co}} \int_0^{T_{co}} I_{\text{intra}}(t) [c(t + dT_c/2 - \hat{\tau}) - c(t - dT_c/2 - \hat{\tau})] dt$$

$$I_{E,\text{inter}} - I_{L,\text{inter}} = \frac{1}{T_{co}} \int_0^{T_{co}} I_{\text{inter}}(t) [c(t + dT_c/2 - \hat{\tau}) - c(t - dT_c/2 - \hat{\tau})] dt$$

$$\tag{6-33}$$

下面分别求噪声、系统内干扰和系统间干扰对鉴相器方差的贡献。令 $z_n(t) = n_a(t) * h_B(t)$，对于热噪声部分

$$E[(I_{E,n} - I_{L,n})^2]$$

$$= \frac{2}{T_{co}^2} \int_0^{T_{co}} \int_0^{T_{co}} E[I_n(t) I_n(s)] E\left\{ \begin{bmatrix} [c(t + \mathrm{d}T_c/2 - \hat{\tau}) - c(t - \mathrm{d}T_c/2 - \hat{\tau})] \\ \cdot [c(s + \mathrm{d}T_c/2 - \hat{\tau}) - c(s - \mathrm{d}T_c/2 - \hat{\tau})] \end{bmatrix} \right\} \mathrm{d}t\,\mathrm{d}s$$

$$= \frac{1}{T_{co}^2} \int_0^{T_{co}} \int_0^{T_{co}} E\left\{ z_n(t) z_n(s) \begin{bmatrix} \cos(2\pi \hat{f}_D(t+s) + 2\Delta\theta_n) \\ + \cos(2\pi \hat{f}_D(t-s)) \end{bmatrix} \right\} \begin{bmatrix} 2R_c(t-s) \\ -R_c(t-s+\mathrm{d}T_c) \\ -R_c(t-s-\mathrm{d}T_c) \end{bmatrix} \mathrm{d}t\,\mathrm{d}s$$

$$(6-34)$$

码环滤波器带宽很小，通常为几赫兹，并且 $\hat{f}_D \approx 0$，因此经过环路低通滤波器后，可得到

$$E[(I_{E,n} - I_{L,n})^2]$$

$$= \frac{1}{T_{co}^2} \int_0^{T_{co}} \int_0^{T_{co}} E[z_n(t) z_n(s)][2R_c(t-s) - R_c(t-s+\mathrm{d}T_c) - R_c(t-s-\mathrm{d}T_c)] \mathrm{d}t\,\mathrm{d}s$$

$$= \frac{1}{T_{co}^2} \int_0^{T_{co}} \int_0^{T_{co}} R_{z_n}(t-s)[2R_c(t-s) - R_c(t-s+\mathrm{d}T_c) - R_c(t-s-\mathrm{d}T_c)] \mathrm{d}t\,\mathrm{d}s$$

$$(6-35)$$

对上式变换积分变量，令 $\tau = t - s$，$u = s$，利用雅可比变换，可得

$$E[(I_{E,n} - I_{L,n})^2]$$

$$= \frac{1}{T_{co}} \int_{-T_{co}}^{T_{co}} R_{z_n}(\tau)[2R_c(\tau) - R_c(\tau + \mathrm{d}T_c) - R_c(\tau - \mathrm{d}T_c)]\left(1 - \frac{|\tau|}{T_{co}}\right)\mathrm{d}\tau$$

$$(6-36)$$

式中　$R_{z_n}(\tau)$ —— $z_n(t)$ 的自相关函数。

它的傅里叶变换为

$$G_{z_n}(f) = FT[R_{z_n}(\tau)] = \lim_{T_{co} \to \infty} \frac{|FT[n_a(t) * h_B(t)]|^2}{T_{co}} = \frac{N_0}{2}|H_B(f)|^2 \quad (6-37)$$

$R_c(\tau)$ 是本地即时码的自相关函数，设它的傅里叶变换为 $G_c(f)$。利用相关函数与功率谱是傅里叶变换对的关系，对式（6-37）进行转换并整理得

$$E[(I_{E,n} - I_{L,n})^2]$$

$$= \frac{1}{T_{co}} \int_{-T_{co}}^{T_{co}} \begin{bmatrix} \int_{-\infty}^{\infty} G_{z_n}(f) \exp(\mathrm{j}2\pi f_1 \tau) \mathrm{d}f_1 \int_{-\infty}^{\infty} \mathrm{sinc}^2(\pi f_3 T_{co}) \exp(\mathrm{j}2\pi f_3 \tau) \mathrm{d}f_3 \\ [\int_{-\infty}^{\infty} G_c(f_2) \exp(\mathrm{j}2\pi f_2 \tau)[2 - \exp(\mathrm{j}2\pi f_2 \mathrm{d}T_c) - \exp(-\mathrm{j}2\pi f_2 \mathrm{d}T_c)]] \end{bmatrix} \mathrm{d}\tau$$

$$= \frac{2N_0}{T_{co}} \int_{-B/2}^{B/2} \int_{-\infty}^{\infty} \int_{-\infty}^{\infty} \begin{bmatrix} |H_B(f)|^2 G_c(f_2) \\ \cdot \sin^2(\pi f_2 \mathrm{d}T_c) \mathrm{sinc}^2(\pi f_3 T_{co}) \end{bmatrix} \int_{-T_{co}}^{T_{co}} \exp[\mathrm{j}2\pi(f_1 + f_2 + f_3)\tau] \mathrm{d}\tau \mathrm{d}f_1 \mathrm{d}f_2 \mathrm{d}f_3$$

$$= \frac{2N_0}{T_{co}} \int_{-B/2}^{B/2} \int_{-\infty}^{\infty} \int_{-\infty}^{\infty} |H_B(f)|^2 G_c(f_2) \sin^2(\pi f_2 \mathrm{d}T_c) \mathrm{sinc}^2(\pi f_3 T_{co}) \delta(f_1 + f_2 + f_3) \mathrm{d}f_1 \mathrm{d}f_2 \mathrm{d}f_3$$

$$= \frac{2N_0}{T_{co}} \int_{-B/2}^{B/2} \int_{-\infty}^{\infty} |H_B(f)|^2 G_c(f_2) \sin^2(\pi f_2 \mathrm{d}T_c) \operatorname{sinc}^2[\pi(f_1 + f_2)T_{co}]\mathrm{d}f_1 \mathrm{d}f_2$$

$$\approx \frac{2N_0}{T_{co}} \int_{-B/2}^{B/2} \int_{-\infty}^{\infty} |H_B(f)|^2 G_c(f_2) \sin^2(\pi f_2 \mathrm{d}T_c) \delta(f_1 + f_2)\mathrm{d}f_1 \mathrm{d}f_2$$

$$= \frac{2N_0}{T_{co}} \int_{-B/2}^{B/2} |H_B(f)|^2 G_c(f) \sin^2(\pi f \mathrm{d}T_c)\mathrm{d}f$$

$$(6-38)$$

对于系统内干扰

$$E[(I_{E,\mathrm{intra}} - I_{L,\mathrm{intra}})^2] = E\left\{\left[\sum_{i=1}^{I-1}(I_{E,M}^{(i)} - I_{L,M}^{(i)}) + \sum_{u=1}^{U-1}\sum_{i=1}^{I}(I_{E,u}^{(i)} - I_{L,u}^{(i)})\right]^2\right\}$$

$$= \sum_{i=1}^{I-1} E[(I_{E,M}^{(i)} - I_{L,M}^{(i)})^2] + \sum_{u=1}^{U-1}\sum_{i=1}^{I} E[(I_{E,u}^{(i)} - I_{L,u}^{(i)})^2]$$

$$(6-39)$$

令

$$z_M^{(i)}(t) = (\mathrm{d}_M^{(i)}(t)c_M^{(i)}(t)) * h_B(t)$$

$$E[(I_{E,M}^{(i)} - I_{L,M}^{(i)})^2]$$

$$= \frac{1}{T_{co}^2}\int_0^{T_{co}}\int_0^{T_{co}} E[I_M^{(i)}(t)I_M^{(i)}(s)]E\left\{\begin{array}{l}[c(t + \mathrm{d}T_c/2 - \hat{\tau}) - c(t - \mathrm{d}T_c/2 - \hat{\tau})]\\ \cdot [c(s + \mathrm{d}T_c/2 - \hat{\tau}) - c(s - \mathrm{d}T_c/2 - \hat{\tau})]\end{array}\right\}\mathrm{d}t\mathrm{d}s$$

$$= \frac{P_M^{(i)}}{2T_{co}^2}\int_0^{T_{co}}\int_0^{T_{co}}\left\{R_{z_M^{(i)}}(t-s)\begin{bmatrix}\cos(2\pi\Delta f_M^{(i)}(t+s) + 2\Delta\theta_M^{(i)})\\ + \cos(2\pi\Delta f_M^{(i)}(t-s))\end{bmatrix}\right\}\begin{bmatrix}2R_c(t-s)\\ -R_c(t-s+\mathrm{d}T_c)\\ -R_c(t-s-\mathrm{d}T_c)\end{bmatrix}\mathrm{d}t\mathrm{d}s$$

$$(6-40)$$

同样，经过环路滤波器之后，并整理得到

$$E[(I_{E,M}^{(i)} - I_{L,M}^{(i)})^2]$$

$$= \frac{P_M^{(i)}}{2T_{co}^2}\int_0^{T_{co}}\int_0^{T_{co}} R_{z_M^{(i)}}(t-s)\cos[2\pi\Delta f_M^{(i)}(t-s)]\begin{bmatrix}2R_c(t-s)\\ -R_c(t-s+\mathrm{d}T_c) - R_c(t-s-\mathrm{d}T_c)\end{bmatrix}\mathrm{d}t\mathrm{d}s$$

$$\overset{\tau=t-s}{=} \frac{P_M^{(i)}}{2T_{co}}\int_{-T_{co}}^{T_{co}}\left[R_{z_M^{(i)}}(\tau)\cos(2\pi\Delta f_M^{(i)}\tau)[2R_c(\tau) - R_c(\tau+\mathrm{d}T_c) - R_c(\tau-\mathrm{d}T_c)]\left(1 - \frac{|\tau|}{T_{co}}\right)\right]\mathrm{d}\tau$$

$$(6-41)$$

其中，$R_{z_M^{(i)}}(\tau)$ 的傅里叶变换为

$$G_{z_M^{(i)}}(f) = FT[R_{z_M^{(i)}}(\tau)]$$

$$= \lim_{T_{co}\to\infty} \frac{|FT\{[\mathrm{d}_M^{(i)}(t)c_M^{(i)}(t)] * h_B(t)\}|^2}{T_{co}}$$

$$(6-42)$$

$$= G_M^{(i)}(f)|H_B(f)|^2$$

则 $R_{z_M^{(i)}}(\tau)\cos(2\pi\Delta f_M^{(i)}\tau)$ 的傅里叶变换为

$$G_{D_M}^{(i)}(f) = \frac{1}{2}[G_M^{(i)}(f + \Delta f_M^{(i)}) + G_M^{(i)}(f - \Delta f_M^{(i)})] \mid H_B(f) \mid^2$$

$$\approx G_M^{(i)}(f + \Delta f_M^{(i)}) \mid H_B(f) \mid^2 \qquad (6-43)$$

利用相关函数与功率谱是傅里叶变换对的关系，对式（6 - 41）进行转换并整理得

$$E[(I_{E,M}^{(i)} - I_{L,M}^{(i)})^2]$$

$$= \frac{P_M^{(i)}}{2T_{co}} \int_{-T_{co}}^{T_{co}} \left\{ \begin{array}{l} \int_{-\infty}^{\infty} G_{D_M}^{(i)}(f_1)\exp(\mathrm{j}2\pi f_1\tau)\mathrm{d}f_1 \int_{-\infty}^{\infty} \mathrm{sinc}^2(\pi f_3 T_{co})\exp(\mathrm{j}2\pi f_3\tau)\mathrm{d}f_3 \\ \bullet \left[\int_{-\infty}^{\infty} G_c(f_2)\exp(\mathrm{j}2\pi f_2\tau)[2 - \exp(\mathrm{j}2\pi f_2\mathrm{d}T_c) - \exp(-\mathrm{j}2\pi f_2\mathrm{d}T_c)]\mathrm{d}f_2 \right] \end{array} \right\} \mathrm{d}\tau$$

$$= \frac{2P_M^{(i)}}{T_{co}} \int_{-B/2}^{B/2} \int_{-\infty}^{\infty} \int_{-\infty}^{\infty} \begin{bmatrix} G_M^{(i)}(f_1 + \Delta f_M^{(i)}) \mid H_B(f_1) \mid^2 G_c(f_2) \\ \bullet \sin^2(\pi f_2\mathrm{d}T_c)\mathrm{sinc}^2(\pi f_3 T_{co}) \end{bmatrix} \int_{-T_{co}}^{T_{co}} \exp[\mathrm{j}2\pi(f_1+f_2+f_3)\tau]\mathrm{d}\tau\mathrm{d}f_1\mathrm{d}f_2\mathrm{d}f_3$$

$$= \frac{2P_M^{(i)}}{T_{co}} \int_{-B/2}^{B/2} \int_{-\infty}^{\infty} \int_{-\infty}^{\infty} \begin{bmatrix} G_M^{(i)}(f_1 + \Delta f_M^{(i)}) \mid H_B(f_1) \mid^2 G_c(f_2) \\ \bullet \sin^2(\pi f_2\mathrm{d}T_c)\mathrm{sinc}^2(\pi f_3 T_{co}) \end{bmatrix} \delta(f_1+f_2+f_3)\mathrm{d}f_1\mathrm{d}f_2\mathrm{d}f_3$$

$$= \frac{2P_M^{(i)}}{T_{co}} \int_{-B/2}^{B/2} \int_{-\infty}^{\infty} G_M^{(i)}(f_1 + \Delta f_M^{(i)}) \mid H_B(f_1) \mid^2 G_c(f_2)\sin^2(\pi f_2\mathrm{d}T_c)\mathrm{sinc}^2(\pi f_3 T_{co})\mathrm{d}f_1\mathrm{d}f_2$$

$$\approx \frac{2P_M^{(i)}}{T_{co}} \int_{-B/2}^{B/2} \int_{-\infty}^{\infty} G_M^{(i)}(f_1 + \Delta f_M^{(i)}) \mid H_B(f_1) \mid^2 G_c(f_2)\sin^2(\pi f_2\mathrm{d}T_c)\delta(f_1+f_2)\mathrm{d}f_1\mathrm{d}f_2$$

$$= \frac{2P_M^{(i)}}{T_{co}} \int_{-B/2}^{B/2} G_M^{(i)}(f + \Delta f_M^{(i)}) \mid H_B(f) \mid^2 G_c(f)\sin^2(\pi f\mathrm{d}T_c)\mathrm{d}f$$

$$(6-44)$$

同理

$$E[(I_{E,u}^{(i)} - I_{L,u}^{(i)})^2] = \frac{2P_u^{(i)}}{T_{co}} \int_{-B/2}^{B/2} G_u^{(i)}(f + \Delta f_u^{(i)}) \mid H_B(f) \mid^2 G_c(f)\sin^2(\pi f\mathrm{d}T_c)\mathrm{d}f$$

$$(6-45)$$

把式（6 - 44）和式（6 - 45）代入式（6 - 39）得到

$$E[(I_{E,\mathrm{intra}} - I_{L,\mathrm{intra}})^2] = \sum_{i=1}^{I-1} \frac{2P_M^{(i)}}{T_{co}} \int_{-B/2}^{B/2} G_M^{(i)}(f + \Delta f_M^{(i)}) \mid H_B(f) \mid^2 G_c(f)\sin^2(\pi f\mathrm{d}T_c)\mathrm{d}f$$

$$+ \sum_{u=1}^{U-1} \sum_{i=1}^{I} \frac{2P_u^{(i)}}{T_{co}} \int_{-B/2}^{B/2} G_u^{(i)}(f + \Delta f_u^{(i)}) \mid H_B(f) \mid^2 G_c(f)\sin^2(\pi f\mathrm{d}T_c)\mathrm{d}f$$

$$(6-46)$$

对于系统间干扰，经过同样的推导过程，得到

$$E[(I_{E,\mathrm{inter}} - I_{L,\mathrm{inter}})^2] = E\left\{ \left[\sum_{q=1}^{Q-1} \sum_{k=1}^{K_q} \sum_{j=1}^{J_q} (I_{E,q,k}^{(j)} - I_{L,q,k}^{(j)}) \right]^2 \right\} \qquad (6-47)$$

$$= \sum_{q=1}^{Q-1} \sum_{k=1}^{K_q} \sum_{j=1}^{J_q} E[(I_{E,q,k}^{(j)} - I_{L,q,k}^{(j)})^2]$$

$$E[(I_{E,q,k}^{(j)} - I_{L,q,k}^{(j)})^2] = \frac{2P_{q,k}^{(j)}}{T_{co}} \int_{-B/2}^{B/2} G_{q,k}^{(j)}(f + \Delta f_{q,k}^{(j)}) \mid H_B(f) \mid^2 G_c(f)\sin^2(\pi f\mathrm{d}T_c)\mathrm{d}f$$

$$(6-48)$$

式中 $G_M^{(i)}(f)$ ， $G_u^{(i)}(f)$ ， $G_{q,k}^{(j)}(f)$ ——干扰信号在预积分时间内的功率谱；

$P_M^{(i)}$ ， $P_u^{(i)}$ ， $P_{q,k}^{(j)}$ ——干扰信号在天线输入端的接收功率；

$\Delta f_M^{(i)}$ ——CDMA 干扰信号 $s_M^{(i)}(t)$ 相对于接收机的残留多普勒频偏；

$G_c(f)$ ——目标信号的归一化功率谱密度。

而 $\Delta f_u^{(i)}$ 和 $\Delta f_{q,k}^{(j)}$ 除了包含残留多普勒频偏，还包含了干扰信号与目标信号中心频率的偏差，若干扰信号与目标信号中心频率重合，则 $\Delta f_u^{(i)}$ 和 $\Delta f_{q,k}^{(j)}$ 就只包含残留多普勒频偏。

把式 (6-39)、式 (6-47) 和式 (6-48) 代入式 (6-32)，得到鉴相器方差为

$$
\begin{aligned}
\sigma_{d_l,\text{CEML}}^2 = & \frac{2N_0}{T_{co}} \int_{-B/2}^{B/2} |H_B(f)|^2 G_c(f) \sin^2(\pi f dT_c) df \\
& + \sum_{i=1}^{I-1} \frac{2P_M^{(i)}}{T_{co}} \int_{-B/2}^{B/2} G_M^{(i)}(f + \Delta f_M^{(i)}) |H_B(f)|^2 G_c(f) \sin^2(\pi f dT_c) df \\
& + \sum_{u=1}^{U-1} \sum_{i=1}^{I} \frac{2P_u^{(i)}}{T_{co}} \int_{-B/2}^{B/2} G_u^{(i)}(f + \Delta f_u^{(i)}) |H_B(f)|^2 G_c(f) \sin^2(\pi f dT_c) df \\
& + \sum_{q=1}^{Q-1} \sum_{k=1}^{K_q} \sum_{j=1}^{J_q} \frac{2P_{q,k}^{(j)}}{T_{co}} \int_{-B/2}^{B/2} G_{q,k}^{(j)}(f + \Delta f_{q,k}^{(j)}) |H_B(f)|^2 G_c(f) \sin^2(\pi f dT_c) df
\end{aligned}
$$
(6-49)

鉴相器增益 G_d 为

$$
\begin{aligned}
G_d &= \frac{E[d\tau_k]}{\hat{\tau}_k}\bigg|_{\hat{\tau}_k=0} = \frac{E[(I_E - I_L)\hat{d}_I]}{\hat{\tau}_k}\bigg|_{\hat{\tau}_k=0} = \frac{E[I_{E,s} - I_{L,s}]}{\hat{\tau}_k}\bigg|_{\hat{\tau}_k=0} \\
&= \frac{E[R_s(\hat{\tau}_k + dT_c/2) - R_s(\hat{\tau}_k - dT_c/2)]}{\hat{\tau}_k}\bigg|_{\hat{\tau}_k=0} \\
&= \frac{\partial}{\partial \hat{\tau}_k}[R_s(\hat{\tau}_k + dT_c/2) - R_s(\hat{\tau}_k - dT_c/2)]\bigg|_{\hat{\tau}_k=0}
\end{aligned}
$$
(6-50)

$\hat{\tau}_k = \hat{\tau} - \tau$ ，是时延误差。其中

$$
\begin{aligned}
&\frac{\partial}{\partial \hat{\tau}_k}[R_s(\hat{\tau}_k + dT_c/2) - R_s(\hat{\tau}_k - dT_c/2)] \\
&= FT^{-1}\{j2\pi f \cdot FT[R_s(\hat{\tau}_k + dT_c/2) - R_s(\hat{\tau}_k - dT_c/2)]\} \\
&= j2\pi\sqrt{P_0} \int_{-B/2}^{B/2} f \cdot |H_B(f)|^2 [G_c(f)e^{j\pi f dT_c} - G_c(f)e^{-j\pi f dT_c}] e^{j2\pi f \hat{\tau}_k} df \\
&= j2\pi\sqrt{P_0} \int_{-B/2}^{B/2} f \cdot |H_B(f)|^2 G_c(f) [e^{j\pi f dT_c} - e^{-j\pi f dT_c}] e^{j2\pi f \hat{\tau}_k} df \\
&= -4\pi\sqrt{P_0} \int_{-B/2}^{B/2} f \cdot |H_B(f)|^2 G_c(f) \sin(\pi f dT_c) e^{j2\pi f \hat{\tau}_k} df
\end{aligned}
$$
(6-51)

把 $\hat{\tau}_k = 0$ 代入上式，得到鉴相器增益

$$
G_d = -4\pi\sqrt{P_0} \int_{-B/2}^{B/2} f \cdot |H_B(f)|^2 G_c(f) \sin(\pi f dT_c) df
$$
(6-52)

把 $\sigma_{d_r,\text{CEML}}^2$ 和 G_d^2 代入式 (6-29)，得到由噪声、系统内干扰和系统间干扰引起的总码

跟踪误差标准差为

$$\sigma_{C\_tot} = \sqrt{\frac{2B_L T_{co}}{G_d^2} \sigma_{dr,CEML}^2}$$

$$= \sqrt{\frac{4B_L}{G_d^2} \cdot \begin{bmatrix} N_0 \int_{-B/2}^{B/2} |H_B(f)|^2 G_c(f) \sin^2(\pi f d T_c) df \\[2mm] + \sum_{i=1}^{I-1} P_M^{(i)} \int_{-B/2}^{B/2} G_M^{(i)}(f + \Delta f_M^{(i)}) |H_B(f)|^2 G_c(f) \sin^2(\pi f d T_c) df \\[2mm] + \sum_{u=1}^{U-1} \sum_{i=1}^{I} P_u^{(i)} \int_{-B/2}^{B/2} G_u^{(i)}(f + \Delta f_u^{(i)}) |H_B(f)|^2 G_c(f) \sin^2(\pi f d T_c) df \\[2mm] + \sum_{q=1}^{Q-1} \sum_{k=1}^{K_q} \sum_{j=1}^{J_q} P_{q,k}^{(j)} \int_{-B/2}^{B/2} G_{q,k}^{(j)}(f + \Delta f_{q,k}^{(j)}) |H_B(f)|^2 G_c(f) \sin^2(\pi f d T_c) df \end{bmatrix}}$$

$$(6-53)$$

从上式看到，码跟踪误差标准差不仅仅依赖于信噪比和超前减滞后码间距，也与期望及干扰信号功率谱和接收机预相关带宽有着密切的关系。上式表达式看起来较为复杂，下节通过定义码跟踪谱灵敏度系数，使上式的表示显得简洁清楚易懂一些。

6.2.4　码跟踪谱灵敏度系数

码跟踪谱灵敏度系数（Code Tracking Spectral Sensitivity Coefficient，CT_SSC）主要是测量在特定码鉴别器下干扰信号对目标信号的码跟踪性能的影响，定义码跟踪谱灵敏度系数（CT_SSC）如下（单位是 1/Hz）

$$C(\Delta f) = \frac{\int_{-B/2}^{B/2} |H_B(f)|^2 G(f + \Delta f) G_c(f) \sin^2(\pi f d T_c) df}{\int_{-B/2}^{B/2} |H_B(f)|^2 G_c(f) \sin^2(\pi f d T_c) df} \quad (6-54)$$

其中

$$\int_{-\infty}^{\infty} G(f) df = 1$$

$$\int_{-\infty}^{\infty} G_c(f) df = 1$$

式中　d ——超前-滞后相关器间隔，单位为码片；

　　　$G(f)$ ——GNSS 基带干扰信号在无穷带宽上归一化为单位面积的功率谱密度，单位是 1/Hz；

　　　$G_c(f)$ ——本地参考信号在无穷带宽上归一化为单位面积的功率谱密度，单位是 1/Hz。

Δf 包含了残留多普勒频偏，以及干扰信号与目标信号的中心频率之间的偏差，把这两项之和称为频差。

用码跟踪谱灵敏度系数来表示码跟踪误差标准差，整理式（6-54），可写为

$$\sigma_{C\_tot} = \sqrt{\frac{4B_L \displaystyle\int_{-B/2}^{B/2} |H_B(f)|^2 G_c(f) \sin^2(\pi f \mathrm{d}T_c)\,\mathrm{d}f}{\left[-4\pi\sqrt{P_0} \displaystyle\int_{-B/2}^{B/2} f |H_B(f)|^2 G_c(f) \sin(\pi f \mathrm{d}T_c)\,\mathrm{d}f\right]^2} \cdot \left[\begin{array}{l} N_0 + \displaystyle\sum_{i=1}^{I-1} P_M^{(i)} C_M^{(i)}(\Delta f_M^{(i)}) \\ + \displaystyle\sum_{u=1}^{U-1}\sum_{i=1}^{I} P_u^{(i)} C_u^{(i)}(\Delta f_u^{(i)}) \\ + \displaystyle\sum_{q=1}^{Q-1}\sum_{k=1}^{K_q}\sum_{j=1}^{J_q} P_{q,k}^{(j)} C_{q,k}^{(j)}(\Delta f_{q,k}^{(j)}) \end{array}\right]}$$

$$= \frac{\sqrt{B_L \displaystyle\int_{-B/2}^{B/2} |H_B(f)|^2 G_c(f) \sin^2(\pi f \mathrm{d}T_c)\,\mathrm{d}f}}{2\pi \displaystyle\int_{-\infty}^{\infty} f |H_B(f)|^2 G_c(f) \sin(\pi f \mathrm{d}T_c)\,\mathrm{d}f} \times \sqrt{\left(\frac{P_0}{N_0}\right)^{-1} + J_{\text{intra}} + J_{\text{inter}}}$$

$$(6-55)$$

其中

$$J_{\text{intra}} = \sum_{i=1}^{I-1} \frac{P_M^{(i)}}{P_0} C_M^{(i)}(\Delta f_M^{(i)}) + \sum_{u=1}^{U-1}\sum_{i=1}^{I} \frac{P_u^{(i)}}{P_0} C_u^{(i)}(\Delta f_u^{(i)}) \qquad (6-56)$$

$$J_{\text{inter}} = \sum_{q=1}^{Q-1}\sum_{k=1}^{K_q}\sum_{j=1}^{J_q} \frac{P_{q,k}^{(j)}}{P_0} C_{q,k}^{(j)}(\Delta f_{q,k}^{(j)}) \qquad (6-57)$$

$$C_M^{(i)}(\Delta f_M^{(i)}) = \frac{\displaystyle\int_{-B/2}^{B/2} |H_B(f)|^2 G_M^{(i)}(f + \Delta f_M^{(i)}) G_c(f) \sin^2(\pi f \mathrm{d}T_c)\,\mathrm{d}f}{\displaystyle\int_{-B/2}^{B/2} |H_B(f)|^2 G_c(f) \sin^2(\pi f \mathrm{d}T_c)\,\mathrm{d}f} \qquad (6-58)$$

$$C_u^{(i)}(\Delta f_u^{(i)}) = \frac{\displaystyle\int_{-B/2}^{B/2} |H_B(f)|^2 G_u^{(i)}(f + \Delta f_u^{(i)}) G_c(f) \sin^2(\pi f \mathrm{d}T_c)\,\mathrm{d}f}{\displaystyle\int_{-B/2}^{B/2} |H_B(f)|^2 G_c(f) \sin^2(\pi f \mathrm{d}T_c)\,\mathrm{d}f} \qquad (6-59)$$

$$C_{q,k}^{(j)}(\Delta f_{q,k}^{(j)}) = \frac{\displaystyle\int_{-B/2}^{B/2} |H_B(f)|^2 G_{q,k}^{(j)}(f + \Delta f_{q,k}^{(j)}) G_c(f) \sin^2(\pi f \mathrm{d}T_c)\,\mathrm{d}f}{\displaystyle\int_{-B/2}^{B/2} |H_B(f)|^2 G_c(f) \sin^2(\pi f \mathrm{d}T_c)\,\mathrm{d}f} \qquad (6-60)$$

式中　$C_M^{(i)}$，$C_u^{(i)}$，$C_{q,k}^{(j)}$——CDMA 干扰信号、系统内其他干扰信号、系统间干扰信号与目标信号之间的码跟踪谱灵敏度系数；

　　P_0，$P_M^{(i)}$，$P_u^{(i)}$，$P_{q,k}^{(j)}$——包含接收机天线增益和其他可能损耗的目标信号功率、CDMA 干扰信号功率、系统内其他干扰信号功率和系统间干扰信号功率，单位是 W；

　　N_0——白噪声的功率谱密度，单位是 W/Hz。

　　观察谱分离系数和码跟踪谱灵敏度系数的定义式，发现后者的分子分母中比前者多了 $\sin^2(\pi f \mathrm{d}T_c)$ 项，该项有两个作用：选择所需信号的频谱用于码跟踪（分母部分）；匹配干扰信号频谱，反映某些容易受到干扰的频谱区域（分子部分）。同时，CT_SSC 是相关器间隔的函数。下面通过仿真来比较谱分离系数和码跟踪谱灵敏度系数。假设接收机前端带通滤波器是一个理想线性相位和单位幅度的带通滤波器（$|H_B(f)|^2 = 1$），目标信号的

调制方式是 BPSK（1），干扰信号的调制方式是 BOC（1，1），图 6 - 4 给出当 $\Delta f = 0$ 时它们的谱分离系数和码跟踪谱灵敏度系数。当 $d = 0.6$ 时，码跟踪谱灵敏度系数最大。

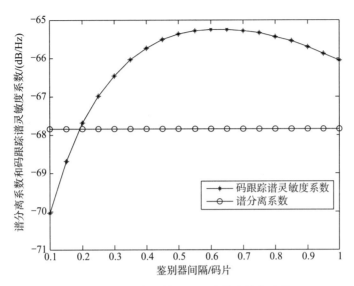

图 6 - 4　谱分离系数和码跟踪谱灵敏度系数

6.2.5　非相干超前减滞后码跟踪误差

对于采用非相干超前减滞后（NEML）算法的码跟踪环路，其码跟踪误差标准差等于相干超前减滞后算法的码跟踪误差标准差 σ_{C_tot} 乘以一个大于 1 的系数，为

$$\sigma_{N\_tot} \approx \sigma_{C\_tot} \cdot \sqrt{1 + \frac{\int_{-B/2}^{B/2} G_c(f)\cos^2(\pi f dT_c)df}{T_{co}\frac{P_0}{N_0}\left(\int_{-B/2}^{B/2} G_c(f)\cos(\pi f dT_c)df\right)^2} + \frac{A_{tot}}{T_{co}P_0\left(\int_{-B/2}^{B/2} G_c(f)\cos(\pi f dT_c)df\right)^2}} \quad (6-61)$$

$$A_{tot} = \sum_{i=1}^{I-1} P_M^{(i)} \int_{-B/2}^{B/2} G_M^{(i)}(f + \Delta f_M^{(i)}) G_c(f) \cos^2(\pi f dT_c) df$$

$$+ \sum_{u=1}^{U-1} \sum_{i=1}^{I} P_u^{(i)} \int_{-B/2}^{B/2} G_u^{(i)}(f + \Delta f_u^{(i)}) G_c(f) \cos^2(\pi f dT_c) df \quad (6-62)$$

$$+ \sum_{q=1}^{Q-1} \sum_{k=1}^{K_q} \sum_{j=1}^{J_q} P_{q,k}^{(j)} \int_{-B/2}^{B/2} G_{q,k}^{(j)}(f + \Delta f_{q,k}^{(j)}) G_c(f) \cos^2(\pi f dT_c) df$$

随着超前-滞后相关器间隔 d 逐渐变小趋近于零值极限时，式（6 - 55）和式（6 - 62）中的三角表达式可以由零值附近的泰勒级数展开式代替，$\sin(x) \underset{x \to 0}{\approx} x$，$\cos(x) \underset{x \to 0}{\approx} 1$，式（6 - 55）化为

$\sigma_{C\_tot,d\to 0}$

$$\approx \frac{\sqrt{B_L}}{2\pi\sqrt{\int_{-\infty}^{\infty} f^2 \mid H_B(f)\mid^2 G_c(f)\,\mathrm{d}f}} \times \sqrt{\left(\frac{P_0}{N_0}\right)^{-1} + J_{\text{intra},d\to 0} + J_{\text{inter},d\to 0}} \qquad (6-63)$$

$$J_{\text{intra},d\to 0} = \sum_{i=1}^{I-1}\frac{P_M^{(i)}}{P_0}C_{M,d\to 0}^{(i)}(\Delta f_M^{(i)}) + \sum_{u=1}^{U-1}\sum_{i=1}^{I}\frac{P_u^{(i)}}{P_0}C_{u,d\to 0}^{(i)}(\Delta f_u^{(i)}) \qquad (6-64)$$

$$J_{\text{inter},d\to 0} = \sum_{q=1}^{Q-1}\sum_{k=1}^{K_q}\sum_{j=1}^{J_q}\frac{P_{q,k}^{(j)}}{P_0}C_{q,k,d\to 0}^{(j)}(\Delta f_{q,k}^{(j)}) \qquad (6-65)$$

$$C_{M,d\to 0}^{(i)}(\Delta f_M^{(i)}) \approx \frac{\int_{-B/2}^{B/2} \mid H_B(f)\mid^2 G_M^{(i)}(f+\Delta f_M^{(i)})G_c(f)f^2\,\mathrm{d}f}{\int_{-B/2}^{B/2} \mid H_B(f)\mid^2 G_c(f)f^2\,\mathrm{d}f} \qquad (6-66)$$

$$C_{u,d\to 0}^{(i)}(\Delta f_u^{(i)}) \approx \frac{\int_{-B/2}^{B/2} \mid H_B(f)\mid^2 G_u^{(i)}(f+\Delta f_u^{(i)})G_c(f)f^2\,\mathrm{d}f}{\int_{-B/2}^{B/2} \mid H_B(f)\mid^2 G_c(f)f^2\,\mathrm{d}f} \qquad (6-67)$$

$$C_{q,k,d\to 0}^{(j)}(\Delta f_{q,k}^{(j)}) \approx \frac{\int_{-B/2}^{B/2} \mid H_B(f)\mid^2 G_{q,k}^{(j)}(f+\Delta f_{q,k}^{(j)})G_c(f)f^2\,\mathrm{d}f}{\int_{-B/2}^{B/2} \mid H_B(f)\mid^2 G_c(f)f^2\,\mathrm{d}f} \qquad (6-68)$$

式（6-63）化为

$$\sigma_{N\_tot,d\to 0} \approx \sigma_{C\_tot,d\to 0}\sqrt{1 + \frac{1}{T_{co}\frac{P_0}{N_0}\int_{-B/2}^{B/2}G_c(f)\,\mathrm{d}f} + \frac{A_{tot,d\to 0}}{T_{co}P_0\left(\int_{-B/2}^{B/2}G_c(f)\,\mathrm{d}f\right)^2}}$$

$$(6-69)$$

$$A_{tot,d\to 0} \approx \sum_{i=1}^{I-1}P_M^{(i)}\int_{-B/2}^{B/2}G_M^{(i)}(f+\Delta f_M^{(i)})G_c(f)\,\mathrm{d}f + \sum_{u=1}^{U-1}\sum_{i=1}^{I}P_u^{(i)}\int_{-B/2}^{B/2}G_u^{(i)}(f+\Delta f_u^{(i)})G_c(f)\,\mathrm{d}f$$

$$+ \sum_{q=1}^{Q-1}\sum_{k=1}^{K_q}\sum_{j=1}^{J_q}P_{q,k}^{(j)}\int_{-B/2}^{B/2}G_{q,k}^{(j)}(f+\Delta f_{q,k}^{(j)})G_c(f)\,\mathrm{d}f \qquad (6-70)$$

因此，当 $d\to 0$ 时，码跟踪谱灵敏度系数的定义式近似写为

$$C(\Delta f) \approx \frac{\int_{-B/2}^{B/2} \mid H_B(f)\mid^2 G(f+\Delta f)G_c(f)f^2\,\mathrm{d}f}{\int_{-B/2}^{B/2} \mid H_B(f)\mid^2 G_c(f)f^2\,\mathrm{d}f} \qquad (6-71)$$

上式显示，由于 f^2 因子的存在，若干扰的功率谱主要位于目标信号的高频端，则这种高频干扰对目标信号的码跟踪精度影响较大，大于当这一相同干扰出现在目标信号的低频端时对码跟踪精度的影响。图 6-5 所示为功率谱密度。图 6-6 和图 6-7 给出谱分离系数和码跟踪谱灵敏度系数随频差 Δf 的变化，图 6-6 中目标信号的调制方式是 BPSK (1)，干扰信号的调制方式是 BOC (1，1)，码跟踪谱灵敏度系数随频差 Δf 的变化很小；

图 6-7 中目标信号的调制方式是 BOC（1，1），干扰信号的调制方式是 BPSK（1），码跟踪谱灵敏度系数随频差 Δf 的变化有规律地波动。这是因为当 $d \to 0$ 时，码跟踪谱灵敏度系数与频率（相对于载波中心频率）的平方有关，看图 6-6，当干扰信号 BOC（1，1）调制相对于 BPSK（1）搬移时，由于 BOC（1，1）的谱峰比 BPSK（1）小，频率的平方作用较小；看图 6-7，而当干扰信号 BPSK（1）调制相对于 BOC（1，1）搬移时，频差 Δf 为 1.023 MHz 的奇数倍时，码跟踪谱灵敏度系数最大。

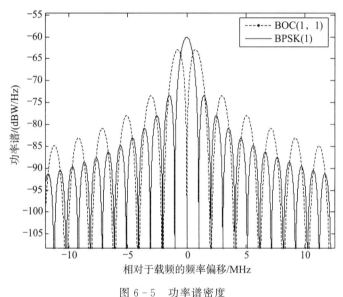

图 6-5　功率谱密度

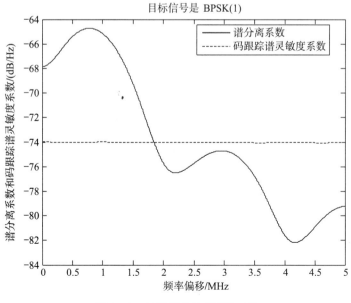

图 6-6　目标信号是 BPSK（1）

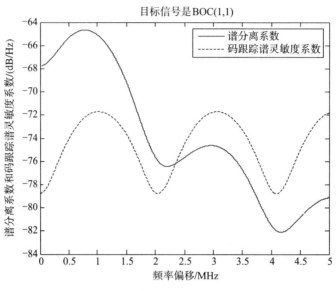

图 6 - 7　目标信号是 BOC（1，1）

6.3　不同干扰下的码跟踪误差

6.3.1　白噪声下的码跟踪误差

在白噪作用下，当码环跟踪差异不大，以至于我们可以线性分析码环的运行时，以相干超前减滞后处理（CELP）法作为鉴相器的码环对调制信号 $S_X(t)$ 的码相位测量误差均方差 σ_{CELP} 可估值如下

$$\sigma_{\text{CELP}} = \sqrt{\dfrac{B_L(1-0.5 B_L T_{\text{coh}}) \displaystyle\int_{-\beta_r/2}^{+\beta_r/2} S_{X,\infty}(f)\sin^2(\pi f D)\,\mathrm{d}f}{\dfrac{C}{N_0}\left[2\pi \displaystyle\int_{-\beta_r/2}^{+\beta_r/2} f S_{X,\infty}(f)\sin(\pi f D)\,\mathrm{d}f\right]^2}} \qquad (6-72)$$

而以非相干超前减滞后（功率）处理（NELP）法作为鉴相器的码环对调制信号 $S_X(t)$ 的码相位测量误差均方差 σ_{NELP} 又可估值如下

$$\sigma_{\text{NELP}} = \sqrt{\dfrac{B_L(1-0.5 B_L T_{\text{coh}}) \displaystyle\int_{-\beta_r/2}^{+\beta_r/2} S_{X,\infty}(f)\sin^2(\pi f D)\,\mathrm{d}f}{\dfrac{C}{N_0}\left[2\pi \displaystyle\int_{-\beta_r/2}^{+\beta_r/2} f S_{X,\infty}(f)\sin(\pi f D)\,\mathrm{d}f\right]^2}\left[1+\dfrac{\displaystyle\int_{-\beta_r/2}^{+\beta_r/2} S_{X,\infty}(f)\sin^2(\pi f D)\,\mathrm{d}f}{T_{\text{coh}}\cdot\dfrac{C}{N_0}\left[\displaystyle\int_{-\beta_r/2}^{+\beta_r/2} S_{X,\infty}(f)\cos(\pi f D)\,\mathrm{d}f\right]^2}\right]}$$

$$(6-73)$$

式中　$S_{X,\infty}(f)$ ——调制信号 $S_X(t)$ 的归一化功率谱密度；

　　　　β_r ——接收机射频前端带宽；

B_L ——码环噪声单边带宽；

T_{coh} ——相干积分时间；

D ——前后相关器间距；

σ_{CELP}，σ_{NELP} ——码相位测量误差均方差，单位为秒。

上式中方括号那一项值大于 1 的乘积因子对应着由非相干积分处理而引入的平方损耗。

根据式（6-73），我们可以计算出如图 6-8 所示的 BPSK-R（1）、BOC（1，1）、BPSK-R（10）和 BOC（10，5）四种调制信号在不同载噪比 C/N_0 条件下的码相位测量误差均方差 σ_{NELP}，其中，计算所采用的前后相关器间距 D 相应地分别为 0.05 码片、0.05 码片、40 ns 和 40 ns，而所采用的射频前端带宽 β_r、码环噪声单边带宽 B_L、相干积分时间 T_{coh} 全部相同，它们的值分别等于 24 MHz、0.1 Hz 和 0.02 s。该图表明，在相同或者具有一定比拟性的条件下，BOC 调制信号在各个 C/N_0 处均有着比 BPSK-R 调制信号更好的码相位测量精度。例如，具有相同码率的 BOC（1，1）调制信号比 BPSK-R（1）调制信号有着较小的码相位测量误差均方差，然而考虑到前者的数据处理率是后者的两倍，因而这种比较其实不太公平。一种对 BPSK-R 和 BOC 调制信号较为公平的比较是让两者有着相同的数据处理率和相等的相关器间距，图 6-8 中也对 GPS M 码信号所采用的 BOC（10，5）调制与 GPS P（Y）码信号所采用的 BPSK-R（10）调制之间进行了比较，表明了对 BOC（10，5）调制信号的码相位测量误差均方差仍比 BPSK-R（10）要小。

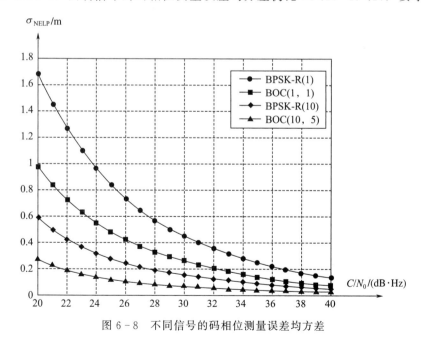

图 6-8　不同信号的码相位测量误差均方差

没有任何意外，在白噪作用下，接收机码环对 CBOC（6，1，1/11）和 TMBOC（6，1，4/33）调制信号的码相位测量误差均方差均比 BOC（1，1）调制信号的码相位测量误差均方差要小。

6.3.2 部分频带干扰下的伪码跟踪误差

（1）部分频带干扰信号模型

假定干扰是高斯的，功率谱是带限且带内平坦的，即部分频带干扰信号数学模型为

$$C_i G_i(f) = \begin{cases} C_i/B_i, & |f - f_i| \leqslant B_i/2 \\ 0, & \text{其他} \end{cases} \tag{6-74}$$

式中　C_i——接收的干扰信号功率；

　　　$G_i(f)$——干扰归一化功率谱；

　　　f_i——干扰中心频率；

　　　B_i——干扰带宽。

目前，分析部分频带干扰下的伪码跟踪性能时，假定干扰带宽足够大，并忽略扩频码的非理想随机特性。对于二进制相移键控（Binary Phase Shift Keying，BPSK）调制，扩频信号的归一化功率谱模型简化为

$$G_{s0}(f) = T_c \text{sinc}^2(\pi f T_c), \quad -B/2 \leqslant f \leqslant B/2 \tag{6-75}$$

式中　T_c——码片周期。

这里假定伪码为理想随机码，简化谱解析式仅关注了脉冲调制赋形的影响，没有考虑扩频信号的伪随机特性。为精确分析部分频带干扰下伪码跟踪误差，需要考虑伪码的非理想随机特性。

充分考虑短周期伪码的非理想随机特性和短周期特性，引入扩频信号模型

$$s(t) = [c(t) * p(t) * h_r(t)] \cdot \text{rect}\left(\frac{t - T/2}{T}\right)$$

$$= \left\{ \left[\sum_{n=-\infty}^{\infty} \delta(t - nT_0) \right] \cdot \text{rect}\left(\frac{t - T/2 + T_0/2}{T}\right) \right\} * \left[\sum_{l=0}^{L-1} c_l \delta(t - lT_c) \right] * p(t) * h_r(t) \tag{6-76}$$

式中　$*$——卷积；

　　　$c(t)$——伪码序列；

　　　$p(t)$——脉冲编码赋形；

　　　L——伪码序列长度；

　　　T_0——伪码周期，且 $T = KT_0$，$K \in \mathbf{Z}^+$。

利用傅里叶变换，由式（6-76）可以得到扩频信号频谱为

$$S(f) = T_c \text{sinc}(\pi f T_c) \text{e}^{-j\pi f T_c} \cdot \left(\sum_{l=0}^{L-1} c_l \text{e}^{-j2\pi f l T_c} \right) \cdot \frac{T}{T_0} \sum_{n=-\infty}^{\infty} \text{sinc}\left[\pi T \left(f - \frac{n}{T_0} \right) \right] \text{e}^{-j\pi \left(f - \frac{n}{T_0} \right)(T - T_0)},$$

$$-B/2 \leqslant f \leqslant B/2 \tag{6-77}$$

由于扩频解扩的积分时间一般较长，扩频信号精确的功率谱为

$$G_{s1}(f) = \frac{|S(f)|^2}{T} = P(f) \cdot X(f) \cdot A(f), \tag{6-78}$$
$$-B/2 \leqslant f \leqslant B/2$$

其中

$$P(f) = T_c \, \text{sinc}^2(\pi f T_c) \tag{6-79}$$

$$X(f) = \frac{1}{L} \left| \sum_{l=0}^{L-1} c_l \, \mathrm{e}^{-\mathrm{j}\pi f l T_c} \right|^2 \tag{6-80}$$

$$A(f) = \frac{T}{T_0} \left| \sum_{n=-\infty}^{\infty} \text{sinc} \left[\pi T \left(f - \frac{n}{T_0} \right) \right] \mathrm{e}^{-\mathrm{j}\pi \left(f - \frac{n}{T_0} \right)(T-T_0)} \right|^2 \tag{6-81}$$

可以看出周期伪码信号的功率谱由三部分组成,第一部分 $P(f)$ 说明功率谱的基本形状由脉冲编码赋形决定,第二部分 $X(f)$ 体现了伪码的非理想随机特性对功率谱的影响,第三部分 $A(f)$ 反映了积分时间对功率谱细节特征的影响。

对于理想随机码,$X(f)=1$,并且取 $T=T_0$ 时,式(6-78)等价于式(6-75)。对于短周期码,$X(f)$ 存在很大的幅度波动,这里以 GPS L1 C/A 码为例,得到 PRN1~PRN32 的功率谱最大波动量,见图 6-9。

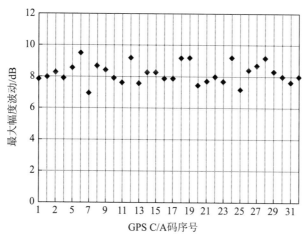

图 6-9 GPS L1 C/A 码功率谱最大波动量

可以看出,伪码非理想随机特性导致的功率谱波动量达到 6.91~9.53 dB,这可能导致较大的伪码跟踪误差变化。尤其在部分频带干扰带宽较窄的情况下,扩频信号功率谱局部频段的幅度波动可能严重恶化伪码跟踪性能。下面基于精细功率谱,定量分析伪码非理想随机特性导致的伪码跟踪精度变化。

(2)伪码跟踪误差分析

当接收机码环采用相干鉴相时,部分频带干扰下伪码跟踪误差的方差为

$$\sigma^2 = \frac{B_L \dfrac{C_i}{C_s} \displaystyle\int_{-B/2}^{B/2} G_i(f) G_s(f) \sin^2(\pi f \tau)\, \mathrm{d}f}{\left[\displaystyle\int_{-B/2}^{B/2} G_s(f) \sin(\pi f \tau)\, 2\pi f \mathrm{d}f\right]^2} \qquad (6-82)$$

式中　　B_L——码环等效噪声带宽；

　　　　τ——码环超前滞后间隔。

将式（6-74）代入式（6-82），可得

$$\sigma^2 = \frac{\dfrac{C_i}{C_s} \dfrac{B_L}{B_i} \displaystyle\int_{f_i-B/2}^{f_i+B/2} G_s(f) \sin^2(\pi f \tau)\, \mathrm{d}f}{\left[\displaystyle\int_{-B/2}^{B/2} G_s(f) \sin(\pi f \tau)\, 2\pi f \mathrm{d}f\right]^2} \qquad (6-83)$$

式（6-83）表明伪码谱特性很大程度上影响着部分频带干扰下的伪码跟踪误差，并且随着干扰中心频率和干扰带宽的变化，跟踪误差的变化也与伪码功率谱密切相关。伪码非理想随机特性导致的功率谱波动，将引起伪码跟踪误差的变化。尤其在干扰带宽较窄时，从式（6-83）的分子部分可以看出，跟踪性能对伪码功率谱局部频段的特征将更加敏感。

干扰带宽是影响基于两种谱分析的性能差异的主要特征参量，有相关文献基于不同的干扰带宽对比两种码跟踪误差，数值分析参数见表6-1。

表 6-1　数值分析参数表

参量	数值
调制方式	BPSK
伪随机码	GPS C/A PRN 5
伪码速率	1.023 Mcps
射频前端带宽	4 MHz
积分时间	1 ms
码环超前滞后间隔	1 chip
码环噪声等效带宽	5 Hz
干信比	20 dB

当干扰带宽为100 Hz时，基于两个谱分析的伪码跟踪误差见图6-10。可以看出，当干扰带宽较小时，两者的差异明显。这说明伪码的非理想随机特性在较窄的部分频带干扰中对跟踪精度的影响较大，不能忽略，此时基于简化谱的伪码跟踪精度分析已不适用。

当干扰带宽为300 kHz时，基于两个谱分析的伪码跟踪误差见图6-11。两个跟踪误差趋于一致。这说明在干扰带宽较宽时，伪码的非理想随机特性对码跟踪误差的影响很小，跟踪精度的分析可完全采用简化的平滑谱以减少计算量。

由前面的分析可知，分别基于简化的功率谱和精细的功率谱得到伪码跟踪误差的差异随着干扰带宽的增加而减小。只有这个差异小于一定的条件时，基于简化谱的分析才是适

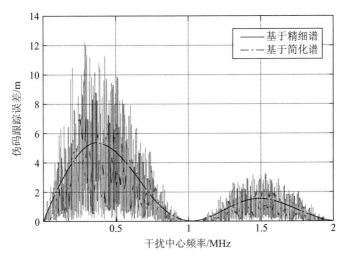

图 6 - 10　基于两种谱的跟踪误差对比（$B_i = 100\ \text{Hz}$）

用的。有文献提出相对误差系数的概念，设定当相对误差系数小于 0.2 时，即伪码非理想随机特性引起的跟踪误差波动小于 20% 时，认为基于简化谱的分析是适用的。

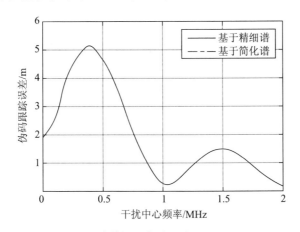

图 6 - 11　基于两种谱的跟踪误差对比（$B_i = 300\ \text{kHz}$）

　　若想了解其他类型干扰下的码跟踪误差性能，如匹配谱干扰、单频干扰、带限高斯干扰等，可参考相关文献。

第 7 章　导航信号参数与功率谱密度的关系

前面两章讨论了谱分离系数和码跟踪谱灵敏度系数，谱分离系数等于具有单位功率的干扰经过接收机匹配滤波器滤波后所产生的干扰功率，它较为真实地反映了干扰对那些依赖即时相关结果的接收机性能（捕获、载波跟踪、数据解调性能）的影响，这为计算等效载噪比和信干噪比（信号功率与噪声功率加干扰功率之比，SNIR）这些最终体现干扰对接收机性能影响程度的重要指标提供了中间结果。从谱分离系数和码跟踪谱灵敏度系数的定义式，我们看到导航信号的归一化功率谱密度解析式对这两者的计算结果有重要影响，有不少学者对此问题进行了讨论研究。

另外，在计算谱分离系数和码跟踪谱灵敏度系数时，都要涉及到计算目标信号和干扰信号的功率谱，不仅功率谱的计算复杂，而且运算量比较大。有的文献在计算干扰系数时，采用码片的功率谱来代替导航信号的实际功率谱，在对于码长较短的信号，如 C/A 码，采用这种近似方法会产生较大误差甚至是错误的结果。有的文献针对这种情况，提出了码长较短（文献中称为短码 short - code）时要考虑数据位对功率谱的影响，码长较长（文献中称为长码 long - code）时，才可用码片的功率谱代替信号的功率谱。还有文献提出为精确分析部分频带干扰下伪码跟踪误差，需要考虑伪码的非理想随机特性，并引入伪码的精细功率谱模型，对比分析了不同带宽干扰下基于简化谱和精细谱的码跟踪误差。相关文献推导了数据位对导航信号功率谱密度的影响，提出以干扰系数随多普勒频偏的波动范围大于 2 dB 为短码的界定指标，若导航信号的数据速率小于码速率除以码长，则界定为短码，否则视为长码。当信号为长码时才可用码片的功率谱代替导航信号的功率谱，并以美国的全球定位系统（GPS）L1 频段上的 C/A 码为例，对短码受到的系统内干扰进行了分析。

本章主要探讨伪码序列、数据速率、码长、码片等信号参数对导航信号精细功率谱密度的影响，也探讨了预积分时间对精细功率谱密度的影响，因在计算谱分离系数和码跟踪谱灵敏度系数时，预积分时间的长短对计算结果有重要影响。

7.1　随机脉冲序列的功率谱密度

研究基带信号的频谱结构十分重要。通过频谱分析，我们可以确定信号需要占据的频带宽度，还可以获得信号谱中的直流分量、位定时分量、主瓣宽度和谱滚降衰减速度等信息。这样，我们可以针对信号谱的特点来选择相匹配的信道，或者说根据信道的传输特性来选择适合的信号形式或码型。由于数字基带信号是一个随机脉冲序列，没有确定的频谱函数，所以只能用功率谱来描述它的频谱特性。下面介绍一种求数字随机序列功率谱公式的简明方法，这种方法是以随机过程功率谱的原始定义为出发点。

假设一个二进制的随机脉冲序列"1"码的基本波形为 $g_1(t)$，"0"码的基本波形为 $g_2(t)$，T_s 为码元宽度。为了便于在图上区分，假设 $g_1(t)$ 是矩形脉冲，$g_2(t)$ 是三角形脉冲，如图 7-1（a）所示。但实际中 $g_1(t)$ 和 $g_2(t)$ 可以是任意形状的脉冲。随机脉冲序列 $s(t)$ 是由这些不同的基本波形构成的，每个码片间隔的波形是随机出现的。

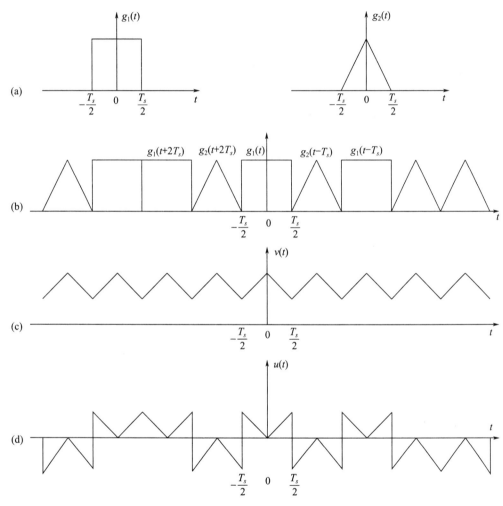

图 7-1　随机脉冲序列示意波形

现在假设序列中任一码片时间 T_s 内 $g_1(t)$ 和 $g_2(t)$ 出现的概率分别为 P 和 $(1-P)$，且认为它们的出现是统计独立的，则该序列 $s(t)$ 可表示成

$$s(t) = \sum_{-\infty}^{\infty} s_n(t) = \begin{cases} g_1(t-nT_s)， & \text{以概率 } P \text{ 出现} \\ g_2(t-nT_s)， & \text{以概率}(1-P) \text{ 出现} \end{cases} \tag{7-1}$$

假设 $g_1(t-nT_s)$ 脉冲在第 nT_s 个码片间隔以概率 P 出现，假设 $g_2(t-nT_s)$ 在第 nT_s 个码片间隔以概率 $(1-P)$ 出现。

为了使频谱分析的物理概念清楚，推导过程简化，把 $s(t)$ 分解成稳态项 $v(t)$ 和交变

项 $u(t)$ 。

（1）稳态项 $v(t)$

稳态项可以看作是随机序列 $s(t)$ 中的统计平均分量，由于 $g_1(t)$、$g_2(t)$ 出现的概率分别为 P 和 $(1-P)$，因此在码片间隔 $[-T_s/2, T_s/2]$ 内 $g_1(t)$ 和 $g_2(t)$ 的平均分量为 $[Pg_1(t)+(1-P)g_2(t)]$，其他任意码片间隔的平均分量也是一样，因此，$s(t)$ 中的稳态项 $v(t)$ 可表示成

$$v(t) = \sum_{n=-\infty}^{\infty} [Pg_1(t-nT_s)+(1-P)g_2(t-nT_s)] = \sum_{n=-\infty}^{\infty} v_n(t) \qquad (7-2)$$

其波形如图 7-1（c）所示，由于 $v(t)$ 在每个码片间隔的波形相同，故 $v(t)$ 是一个以 T_s 为周期的周期信号，通过傅里叶级数求出其离散频谱。这一特点很有实用价值，只要通过稳态项就可以知道序列 $s(t)$ 中有没有直流成分和可供提取同步信号的离散分量。

（2）交变项 $u(t)$

交变项 $u(t)$ 是 $s(t)$ 中减去 $v(t)$ 之后留下来的部分，即

$$u(t) = s(t) - v(t) \qquad (7-3)$$

其中，第 n 个 $u(t)$ 为

$$u_n(t) = s_n(t) - v_n(t) \qquad (7-4)$$

于是

$$u(t) = \sum_{n=-\infty}^{\infty} u_n(t) \qquad (7-5)$$

在某一码片间隔内 $u(t)$ 可能出现两种波形，一种是当 $s(t)$ 在此码片间隔内出现的是 $g_1(t)$（出现概率为 P），以 $[-T_s/2, T_s/2]$ 为例，此时

$$u(t) = g_1(t) - v(t) = g_1(t) - [Pg_1(t)+(1-P)g_2(t)] \qquad (7-6)$$
$$= (1-P)[g_1(t)-g_2(t)]$$

以概率 P 出现。

另一种是当 $s(t)$ 在此码片间隔内出现的是 $g_2(t)$，出现概率为 $(1-P)$，也以 $[-T_s/2, T_s/2]$ 为例，此时

$$u(t) = g_2(t) - v(t) = g_2(t) - [Pg_1(t)+(1-P)g_2(t)] \qquad (7-7)$$
$$= -P[g_1(t)-g_2(t)]$$

以概率 $(1-P)$ 出现。

得到通用的表达式为

$$u_n(t) = \begin{cases} g_1(t-nT_s) - Pg_1(t-nT_s) - (1-P)g_2(t-nT_s) \\ = (1-P)[g_1(t-nT_s)-g_2(t-nT_s)] \\ g_2(t-nT_s) - Pg_1(t-nT_s) - (1-P)g_2(t-nT_s) \\ = -P[g_1(t-nT_s)-g_2(t-nT_s)] \end{cases} \qquad (7-8)$$

或写成

$$u_n(t) = a_n[g_1(t-nT_s)-g_2(t-nT_s)] \qquad (7-9)$$

其中

$$a_n = \begin{cases} 1-P, & \text{以概率 } P \text{ 出现} \\ -P, & \text{以概率}(1-P) \text{ 出现} \end{cases}$$

可见，$u(t)$ 是一个随机脉冲序列，因此交变项中没有离散分量，只有连续频谱。图 7-1 (d) 中画出了它的一个实现。

下面根据式 (7-2) 和式 (7-5)，分别推导稳态波 $v(t)$ 和交变波 $u(t)$ 的功率谱，然后根据式 (7-3) 的关系，就可得到随机基带脉冲序列 $s(t)$ 的频谱特性。

(3) $v(t)$ 的功率谱密度 $P_v(f)$

由于 $v(t)$ 是以 T_s 为周期的周期信号，即

$$v(t) = \sum_{n=-\infty}^{\infty} [Pg_1(t-nT_s) + (1-P)g_2(t-nT_s)] \qquad (7-10)$$

故可展开成傅里叶级数

$$v(t) = \sum_{m=-\infty}^{\infty} C_m e^{j2\pi m f_s t} \qquad (7-11)$$

其中

$$C_m = \frac{1}{T_s} \int_{-\frac{T_s}{2}}^{\frac{T_s}{2}} v(t) e^{-j2\pi m f_s t} dt \qquad (7-12)$$

由于在 $(-T_s/2, T_s/2)$ 范围内（相当 $n=0$），$v(t) = Pg_1(t) + (1-P)g_2(t)$，所以

$$C_m = \frac{1}{T_s} \int_{-\frac{T_s}{2}}^{\frac{T_s}{2}} [Pg_1(t) + (1-P)g_2(t)] e^{-j2\pi m f_s t} dt \qquad (7-13)$$

又由于 $Pg_1(t) + (1-P)g_2(t)$ 只存在于 $(-T_s/2, T_s/2)$ 范围内，因此上式的积分限从 $-\infty \sim +\infty$ 和 $(-T_s/2, T_s/2)$ 是一样的，因此

$$C_m = \frac{1}{T_s} \int_{-\infty}^{\infty} [Pg_1(t) + (1-P)g_2(t)] e^{-j2\pi m f_s t} dt \qquad (7-14)$$
$$= f_s [PG_1(mf_s) + (1-P)G_2(mf_s)]$$

其中

$$G_1(mf_s) = \int_{-\infty}^{\infty} g_1(t) e^{-j2\pi m f_s t} dt$$
$$\qquad (7-15)$$
$$G_2(mf_s) = \int_{-\infty}^{\infty} g_2(t) e^{-j2\pi m f_s t} dt$$

再根据周期信号的功率谱密度与傅里叶系数 C_m 的关系式，得到 $v(t)$ 的功率谱密度为

$$P_v(f) = \sum_{m=-\infty}^{\infty} |C_m|^2 \delta(f-mf_s) \qquad (7-16)$$
$$= \sum_{m=-\infty}^{\infty} |f_s[PG_1(mf_s) + (1-P)G_2(mf_s)]|^2 \delta(f-mf_s)$$

这是稳态项的双边功率谱密度，它的单边功率谱密度为

$$P_v(f) = f_s^2 |PG_1(0) + (1-P)G_2(0)|^2 \delta(f)$$
$$+ 2f_s^2 \sum_{m=1}^{\infty} |[PG_1(mf_s) + (1-P)G_2(mf_s)]|^2 \delta(f-mf_s) \qquad (7-17)$$

式（7-16）和式（7-17）表明，稳态项的功率谱密度 $P_v(f)$ 由离散线谱构成，根据离散谱可以确定随机序列是否包含直流分量（$m=0$）和定时分量（$m=1$）。

（4）$u(t)$ 的功率谱密度 $P_u(f)$

由于 $u(t)$ 是一个功率型的随机脉冲序列，求它的功率谱密度要采用截短函数和求统计平均的方法

$$P_u(f) = \lim_{T \to \infty} \frac{E[|U_T(f)|^2]}{T} \tag{7-18}$$

式中　$U_T(f)$ —— $u(t)$ 的截短函数 $u_T(t)$ 所对应的频谱函数；

　　　E ——统计平均；

　　　T ——截取时间。

设 T 等于 $(2N+1)$ 个码片的长度，即

$$T = (2N+1)T_s \tag{7-19}$$

式中　N ——一个足够大的整数。

此时，式（7-18）可以写成

$$P_u(f) = \lim_{N \to \infty} \frac{E[|U_T(f)|^2]}{(2N+1)T_s} \tag{7-20}$$

现在先求出 $u_T(t)$ 的频谱函数 $U_T(f)$。由式（7-5），有

$$u_T(t) = \sum_{n=-N}^{N} u_n(t) = \sum_{n=-N}^{N} a_n[g_1(t-nT_s) - g_2(t-nT_s)] \tag{7-21}$$

则

$$U_T(f) = \int_{-\infty}^{\infty} u_T(t)e^{-j2\pi ft}dt = \int_{-\infty}^{\infty} \sum_{n=-N}^{N} a_n[g_1(t-nT_s) - g_2(t-nT_s)]e^{-j2\pi ft}dt$$

$$= \sum_{n=-N}^{N} a_n \int_{-\infty}^{\infty} [g_1(t-nT_s) - g_2(t-nT_s)]e^{-j2\pi ft}dt$$

$$= \sum_{n=-N}^{N} a_n \left[\int_{-\infty}^{\infty} g_1(t-nT_s)e^{-j2\pi ft}dt - \int_{-\infty}^{\infty} g_2(t-nT_s)e^{-j2\pi ft}dt\right]$$

$$\tag{7-22}$$

利用傅里叶变换的时移性，上式为

$$U_T(f) = \sum_{n=-N}^{N} a_n[G_1(f)e^{-j2\pi fnT_s} - G_2(f)e^{-j2\pi fnT_s}]$$

$$= \sum_{n=-N}^{N} a_n e^{-j2\pi fnT_s}[G_1(f) - G_2(f)] \tag{7-23}$$

其中

$$G_1(f) = \int_{-\infty}^{\infty} g_1(t)e^{-j2\pi ft}dt$$

$$G_2(f) = \int_{-\infty}^{\infty} g_2(t)e^{-j2\pi ft}dt$$

于是

$$\left| U_T(f) \right|^2 = U_T(f) U_T^*(f)$$

$$= \sum_{m=-N}^{N} \sum_{n=-N}^{N} a_m a_n \mathrm{e}^{\mathrm{j}2\pi f(n-m)T_s} \left[G_1(f) - G_2(f) \right] \left[G_1^*(f) - G_2^*(f) \right]$$

$$(7-24)$$

其统计平均为

$$E\left[\left| U_T(f) \right|^2 \right] = \sum_{m=-N}^{N} \sum_{n=-N}^{N} E\left[a_m a_n \right] \mathrm{e}^{\mathrm{j}2\pi f(n-m)T_s} \left[G_1(f) - G_2(f) \right] \left[G_1^*(f) - G_2^*(f) \right]$$

$$(7-25)$$

当 $m = n$ 时

$$a_m a_n = a_n^2 = \begin{cases} (1-P)^2, & \text{以概率 } P \text{ 出现} \\ P^2, & \text{以概率} (1-P) \text{ 出现} \end{cases}$$

所以

$$E\left[a_n^2 \right] = P(1-P)^2 + (1-P)P^2 = P(1-P) \qquad (7-26)$$

当 $m \neq n$ 时

$$a_m a_n = \begin{cases} (1-P)^2, & \text{以概率 } P^2 \text{ 出现} \\ P^2, & \text{以概率} (1-P)^2 \text{ 出现} \\ -P(1-P), & \text{以概率 } 2P(1-P) \text{ 出现} \end{cases}$$

所以

$$E\left[a_m a_n \right] = P^2(1-P)^2 + (1-P)^2 P^2 + 2P(1-P)(P-1)P = 0 \qquad (7-27)$$

由上式计算可知，式 (7-25) 的统计平均值仅在 $m = n$ 时存在，故有

$$E\left[\left| U_T(f) \right|^2 \right] = \sum_{n=-N}^{N} E\left[a_n^2 \right] \left| G_1(f) - G_2(f) \right|^2 \qquad (7-28)$$

$$= (2N+1)P(1-P) \left| G_1(f) - G_2(f) \right|^2$$

将其代入式 (7-20)，则可求得 $u(t)$ 的双边功率谱密度

$$P_u(f) = \lim_{N \to \infty} \frac{(2N+1)P(1-P) \left| G_1(f) - G_2(f) \right|^2}{(2N+1)T_s} \qquad (7-29)$$

$$= f_s P(1-P) \left| G_1(f) - G_2(f) \right|^2$$

$u(t)$ 的单边功率谱密度为

$$P_u(f) = 2f_s P(1-P) \left| G_1(f) - G_2(f) \right|^2 \qquad (7-30)$$

注意

$$P_u(0) = f_s P(1-P) \left| G_1(0) - G_2(0) \right|^2$$

式 (7-29) 和式 (7-30) 表明，交变项的功率谱密度 $P_u(f)$ 是连续谱，它与 $g_1(t)$ 和 $g_2(t)$ 的频谱以及概率 P 有关。通常，根据连续谱可以确定随机序列的带宽。

(5) $s(t)$ 的功率谱密度 $P_s(f)$

由于 $s(t) = u(t) + v(t)$，将两者的功率谱密度相加就可得到随机序列 $s(t)$ 总的双边功率谱密度，即

$$P_s(f) = P_u(f) + P_v(f) = f_s P(1-P) \left| G_1(f) - G_2(f) \right|^2 + \tag{7-31}$$

$$\sum_{m=-\infty}^{\infty} \left| f_s [PG_1(mf_s) + (1-P)G_2(mf_s)] \right|^2 \delta(f-mf_s)$$

单边的功率谱密度表示为

$$P_s(f) = 2f_s P(1-P) \left| G_1(f) - G_2(f) \right|^2 + f_s^2 \left| PG_1(0) + (1-P)G_2(0) \right|^2 \delta(f)$$

$$+ 2f_s^2 \sum_{m=1}^{\infty} \left| PG_1(mf_s) + (1-P)G_2(mf_s) \right|^2 \delta(f-mf_s), f \geqslant 0$$

$$\tag{7-32}$$

（6）$s(t)$ 功率谱密度的讨论

对式（7-31）和式（7-32）进行一些讨论。

①公式中各符号的意义

式中，$f_s = 1/T_s$，在数值上等于码片速率，但这里 f_s 为频率，这个频率是单极性归零码有离散频谱时的基频；T_s 为码元宽度（持续时间）。

P 是"1"码出现的概率，$(1-P)$ 是"0"码出现的概率，通常二进制码片序列中的 $P = (1-P) = 0.5$。

$G_1(f)$ 和 $G_2(f)$ 分别是"1"码和"0"码的基本波形 $g_1(t)$、$g_2(t)$ 的频谱函数，而 $G_1(mf_s)$ 和 $G_2(mf_s)$ 是 $f = mf_s$ 时 $g_1(t)$ 和 $g_2(t)$ 的频谱函数，m 是正整数，mf_s 是 f_s 的各次谐波。

②公式中各项的物理意义

式（7-32）中的第一项 $2f_s P(1-P) \left| G_1(f) - G_2(f) \right|^2$ 是由交变项产生的连续频谱，对于实际应用中，$P \neq 1$，$P \neq 0$，代表数据信息的 $g_1(t)$ 和 $g_2(t)$ 波形不能完全相同，即 $g_1(t) \neq g_2(t)$，故 $G_1(f) \neq G_2(f)$，因此序列的连续频谱总是存在的。连续谱中包含无穷多频率成分，但就其幅度来说，每个频率成分的幅度都是无穷小的，因此在连续谱中不可能直接提取某一频率成分作为同步信号。对于连续谱，我们主要关心谱的分布规律，信号能量主要集中在哪个频率范围，以及信号的带宽。

第二项 $f_s^2 \left| PG_1(0) + (1-P)G_2(0) \right|^2 \delta(f)$ 是由稳态项产生的直流成分的功率谱密度，这一项不一定都存在。因为当 $PG_1(0) + (1-P)G_2(0) = 0$ 时，直流成分就不存在。而这种情况很容易出现，例如一般的双极性信号 $g_1(t) = -g_2(t)$，$G_1(0) = -G_2(0)$，只要 $P = 0.5$（等概率）时，$PG_1(0) + (1-P)G_2(0) = 0$，就没有直流成分。

第三项 $2f_s^2 \sum_{m=1}^{\infty} \left| PG_1(mf_s) + (1-P)G_2(mf_s) \right|^2 \delta(f-mf_s)$，是由稳态项产生的离散频谱，这一项对位定时同步信号的提取很重要（特别是 f_s 这个成分是否存在对位同步提取最重要）。这一项也不一定存在，例如双极性信号由于 $G_1(f) = -G_2(f)$，当 $P = 0.5$ 时，这一项也不存在了。

可见，二进制随机序列的功率谱 $P_s(f)$ 可能包含连续谱和离散谱，这需要具体信号具体分析。

7.2　导航信号功率谱影响因素

7.2.1　导航信号功率谱密度解析式

导航信号功率谱对于信号性能起到至关重要的作用，是信号兼容和互操作设计所必须考虑的关键因素。下面先对导航信号功率谱的一般表达式进行推导，以分析信号功率谱的影响因素，然后再分别讨论各因素对信号功率谱的影响效果，定量分析伪码序列、数据速率和码片波形对导航信号功率谱表达式的影响，推导不同情形下导航信号功率谱的表达式。

根据上一节对随机序列功率谱的推导和定义，导航信号 $s(t)$ 的功率谱为

$$G_s(f) = \lim_{T \to \infty} \frac{E\{|S_T(f)|^2\}}{T} \tag{7-33}$$

式中　$|S_T(f)|^2$——信号 $s(t)$ 的截短样本的能量谱；

　　　T ——截短时间长度。

对于直接序列扩频方式的导航信号，$s(t)$ 可以用下面的表达式来描述

$$s(t) = \sum_{m=-\infty}^{\infty} x_m p(t - mT_c) \tag{7-34}$$

式中　T_c ——扩频码片宽度；

　　　x_m —— mT_c 时刻的数据位和扩频码的乘积（取值为 1 或 −1）；

　　　$p(t)$ ——扩频码片波形。

假设截短长度 $T = MT_c$，截短信号可以表示为

$$s_T(t) = \left[\sum_{m=0}^{M-1} x_m \delta(t - mT_c)\right] * p(t) \tag{7-35}$$

截短信号能量谱为

$$|S_T(f)|^2 = |X_T(f)|^2 G_p(f) \tag{7-36}$$

式中　$X_T(f)$ ——截短序列的傅里叶变换；

　　　$G_p(f)$ ——码片波形的能量谱。

由于码片波形是确知的，而扩频码和数据位的乘积是随机的，导航信号的功率谱可表示为

$$G_s(f) = G_p(f) \lim_{M \to \infty} \frac{E\{|X_T(f)|^2\}}{MT_c} \tag{7-37}$$

其中

$$E\{|X_T(f)|^2\} = E\left\{\left|\sum_{m=0}^{M-1} x_m e^{-j2\pi f m T_c}\right|^2\right\} = E\left\{\sum_{m=0}^{M-1}\sum_{n=0}^{M-1} x_m e^{-j2\pi f m T_c} x_n e^{j2\pi f n T_c}\right\}$$

$$= \sum_{m=0}^{M-1}\sum_{n=0}^{M-1} E\{x_m x_n\} e^{-j2\pi f(m-n)T_c} \tag{7-38}$$

当扩频码码长很长时，如 GPS P 码，码序列的自相关特性可以认为是理想的，当 $m = n$ 时，$E\{x_m x_n\} = 1$；$m \neq n$ 时，$E\{x_m x_n\} = 0$。于是

$$E\{|X_T(f)|^2\} = \sum_{m=0}^{M-1} e^{-j2\pi f(m-m)T_c} = M \qquad (7-39)$$

将式（7-39）代入式（7-37）可得

$$G_s(f) = \frac{1}{T_c} G_p(f) \qquad (7-40)$$

上式表明，若扩频码是理想的，导航信号的功率谱完全取决于码片宽度（码速率的倒数）和码片基本波形。

但是在更多情况下，码序列的周期比较短，码的自相关特性不能视为理想。此外，出于定时的需要，导航信号的扩频码重复周期和数据位宽度之间存在整数倍关系，码相位和数据位之间的相位关系是确定的。这些实际条件，都会破坏复合序列 $\{x_n\}$ 的随机特性，导航信号的功率谱与（7-40）所示的理想功率谱之间将存在偏差。下面分三种情况进行分析。

1）数据位宽度刚好等于码重复周期。即

$$T_b = N T_c \qquad (7-41)$$

式中　T_b——数据位宽度；

　　　T_c——扩频码片宽度；

　　　N——扩频码码长。

假设截短长度 $T = MNT_c$，截短信号可以表示为

$$s_T(t) = \left[\sum_{m=0}^{M} d_m \delta(t - mNT_c)\right] * \left[\sum_{n=0}^{N} c_n \delta(t - nT_c)\right] * p(t) \qquad (7-42)$$

式中　d_m——数据位；

　　　c_n——扩频码。

导航信号功率谱为

$$G_s(f) = G_p(f) \left|\sum_{n=0}^{N-1} c_n e^{-j2\pi fnT_c}\right|^2 \lim_{M \to \infty}\left\{\frac{1}{MNT_c} E\left[\left|\sum_{m=0}^{M-1} d_m e^{-j2\pi fmT_c}\right|^2\right]\right\} \qquad (7-43)$$

$$= \frac{1}{T_c} G_p(f) \frac{1}{N} \left|\sum_{n=0}^{N-1} c_n e^{-j2\pi fnT_c}\right|^2$$

式中用到了如下假设

$$E[d_m d_n] = \begin{cases} 1 & m = n \\ 0 & m \neq n \end{cases} \qquad (7-44)$$

由（7-43）可见，导航信号功率谱偏离理想包络的程度由码长和码序列的傅里叶变换决定。

2）数据位宽度刚好大于码周期且为码周期的整数倍。

首先考虑一般情况，假设主码长度为 N_0，副码长度为 N_1，复合后的码长为 $N = N_0 \times N_1$。码序列可表示为

$$\sum_{n=0}^{N-1} c_n \delta(t-nT_c) = \Big[\sum_{n=0}^{N_0-1} c_n^0 \delta(t-nT_c) \Big] * \Big[\sum_{n=0}^{N_1-1} c_n^1 \delta(t-nN_0T_c) \Big] \qquad (7-45)$$

式中　$\{c_n^0\}$ ——主码序列；

　　　$\{c_n^1\}$ ——副码序列。

则导航信号功率谱为

$$G_s(f) = \frac{1}{T_c} G_p(f) \frac{1}{N_0} \Big| \sum_{n=0}^{N_0-1} c_n^0 e^{-j2\pi fnT_c} \Big|^2 \frac{1}{N_1} \Big| \sum_{n=0}^{N_1-1} c_n^1 e^{-j2\pi fnN_0T_c} \Big|^2 \qquad (7-46)$$

假设副码为全"1"序列，那么一个数据位持续时间内的扩频码只是主码序列的简单重复，这种情况下的副码序列变换有如下关系

$$\frac{1}{N_1} \Big| \sum_{n=0}^{N_1-1} c_n^1 e^{-j2\pi fnN_0T_c} \Big|^2 = \frac{1}{N_1} \Big| \sum_{n=0}^{N_1-1} e^{-j2\pi fnN_0T_c} \Big|^2 = \frac{1}{N_1} \Big| \frac{\sin(\pi f N_0 N_1 T_c)}{\sin(\pi f N_0 T_c)} \Big|^2 \qquad (7-47)$$

则导航信号功率谱为

$$G_s(f) = \frac{1}{T_c} G_p(f) \frac{1}{N_0} \Big| \sum_{n=0}^{N_0-1} c_n^0 e^{-j2\pi fnT_c} \Big|^2 \frac{1}{N_1} \Big| \frac{\sin(\pi f N_0 N_1 T_c)}{\sin(\pi f N_0 T_c)} \Big|^2 \qquad (7-48)$$

注意，当 $\pi f N_0 T_c = k\pi$（k 为整数）时，上式将出现分母为 0 的情况，可依据洛必达法则求出这些点的取值如下

$$\frac{1}{N_1} \Big| \frac{\sin(\pi f N_0 N_1 T_c)}{\sin(\pi f N_0 T_c)} \Big|^2 = N_1, 当 \pi f N_0 T_c = k\pi \qquad (7-49)$$

与式（7-43）相比，式（7-48）所示的功率谱增加了一个由数据位宽和码周期完全决定的梳状函数。该函数是周期性的，梳齿间距为 $1/(N_0 T_c)$，宽度为 $1/(N_0 N_1 T_c) = 1/T_b$。当重复次数 N_1 为 2，5，10，20 时对应的梳状函数如图 7-2 所示。

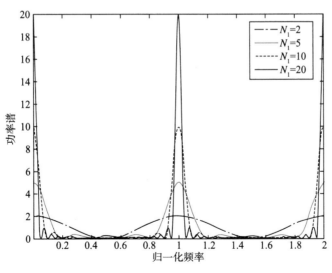

图 7-2　梳状功率谱

图 7-2 中，横坐标为归一化到梳齿间距上的频率，即数值 1 表示 $1/(N_0 T_c)$ 赫兹。可见，伪码的简单重复行为将使得信号能量集中在谱线附近，重复次数越多，伪码周期性越明显，导航信号功率谱越接近于线谱特征。

下面以 GPS 传统的民用信号 C/A 码为例进行说明。在一个数据位持续时间内，C/A 码重复 20 个周期，即它属于 $N_1 = 20$ 的情况。由于 GPS C/A 码的码片波形为矩形，码片能量谱表达式为

$$G_p(f) = T_c^2 \text{sinc}^2(\pi f T_c) \tag{7-50}$$

其中

$$\text{sinc}(x) = \sin(x)/x$$

将式（7-50）代入式（7-48）可得 C/A 码信号的功率谱为

$$G_{CA}(f) = T_c \text{sinc}^2(\pi f T_c) \frac{1}{N_0} \left| \sum_{n=0}^{N_0-1} c_n^0 e^{-j2\pi f n T_c} \right|^2 \frac{1}{N_1} \left| \frac{\sin(\pi f N_0 N_1 T_c)}{\sin(\pi f N_0 T_c)} \right|^2 \tag{7-51}$$

下面采用模拟仿真的方法来验证式（7-51）的正确性。

图 7-3 为 GPS C/A 信号的功率谱概貌及局部细节图。图中的理论功率谱由式（7-51）计算得出，仿真功率谱为 500 次独立功率谱分析的平均。仿真对象为 C/A 码 PRN1，仿真参数为：码速率 1.023 Mcps，码长 1023，生成多项式 1＝[1 0 0 1 0 0 0 0 0 0 1]，生成多项式 2＝[1 0 1 1 0 0 1 0 1 1 1]，初相为全"1"，抽头选择为"2⊕6"，信息速率 50 bps，信息数据随机产生，每次试验的数据样本时长 400 ms，共 500 次试验。从图 7-3（b）可以看到，理论功率谱和仿真功率谱吻合得很好。由于 1 个数据位持续时间内 C/A 码重复了 20 次，伪码的周期性明显，在 1 kHz 的整数倍频率位置呈现明显的谱峰。由于数据调制的作用，C/A 信号也未呈现纯粹的线谱，而是按数据速率（50 bps）展宽，因而相邻"谱线"之间存在 20 个较低的谱瓣。

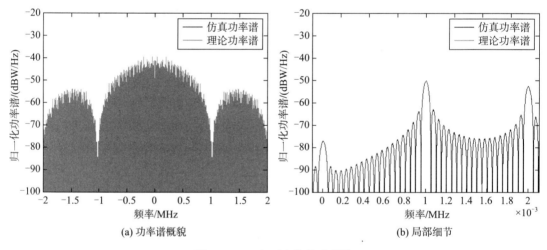

图 7-3　GPS C/A 信号功率谱

3）码周期为数据位宽的整数倍。

设伪码码长为 N，数据位持续时间内有 K_0 个码片，码周期是数据位宽的 K_1 倍，则有如下关系

$$N T_c = K_1 T_b = K_1 K_0 T_c \tag{7-52}$$

式中，N, K_0, K_1 均为整数。这种情况下，可以将伪码分成 K_1 个子码，每个子码等概率出

现，导航信号的功率谱可以表示为

$$G_s(f) = \frac{1}{T_c} G_p(f) \frac{1}{K} \sum_{k_1=0}^{K_1-1} \left[\frac{1}{K_0} \left| \sum_{k_0=0}^{K_0-1} c_{k_1 K_0 + k_0} \, \mathrm{e}^{-\mathrm{j}2\pi f k_0 T_c} \right|^2 \right] \qquad (7-53)$$

$$= \frac{1}{T_c} G_p(f) \frac{1}{N} \sum_{k_1=0}^{K_1-1} \left[\left| \sum_{k_0=0}^{K_0-1} c_{k_1 K_0 + k_0} \, \mathrm{e}^{-\mathrm{j}2\pi f k_0 T_c} \right|^2 \right]$$

下面验证该表达式的正确性。假设导航信号的参数为：赋形方式为矩形，码速率为 511 kcps，码长 1 022，截断最大长度序列，生成多项式，初相全 "1"，信息速率 1 Kbps。仿真中的数据位随机产生，每次试验的数据样本时长 100 ms，共 500 次试验。按（7-53）计算的理论功率谱和功率谱仿真结果见图 7-4。可见，理论功率谱和仿真功率谱完全吻合。由于一个伪码周期跨越了两个数据位，而相邻数据位不相关，功率谱不再呈现 "线谱" 特性。

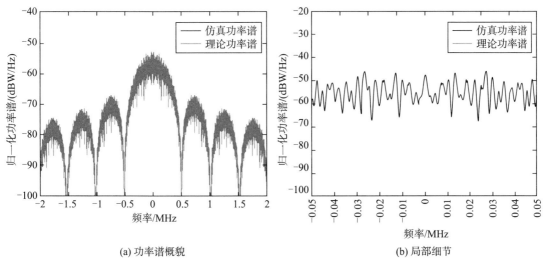

(a) 功率谱概貌　　　　　　　　　　　　　　　(b) 局部细节

图 7-4　试验信号的功率谱

下面的功率谱分析将基于本节的理论分析结果。相关文献中给出的导航信号功率谱密度表达式仅适用于 GPS C/A 码及类似的情形。

7.2.2　伪码序列对信号功率谱的影响

由上一节的分析可知，当扩频码序列具有理想自相关特性时，导航信号的功率谱 $G_s(f)$ 完全由码片波形决定，习惯上称为导航信号的功率谱包络，记为

$$\widetilde{G}_s(f) = \frac{1}{T_c} G_p(f) \qquad (7-54)$$

式中　T_c——码片宽度；

　　　$G_p(f)$——码片波形 $p(t)$ 的能量谱。

然而，在实际导航信号设计中，出于捕获代价方面的考虑，民用信号的码长一般在 10^3 $\sim 10^4$ 量级，码重复周期和数据位宽之间的倍数在 1 附近。这种实际情况必然导致导航信号功

率谱偏离理想包络。下面基于上节的分析结果，具体分析伪码特性和功率谱之间的关系。

首先考虑数据位宽大于等于码重复周期的情况。式（7-43）是这种情况的功率谱基本形式，而式（7-46）和式（7-48）可以看作它在相应情况下的衍生。结合式（7-43）和式（7-54），可知导航信号功率谱偏离包络的比例为

$$R_{G/\tilde{G}}(f)=\frac{G_s(f)}{\tilde{G}_s(f)}=\frac{1}{N}\left|\sum_{n=0}^{N-1}c_n\mathrm{e}^{-\mathrm{j}2\pi fnT_c}\right|^2 \tag{7-55}$$

通过简单变换，可以得到

$$\frac{1}{N}\left|\sum_{n=0}^{N-1}c_n\mathrm{e}^{-\mathrm{j}2\pi fnT_c}\right|^2=\sum_{k=-(N-1)}^{N-1}\bar{R}_c(k)\mathrm{e}^{-\mathrm{j}2\pi fkT_c} \tag{7-56}$$

式中 $\bar{R}_c(k)$ ——序列 c_n 的线性自相关，定义为

$$\bar{R}_c(k)=\frac{1}{N}\sum_{n=0}^{N-1-|k|}c_nc_{n+k} \tag{7-57}$$

k 的取值范围为 $0\sim N-1$。由此可见，导航信号功率谱偏离包络的程度由码序列的线性自相关决定，而非传统分析中的循环自相关。

这一结论将对码序列选择产生较大的影响。从循环自相关的角度考虑，m 序列具有理想的自相关特性，各谱线幅度完全相等，无功率谱起伏。然而，由于数据位翻转的原因，导航信号并非周期性的，线性自相关特性将会受到较大程度恶化，功率谱起伏仍然较大。下面举例说明。

图 7-5 为采用 m 序列的导航信号功率谱与其包络的比例曲线图。码长为 1 023，生成多项式为 [100 10 000 001]，初相为全"1"。图中横坐标为归一化频率（与码速率的比值），纵坐标为功率谱与包络之比。局部细节图中标记了频率为 $1/N=1/1\,023$ 整数倍的频点处的比例值。

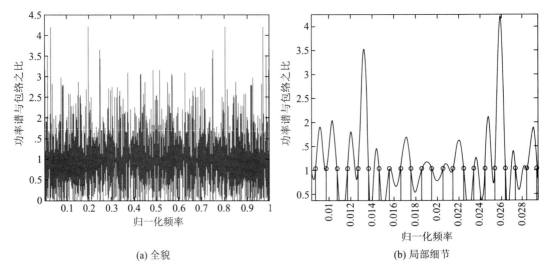

(a) 全貌　　　　　　　　　　　(b) 局部细节

图 7-5　采用 m 序列的导航信号功率谱与其包络的比例曲线

从上图可见，尽管采用 m 序列的信号在 $1/N$ 整数倍频率处的功率谱密度与包络相吻

合，但是在其他频率位置仍然可能出现较大的偏离。本例中的最大偏离值达到 4.2，约 6.2 dB。

下面定量分析功率谱起伏特性的统计特征：功率谱与包络之比 $R_{G/\tilde{G}}(f)$ 的均值、方差。由式（7-55）可知 $R_{G/\tilde{G}}(f)$ 为周期函数，周期为码速率 $f_c = 1/T_c$，因此其均值和方差可计算如下

$$E[R_{G/\tilde{G}}(f)] = T_c \int_0^{f_c} R_{G/\tilde{G}}(f) \, \mathrm{d}f \tag{7-58}$$

$$Var[R_{G/\tilde{G}}(f)] = T_c \int_0^{f_c} [R_{G/\tilde{G}}(f)]^2 \, \mathrm{d}f - \{E[R_{G/\tilde{G}}(f)]\}^2 \tag{7-59}$$

在 $\{c_n\}$ 序列后面补上 mN 个零值（m 为大于 0 的整数），构建新的长度为 $(m+1)N$ 的新序列 $\{C_n\}$，则可用 C_n 的循环自相关获取 c_n 的线性自相关。由式（7-55）可知

$$R_{G/\tilde{G}}(k\Delta f) = \frac{1}{N} |DFT(C_n)_k|^2 \tag{7-60}$$

式中　$\Delta f = f_c/(m+1)N$ ——频率分辨率；

$DFT(C_n)_k$ ——序列 C_n 的离散傅里叶变换的第 k 个系数。

当 $m \to \infty$ 时，有如下关系

$$E[R_{G/\tilde{G}}(f)] = T_c \lim_{m \to \infty} \sum_{k=0}^{(m+1)N-1} \frac{1}{N} |DFT(C_n)_k|^2 \frac{f_c}{(m+1)N} \tag{7-61}$$

由帕瑟瓦尔定理有

$$\sum_{k=0}^{(m+1)N-1} |DFT(C_n)_k|^2 = (m+1)N \sum_{n=0}^{(m+1)N-1} C_n^2 = (m+1)N \sum_{n=0}^{N} c_n^2 = (m+1)N^2 \tag{7-62}$$

结合式（7-61）和式（7-62）可得均值

$$E[R_{G/\tilde{G}}(f)] = 1 \tag{7-63}$$

同理

$$Var[R_{G/\tilde{G}}(f)] = T_c \lim_{m \to \infty} \sum_{k=0}^{(m+1)N-1} \frac{1}{N^2} |DFT(C_n)_k|^4 \frac{f_c}{(m+1)N} - 1 \tag{7-64}$$

$$= \lim_{m \to \infty} (m+1)^2 \sum_{k=0}^{(m+1)N-1} [R_c(k)]^2 - 1$$

式中　$R_c(k)$ ——C_n 的循环自相关，它与 $\bar{R}_c(k)$ 之间有如下关系

$$R_c(k) = \begin{cases} \dfrac{1}{m+1} \bar{R}_c(k) & -(N-1) < k < N-1 \\ 0 & \text{其他} \end{cases} \tag{7-65}$$

因此

$$Var[R_{G/\tilde{G}}(f)] = \lim_{m \to \infty} (m+1)^2 \sum_{k=-(N-1)}^{N-1} \left[\frac{1}{(m+1)} \bar{R}_c(k) \right]^2 - 1 \tag{7-66}$$

$$= \sum_{k=-(N-1)}^{N-1} [\bar{R}_c(k)]^2 - 1$$

由于 $\bar{R}_c(0) \equiv 1$，$R_{G/\bar{G}}(f)$ 的方差可表示为

$$Var[R_{G/\bar{G}}(f)] = \sum_{k \neq 0} [\bar{R}_c(k)]^2 \qquad (7-67)$$

上式表明，导航信号功率谱相对包络的起伏程度取决于伪码序列线性自相关的旁瓣功率之和。定义码序列线性自相关品质因数如下

$$MF_L = \bar{R}_c(0) / \sum_{k \neq 0} [\bar{R}_c(k)]^2 \qquad (7-68)$$

式中　下标 L ——该品质因数是基于线性相关的。

MF_L 的物理意义为线性自相关函数主瓣旁瓣功率比。结合式（7-67）和式（7-68）可知，$R_{G/\bar{G}}(f)$ 的方差与线性自相关品质因数互为倒数，即

$$Var[R_{G/\bar{G}}(f)] = \frac{1}{MF_L} \qquad (7-69)$$

上式表明，线性自相关品质因数越大，导航信号功率谱的总体起伏程度越小。若窄带干扰出现的频点位置是随机的，线性自相关品质因数越大的导航信号抗窄带干扰的能力越强。另一方面，如果这种干扰是有意的，分析导航信号功率谱的最大偏离值 $MAX[R_{G/\bar{G}}(f)]$ 更有意义，只能在频域上进行分析。

下面将从一般随机码的角度来分析伪码基本参数——码长对线性自相关品质因数的影响。假设伪码序列是由贝努利试验随机产生，码长为 N 的随机码序列具有如下的统计特性

$$E[\bar{R}_c(k)] = 0, \quad k \neq 0 \qquad (7-70)$$

$$E\{[\bar{R}_c(k)]^2\} = \frac{N-|k|}{N^2}, \quad |k| < N-1 \& k \neq 0 \qquad (7-71)$$

显然，当 $k=0$ 时，$\bar{R}_c(k) \equiv 1$。结合式（7-67）和式（7-71），可计算出

$$E\{Var[R_{G/\bar{G}}(f)]\} = \frac{N-1}{N} \qquad (7-72)$$

当 N 足够大时，上式近似为"1"，与 N 无关联。若 $Var[R_{G/\bar{G}}(f)]$ 的方差很小，则线性自相关品质因数也近似为"1"。这一结论成立的前提是：数据位持续时间刚好等于码周期，且伪码序列是随机产生的。当数据位持续时间为码周期的整数倍时，子码的特性将影响功率谱的起伏。

图 7-6 分析了两种典型码序列的线性自相关品质因数。图 7-6（a）是码长为 1 023、511、255 的 m 序列和码长为 2 047、1 023、511 的 Gold 序列的线性自相关品质因数，每种码长、码型组合均随意抽取了 5 个序列，横坐标为试验序列的序号。由图可见，码型对线性自相关品质因数的影响明显：Gold 序列的线性自相关品质因数约为 1，与随机码结果相同，而完整 m 序列的线性自相关品质因数约为 3，是随机码的 3 倍。和随机码分析结果一样，码长并未对 m 序列和 Gold 序列的线性自相关品质因数造成明显影响。

图 7-6（b）给出了截短行为对伪码线性自相关品质因数的影响。图中随机抽取了 3 组长度为 1 023 的 m 序列和 Gold 序列，并将它们截短成五个长度分别为 1 000、800、600、400、200 的伪码。从图中可以看到：m 序列的线性自相关品质因数随着截短后长度

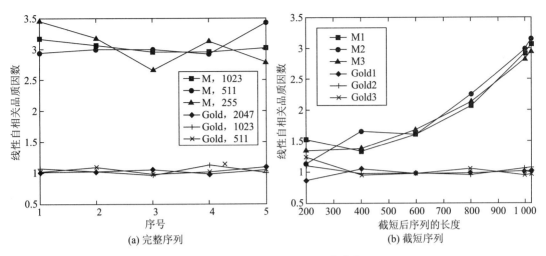

图 7 - 6　线性自相关品质因数曲线

的减小而逐渐降低，并逐渐接近 "1"；Gold 序列的线性自相关品质因数保持在 "1" 附近基本不变。

下面再来考虑采用子码的情况。根据表达式（7 - 55），可得导航信号功率谱与包络之比为

$$R_{G/\tilde{G}}(f) = \frac{1}{N_0} \Big| \sum_{n=0}^{N_0-1} c_n^0 \mathrm{e}^{-\mathrm{j}2\pi f n T_c} \Big|^2 \frac{1}{N_1} \Big| \sum_{n=0}^{N_1-1} c_n^1 \mathrm{e}^{-\mathrm{j}2\pi f n N_0 T_c} \Big|^2 \qquad (7-73)$$

式中　　c_n^0——主码；

　　　　c_n^1——子码。

假设主码为随机码，子码为确定的短序列，则

$$\begin{aligned}
Var[R_{G/\tilde{G}}(f)] &= E[R_{G/\tilde{G}}^2(f)] - \{E[R_{G/\tilde{G}}(f)]\}^2 \\
&= E\Big\{ \sum_{k=-(N_0-1)}^{N_0-1} [\bar{R}_{c0}(k)]^2 \Big\} \times \Big\{ \sum_{k=-(N_1-1)}^{N_1-1} [\bar{R}_{c1}(k)]^2 \Big\} - 1 \\
&= \frac{2N_0-1}{N_0} \times \Big\{ \sum_{k=-(N_1-1)}^{N_1-1} [\bar{R}_{c1}(k)]^2 \Big\} - 1
\end{aligned}$$

$$(7-74)$$

根据伪码线性自相关品质因数的定义式（7 - 68），上式还可表示为

$$Var[R_{G/\tilde{G}}(f)] = \frac{2N_0-1}{N_0} \times \Big\{ 1 + \frac{1}{MF_{L,c1}} \Big\} - 1 \qquad (7-75)$$

式中　　$MF_{L,c1}$——子码的线性自相关品质因数。

上式给出了子码特性对导航信号功率谱的影响。

若子码为全 "1"，即简单重复的情况，其线性自相关为

$$\bar{R}_{c1}(k) = \begin{cases} \dfrac{N_1 - |k|}{N_1} & -(N_1-1) \leqslant k \leqslant N_1-1 \\ 0 & \text{others} \end{cases} \qquad (7-76)$$

利用级数求和

$$\sum_{k=1}^{n} k^2 = \frac{1}{6} n (n+1) (2n+1) \tag{7-77}$$

可得

$$\sum_{k=-(N_1-1)}^{N_1-1} [\bar{R}_{c1}(k)]^2 = 1 + \frac{2}{N_1^2} \sum_{k=1}^{N_1-1} [N_1^2 - 2N_1 k + k^2]$$

$$= 1 + \frac{1}{3N_1} (2N_1^2 - 3N_1 + 1) \tag{7-78}$$

将式（7-78）代入式（7-74），子码为全"1"时导航信号功率谱与包络比的方差

$$Var[R_{G/\tilde{G}}(f)] = \frac{2N_0 - 1}{N_0} \times \left\{ 1 + \frac{1}{3N_1} (2N_1^2 - 3N_1 + 1) \right\} - 1 \tag{7-79}$$

由于主码长度 N_0 远大于"1"，上式可近似为

$$Var[R_{G/\tilde{G}}(f)] \approx \frac{1}{3N_1} (4N_1^2 - 3N_1 + 2) \tag{7-80}$$

将主码和子码合成的伪码为 C_n，由式（7-75）可知：当主码 c_n^0 为随机码时，复合码 C_n 的线性自相关品质因数 $MF_{L,C}$ 与子码 c_n^1 的线性自相关品质因数 $MF_{L,c1}$ 之间的关系如下

$$\frac{1}{MF_{L,C}} = 2 \times \left\{ 1 + \frac{1}{MF_{L,c1}} \right\} - 1 \tag{7-81}$$

由于自相关品质因数总大于 0，因此复合码的线性自相关品质因数必定减小。这是引入子码不得不付出的代价。

由式（7-78）可知，当子码为全"1"时，子码的线性自相关品质因数为

$$MF_{L,c1} = \frac{3N_1}{2N_1^2 - 3N_1 + 1} \tag{7-82}$$

复合码的线性自相关品质因数为

$$MF_{L,C} = \frac{3N_1}{4N_1^2 - 3N_1 + 2} \tag{7-83}$$

图 7-7 分析了不同子码与线性自相关品质因数之间的关系。图 7-7（a）为采用全"1"子码的复合码序列的线性自相关品质因数曲线。黑色实线标出的是主码为随机码时的线性自相关品质因数期望值，其他标号分别代表了 5 个随意抽取的 Gold 序列的仿真结果。可见，仿真结果和随机码理论分析结果相吻合。随着全"1"子码长度的增加，线性自相关品质因数迅速降低，即功率谱起伏程度加大。图 7-7（b）为采用特殊子码的复合码序列的线性自相关品质因数曲线。图中，NH1 代表长度为 10 的 Neumann - Hoffman 码，码序列为 [-1 -1 -1 -1 1 1 -1 1 -1 1]；NH2 代表长度为 20 的 Neumann - Hoffman 码，码序列为 [1 1 1 1 1 -1 1 1 -1 -1 1 1 -1 1 -1 1 1 -1 -1 -1 1]，它和 NH2 被 GPS 民用信号 L5C 所采用；Scode 的长度也为 20，它是按照线性自相关品质因数最大原则搜索出来的子码，码序列为 [-1 -1 -1 -1 -1 1 -1 1 1 1 1 -1 1 -1 -1 1 1 1 1 -1 -1 1]。上述三个子码序列分别与长度为 20 个 1 023 的 Gold 序列按分层码的方式复合，得

到的复合码的线性自相关函数见图中带"○□△"标号的曲线。图中，横坐标为主码序列的编号，纵坐标为复合码的线性自相关品质因数。三条水平直线对应三个子码序列与随机码复合后的线性自相关品质因数期望值。NH1、NH2、Scode 的线性自相关品质因数分别为 3.84、5.26、7.69，对应的复合码线性自相关品质因数期望值分别为 0.66、0.72、0.79。该结果表明，选用线性自相关品质因数较大的子码，对于提高复合码品质因数、降低导航信号功率谱的起伏程度有重要的作用。

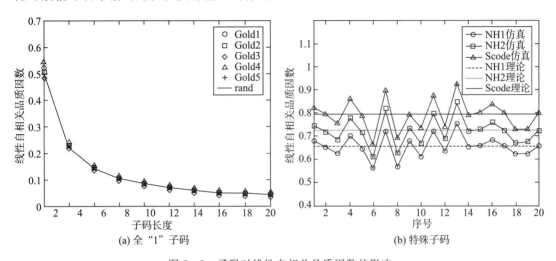

图 7 - 7　子码对线性自相关品质因数的影响

7.2.3　数据速率对信号功率谱的影响

从前面的分析可以看到，码周期与数据位宽度之间的关系不同，导航信号功率谱的表达形式存在较大的区别。码周期与数据位宽度之间的比例取决于码速率、码长和数据速率。其中，码速率和码长对功率谱的影响在前面已经涉及，本节重点考虑数据速率的影响。

综合考察表达式（7-43）、式（7-46）、式（7-53），导航信号功率谱包络完全由码速率和码片形状所决定，伪码和数据速率对导航信号功率谱的影响体现在局部起伏特征上。因此，下面基于导航信号功率谱与包络之比 $R_{G/\tilde{G}}(f)$ 来进行分析。当数据速率的选择使得数据位宽刚好等于码周期，$R_{G/\tilde{G}}(f)$ 的特性取决于完整码序列；当数据速率的选择使得数据位宽为主码周期的整数倍时，$R_{G/\tilde{G}}(f)$ 的特性由主码序列和子码序列共同确定；当数据速率的选择使得码周期为数据位宽的整数倍时，$R_{G/\tilde{G}}(f)$ 的特性取决于序列的分段特性。前两种情况在 7.2.1 节中已经加以考虑，下面来分析码周期为数据位宽的整数倍的情况。

码周期为数据位宽的整数倍时，导航信号功率谱与包络之比为

$$R_{G/\tilde{G}}(f) = \frac{1}{K_1} \sum_{k_1=0}^{K_1-1} \left[\frac{1}{K_0} \left| \sum_{k_0=0}^{K_0-1} c_{k_1 K_0 + k_0} e^{-j2\pi f k_0 T_c} \right|^2 \right] \qquad (7-84)$$

为了获得具有指导意义的一般性结论，可以假设伪码是随机产生的，各分段之间相互

独立，$R_{G/\bar{G}}(f)$ 的方差为

$$Var\left[R_{G/\bar{G}}(f)\right]=\frac{1}{K_1}Var\left[\frac{1}{K_0}\left|\sum_{k_0=0}^{K_0-1}c_{k_1K_0+k_0}\,\mathrm{e}^{-\mathrm{j}2\pi fk_0T_c}\right|^2\right] \quad\quad (7-85)$$

对随机码，各分段序列同样是随机码，结合式（7-72）可得

$$Var\left[R_{G/\bar{G}}(f)\right]=\frac{1}{K_1}\times\frac{K_0-1}{K_0} \quad\quad (7-86)$$

若每段的码片数目足够长，$R_{G/\bar{G}}(f)$ 的方差可近似为 $1/K_1$。即，分段数增加可以减小功率谱的起伏程度。这表明，当码长和码速率不变时，增加数据速率可减小功率谱波动。另一方面，当码速率和数据速率不变时，增加码长可以跨越多个数据位，功率谱起伏程度也可得到减小。回想到 GPS P 码的情况，由于其码长达到 6 187 104 000 000，重复周期为一周，跨越的数据位达到 30 240 000，$R_{G/\bar{G}}(f)$ 的方差近似为 0，功率谱的起伏已经可以忽略不计了。

尽管上述分析基于随机码假设，特定码序列的结果与上述结果可能存在偏差，但其结果对于信号设计具有特殊的指导意义。下面举例加以说明。

图 7-8 给出了数据速率增加与功率谱起伏方差之间的关系。图中，K_1 为一个码周期中的数据位数目，即 $K_1=NT_c/T_b=NR_d/R_{code}$（$R_d$ 为数据速率，R_{code} 为码速率）；功率谱起伏方差为式（7-84）所定义的 $R_{G/\bar{G}}(f)$；随机码理论值是用式（7-86）算出的结果；码 1 是长度为 2 040 的伪码序列，它由长度为 2 047 的 Gold 序列截断而成；码 2 的长度也为 2 040，它由长度为 2 047 的 m 序列截断而获得。由图可见，码 1 的功率谱起伏方差与随机码理论值相符合，码 2 的功率谱起伏方差比随机码理论值要小得多，但其随着 K_1 增加而下降的趋势与随机码相同。

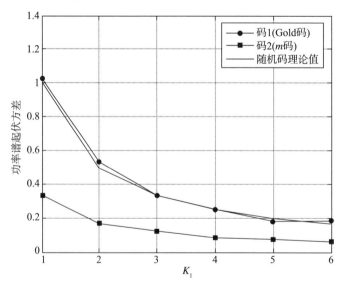

图 7-8　数据速率对功率谱起伏方差的影响

图 7-9 为图 7-8 中码 1、码 2 的功率谱密度与包络比 $R_{G/\bar{G}}(f)$ 的细节图。该图更直

观地表明，K_1 取值越大，功率谱平滑程度越高，功率谱起伏越小。

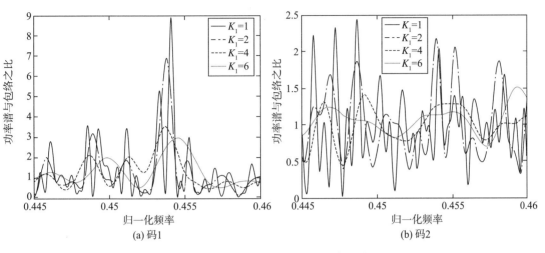

(a) 码1　　　　　　　　　　　　　　　(b) 码2

图 7 - 9　功率谱密度与包络比的局部细节图

7.2.4　码片波形对信号功率谱的影响

导航信号功率谱最主要的影响因素是码速率和码片波形的能量谱，下面依照从一般到特殊的顺序逐一分析典型码片波形的能量谱特征。

出于恒包络方面的考虑，导航信号采用的码片形状都是方波或者阶梯波。它们都可以用下面的表达式来表示

$$p(t) = \sum_{k=1}^{N_{\text{seg}}} A_k g\left(\frac{t - t_k}{w_k}\right) \tag{7-87}$$

式中　$p(t)$——脉冲波形；

　　　N_{seg}——码片波形的矩形段数；

　　　A_k——第 k 段矩形的幅度；

　　　t_k——第 k 段的起始时刻；

　　　w_k——第 k 段的宽度。

码片波形示意图如图 7 - 10 所示。码片波形对应的频谱如下

$$S_p(f) = F[p(t)] = \sum_{k=1}^{N_{\text{seg}}} A_k S_g(f)$$

$$= \frac{1}{-\mathrm{j}2\pi f} \sum_{k=1}^{N_{\text{seg}}} A_k (\mathrm{e}^{-\mathrm{j}2\pi f w_k} - 1) \, \mathrm{e}^{-\mathrm{j}2\pi f t_k} \tag{7-88}$$

码片波形的能量谱可用如下关系式获得

$$G_p(f) = |S_p(f)|^2 \tag{7-89}$$

首先考虑二进制编码符号（BCS）波形。对于 BCS 码片波形，$A_k = 1$ 或者 -1，且有

$$w_k = T_s = T_c / N_{\text{seg}} \tag{7-90}$$

$$t_k = (k-1) T_c / N_{\text{seg}} = (k-1) T_s \tag{7-91}$$

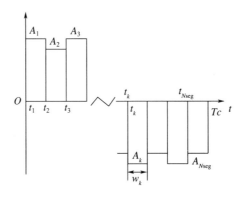

图 7 - 10　码片波形示意图

将式（7-90）、式（7-91）代入式（7-88）可得它的频谱如下

$$S_p(f) = \frac{1}{-j2\pi f} \sum_{k=1}^{N_{seg}} A_k (e^{-j2\pi f w_k} - 1) e^{-j2\pi f t_k}$$

$$= \frac{1}{-j2\pi f} (e^{-j2\pi f T_c / N_{seg}} - 1) \sum_{k=1}^{N_{seg}} A_k e^{-j2\pi f (k-1) T_c / N_{seg}} \qquad (7-92)$$

$$= T_s \operatorname{sinc}(\pi f T_s) \sum_{k=1}^{N_{seg}} A_k e^{-j\pi f (2k-1) T_s}$$

可见，通过改变编码 $\{A_k\}$ 能够灵活地控制谱的形状，这一特性使得它在 GALILEO L1 OS 信号设计过程中曾被列入候选方案。

接下来考虑正弦子载波 $BOC(m,n)$ 调制方式的码片波形，它具有如下特性

$$N_{seg} = 2m/n \qquad (7-93)$$

$$w_k = T_s = nT_c/2m \qquad (7-94)$$

$$t_k = (k-1)T_s = (k-1) \times nT_c/2m \qquad (7-95)$$

可见，BOC 调制的码片波形是 BCS 波形的一种特殊形式。区别在于，它除了满足式（7-93）～式（7-95）的特性外，其分段幅度 w_k 还具有周期翻转规律。考虑正弦子载波的原始定义

$$p(t) = \operatorname{sign}[\sin(2\pi f_s t)] = \operatorname{sign}\left[\sin\left(2\pi \frac{1}{T_c n/m} t\right)\right], \quad 0 \leqslant t \leqslant T_c \qquad (7-96)$$

由式（7-96）可知幅度 w_k 具有表达形式

$$A_k = (-1)^{k-1} \qquad (7-97)$$

将式（7-97）代入式（7-92）可得 BOC 波形频谱

$$S_p(f) = T_s \operatorname{sinc}(\pi f T_s) \sum_{k=1}^{N_{seg}} (-1)^k e^{-j\pi f (2k-1) T_s}$$

$$= T_s \operatorname{sinc}(\pi f T_s) e^{j\pi f T_s} \sum_{k=1}^{N_{seg}} (-e^{-j2\pi f T_s})^k$$

$$= T_s \operatorname{sinc}(\pi f T_s) e^{j\pi f T_s} \frac{-e^{-j2\pi f T_s}[1 - (-1)^{N_{seg}} e^{-j2\pi f T_c}]}{1 + e^{-j2\pi f T_s}}$$

$$= T_s \operatorname{sinc}(\pi f T_s) \, \mathrm{e}^{-\mathrm{j}\pi f T_s} \, \frac{-\mathrm{e}^{-\mathrm{j}\pi f T_c} \, [\mathrm{e}^{\mathrm{j}\pi f T_c} - (-1)^{N_{\mathrm{seg}}} \, \mathrm{e}^{-\mathrm{j}\pi f T_c}]}{\mathrm{e}^{-\mathrm{j}\pi f T_s} \, (\mathrm{e}^{\mathrm{j}\pi f T_s} + \mathrm{e}^{-\mathrm{j}\pi f T_s})} \tag{7-98}$$

$$= -T_s \operatorname{sinc}(\pi f T_s) \, \mathrm{e}^{-\mathrm{j}\pi f T_c} \, \frac{[\mathrm{e}^{\mathrm{j}\pi f T_c} - (-1)^{N_{\mathrm{seg}}} \, \mathrm{e}^{-\mathrm{j}\pi f T_c}]}{2\cos(\pi f T_s)}$$

当 N_{seg} 为偶数时

$$S_p(f) = -T_s \operatorname{sinc}(\pi f T_s) \, \mathrm{e}^{-\mathrm{j}\pi f T_c} \, \frac{(\mathrm{e}^{\mathrm{j}\pi f T_c} - \mathrm{e}^{-\mathrm{j}\pi f T_c})}{2\cos(\pi f T_s)} \tag{7-99}$$

$$= -T_s \operatorname{sinc}(\pi f T_s) \, \mathrm{e}^{-\mathrm{j}\pi f T_c} \, \frac{2\mathrm{j}\sin(\pi f T_c)}{2\cos(\pi f T_s)}$$

对应能量谱为

$$G_p(f) = |S_p(f)|^2$$

$$= T_s^2 \operatorname{sinc}^2(\pi f T_s) \, \frac{\sin^2(\pi f T_c)}{\cos^2(\pi f T_s)} \tag{7-100}$$

$$= T_c^2 \operatorname{sinc}^2(\pi f T_c) \tan^2(\pi f T_s)$$

当 N_{seg} 为奇数时

$$S_p(f) = -T_s \operatorname{sinc}(\pi f T_s) \, \mathrm{e}^{-\mathrm{j}\pi f T_c} \, \frac{(\mathrm{e}^{\mathrm{j}\pi f T_c} + \mathrm{e}^{-\mathrm{j}\pi f T_c})}{2\cos(\pi f T_s)} \tag{7-101}$$

$$= -T_s \operatorname{sinc}(\pi f T_s) \, \mathrm{e}^{-\mathrm{j}\pi f T_c} \, \frac{2\cos(\pi f T_c)}{2\cos(\pi f T_s)}$$

对应能量谱为

$$G_p(f) = |S_p(f)|^2$$

$$= T_s^2 \operatorname{sinc}^2(\pi f T_s) \, \frac{\cos^2(\pi f T_c)}{\cos^2(\pi f T_s)} \tag{7-102}$$

$$= T_c^2 \, \frac{\cos^2(\pi f T_c)}{(\pi f T_c)^2} \tan^2(\pi f T_s)$$

下面推广到其他相位的子载波情况，假设 BOC 子载波存在相位偏移 φ ，即

$$p(t,\varphi) = \operatorname{sign}[\sin(2\pi f_s t + \varphi)] = \operatorname{sign}\left[\sin\left(2\pi \, \frac{1}{T_c n/m} t + \varphi\right)\right], 0 \leqslant t \leqslant T_c \tag{7-103}$$

由三角函数的性质可知脉冲形状函数存在以下关系

$$p(t, -\varphi) = -p(t, \varphi) \tag{7-104}$$

$$p(t, \varphi + \pi) = -p(t, \varphi) \tag{7-105}$$

$$p(t, \pi - \varphi) = p(t, \varphi) \tag{7-106}$$

可见，$p(t, -\varphi)$ 、$p(t, \pi + \varphi)$ 、$p(t, \pi - \varphi)$ 三者具有相同的能量谱。因此，只需要考虑 $[0, \pi/2]$ 区间内的相位偏移就可以得到所有可能的能量谱特性了。当 φ 处于 $0 \sim \pi/2$ 范围内时，$p(t, \varphi)$ 可以用形如式（7-103）的分段函数表示。$p(t, \varphi)$ 的波形示意图如图 7-11 所示。

由图 7-11 可以看出，$p(t, \varphi)$ 的分段表示形式的参数为

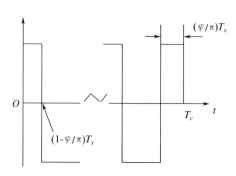

图 7 - 11　子载波的波形示意图

$$N_{\text{seg}} = (2m/n) + 1 \tag{7-107}$$

$$A_k = (-1)^{k+1} \tag{7-108}$$

$$t_k = \begin{cases} 0, & k = 1 \\ (k-1-\varphi/\pi)\,T_s, & 2 \leqslant k \leqslant N_{\text{seg}} \end{cases} \tag{7-109}$$

$$W_k = \begin{cases} (1-\varphi/\pi)\,T_s, & k = 1 \\ T_s, & 2 \leqslant k \leqslant N_{\text{seg}} - 1 \\ (\varphi/\pi)\,T_s, & k = N_{\text{seg}} \end{cases} \tag{7-110}$$

将式（7-107）～式（7-110）代入式（7-88）可得

$$
\begin{aligned}
S_p(f) &= \frac{1}{-\mathrm{j}2\pi f} \sum_{k=1}^{N_{\text{seg}}} A_k \left(\mathrm{e}^{-\mathrm{j}2\pi f w_k} - 1 \right) \mathrm{e}^{-\mathrm{j}2\pi f t_k} \\
&= \frac{1}{-\mathrm{j}2\pi f} \left[\begin{array}{l} \left[\mathrm{e}^{-\mathrm{j}2\pi f (1-\varphi/\pi)\,T_s} - 1 \right] + (-1)^{2m/n} \left[\mathrm{e}^{-\mathrm{j}2\pi f (\varphi/\pi)\,T_s} - 1 \right] \mathrm{e}^{-\mathrm{j}2\pi f \left[T_c - (\varphi/\pi)\,T_s \right]} \\ + \sum_{k=2}^{2m/n} (-1)^{k+1} \left(\mathrm{e}^{-\mathrm{j}2\pi f T_s} - 1 \right) \mathrm{e}^{-\mathrm{j}2\pi f (k-1-\varphi/\pi)\,T_s} \end{array} \right] \\
&= \frac{1}{-\mathrm{j}2\pi f} \left[\begin{array}{l} \left[\mathrm{e}^{-\mathrm{j}2\pi f (1-\varphi/\pi)\,T_s} - 1 \right] + (-1)^{2m/n} \left[1 - \mathrm{e}^{\mathrm{j}2\pi f (\varphi/\pi)\,T_s} \right] \mathrm{e}^{-\mathrm{j}2\pi f T_c} \\ + \left(1 - \mathrm{e}^{\mathrm{j}2\pi f T_s} \right) \mathrm{e}^{\mathrm{j}2\pi f (\varphi/\pi)\,T_s} \sum_{k=2}^{2m/n} (-1)^{k+1} \mathrm{e}^{-\mathrm{j}2\pi f k T_s} \end{array} \right] \\
&= \frac{1}{-\mathrm{j}2\pi f} \left[\begin{array}{l} \left[\mathrm{e}^{-\mathrm{j}2\pi f (1-\varphi/\pi)\,T_s} - 1 \right] + (-1)^{2m/n} \left[1 - \mathrm{e}^{\mathrm{j}2\pi f (\varphi/\pi)\,T_s} \right] \mathrm{e}^{-\mathrm{j}2\pi f T_c} \\ + \left(1 - \mathrm{e}^{\mathrm{j}2\pi f T_s} \right) \mathrm{e}^{\mathrm{j}2\pi f (\varphi/\pi)\,T_s} \dfrac{-\mathrm{e}^{-\mathrm{j}4\pi f T_s} \left[1 - (-1)^{2m/n-1} \mathrm{e}^{-\mathrm{j}2\pi f (2m/n-1)\,T_s} \right]}{1 + \mathrm{e}^{-\mathrm{j}2\pi f T_s}} \end{array} \right]
\end{aligned}
\tag{7-111}
$$

利用式（7-111）可以计算 $2m/n$ 为奇数、偶数以及各种相位条件下的码片波形频谱，将式（7-111）代入式（7-88）即可得到码片形状的能量谱。

图 7-12 给出了不同相位的 BOC（1，1）和 BOC（1.5，1）调制波形的能量谱密度。图中，BOC_{s} 表示正弦相位的子载波，BOC_{c} 表示余弦相位子载波，BOC_{45} 和 BOC_{60} 分别表示 45°相位和 60°相位的子载波。BOC（1，1）是 $2m/n$ 为偶数类型的代表，BOC（1.5，1）是 $2m/n$ 为奇数类型的代表。从图 7-12 的分析结果可以看到，子载波调制方式将信号的主要能量搬移到子载波频率附近；偶数类型的子载波调制方式无直流分量，奇数类型的

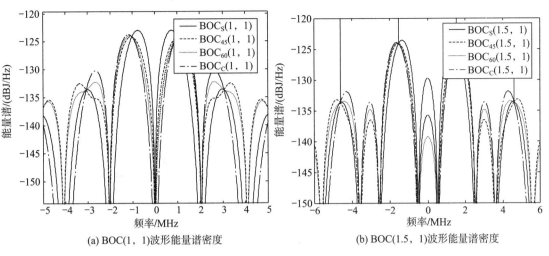

(a) BOC(1, 1)波形能量谱密度　　　　(b) BOC(1.5, 1)波形能量谱密度

图 7 - 12　BOC 调制的码片波形能量谱密度

子载波调制方式有直流分量；正弦相位子载波调制信号能量谱的主峰位置在靠近中心频率的内侧，余弦相位子载波调制信号能量谱的主峰位置处于偏离中心频率的外侧，其他相位的子载波调制信号能量谱的主峰位置介于正弦和余弦之间。这些特性对于信号的设计和权衡将产生重要的影响。

同时，我们会发现能量谱图 7 - 12（b）中存在着奇异点，产生的原因可以通过分析式（7 - 111）来解释。截取式（7 - 111）的部分分式如下

$$p(f) = \frac{1 - (-1)^{2m/n-1} \mathrm{e}^{-\mathrm{j}2\pi f(2m/n-1)T_s}}{1 + \mathrm{e}^{-\mathrm{j}2\pi fT_s}} \qquad (7-112)$$

当频率满足式（7 - 113）时，式（7 - 112）的分母部分将为 0，同时分子部分也将为 0。由于计算机精度的限制，在式（7 - 113）所示的频率附近将会产生异常点

$$f = (k + 1/2)/T_s = (2k + 1)f_s \qquad (7-113)$$

针对这种特殊情况，利用洛必达法则求得式（7 - 112）在奇异点处的极限值，并用它代替直接计算结果，即可解决这种异常现象。$p(f)$ 在奇异点处的取值为

$$p_1(f) = \frac{-(-1)^{2m/n-1} \mathrm{e}^{-\mathrm{j}2\pi f(2m/n-1)T_s}(2m/n-1)}{\mathrm{e}^{-\mathrm{j}2\pi fT_s}} \qquad (7-114)$$

$$= -(-1)^{2m/n-1} \mathrm{e}^{-\mathrm{j}2\pi f(2m/n-2)T_s}(2m/n-1) \quad 当 f \to (2k+1)f_s$$

将式（7 - 114）代入式（7 - 111）可得奇异点附近的频谱表达式为

$$S_p(f) = \frac{1}{-\mathrm{j}2\pi f}\{ [\mathrm{e}^{-\mathrm{j}2\pi f(1-\varphi/\pi)T_s} - 1] + (-1)^{2m/n}[1 - \mathrm{e}^{\mathrm{j}2\pi f(\varphi/\pi)T_s}]\mathrm{e}^{-\mathrm{j}2\pi fT_c}$$

$$+ (-1)^{2m/n-1}(2m/n-1)(1 - \mathrm{e}^{\mathrm{j}2\pi fT_s})\mathrm{e}^{\mathrm{j}2\pi f(\varphi/\pi-2m/n)T_s}\} \qquad (7-115)$$

修正后的 BOC 调制的码片波形能量谱见图 7 - 13。

式（7 - 111）给出了任意相位的子载波调制方式的码片波形频谱，但由于它采用的是指数形式表达，直观性不明显。下面针对常用相位 0°和 90°简化其频谱表达式。当 $\varphi = 0$ 时，式（7 - 111）给出的是正弦子载波码片波形频谱，对其化简以后的频谱表达式和功率

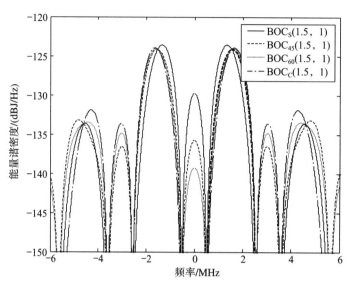

图 7 - 13　修正后的 BOC 调制的码片波形能量谱

谱表达式见式（7 - 99）～ 式（7 - 102），不再重述。

当 $\varphi = \pi/2$ 时，式（7 - 111）给出的是余弦子载波频谱。若 $2m/n$ 为奇数，式（7 - 111）可简化为

$$S_p(f) = -\frac{\mathrm{j}\mathrm{e}^{-\mathrm{j}2\pi fT_c}(1+\mathrm{e}^{\mathrm{j}2\pi fT_c})(-1+\mathrm{e}^{\mathrm{j}\pi fT_s})^2}{2(1+\mathrm{e}^{\mathrm{j}2\pi fT_s})\pi f} \tag{7-116}$$

$$= 2\mathrm{j}\frac{\cos(\pi fT_c)\sin^2(\pi fT_s/2)}{\cos(\pi fT_s)\pi f}\mathrm{e}^{-\mathrm{j}\pi fT_c}$$

对应的能量谱密度为

$$G_p(f) = 4\frac{\cos^2(\pi fT_c)\sin^4(\pi fT_s/2)}{(\pi f)^2\cos^2(\pi fT_s)} \tag{7-117}$$

若 $2m/n$ 为偶数，式（7 - 111）可简化为

$$S_p(f) = \frac{\mathrm{j}(\mathrm{e}^{\mathrm{j}2\pi fT_c}-1)(1-\mathrm{e}^{\mathrm{j}\pi fT_s})^2}{2(1+\mathrm{e}^{\mathrm{j}2\pi fT_s})\pi f} \tag{7-118}$$

$$= 2\frac{\sin(\pi fT_c)\sin^2(\pi fT_s/2)}{\cos(\pi fT_s)\pi f}\mathrm{e}^{\mathrm{j}\pi fT_c}$$

对应的能量谱密度为

$$G_p(f) = 4\frac{\sin^2(\pi fT_c)\sin^4(\pi fT_s/2)}{(\pi f)^2\cos^2(\pi fT_s)} \tag{7-119}$$

7.3　预检测积分时间对信号功率谱的影响

考虑到导航通道没有数据位，分预积分时间大于等于和小于伪码周期两种情况，而且预积分时间为伪码周期的整数倍，来推导 GNSS 基带信号功率谱的解析式。

7.3.1　预检测积分时间大于等于伪码周期

假设预积分时间 T_{co} 大于等于伪码周期 T ，码片宽度为 T_c ，码长为 L ，预积分时间内包含 K 个周期伪码序列，即 $T_{co}=KLT_c$ ，$N=KL$ 。因此，可以认为在预积分时间内伪码序列是周期确定的。预积分时间内的基带信号可表示为

$$x(t) = w_{T_{co}}(t) \cdot \sum_{n=0}^{N-1} c_{ns} p(t-nT_c) \tag{7-120}$$

式中　$w_{T_{co}}(t)$——宽度为 T_{co} 的矩形窗，信号在预积分时间内被截断等效于加了矩形窗；

　　　$p(t)$——单位幅度的码片波形；

　　　c_{ns}——伪码序列中的第 n 个码片，取值为 ± 1 。

式（7-120）的傅里叶变换为

$$X_s(f) = S_w(f) * \left\{ S_p(f) \cdot FT\left[\sum_{n=0}^{N-1} c_{ns}\delta(t-nT_c)\right] \right\} \tag{7-121}$$

式中　$S_w(f)$——$w_{T_{co}}(t)$ 的傅里叶变换；

　　　$S_p(f)$——$p(t)$ 的傅里叶变换。

式（7-121）最后一部分可以通过变换并求解得

$$
\begin{aligned}
C(f) &= FT\left[\sum_{n=0}^{N-1} c_{ns}\delta(t-nT_c)\right] \\
&= FT\left[\sum_{k=-\infty}^{\infty}\delta(t-kNT_c) * \sum_{n=0}^{N-1} c_{ns}\delta(t-nT_c)\right] \\
&= \frac{1}{NT_c}\sum_{k=-\infty}^{\infty}\delta\left(f-\frac{k}{NT_c}\right) \cdot \int_{-\infty}^{\infty}\sum_{n=0}^{N-1} c_{ns}\delta(t-nT_c)\exp(-j2\pi ft)dt \\
&= \frac{1}{NT_c}\sum_{k=-\infty}^{\infty}\delta\left(f-\frac{k}{NT_c}\right) \cdot \sum_{n=0}^{N-1} c_{ns}\exp(-j2\pi fnT_c)
\end{aligned} \tag{7-122}
$$

将式（7-122）式代入式（7-121），得到式（7-123）

$$
\begin{aligned}
X_s(f) &= S_w(f) * [S_p(f) \cdot C(f)] \\
&= T_{co}\,\mathrm{sinc}(\pi fT_b) * \left[T_c\,\mathrm{sinc}(\pi fT_c) \cdot \frac{1}{NT_c}\sum_{k=-\infty}^{\infty}\delta\left(f-\frac{k}{NT_c}\right) \cdot \sum_{n=0}^{N-1} c_{ns}\exp(-j2\pi fnT_c)\right] \\
&= \sum_{k=-\infty}^{\infty}\int_{-\infty}^{\infty}\left\{\mathrm{sinc}(\pi(f-f')T_{co}) \cdot T_c\,\mathrm{sinc}(\pi f'T_c) \cdot \delta\left(f'-\frac{k}{NT_c}\right)\left[\sum_{n=0}^{N-1} c_{ns}\exp(-j2\pi f'nT_c)\right]df'\right\} \\
&= T_c\sum_{k=-\infty}^{\infty}\mathrm{sinc}\left[\pi\left(f-\frac{k}{NT_c}\right)T_{co}\right] \cdot \mathrm{sinc}\left(\pi\frac{k}{N}\right) \cdot \left[\sum_{n=0}^{N-1} c_{ns}\exp\left(-j\frac{2\pi}{N}kn\right)\right]
\end{aligned} \tag{7-123}
$$

当 $T_{co} \geqslant T$ 时，基带信号功率谱解析式为

$$G_s(f) = \frac{T_c^2}{T_{co}}\sum_{k=-\infty}^{\infty}\left|\mathrm{sinc}\left[\pi\left(f-\frac{k}{NT_c}\right)T_{co}\right]\right|^2 \cdot \left|\mathrm{sinc}\left(\pi\frac{k}{N}\right)\right|^2 \cdot \left|\sum_{n=0}^{N-1} c_{ns}\exp\left(-j\frac{2\pi}{N}kn\right)\right|^2 \tag{7-124}$$

从上式看到，$G_S(f)$ 是 3 个频率函数的乘积。第 1 个是 sinc() 函数，伪码在预积分时间内被截断相当于在时域上乘于一个矩形窗，在频域上相当于伪码的线谱与矩形窗的频谱相卷积。伪码的线谱间隔为 $1/T$，与 sinc 函数卷积后得到一组梳状函数，每个梳齿是一个带宽为（$2/T_{co}$）Hz 的 sinc 函数。第 2 个是 $S(f)$，它取决于 GNSS 信号采用的码片波形，这里假设是矩形赋形。第 3 个是伪码序列的傅里叶变换，可通过 FFT 来计算。

7.3.2　预积分时间小于伪码周期

假设预积分时间小于伪码周期，即在预积分时间内只包含一段伪随机码，导航信号表示为

$$y(t) = w_{T_{co}}(t) \cdot \sum_{k=-\infty}^{\infty} y_k p\left(\frac{t - kT_c}{T_c}\right) \tag{7-125}$$

y_k 是伪随机序列中的第 k 个码元素。用 ξ 表示一个随机截断伪码的事件，$y_{T_{co}}(t, \xi)$ 则是从一组截断的信号集合中随机抽取出来的一段信号，预积分时间内的信号表示为

$$y_{T_{co}}(t, \xi) = p\left(\frac{t}{T_c}\right) * \left[w_{T_{co}}(t) \cdot \sum_{n=0}^{N-1} y_n \delta(t - nT_c)\right] \tag{7-126}$$

$y_{T_{co}}(t, \xi)$ 的功率谱为

$$G_y(f) = \lim_{T_{co} \to \infty} \frac{E\{|FT[y_{T_{co}}(t, \xi)]|^2\}}{T_{co}} \tag{7-127}$$

其中

$$E\{|FT[y_{T_{co}}(t, \xi)]|^2\}$$

$$= |S_c(f)|^2 E\left\{\left|\int_{-\infty}^{\infty} T_{co} \text{sinc}[\pi(f - f')T_{co}] \sum_{n=0}^{N-1} y_n \exp(-j2\pi f' nT_c)\, df'\right|^2\right\}$$

$$= |S_c(f)|^2 \cdot \left|\int_{-\infty}^{\infty} T_{co} \text{sinc}[\pi(f - f')T_{co}] \frac{1}{L} \sum_{l=0}^{L-1} \sum_{n=0}^{N-1} y(n+l) \exp[-j2\pi f'(n+l)T_c]\, df'\right|^2$$

$$\tag{7-128}$$

上式利用了伪码序列的广义周期平稳特性，其统计平均等于时间平均，平均值在所有 L 个起始位置上进行。式（7-128）涉及到要与 sinc 函数卷积和两重求和，运算量非常大，特别是卷积运算。由于 sinc 函数主要起到平滑功率谱的作用，若在带宽内对功率谱求积分，频率间隔取得足够小（不大于 sinc 函数的主瓣宽度），它对干扰系数的影响就很小。因此，为了减小功率谱计算的复杂度和运算量，将忽略 sinc 函数的影响，化简式（7-126）为

$$y_{T_{co}}(t, \xi) = \sum_{n=0}^{N-1} y_n p\left(\frac{t - nT_c}{T_c}\right) \tag{7-129}$$

上式的归一化自相关函数为

$$R_{yT_{co}}(\tau,\xi) = \frac{1}{T_{co}} \int_{-\infty}^{\infty} y_{T_{co}}(t,\xi) y_{T_{co}}(t-\tau,\xi) \, dt$$

$$= \frac{1}{T_{co}} \int_{-\infty}^{\infty} \sum_{n=0}^{N-1} y_n p\left(\frac{t-nT_c}{T_c}\right) \sum_{m=0}^{N-1} y_m p\left(\frac{t-\tau-mT_c}{T_c}\right) dt \qquad (7-130)$$

$$= \frac{1}{N} \sum_{n=0}^{N-1} \sum_{m=0}^{N-1} y_n y_m \frac{1}{T_c} \int_{-\infty}^{\infty} p\left(\frac{t-nT_c}{T_c}\right) p\left(\frac{t-\tau-mT_c}{T_c}\right) dt$$

令 $k=m-n$，则 $m=k+n$，$-N+1 \leqslant k \leqslant N-1$，并把 y_n 表示为 $y(n)$ 以方便理解，式（7-130）化为

$$R_{yT_{co}}(\tau,\xi)$$

$$= \sum_{k=-N+1}^{0} \frac{1}{N+k} \sum_{n=-k}^{N-1} y(n) y(n+k) \frac{1}{T_c} \int_{-\infty}^{\infty} p\left(\frac{t-nT_c}{T_c}\right) p\left(\frac{t-\tau-nT_c-kT_c}{T_c}\right) dt +$$

$$\sum_{k=1}^{N-1} \frac{1}{N-k} \sum_{n=0}^{N-1-k} y(n) y(n+k) \frac{1}{T_c} \int_{-\infty}^{\infty} p\left(\frac{t-nT_c}{T_c}\right) p\left(\frac{t-\tau-nT_c-kT_c}{T_c}\right) dt$$

$$= \sum_{k=-N+1}^{0} R_{NL}(k) R_p(\tau+kT_c) + \sum_{k=1}^{N-1} R_{NR}(k) R_p(\tau+kT_c)$$

$$(7-131)$$

其中

$$R_p(\tau+kT_c) = \frac{1}{T_c} \int_{-\infty}^{\infty} p\left(\frac{t-nT_c}{T_c}\right) p\left(\frac{t-\tau-nT_c-kT_c}{T_c}\right) dt \qquad (7-132)$$

$$R_{NL}(k) = \frac{1}{N+k} \sum_{n=-k}^{N-1} y(n) y(n+k), (-N+1 \leqslant k \leqslant 0) \qquad (7-133)$$

$$R_{NR}(k) = \frac{1}{N-k} \sum_{n=0}^{N-1-k} y(n) y(n+k), (1 \leqslant k \leqslant N-1) \qquad (7-134)$$

$R_p(\tau)$ 是基础码片的自相关函数。$R_{NL}(k)$ 和 $R_{NR}(k)$ 分别是预积分时间内的伪码序列左移和右移的归一化相关函数。

由于每次随机截取的序列会随截取的起始位置不同而有较大差异，有时甚至可能出现前后截取的两段信号是伪码序列中没有重合的两段序列，显然这两段信号的自相关函数会有较大差异。但由于截取是随机的，我们无法获得截取的起始位置，因此只能对随机截取事件取统计平均，虽然这样会带来一定的偏差，但可以从统计的角度来反映实际情况。下面对式（7-131）求统计平均，利用伪码序列的广义周期平稳特性，其统计平均等于时间平均，而且平均值在所有 L 个起始位置上进行，式（7-131）的统计平均为

$$E\{R_{yT_{co}}(\tau,\xi)\}=E\Bigg\{\sum_{k=-N+1}^{0}\frac{1}{N+k}\sum_{n=-k}^{N-1}y(n)y(n+k)R_p(\tau+kT_c)+$$

$$\sum_{k=1}^{N-1}\frac{1}{N-k}\sum_{n=0}^{N-1-k}y(n)y(n+k)R_p(\tau+kT_c)\Bigg\}$$

$$=\frac{1}{L}\sum_{l=0}^{L-1}\sum_{k=-N+1}^{0}\frac{1}{N+k}\sum_{n=-k}^{N-1}y(n+l)y(n+l+k)R_p(\tau+kT_c)+$$

$$\frac{1}{L}\sum_{l=0}^{L-1}\sum_{k=1}^{N-1}\frac{1}{N-k}\sum_{n=0}^{N-1-k}y(n+l)y(n+l+k)R_p(\tau+kT_c)$$

$$(7-135)$$

交换上式的求和顺序，得到

$$E\{R_{yT_{co}}(\tau,\xi)\}=\sum_{k=-N+1}^{0}\frac{1}{N+k}\sum_{n=-k}^{N-1}\frac{1}{L}\sum_{l=0}^{L-1}y(n+l)y(n+l+k)R_p(\tau+kT_c)+$$

$$\sum_{k=1}^{N-1}\frac{1}{N-k}\sum_{n=0}^{N-1-k}\frac{1}{L}\sum_{l=0}^{L-1}y(n+l)y(n+l+k)R_p(\tau+kT_c)$$

$$=\sum_{k=-N+1}^{0}\frac{1}{N+k}\sum_{n=-k}^{N-1}R_y(k)R_p(\tau+kT_c)+\sum_{k=1}^{N-1}\frac{1}{N-k}\sum_{n=0}^{N-1-k}R_y(k)R_p(\tau+kT_c)$$

$$=\sum_{k=-N+1}^{0}R_y(k)R_p(\tau+kT_c)+\sum_{k=1}^{N-1}R_y(k)R_p(\tau+kT_c)$$

$$=\sum_{k=-N+1}^{N-1}R_y(k)R_p(\tau+kT_c)$$

$$(7-136)$$

其中

$$R_y(k)=\frac{1}{L}\sum_{l=0}^{L-1}y(l)y(l+k)$$

是整个周期伪码序列的归一化自相关函数，即对序列的部分相关函数求平均（在所有起始点处平均）等于序列完整周期的相关函数。对上式进行傅里叶变换，得到预积分时间内信号的功率谱解析式为

$$G_{yT_{co}}(f)=\int_{-\infty}^{\infty}E\{R_{yT_{co}}(\tau,\xi)\}\exp(-j2\pi f\tau)d\tau$$

$$=\int_{-\infty}^{\infty}\sum_{k=-N+1}^{N-1}R_y(k)R_p(\tau+kT_c)\exp(-j2\pi f\tau)d\tau$$

$$=\sum_{k=-N+1}^{N-1}R_y(k)\int_{-\infty}^{\infty}R_p(\tau+kT_c)\exp(-j2\pi f\tau)d\tau \qquad(7-137)$$

$$=\sum_{k=-N+1}^{N-1}R_y(k)G(f)\exp(j2\pi fkT_c)$$

$$=G(f)\sum_{k=-N+1}^{N-1}R_y(k)\exp(j2\pi fkT_c)$$

其中

$$G(f) = \int_{-\infty}^{\infty} R_p(\tau) \exp(-\mathrm{j}2\pi f\tau)\,\mathrm{d}\tau$$

是基础码片波形的功率谱密度。预积分时间的影响就体现在公式中的 N 值。

7.3.3　偏差验证

上面的推导进行了一些假设，得到的解析式与实际功率谱会有一些偏差，这部分将验证偏差在合理范围内。

7.3.1 节假设了预相关的起始时间与伪码周期的起始时间刚好重合，而实际情况是预相关的起始时间可能在一个伪码周期内的任何位置，下面做两组实验来观察引起的偏差有多大，以及预积分时间的长短对信号功率谱和干扰系数有什么影响。取 $T = 1\ \mathrm{ms}$，T_{co} 分别取 $1\ \mathrm{ms}$ 和 $10\ \mathrm{ms}$，码速率为 $1.023\ \mathrm{Mcps}$，码长为 $1\,023$，伪码序列选用一组 m 序列，m 序列的生成多项式 $= [1\,0\,0\,0\,0\,0\,1\,1\,0\,1\,1]$，初相 $= [1\,1\,0\,0\,1\,1\,1\,1\,1\,1]$，对 m 序列进行矩形赋形和 BPSK 调制，前端带宽为 $10.23\ \mathrm{MHz}$。

图 7-14 是起始位置在第 237 个码片的码序列功率谱在零频附近的放大图。图 7-15 是用式（7-124）画的功率谱，图 7-16 是 $1\,000$ 个随机截取起始位置的码序列的自干扰系数的平均值，图 7-17 是用式（7-124）计算得到的干扰系数，图 7-14～图 7-17 是 $T = 1\ \mathrm{ms}$，$T_{co} = 1\ \mathrm{ms}$ 的仿真结果。图 7-18～图 7-21 是 $T = 1\ \mathrm{ms}$，$T_{co} = 10\ \mathrm{ms}$ 的仿真结果。当 $T = T_{co} = 1\ \mathrm{ms}$ 时，平均偏差约为 $0.15\ \mathrm{dB}$。$T = 1\ \mathrm{ms}$，$T_{co} = 10\ \mathrm{ms}$ 时，平均偏差约为 $0.3\ \mathrm{dB}$。可见，平均偏差都较小，说明推导结果正确。另外，随着预积分时间与伪码周期的比值增大，用式（7-124）的功率谱计算得到的干扰系数与实际干扰系数越接近，这是因为预积分时间越长，包含的伪码周期越多，伪随机序列就越接近确定序列；而且预积分时间的长短对干扰系数的大小有很大影响，预积分时间越长干扰系数越大。

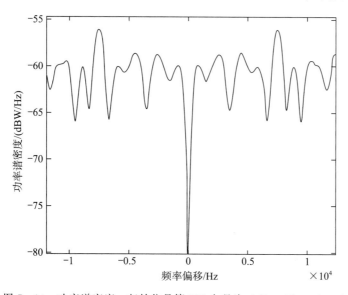

图 7-14　功率谱密度，起始位是第 237 个码片（$T = T_{co} = 1\ \mathrm{ms}$）

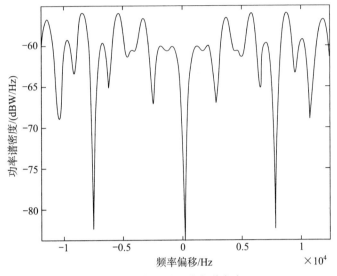

图 7 - 15　用式（7 - 124）计算得到的功率谱密度（$T = T_{co} = 1$ ms）

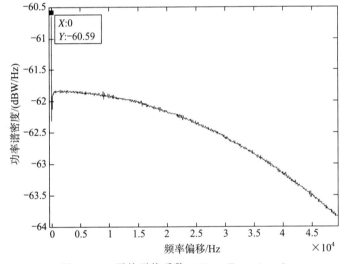

图 7 - 16　平均干扰系数（$T = T_{co} = 1$ ms）

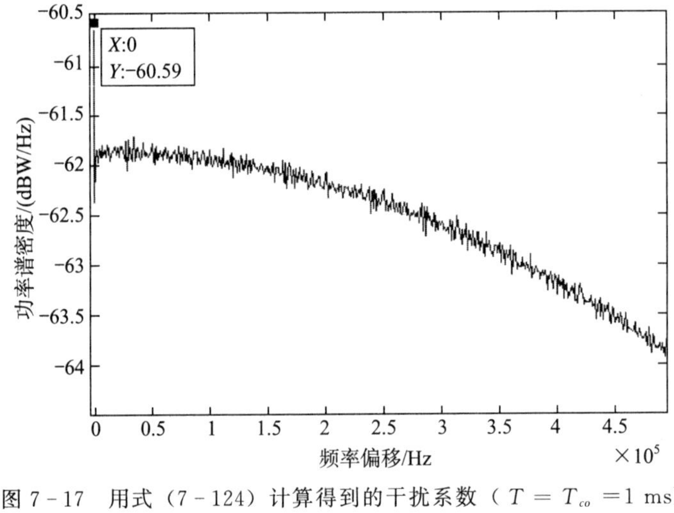

图 7 - 17　用式（7 - 124）计算得到的干扰系数（$T = T_{co} = 1$ ms）

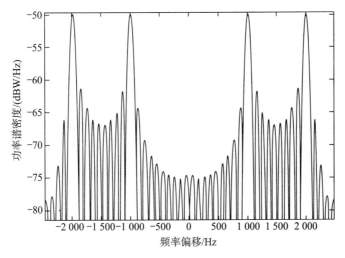

图 7 - 18　功率谱密度，起始位是第 960 个码片（$T = 1$ ms，$T_{co} = 10$ ms）

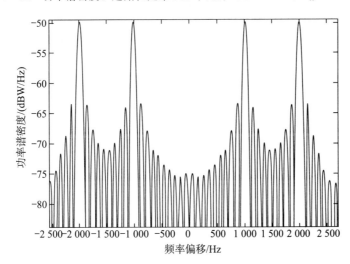

图 7 - 19　用式（7 - 124）计算得到的功率谱密度（$T = 1$ ms，$T_{co} = 10$ ms）

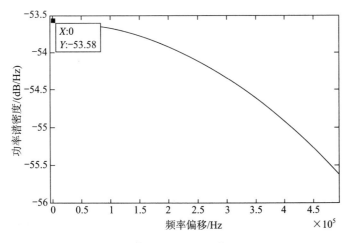

图 7 - 20　用式（7 - 124）计算得到的干扰系数（$T = 1$ ms，$T_{co} = 10$ ms）

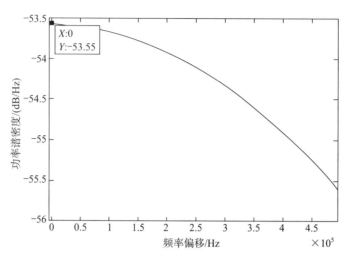

图 7 - 21 平均干扰系数（ $T = 1$ ms, $T_{co} = 10$ ms）

7.3.1 节讨论的情况忽略了 sinc 函数的影响，下面通过仿真来观察 sinc 函数对实际信号的功率谱和干扰系数的影响，以及带来多大偏差。取 $T = 10$ ms, $T_{co} = 1$ ms、2 ms 和 5 ms，码速率为 1.023 Mcps，码长为 10 230，赋形方式为矩形脉冲，调制方式为 BPSK，伪随机序列的生成多项式= [1001001010010010101001111001]，初相= [111100010100001111110110100]，前端带宽为 5.115 MHz。（注：伪随机序列的生成多项式和初相是选用相关文献提供的 GPS L2CM 码的 PRN1 的生成多项式和初相。）

图 7 - 22 是 $T_{co} = 5$ ms，截取的起始位置在第 19 个码片的功率谱密度，图 7 - 22 （b）是在零频附近的放大图。图 7 - 23 是用式（7 - 137）画的功率谱密度，图 7 - 24 是 T_{co} 分别为 1 ms、2 ms 和 5 ms 时，对 100 个随机产生的截取起始位置的自干扰系数求平均。图

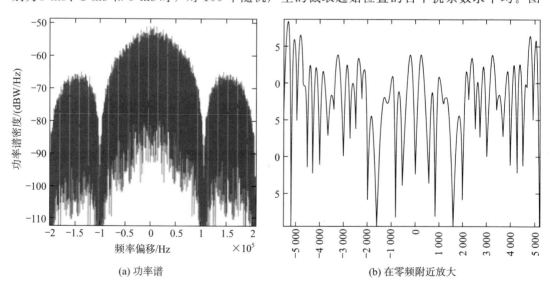

(a) 功率谱 (b) 在零频附近放大

图 7 - 22 功率谱密度，起始位在第 19 个码片（ $T_{co} = 5$ ms, $T = 10$ ms）

7-25是用式（7-137）计算得到的干扰系数。当 T_{co} 分别为 1 ms、2 ms 和 5 ms 时，sinc 函数的主瓣宽度分别为 1 kHz、500 Hz 和 200 Hz，从以上结果看到，图 7-22 的谱包络比图 7-23 的包络要光滑，另外，当多普勒频移大于 sinc 函数的主瓣时，图 7-24 和图 7-25的干扰系数在 -61.5 dB/Hz 附近小幅度波动。可见，sinc 函数对功率谱的影响，主要起到了平滑作用；sinc 函数对干扰系数的影响，随着频移大于 sinc 函数的主瓣后，影响可忽略。而且，T_{co} 取值越大（但仍小于 T），sinc 函数对干扰系数的影响越小。推导结果的偏差，除了频移在 sinc 函数的主瓣宽度之内偏差较大之外，其他地方的偏差约小于 0.5 dB。而且，预积分时间越长（但仍小于 T），偏差越小。

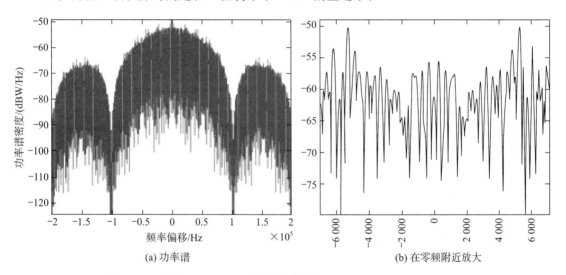

图 7-23　用式（7-137）画的功率谱密度（T_{co} =5 ms，T =10 ms）

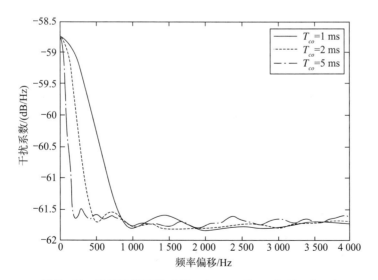

图 7-24　平均干扰系数（T =10 ms，T_{co} =1，2，5 ms）

以上推导的功率谱解析式和仿真结果说明了预积分时间长短对功率谱密度有较大影

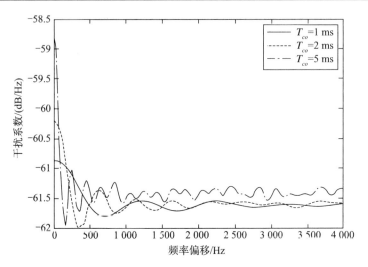

图 7-25　用式（7-137）计算得到的干扰系数（$T = 10$ ms，$T_{co} = 1$，2，5 ms）

响，干扰系数随着预积分时间增大而增大。当导航通道的预积分时间较长时，在精确评估无线射频兼容性时，预积分时间的影响不能忽略。

7.4　长码的界定

从 7.3 节看到，码长越长，预积分时间越长，则信号功率谱的计算量就越大。若能用码片的功率谱代替信号的功率谱来计算干扰系数，确实可以大大减小运算量。这一节我们就来找导航信号满足什么条件时可以用码片的功率谱来代替信号的功率谱。也就是说，导航信号满足什么条件时，界定为长码。首先需要了解码片功率谱及用码片功率谱计算得到的干扰系数（为方便表述，在后文，我们称其为码片干扰系数）具有什么特性。码片的功率谱主要取决于码速率、调制方式和码片赋形方式。目前导航信号的码片赋形方式都采用矩形赋形，虽然欧盟工作组在最初设计时曾提出采用升余弦赋形方式，后来经过研究发现升余弦赋形比矩形赋形方式的性能差，于是放弃了采用升余弦赋形的想法。

下面虽然只针对干扰系数讨论长码的界定依据，但文中得到的结论同样适用于在计算码跟踪干扰系数时长码的界定。因为码跟踪干扰系数和干扰系数中涉及到的功率谱一样。

以矩形赋形，前端带宽为 24 MHz，BPSK（1）、BPSK（2）、BOC（1，1）和 BOC（2，2）码片为例，观察它们的功率谱及干扰系数与多普勒频偏的关系。BPSK（1）表示码速率为 1×1.023 Mcps 的 BPSK 调制，BPSK（2）表示码速率为 2×1.023 Mcps 的 BPSK 调制，以后使用这种表示方式时表达同样意思。图 7-26 是它们的功率谱，图 7-27 是 BPSK 和 BOC 调制码片的干扰系数与多普勒频偏的关系，其中图 7-27（a）是它们的自干扰系数与多普勒频偏的关系，图 7-27（b）～图 7-27（e）是它们之间的干扰系数。可见，码片功率谱是光滑的，虽然不同码速率、不同调制方式的码片干扰系数不同，但它们具有共同的主要特性：不管是自干扰系数还是不同调制方式的码片之间的干扰系数，码片干扰系数的幅度随着多普勒频偏的增大上下波动，但波动的幅度很缓慢，在较小的多普勒频偏范围（几 kHz）内波动很小。因此，只要导航信号的自干扰系数具有在较小的多普勒频偏范围内波动很小的特性，而且与码片干扰系数的偏差也很小，则该导航信号就可以界定为长码。但偏差大约为多大时，带来的误差对无线频率兼容的评估结果造成的影响才可以忽略呢？需要先看看干扰系数与等效载噪比衰减值的关系。

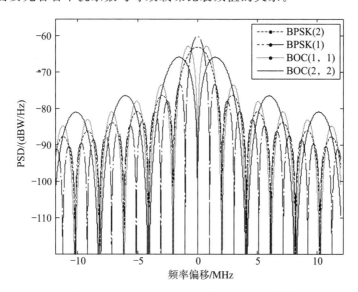

图 7-26　BPSK 和 BOC 调制的码片功率谱

为方便讨论和分析，把等效载噪比衰减值统一写为

$$\left(\frac{C}{N_0}\right)_{\text{deg}} = 10 \log_{10}\left(1 + \frac{I}{N_{eq}}\right) \tag{7-138}$$

$$I = \sum_{i=0}^{M-1} P_i k_i \tag{7-139}$$

式中　I ——总的干扰功率谱密度，W/Hz；

　　　M ——可视的干扰卫星总颗数；

　　　P_i ——第 i 颗干扰卫星接收功率；

　　　k_i ——第 i 颗干扰卫星信号与目标信号之间的干扰系数；

　　　N_{eq} ——等效噪声谱密度，W/Hz。

为简化分析，把 M 颗干扰卫星信号的接收功率和干扰系数认为一样，式（7-139）简化为

$$I = M \cdot P \cdot k \tag{7-140}$$

当 I 用 dB 来表示时为

$$I(\text{dB}) = M(\text{dB}) + P(\text{dB}) + k(\text{dB}) \tag{7-141}$$

可见，当固定 M 和 P 时，k 每增加或减小 1 dB，I 随着增加或减小 1 dB。如果对干扰系数的估计误差偏大或偏小，I 就会随着偏大或偏小，造成对载噪比衰减值的估计也偏大或偏小，而且这种影响不是线性的，它还与 I 和 N_{eq} 相关。设干扰系数 k 的估计误差为

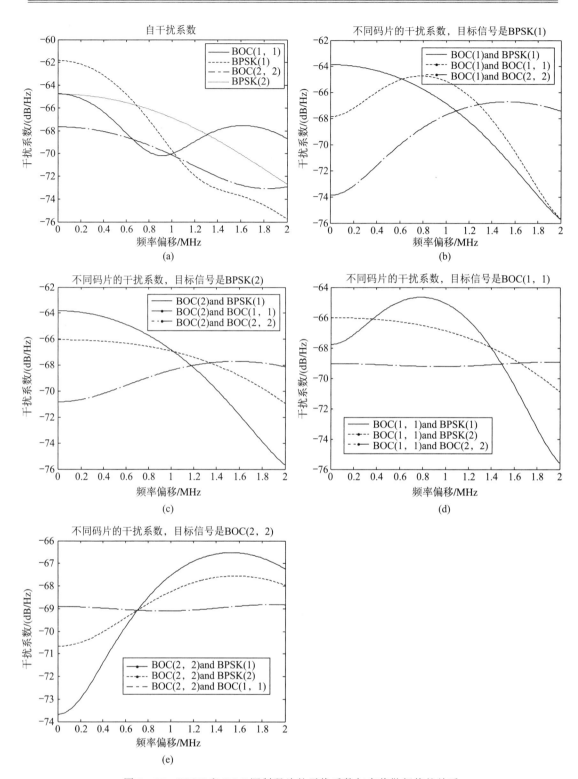

图 7-27 BPSK 和 BOC 调制码片的干扰系数与多普勒频偏的关系

Δk，I 的估计误差为 ΔI，则导致载噪比衰减值的估计误差为

$$
\begin{aligned}
\Delta \left(\frac{C}{N_0}\right)_{\deg} &= 10\log_{10}\left(1 + \frac{I + |\Delta I|}{N_{eq}}\right) - 10\log_{10}\left(1 + \frac{I}{N_{eq}}\right) \\
&= 10\log_{10}\left(\frac{N_{eq} + I + |\Delta I|}{N_{eq}} \Big/ \frac{N_{eq} + I}{N_{eq}}\right) \\
&= 10\log_{10}\left(1 + \frac{|\Delta I|}{N_{eq} + I}\right)
\end{aligned}
\tag{7-142}
$$

下面通过举具体例子来定量说明。假设 $N_{eq} = -200$ dBW/Hz，在观测时间内 M 恒定为 10 颗，$P = -155$ dBW，载噪比衰减容限 $Q = 0.3$ dB，干扰系数的真实值是 -67 dB/Hz，它的估计误差范围为 $[-3：0.1：3]$ dB，图 7-28 是干扰系数估计值与总的干扰功率谱估计值的关系，图 7-29 是总的干扰功率谱估计值与载噪比衰减估计值的关系。$k = -67$ dB/Hz 对应的 $I = -212$ dBW/Hz，对应的载噪比衰减值约为 0.266 dB，若 k 的估计误差为 0.5 dB，则载噪比衰减值约为 0.297 dB，逼近载噪比衰减容限，这就可能被误判为不兼容的。也就是说，$k = -67$ dB/Hz 附近，估计误差应小于 0.5 dB。但如果信号的干扰系数为 -70 dB/Hz，k 的估计误差即便为 3 dB，载噪比衰减值也还小于衰减容限，不会导致误判。可见，在相同的条件下，干扰系数越小，载噪比衰减值就越小，离衰减容限越远，对干扰系数的估计误差就越不敏感。

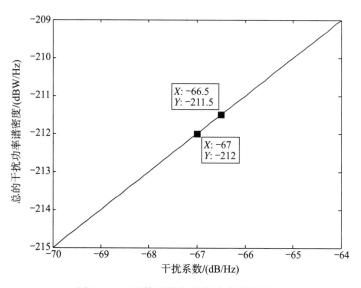

图 7-28　干扰系数与干扰功率谱的关系

假设干扰卫星颗数为 10 颗，$N_0 = -200$ dBW/Hz，载噪比衰减容限为 0.3 dB。图 7-30 是在一组接收功率下，干扰系数与载噪比衰减值的关系，图中的实粗线是载噪比衰减容限。可见，在 $P = -158$ dBW 和干扰系数为 -67 dB/Hz 附近，载噪比衰减值比较小，可以承受的估计误差约为 0.15 dB。目前，在 5° 仰角处 GPS 系统的最小接收功率范围为 $-163 \sim -157$ dBW，最大接收功率范围为 $-160 \sim -150$ dBW。GALILEO 在 10° 仰角处的最小接收功率范围初步定为 $-157 \sim -155$ dBW。它们选择的干扰系数在 -67 dB/Hz 附

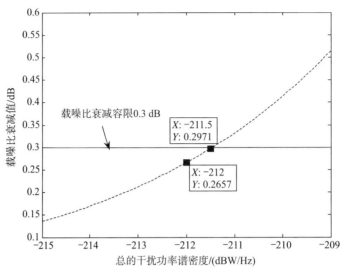

图 7 - 29 干扰功率谱与载噪比衰减值

近，如 GPS P（Y）码的自干扰系数约为 － 71.5 dB/Hz，M 码约为 － 72.1 dB/Hz，MBOC（6，1，1/11）约为－65.5 dB/Hz。而且，在实际情况中，干扰卫星颗数可能少于10颗，各颗干扰卫星的接收功率可能比－158 dBW 还小，各个干扰源的干扰系数也可能比－67 dB/Hz 小。因此，对于实际情况，如果载噪比衰减容限为 0.3 dB，则无线频率兼容评估结果可以承受干扰系数的估计误差约为 0.2 dB。以干扰系数估计误差不大于0.2 dB为长码的界定指标，下面寻找导航信号满足什么条件时，其自干扰系数与码片干扰系数之间的偏差不大于 0.2 dB。

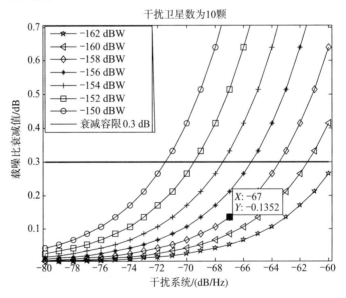

图 7 - 30 干扰系数与载噪比衰减值的关系

我们以 BPSK（1）为例，分 $T < T_{co}$ 和 $T \geqslant T_{co}$ 两种情况来分析信号自干扰系数与码

片干扰系数之间的偏差。当 $T < T_{co}$ 时，即，预积分时间内至少包含有一个周期的伪随机码，在 T_{co} 内伪码循环周期出现。信号参数取值与 7.3.1 节采用的信号参数一样；当 $T > T_{co}$ 时，信号参数取值与 7.3.2 节采用的信号参数一样。图 7 - 31 和图 7 - 32 分别是 $T < T_{co}$ 和 $T \geqslant T_{co}$ 时，对 50 个随机产生的截取起始位置的信号自干扰系数求平均，为了方便比较，图中还给出了码片干扰系数，图 7 - 33 和图 7 - 34 分别给出两种情况下码片干扰系数和信号干扰系数之间的偏差。可见，当 $T < T_{co}$ 时，信号自干扰系数波动幅度很大，预积分时间越长，波动幅度越大；当 $T > T_{co}$ 时，只要多普勒频偏大于 $1/T_{co}$，干扰系数偏差就小于 0.2 dB；当 $T = T_{co} = 1$ ms，多普勒频偏大约大于 1 300 Hz 时，干扰系数偏差小于 0.2 dB；但当 $T = T_{co} = 10$ ms，多普勒频偏只需大于 100 Hz 时，干扰系数偏差就小于

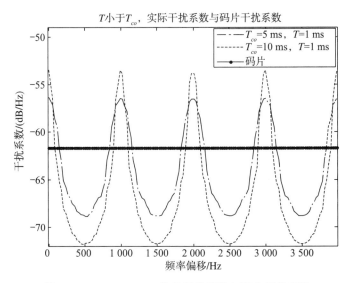

图 7 - 31　$T < T_{co}$，信号干扰系数与码片干扰系数

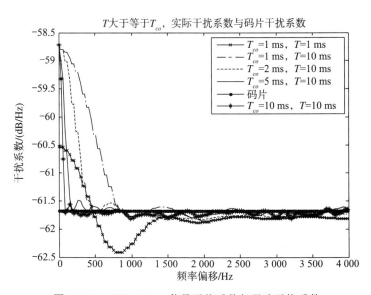

图 7 - 32　$T \geqslant T_{co}$，信号干扰系数与码片干扰系数

0.2 dB，而且比其他情况的干扰系数偏差还小。因此，总的来看，只要 $T \geqslant T_{co}$，而且 $T_{co} > 1\text{ ms}$，当多普勒频偏大于 $1/T_{co}$ 时，信号的自干扰系数与码片干扰系数之间的偏差就小于 0.2 dB。图 7-35 所示为 $T \geqslant T_{co}$，干扰系数偏差在 0.2 dB 附近放大。

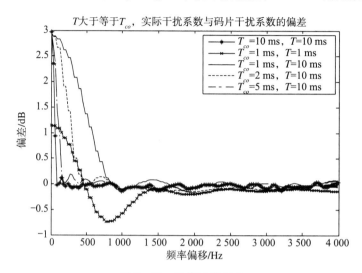

图 7-33　干扰系数偏差

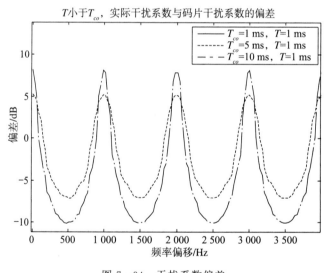

图 7-34　干扰系数偏差

另外，为了观察当 $T > T_{co}$ 时，T 与 T_{co} 的比值大小对干扰系数的影响，图 7-36 给出 $T = 20\text{ ms}$ 和 $T_{co} = 5\text{ ms}$ 时信号的平均自干扰系数（对 50 个随机产生的截取起始位置的自干扰系数求平均），并与 $T = 10\text{ ms}$ 和 $T_{co} = 5\text{ ms}$ 时信号的平均自干扰系数进行比较，图 7-37 给出它们与码片干扰系数之间的偏差。可见，当 $T > T_{co}$ 时，随着 T 与 T_{co} 的比值增大，信号自干扰系数与码片干扰系数之间的偏差在小的频差范围变小，但在大的频差范围就变大了。

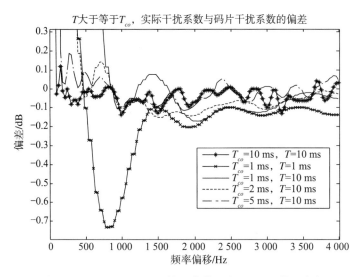

图 7-35　$T \geqslant T_{co}$，干扰系数偏差在 0.2 dB 附近放大

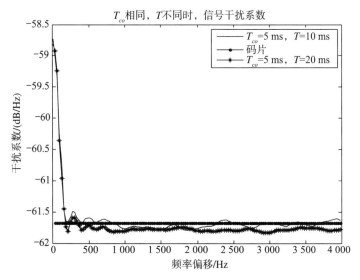

图 7-36　T_{co} 相同，T 不同时信号干扰系数

我们知道，为了防止预相关的时候积分跨越数据位边界而导致信号能量损失，通常预积分时间必须小于数据位的周期。因此，从上面的分析结果可以得到长码界定的第一个准则。

长码界定准则 1：导航信号参数只要满足 $T \geqslant T_b$（T 是伪码周期，T_b 是数据位的周期），当多普勒频偏大于 $1/T_b$ 时，导航信号界定为长码。

不满足长码界定条件的信号就是短码。在计算长码和短码之间的干扰系数时，若短码的功率谱也能用码片的功率谱来代替将大大减小运算量。下面通过仿真来看看有没有这种可能。长码和短码的共同参数为：调制方式为 BPSK，码速率＝1.023 Mcps，取预积分时

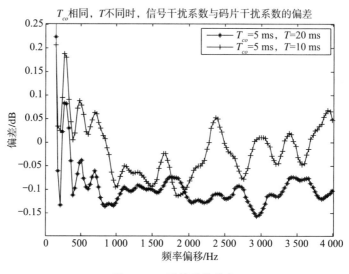

图 7 - 37　干扰系数偏差

间为 2 ms，前端带宽为 5.115 MHz。长码参数为：伪码周期＝10 ms，码长＝10 230，伪随机序列的生成多项式＝ [1 0 0 1 0 0 1 0 1 0 0 1 0 0 1 0 1 0 1 0 0 1 1 1 1 0 0 1]，初相＝[1 1 0 0 1 0 1 0 0 0 0 1 1 0 0 1 0 1 1 1 1 1 1 1 0 1 0]。短码参数为：码长＝1 023，m 序列的生成多项式＝ [1 0 0 0 0 0 1 1 0 1 1]，初相＝ [1 1 0 0 1 1 1 1 1 1]。图 7 - 38 给出了目标信号分别是短码和长码时，它们实际信号之间的干扰系数，这两根线完全重合。图 7 - 39 是它们的干扰系数与码片干扰系数之间的偏差，偏差很小。因此，当求长码和短码之间的干扰系数时，短码的功率谱也可以用码片功率谱代替，得到长码界定的第二个准则。

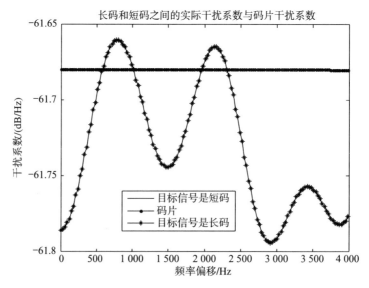

图 7 - 38　长码和短码之间的干扰系数

长码界定准则 2：当计算长码和短码之间的干扰系数时，短码的功率谱可以用码片功率谱代替。

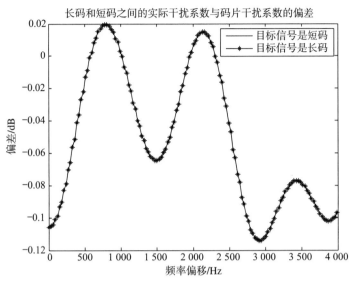

图 7 - 39 干扰系数偏差

第8章 全球导航卫星系统兼容评估理论

为了保证将来多个 GNSS 同时运行时，各系统相互间的干扰造成性能的下降幅度在规定范围之内，因此有必要对 GNSS 无线电频率兼容问题进行研究，包括兼容评估标准、模型、方法和准则在内的兼容评估理论，为形成完整系统的 GNSS 无线电频率兼容评估理论奠定相关理论基础。

这一章基于第 5 章、第 6 章和第 7 章的知识，先在总体上给出 GNSS 无线电频率兼容的理论评估模型，以及评估模型中涉及到的信号参数和系统参数，然后总结 GNSS 无线电频率兼容的评估指标，最后给出系统内和系统间无线电频率兼容的评估方法和步骤。

8.1 评估模型及参数

GNSS 兼容性评估，也称全球导航卫星系统无线电频率兼容性（Radio Frequency Compatibility，RFC）评估，主要目的是以接收机为主要落脚点评估干扰信号对目标信号的接收机处理性能的影响情况。GNSS 兼容评估模型涉及到空间段星座及信号、用户端接收机和环境段等三个模型。其中，空间段星座及信号模型，包括信号频率及信号体制、星座构型、卫星特性（如天线增益、卫星发射功率等）等系统参数；用户端接收机模型，包括接收机天线、射频前端处理模块、基带数字信号处理模块以及接收机运动状态（如静止、动态、高动态等）等特性参数；环境段模型，包括信号的大气传输损耗（如电离层、对流层等）、空间损耗（如多路径效应等）及外部干扰等参数。GNSS 兼容评估模型覆盖空间段、用户段及环境段等，涉及面广、参数众多、影响因素复杂，因此需要分清主次，确定参与评估的主要参数。信号兼容评估的主要参数如表 8-1 所示。

表 8-1 GNSS 兼容评估模型涉及的主要参数

参数	备注
星座构型	包括星座轨道和卫星数目等
卫星发射功率	发射功率直接影响着信号接收功率
卫星天线增益	影响建立信号传输链路
信号带宽	带宽选择直接影响着谱分离系数
频率配置	中心频点不同,信号频谱分离程度不同
信号调制方式	调制方式不同,信号功率谱包络不同
扩频码	码长、码序列、码速率不同,信号实际功率谱细节不同
接收机天线增益与极化效应	影响建立信号传输链路
滤波、采样与量化	造成相应的滤波、采样与量化损耗

续表

参数	备注
基带数字信号处理模块	影响着捕获、跟踪、数据解调等环节的载噪比确定
大气损耗	影响建立信号传输链路
外界干扰	对信号衰减的影响

　　GNSS 兼容评估模型如图 8－1 所示，输入待评估系统的相关参数（参照表 8－1），及参考接收机的相关参数，根据信号兼容评估的主要参数和假设确定系统特性参数和接收机特性参数，依据 GNSS 兼容评估标准中的评估方法计算中间评估指标（等效载噪比、谱分离系数和码跟踪谱灵敏度系数）和最终评估指标（如等效载噪比衰减量），将最终评估指标与兼容阈值进行比较，得出兼容评估结果。需要注意的是，GNSS 兼容评估标准及兼容阈值决定了兼容指标的计算方法和计算结果，以及所做出的兼容评估判定。

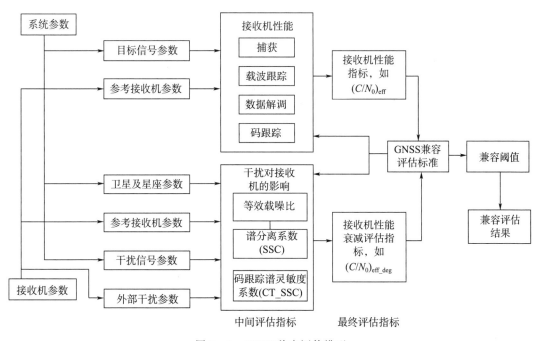

图 8－1　GNSS 兼容评估模型

8.2　星地链路损耗

　　GNSS 兼容评估中要计算星地链路损耗值，以获得接收机输入端的功率估计值。若要精确获得星地链路损耗值，需要涉及发射天线口面的功率（EIRP）、自由空间损耗、氧分子的吸收损耗、水蒸气分子的吸收损耗、雨/雾/云/雪损耗、极化误差损耗、散焦（defocusing）损耗、漫射（diffusive）损耗、大气闪烁损耗、天线方向跟踪误差损耗、平坦信道接收天线口面的功率、衰落信道接收天线口面的功率等诸多影响因素的计算。

8.2.1 发射天线口面的功率（EIRP）建模

有效全向辐射功率（Effective Isotropic Radiated Power，EIRP），也称为等效全向辐射功率，反映卫星转发器在指定方向上的辐射功率。EIRP 的定义是地球站或卫星的天线发送出的功率（P_T）和该天线增益（G_T）的乘积，即

$$EIRP = P_T * G_T \tag{8-1}$$

如果用 dB 表示，则为

$$EIRP(dBW) = P_T(dBW) + G_T(dBW) \tag{8-2}$$

当考虑发射电路损耗 L_t 时，发射机天线口面的信号功率 EIRP（dBW）的计算公式为

$$EIRP = P_T + G_T - L_t \tag{8-3}$$

式中　P_T——放大器的输出功率，dBW；

　　　L_t——功放输出端与天线馈源之间的馈线损耗；

　　　G_T——卫星天线的发送增益，dB。

8.2.2 自由空间损耗模型

设 λ 为发射信号的波长（m），则经距离为 d（m）的自由空间传播后的传输损耗（dB）为

$$L_f = 10\lg\left(\frac{4\pi d}{\lambda}\right)^2 \tag{8-4}$$

当距离 d 的单位为 km，发射信号的频率 f 的单位为 GHz 时，式（8-4）可以表示为

$$L_f = 92.44 + 20\lg d + 20\lg f \tag{8-5}$$

当距离 d 的单位为 km，发射信号的频率 f 的单位为 MHz 时，式（8-4）可以表示为

$$L_f = 32.44 + 20\lg d + 20\lg f \tag{8-6}$$

8.2.3 氧分子和水蒸气分子的吸收损耗建模

对于 57 GHz 以下的频段，由于氧分子的吸收，信号每传播 1 km 引起的功率电平损耗（dB/km）为

$$\gamma_o = \left[7.19 \times 10^{-3} + \frac{6.09}{f^2 + 0.227} + \frac{4.81}{(f-57)^2 + 1.50}\right] \cdot f^2 \cdot 10^{-3} \tag{8-7}$$

式中　f——信号频率，GHz。

对流层的氧气高度（km）可按下式确定

$$h_o = 6 (f < 57 \text{ GHz}) \tag{8-8}$$

由于氧分子的吸收引起的信号功率电平损耗 L_o（dB）为

$$L_o(\alpha) = \begin{cases} \dfrac{\gamma_o h_o \mathrm{e}^{-h_s/h_o}}{\sin\alpha} & ,\alpha > 10° \\[4mm] \dfrac{\gamma_o h_o \mathrm{e}^{-h_s/h_o}}{0.661\sqrt{\sin^2\alpha + 2h_s/R_e} + 0.339\sqrt{\sin^2\alpha + 2h_s/R_e + 5.5h_o/R_e}} & ,\alpha \leqslant 10° \end{cases}$$

$$(8-9)$$

式中　α ——接收机天线仰角，（°）；

　　　h_s ——接收机海拔高度，km；

　　　R_e ——考虑折射后的有效地球半径（当 $h_s < 1$ km 时，R_e 取 8 500 km 比较合适）。

水蒸气吸收与频率和水蒸气密度 p_w（g/m³）有关，对于 350 GHz 以下频段，每 1 km 的水蒸气分子引起的信号功率电平损耗（dB/km）为

$$\gamma_w = \left[0.05 + 0.002\,1 p_w + \frac{3.6}{(f-22.7)^2 + 8.5} + \frac{10.6}{(f-183.2)^2 + 9.0} + \right.$$

$$\left. \frac{8.9}{(f-325.4)^2 + 26.3} \right] \cdot f^2 \cdot p_w \cdot 10^{-4}$$

$$(8-10)$$

式中　f ——传输信号频率，GHz。

对流层的水蒸气高度（km）可按下式确定

$$h_w = h_{w0}\left[1 + \frac{3.0}{(f-22.2)^2 + 5} + \frac{5.0}{(f-183.3)^2 + 6} + \frac{2.5}{(f-325.4)^2 + 4} \right], f < 350 \text{ GHz}$$

$$(8-11)$$

式中，当晴空时，h_{w0} 取 1.6 km；降雨时，h_{w0} 取 2.1 km。

由于水蒸气分子的吸收引起的信号功率电平损耗 L_w（dB）为

$$L_w(\alpha) = \begin{cases} \dfrac{\gamma_w h_w}{\sin\alpha} & ,\alpha > 10° \\[4mm] \dfrac{\gamma_w h_w}{0.661\sqrt{\sin^2\alpha + 2h_s/R_e} + 0.339\sqrt{\sin^2\alpha + 2h_s/R_e + 5.5h_w/R_e}} & ,\alpha \leqslant 10° \end{cases}$$

$$(8-12)$$

式中　h_s ——接收机海拔高度，km；

　　　R_e ——考虑折射后的有效地球半径（当 $h_s < 1$ km 时，R_e 取 8 500 km 比较合适）。

8.2.4　雨、雾、云、雪和大气闪烁损耗建模

（1）雨、雾、云、雪损耗建模

降雨损耗率，即每 1 km 的雨层引起的信号功率电平损耗（dB/km）为

$$\gamma_R = K \cdot R^\mu \qquad\qquad (8-13)$$

式中　R ——降雨率，mm/h。

对于圆极化波

$$K = (K_H + K_V)/2$$

$$\mu = (K_H \mu_H + K_V \mu_V)/2K$$

K_H, K_V, μ_H, μ_V 等参数可以在表 8 - 2 中查到。

表 8 - 2　K_H, K_V, μ_H, μ_V 参数表

频率/GHz	K_H	K_V	μ_H	μ_V
1	0.000 038 7	0.000 035 2	0.912	0.880
2	0.000 015 4	0.000 013 8	0.963	0.923
4	0.000 065 0	0.000 059 1	1.121	1.075
6	0.001 75	0.001 55	1.308	1.265
7	0.003 01	0.002 65	1.332	1.312
8	0.004 54	0.003 95	1.327	1.310
10	0.010 1	0.008 87	1.276	1.264

雨高（km）

$$h_R = \begin{cases} 5 - 0.075(\alpha - 23) & ,\alpha > 23°,\text{北半球} \\ 5 & ,0° \leqslant \alpha \leqslant 23°,\text{北半球} \\ 5 & ,0° \geqslant \alpha \geqslant -21°,\text{南半球} \\ 5 + 0.1(\alpha + 21) & ,-71° \leqslant \alpha < -21°,\text{南半球} \\ 0 & ,\alpha < -71°,\text{南半球} \end{cases} \quad (8-14)$$

雨高下的斜路径（km）

$$d_R = \begin{cases} (h_R - h_s)/\sin\alpha & ,\alpha \geqslant 5° \\ \dfrac{2 \cdot (h_R - h_s)}{\sqrt{\sin^2\alpha + 2(h_R - h_s)/R_e} + \sin\alpha} & ,\alpha < 5° \end{cases} \quad (8-15)$$

式中　h_s ——接收机海拔高度，km；

R_e ——有效地球半径，km。

斜路径穿过雨层的等效路径长度一般小于雨高下的斜路径长度，它们的比值称作路径缩减因子。对于 0.01% 的时间来说，它可以表示为

$$r_{0.01} = \frac{1}{1 + \dfrac{d_R \cdot \cos\alpha}{35 \cdot e^{-0.015R_{0.01}}}} \quad (8-16)$$

当 $R_{0.01} > 100$ mm/h 时，$R_{0.01}$ 用 100 mm/h 代替。

雨层引起的信号功率电平损耗（dB）表示为

$$L_r = \gamma_R \cdot d_R \cdot r_{0.01} \quad (8-17)$$

云、雾引起的损耗（dB/km），可用如下经验公式计算

$$\gamma_c = 0.148 f^2 / v_m^{1.43} \quad (8-18)$$

式中　f ——信号频率，GHz；

v_m ——能见度，m。

密雾：$v_m < 50$ m；浓雾：50 m $< v_m < 200$ m；中等程度雾：200 m $< v_m < 500$ m。

如果云层厚度或雾层高度为 d_c，相应的斜路径损耗可近似表示为

$$L_C = \frac{\gamma_C \cdot d_C}{\sin\alpha} \qquad (8-19)$$

（2）大气闪烁损耗建模

接收信号幅度的闪烁，实际上包括两种效应：一是来波本身幅度的起伏；二是来波前的不相干性引起的天线增益降低。综合两方面并结合观测数据分析，幅度起伏的标准方差（dB）可以近似表示为

$$\sigma = \sigma_{\text{ref}} \cdot f^{7/12} \cdot g(X) / [\sin(\alpha)]^{1.2} \qquad (8-20)$$

其中

$$\sigma_{\text{ref}}(\text{dB}) = 3.6 \times 10^{-3} + 1.03 \times 10^{-4} \times N_{\text{wet}}$$

式中　f ——频率，GHz；

　　　N_{wet} ——折射率。

N_{wet} 与环境温度 t（℃）和水汽压力 e（mb）（t 和 e 都是周期为一个月以上取的平均值）有如下关系

$$N_{\text{wet}} = \frac{3.73 \times 10^{-5} \times e}{(273 + t)^2} \qquad (8-21)$$

设 $g(X)$ 为天线平均函数

$$g(X) = \sqrt{3.86 (X^2 + 1)^{11/12} \sin(\frac{11}{6}\arctan\frac{1}{X}) - 7.08X^{5/6}} \qquad (8-22)$$

$$X = 1.22\eta D_g^2 f / L \qquad (8-23)$$

式中　D_g ——天线口面直径，m；

　　　η ——天线效率；

　　　L ——有效湍流路径长度，m。

L 由下式计算

$$L = \frac{2\,000}{\sqrt{\sin^2\alpha + 2.35 \times 10^{-4}} + \sin\alpha} \qquad (8-24)$$

p ％时间超过的闪烁损耗深度则为

$$\beta_{ra}(\alpha) = \tau(p) \cdot \sigma \qquad (8-25)$$

其中

$$\tau(p) = -0.061 (\log p)^3 + 0.072 (\log p)^2 - 1.71\log p + 3.0 \quad (0.01 \leqslant p \leqslant 50)$$

8.2.5　天线方向跟踪误差和极化误差损耗建模

天线方向跟踪误差损耗（dB）的定义为

$$L_{tr} = G(0) - G(\alpha) \qquad (8-26)$$

式中　$G(\alpha)$ ——接收天线的功率增益方向图函数，dB；

　　　α ——天线增益最大值方向与卫星方向的偏离角；

　　　$G(0)$ ——天线增益最大值方向的功率增益，dB。

设发送波的极化轴比为 X_t，接收设备的极化轴比为 X_r，两个椭圆轴的方向夹角为

θ，则极化误差损耗（dB）可由下式计算

$$L_p = -10\lg\frac{1}{2}\left[1 + \frac{\pm 4X_tX_r + (1-X_t^2)(1-X_r^2)\cos2\theta}{(1+X_t^2)(1+X_r^2)}\right] \quad (8-27)$$

式中，$4X_tX_r$ 项的符号取决于发来的电波极化旋转方向与接收设备所要求的是否一致，一致时取"＋"，相反时取"－"。例如，当两者都是理想圆极化时 $X_t = X_r$，若旋转方向正是接收所需要的，取"＋"号，算得 $L_p = 0$ dB；若旋转方向正相反（不是所需的电波），取"－"号，算得 $L_P \to \infty$，也就起到极化隔离作用。由于 $L_P > 0$ dB，所以应越小越好。对于一定的 X_t、X_r，当 $\theta = \pm90°$ 时，L_p 最大。图 8-2 是根据式（8-27）画出的 $\theta = \pm90°$ 时 L_p 与 X_t、X_r 的关系曲线。可看出，随着 X_t、X_r 的增加，L_p 也逐渐增大。因此，要减小极化误差损耗，必须尽可能能减小 X_t 与 X_r；并且可以通过调整极化变换器以及利用极化跟踪或补偿装置，使 $|\theta| \ll 90°$。

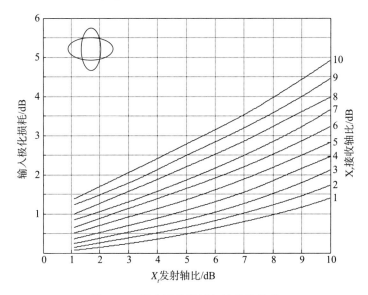

图 8-2　最大极化损耗与轴比的关系

8.2.6　平坦信道和衰落信道接收天线口面的功率建模

（1）平坦信道接收天线口面的功率建模

设 λ 为发射信号的波长，则经距离为 d（m）的空间传播后，接收机天线口面的信号功率 P_A（dBW）为

$$P_A = \text{EIRP} - L_f - L_r - L_c - L_{tr} - L_p - L_o(\alpha) - L_w(\alpha) - L_{ds}(\alpha) - L_d(\alpha) + \beta_{ra}(\alpha)$$

$$(8-28)$$

式中　EIRP——发射天线口面的功率；

$\quad\quad L_r$——降雨损耗；

$\quad\quad L_c$——雾、云、雪损耗；

$\quad\quad L_{tr}$——天线指向误差损耗；

L_p ——极化误差损耗；

$L_w(\alpha)$ ——水蒸气分子的吸收损耗；

$L_o(\alpha)$ ——氧分子的吸收损耗；

$L_{ds}(\alpha)$ ——散焦损耗；

$L_d(\alpha)$ ——漫射损耗；

$\beta_{ra}(\alpha)$ ——大气闪烁引起的衰落。

在天线仰角 $\alpha > 10°$ 时，水蒸气分子的吸收损耗、氧分子的吸收损耗、散焦损耗、漫射损耗和大气闪烁引起的衰落都可以忽略不计，式 (8-28) 可以简化为

$$P_A = P_T - L_t + G_T - L_f - L_r - L_{tr} - L_p \qquad (8-29)$$

（2）衰落信道接收天线口面的功率建模

设直射波的表达式为

$$S_d = r(t) \qquad (8-30)$$

则多径环境条件下的接收信号为

$$S = \sum_{i=0}^{N-1} \alpha_i r(t - \Delta_i / c) \qquad (8-31)$$

式中　N ——路径数（$i=0$ 时表示直射波路径）；

　　　α_i ——路径 i 的反射系数（$\alpha_0 = 1$）；

　　　Δ_i ——路径 i 相对于直射路径的路径差（$\Delta_0 = 0$），c 为光速。

由于电磁波被地面或者反射物反射后与直射波相叠加一起进入接收机，会对伪距的测量造成影响。被反射的波的码和载波相位都会较直射波有延迟，如果造成的码延迟超过一个码片，则不会造成什么影响；如果延迟在一个码片内，则会对测量结果造成严重影响。

8.2.7　接收机输入端功率和接收载噪比

（1）接收机输入端功率

接收机输入端功率可以表示为

$$P_R = P_A + G_R - L_A - L_{VA} - L_{VR} \qquad (8-32)$$

式中　P_A ——正常工作时，天线口面的接收功率，dB；

　　　G_R ——接收天线的增益，dB；

　　　L_A ——天线与接收机连接电缆的损耗，dB，当低噪放与天线集成在一起时 $L_A = 0$ dB；

　　　L_{VA} ——天线输出驻波损耗；

　　　L_{VR} ——射频模块的输入驻波损耗。

天线输出的驻波比 VSWR_A，折算成损耗为

$$L_{VA}(\text{dB}) = 20\lg\left[\frac{1}{1 - \left(\dfrac{\text{VSWR}_A - 1}{\text{VSWR}_A + 1}\right)^2}\right] \qquad (8-33)$$

射频模块的输入驻波比 VSWR_R，折算成损耗为

$$L_{VR}(\text{dB}) = 20\lg\left[\frac{1}{1 - \left(\dfrac{\text{VSWR}_R - 1}{\text{VSWR}_R + 1}\right)^2}\right] \tag{8-34}$$

（2）接收载噪比

设 T_a 表示天线噪声温度（dBK），主要包括大气噪声、地面噪声、降雨噪声、天线自身电阻性损耗噪声。

$T_0 = 290$ K 表示正常室温；T_{e1} 表示 LNA 噪声温度 $T_{e1} = T_0(F_N - 1)$（dBK），其中 F_N 是 LNA 的噪声系数；G_1 是 LNA 增益（dB）；L_A 表示 LNA 与射频模块传输线损耗（dB）。

VSWR_A 表示天线输出的驻波比，折算成损耗为 L_{VA}，见式（8-33）。

VSWR_R 表示射频模块的输入驻波比，折算成损耗为 L_{VR}，见式（8-34）。

当接收机的馈线在低噪放之前，其等效噪声温度由下式决定

$$T_s = T_a + T_{e1} + (L_{VA} + L_A + L_{VR} - 1)T_0 + \cdots \tag{8-35}$$

当接收机的馈线在低噪放之后，其等效噪声温度由下式决定

$$T_s = T_a + T_{e1} + (L_{VA} + L_{VR} - 1)T_0 + (L_A - 1)T_0/G_1 + \cdots \tag{8-36}$$

天线的接收增益在指定的波束内为 G_R，则接收机的品质因数为

$$G/T = G/T_s = G_R + T_s \tag{8-37}$$

接收机输入口的载波噪声功率密度之比 C/N_0 为

$$C/N_0 = P_A + G/T - k \tag{8-38}$$

式中　P_A——正常工作时，天线口面的接收功率；

　　　G/T——接收机的品质因数；

　　　k——玻耳兹曼常数，$k = -228.6$ dBW/(K·Hz) $= -198.6$ dBm/(K·Hz)。

已知信号带宽为 B（dBHz），可得接收机载波噪声功率之比为

$$C/N = C/N_0 - B \tag{8-39}$$

其中

$$N = N_0 B$$

此时，接收机输入端的噪声功率密度为（dBm/Hz）

$$N_0 = kT_s \tag{8-40}$$

噪声功率（dBm）为

$$N = kT_s B \tag{8-41}$$

设扩频增益 G_s（dB），可求得解扩后的载噪比（dBm）为

$$(C/N) = C/N + G_s \tag{8-42}$$

8.3　评价指标

表 8-1 列出了参加评估模型的主要影响参数，本节将整理和总结目前 GNSS 兼容性评估过程中使用的中间参数和评价指标的计算公式。

8.3.1　等效噪声功率谱密度

假设某一导航系统在同一频段上同时提供 U 个不同服务信号，接收机视界内同一系统的卫星共有 $I(t)$ 颗，则目标信号受到的 CDMA 干扰信号有 $[I(t)-1]$ 个，系统内的其他服务信号有 $(U-1)$ 个，设目标信号是第 J 个服务的第 j 颗卫星 $(1 \leqslant J \leqslant U)$，$[1 \leqslant j \leqslant I(t)]$，基于 5.4 节的推导，则它所受到的总的系统内干扰等效噪声功率谱密度表示为 $I_{\text{intra},J}^{(j)}$

$$I_{\text{intra},J}^{(j)} = \sum_{i=1,i \neq j}^{I} P_M^{(i)} k_M^{(i)} (\Delta f_M^{(i)}) + \sum_{u=1,u \neq J}^{U} \sum_{i=1}^{I} P_u^{(i)} k_u^{(i)} (\Delta f_u^{(i)}) \qquad (8-43)$$

式中　上标 i ——视界内看到的第 i 颗卫星；

下标 u ——第 u 个服务信号；

下标 M ——CDMA 干扰，即目标信号与干扰信号是同一类信号。

例如，在 GPS L1 频段上提供 4 种服务信号 C/A 码、P（Y）码、M 码和 L1C 码，这 4 个服务信号的编号 $u=1,2,3,4$，假设某一接收机视界内可见卫星有 10 颗，其中一个接收机通道中的相关器要跟踪 7 号卫星发射的 C/A 码信号，则目标信号受到的系统内干扰信号就包括接收机视界内其他 9 颗卫星发射的 C/A 码，以及视界内 10 颗卫星发射的 P（Y）码、M 码和 L1C 码。目标信号 $s_1^{(7)}(t)$ 受到总的系统内干扰等效噪声功率谱密度为

$$I_{\text{intra},1}^{(7)} = \sum_{i=1,i \neq 7}^{10} P_M^{(i)} k_M^{(i)} (\Delta f_M^{(i)}) + \sum_{u=2}^{4} \sum_{i=1}^{10} P_u^{(i)} k_u^{(i)} (\Delta f_u^{(i)}) \qquad (8-44)$$

假设目标信号所在的频段上另有 Q 个不同的 GNSS，由于在接收机视界内，不同系统的可视卫星颗数不同，用 J_q 表示接收机视界内所看到的第 q 个系统的卫星颗数，且假设第 q 个系统有 K_q 个服务信号，下标"q"表示第 q 个系统 $(1 \leqslant q \leqslant Q)$，则目标信号受到的总的系统间干扰等效噪声功率谱密度表示为 I_{inter}

$$I_{\text{inter}} = \sum_{q=1}^{Q} \sum_{k=1}^{K_q} \sum_{j=1}^{J_q} P_{q,k}^{(j)} k_{q,k}^{(j)} (\Delta f_{q,k}^{(j)}) \qquad (8-45)$$

式中　P ——在天线输入端接收到的功率；

$k(\Delta f)$ ——谱分离系数。

例如，在 L1 频段上，目前共存的采用 CDMA 体制的 GNSS 有 GPS、GALILEO 和 BDS 三个系统，假设目标信号是 GPS 的某一个服务信号，则 $Q=2$，另两个系统的编号分别为 $q=1,2$，GALILEO 和 BDS 分别提供 2 种服务信号，即 $K_1=2$，$K_2=2$，假设某一接收机"看到"系统 1 的卫星有 $J_1=8$ 颗，系统 2 有 $J_2=6$ 颗，则目标信号受到的系统间干扰信号就包括另两个系统发射的服务信号，总的系统间干扰等效噪声功率谱密度表示为

$$I_{\text{inter}}(t) = \sum_{k=1}^{2} \sum_{j=1}^{8} P_{1,k}^{(j)} k_{1,k}^{(j)} (\Delta f_{1,k}^{(j)}) + \sum_{k=1}^{2} \sum_{j=1}^{6} P_{2,k}^{(j)} k_{2,k}^{(j)} (\Delta f_{2,k}^{(j)}) \qquad (8-46)$$

可见，等效噪声功率谱密度与接收机视界内干扰卫星总的颗数、干扰系统总个数、天线输入端接收到的功率和谱分离系数成线性关系，任何一者增大都会使等效噪声功率谱密度增大。按式（8-43）和式（8-45）计算 I_{intra} 和 I_{inter} 的运算量比较大，当不需要很精确

地估计系统内干扰和系统间干扰的影响时，可以近似认为视界内所有 CDMA 干扰信号的接收功率和谱分离系数相同，系统内所有第 u 个服务信号的接收功率和谱分离系数相同，第 q 个系统的所有第 k 个服务信号的接收功率和谱分离系数相同，则 I_{intra} 和 I_{inter} 可以近似等于

$$I_{intra} = I \cdot P^M \cdot k^M (\Delta f^M) + \sum_{u=1}^{U-1} I \cdot P^u \cdot k^u (\Delta f^u) \tag{8-47}$$

$$I_{inter} = \sum_{q=1}^{Q} \sum_{k=1}^{K_q} P^{q,k} k^{q,k} (\Delta f^{q,k}) \tag{8-48}$$

8.3.2　集总增益因子

国际电信联盟 ITU - RM. 1831 给出了系统间频率兼容性协调的分析方法。该方法中，集总增益因子是进行系统兼容性计算的一个非常重要、耗时最多的中间参数，它反映了不同星座配置的 GNSS 的集总干扰功率差，与星座的动态运行特性、收发天线相对增益变化、接收站点的分布等都有关系，须通过动态仿真进行计算。

式 (8-43) 和式 (8-45) 中，当用户接收机位于地球上某点 m 上，接收机收到的第 j 个类型干扰信号的干扰功率称为集总干扰功率 (W)，第 j 类干扰信号的集总干扰功率可表示为

$$P_m^j(t) = \sum_{i=1}^{M_m(t)} G_{m,i}^T(t) G_{m,i}^R(t) \alpha_{m,i} P_j \tag{8-49}$$

式中　$M_m(t)$ —— t 时刻接收机位置 m 的可视卫星数目；

　　　　i —— 可视卫星编号；

　　　　$G_{m,i}^T(t)$ —— 第 i 颗卫星相对于接收机位置方向的发射天线增益（与全向天线的比值，无量纲）；

　　　　$G_{m,i}^R(t)$ —— 接收机位置相对于第 i 颗卫星方向的接收天线增益（与全向天线的比值，无量纲）；

　　　　$\alpha_{m,i}$ —— 第 i 颗卫星相对于接收机位置的路径损耗，无量纲；

　　　　P_j —— 第 j 类干扰信号的发射功率，W。

由式 (8-45) 可知，为了计算地球上每一时刻每一点的集总干扰功率，必须进行大量的运算，计算复杂，周期冗长，特别是卫星运行周期较长、仿真步长较长以及网格划分过细的情况下，仿真计算将很难完成。为了避免对集总干扰功率 $P_m^j(t)$ 进行重复计算，对于某类干扰信号 j 在每个接收位置上，定义信号的集总增益因子 G_{agg}^j 为

$$G_{agg}^j = \frac{\max_m \{\max_t [P_m^j(t)]\}}{P_{max,j}^R} \tag{8-50}$$

式中　$P_{max,j}^R$ —— 某类干扰信号 j 在天线输出端，且在 RF 滤波前的最大接收功率。

由式 (8-50) 可以发现，信号集总增益因子 G_{agg}^j 为所有时刻所有点的 $P_m^j(t)$ 最大值除以信号的最大接收功率，其主要受卫星及用户端的星地链路影响，利用该因数可以避免对星地链路进行重复计算。式 (8-50) 计算得到的 G_{agg}^j 是所有接收位置中的最坏值，在

干扰计算中可以使用这个最坏值分析其他任意接收位置的干扰情况。事实上，大多数情况下的干扰会好于这种情况下的干扰，但是这种评估方法可以确保系统间频率兼容性不会被低估。式（8-50）适用于任何干扰信号类型的集总增益因子的计算。

以 ITU-R M.1831 建议书中所举的例子来说明 G_{agg}^j 的计算。表 8-3 是一个有 27 颗卫星的星座轨道参数，接收功率电平是仰角的函数，它们间的关系由图 8-3 给出，接收天线模型由图 8-4 给出。一天 24 小时内地面上每个位置的最大接收功率由图 8-5 给出，仿真网格步长是 5°×5°（纬度和经度）。由图 8-3 可得到最大接收信号功率 $P_{\max}^R$ 为 -153 dBW，由图 8-5 可得到 $\max_m \{\max_t [P_m^j(t)]\} = -141.6$ dBW，这是对所有接收位置在 24 小时里的最大接收功率，可得集总增益因子 $G_{\text{agg}}^j = -141.6 - (-153) = 11.4$ dB。

表 8-3　轨道参数实例

卫星 ID	轨道半径/km	偏心率	倾角/(°)	赤径/(°)	近地点幅角/(°)	平近点角/(°)
1	26 559.8	0	55	58.212 85	0	6.33
2	26 559.8	0	55	58.212 85	0	134.62
3	26 559.8	0	55	58.212 85	0	234.13
4	26 559.8	0	55	58.212 85	0	269.42
5	26 559.8	0	55	118.212 85	0	30.39
6	26 559.8	0	55	118.212 85	0	61.53
7	26 559.8	0	55	118.212 85	0	152.22
8	26 559.8	0	55	118.212 85	0	176.92
9	26 559.8	0	55	118.212 85	0	289.68
10	26 559.8	0	55	178.212 85	0	90.83
11	26 559.8	0	55	178.212 85	0	197.11
12	26 559.8	0	55	178.212 85	0	227.99
13	26 559.8	0	55	178.212 85	0	322.09
14	26 559.8	0	55	238.212 85	0	0.00
15	26 559.8	0	55	238.212 85	0	28.37
16	26 559.8	0	55	238.212 85	0	131.04
17	26 559.8	0	55	238.212 85	0	228.26
18	26 559.8	0	55	238.212 85	0	255.70
19	26 559.8	0	55	298.212 85	0	56.33
20	26 559.8	0	55	298.212 85	0	165.07
21	26 559.8	0	55	298.212 85	0	267.07
22	26 559.8	0	55	298.212 85	0	293.95
23	26 559.8	0	55	358.212 85	0	68.43
24	26 559.8	0	55	358.212 85	0	99.32
25	26 559.8	0	55	358.212 85	0	201.63
26	26 559.8	0	55	358.212 85	0	320.60
27	26 559.8	0	55	358.212 85	0	349.16

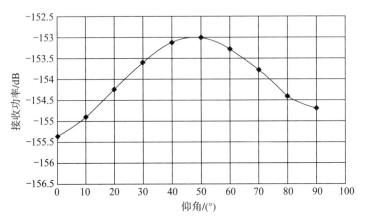

图 8 - 3　地面接收功率与仰角的关系实例

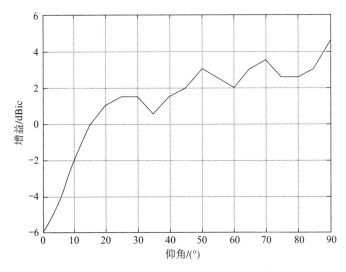

图 8 - 4　接收天线增益与仰角关系实例

集总增益因子的仿真需要模拟系统的载波频率、星座特性、卫星发射天线增益、接收机天线增益、空间链路传输特性、接收机地理分布等。相关文献对集总增益因子进行了仿真，仿真系统由空间段、链路段和接收段三部分组成。空间段包括星座模块、卫星发射天线模块和载波设置模块，接收段由站点模块、接收天线模块组成。仿真系统可以实时计算不同接收位置的集总干扰功率，然后通过事后处理从所有的计算结果中选取最大值，与接收到的单颗卫星发射的最大信号功率相除，得到集总增益因子。论文对 BDS 系统、GPS 和 GALILEO 系统进行仿真，下面是 3 个系统的星座轨道参数。

BDS 系统由 27 颗中圆轨道卫星（MEO）、3 颗倾斜轨道同步卫星（IGSO）和 5 颗静止轨道卫星（GSO）组成。27 颗 MEO 卫星均匀分布在 3 个离地高度为 21 500 km，轨道倾角为 55°的轨道上，每个轨道有 9 颗卫星。星座的回归周期为 7 天。3 颗 IGSO 卫星均匀分布在 3 个离地高度为 35 786 km，轨道倾角为 55°的轨道上，每个轨道有 1 颗卫星，3 卫

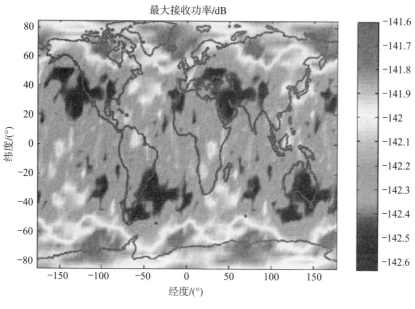

图 8-5　最大接收功率

星星下点轨迹的交叉点经度为东经 118°。5 颗 GSO 卫星的轨道位置为 58.75°E、80°E、110.5°E、140°E 和 160°E。

　　GPS 星座基本配置由 24 颗卫星组成，24 颗卫星均匀分布在离地面高度为 20 181.56 km、轨道倾角为 55°的 6 个 MEO 轨道上，每个轨道上有 4 颗卫星。星座回归周期为 1 天。另外还有 4 颗备份卫星，均匀分布在第 1 个轨道上。

　　GALILEO 星座由 27 颗卫星组成，27 颗卫星均匀分布在 3 个离地高度为 23 616 km、轨道倾角为 56°的 3 个 MEO 轨道上，每个轨道上有 9 颗卫星。星座回归周期为 3 天。

　　由于 BDS 空间段由 MEO、IGSO 和 GSO 3 种星座组成，在仿真分析中分别针对 MEO 和 IGSO 两种不同的星座模型进行仿真，GSO 星座不涉及时间变化，可直接计算得到。为了准确模拟地面接收功率随时间的变化，仿真时长设置与星座的回归周期相同，仿真步长设为 30 s。表 8-4 给出了 BDS、GPS 和 GALILEO 不同信号的集总增益因子，表中 BDS 发射频点 B1（1 575.42 MHz）、B2（1 191.795 MHz）和 B3（1 268.52 MHz）；GPS 发射频点 L1（1 575.42 MHz）、L2（1 227.6 MHz）和 L5（1 176.45 MHz）；GALILEO 发射频点 E1（1 575.42 MHz）、E5（1 191.795 MHz）和 E6（1 278.75 MHz）。载波信号频率不同，其空间传输特性和收发天线辐射特性也有差异。BDS 3 个载频频率间隔较大，即使载频频率间隔相差较小的 B2 和 B3 信号之间，其路径损耗差也有 0.6 dB。因此为了准确分析信号间的干扰，需要对 3 种载频信号分别进行仿真，每一个载频信号对应一个集总增益系数。GPS 信号虽然也在 3 个载频上发射信号，但是 L5 和 L2 载频之间的路径损耗仅为 0.2 dB，在仿真分析中，将 L5 和 L2 信号作为一类信号进行仿真，其仿真载波频率均设置 1.2 GHz。GALILEO 信号与 BDS 类似，也是对 3 个不同的载频信号分别进行仿真。

表 8 - 4　　BDS、GPS 和 GALILEO 系统的集总增益因子

信号	BDS MEO			BDS IGSO			BDS GSO			GPS			GALILEO		
	B1	B2	B3	B1	B2	B3	B1	B2	B3	L1	L2	L5	E1	E5	E6
G_{agg}	11.2	12.1	12.1	7.5	7.9	8.2	9.3	10.6	10.3	10.8	12.3	12.2	11.1	11.6	11.4
$G_{agg}{}^*$	11	11.9	11.9	7.2	7.8	8	9.1	10.4	10.1	10.6	12	11.9	10.9	11.3	11.2

表 8 - 4 中的数据表明：1）BDS MEO、GPS 和 GALILEO 中频率相近的信号，其集总增益因子也比较接近；2）对于 BDS 而言，MEO 星座的集总增益因子最大，其对 BDS 自干扰以及与其他系统互干扰的贡献会较大，GSO 和 IGSO 的集总增益因子也比较大（7.2～10.6 dB），因此在计算系统自干扰以及系统间的互干扰时不能忽略；3）表中的 $G_{agg}{}^*$ 是自干扰信号（目标信号与干扰信号是同一类型信号）的集总增益因子，$G_{agg}{}^*$ 与 G_{agg} 的数值比较接近，这是因为自干扰集总增益因子 $G_{agg}{}^*$ 比互干扰集总增益因子 G_{agg} 少一条链路损耗，两者的差值在 0.3 dB 以内。

将式（8 - 50）代入式（8 - 43）可得目标信号受到的总的系统内干扰等效噪声功率谱密度为

$$I_{\mathrm{intra},J}^{(j)} = \sum_{i=1,i\neq j}^{I} k_M^{(i)}(\Delta f_M^{(i)}) G_{agg}^M P_{\max,M}^R + \sum_{u=1,u\neq J}^{U}\sum_{i=1}^{I} k_u^{(i)}(\Delta f_u^{(i)}) G_{agg}^u P_{\max,u}^R \quad (8-51)$$

相比于式（8 - 43），因用 $G_{agg}^M P_{\max,M}^R$ 和 $G_{agg}^u P_{\max,u}^R$ 代替了 $P_M^{(i)}$ 和 $P_u^{(i)}$ 的计算，显著减少了运算量。当认为同一干扰类型与目标信号间的谱分离系数相同时，式（8 - 51）还可以进一步简化为

$$I_{\mathrm{intra},J}^{(j)} = (I-1)k^M(\Delta f^M) G_{agg}^M P_{\max,M}^R + \sum_{u=1,u\neq J}^{U} I \cdot k^u(\Delta f^u) G_{agg}^u P_{\max,u}^R \quad (8-52)$$

式中　G_{agg}^M，$P_{\max,M}^R$——CDMA 干扰信号的集总增益因子和最大接收功率；

G_{agg}^u，$P_{\max,u}^R$——系统内第 u 个服务信号的集总增益因子和最大接收功率。

将式（8 - 50）代入式（8 - 44），可得目标信号受到单个 GNSS 的 K 个服务信号干扰时，总的系统间干扰等效噪声功率谱密度为

$$I_{\mathrm{inter},s} = \sum_{k=1}^{K} G_{agg}^k P_{\max,k}^R k_k^{(j)}(\Delta f_k^{(j)}) \quad (8-53)$$

当目标信号受到两个 GNSS 的干扰时，则总的系统间干扰等效噪声功率谱密度为

$$I_{\mathrm{inter},M} = \sum_{k=1}^{K_1}\sum_{j=1}^{J_1} G_{agg}^{1,k} P_{\max,k}^{1,R} k_{1,k}^{(j)}(\Delta f_{1,k}^{(j)}) + \sum_{k=1}^{K_2}\sum_{j=1}^{J_2} G_{agg}^{2,k} P_{\max,k}^{2,R} k_{2,k}^{(j)}(\Delta f_{2,k}^{(j)}) \quad (8-54)$$

对应于式（8 - 46）可写为

$$I_{\mathrm{inter},M} = \sum_{k=1}^{2}\sum_{j=1}^{8} G_{agg}^{1,k} P_{\max,k}^{1,R} k_{1,k}^{(j)}(\Delta f_{1,k}^{(j)}) + \sum_{k=1}^{2}\sum_{j=1}^{6} G_{agg}^{2,k} P_{\max,k}^{2,R} k_{2,k}^{(j)}(\Delta f_{2,k}^{(j)}) \quad (8-55)$$

式中　$G_{agg}^{1,k}$，$P_{\max,k}^{1,R}$——第 1 个干扰系统第 k 个服务信号的集总增益因子和最大接收功率；

$G_{agg}^{2,k}$，$P_{\max,k}^{2,R}$——第 2 个干扰系统第 k 个服务信号的集总增益因子和最大接收功率。

同样的，当认为同一干扰类型与目标信号间的谱分离系数相同时，式（8-54）还可以进一步简化为

$$I_{\text{inter},M}(t) = J_1 \cdot \sum_{k=1}^{K_1} G_{\text{agg}}^{1,k} P_{\text{max},k}^{1,R} k^{1,k}(\Delta f^{1,k}) + J_2 \cdot \sum_{k=1}^{K_2} G_{\text{agg}}^{2,k} P_{\text{max},k}^{2,R} k^{2,k}(\Delta f^{2,k}) \quad (8-56)$$

对应于式（8-55）可写为

$$I_{\text{inter},M}(t) = 8 \cdot \sum_{k=1}^{2} G_{\text{agg}}^{1,k} P_{\text{max},k}^{1,R} k^{1,k}(\Delta f^{1,k}) + 6 \cdot \sum_{k=1}^{2} G_{\text{agg}}^{2,k} P_{\text{max},k}^{2,R} k^{2,k}(\Delta f^{2,k}) \quad (8-57)$$

8.3.3　等效载噪比及其衰减量

5.4 节给出了等效载噪比的定义式，这里对它稍作整理

$$\left(\frac{P_0}{N_0}\right)_{\text{eq}} = \frac{P_0}{N_0 + I_{\text{intra}} + I_{\text{inter}}} = \frac{P_0/N_0}{1 + I_{\text{intra}}/N_0 + I_{\text{inter}}/N_0} \quad (8-58)$$

式中　$\left(\dfrac{P_0}{N_0}\right)_{\text{eq}}$ ——作为一个整体符号，表示等效载噪比，Hz；

　　　(P_0/N_0) ——无干扰时载波功率和噪声谱密度比（载噪比），Hz；

　　　I_{intra} ——总的系统内干扰等效谱密度，W/Hz；

　　　I_{inter} ——总的系统间干扰等效谱密度，W/Hz；

　　　N_0 ——热噪声功率谱密度，W/Hz。

因此，由系统内干扰和系统间干扰引起的总的载噪比衰减量为

$$\left(\frac{C}{N_0}\right)_{\text{deg,tot}} = 10\lg\left(\frac{P_0}{N_0}\right) - 10\lg\left(\frac{P_0}{N_0}\right)_{\text{eq}} \quad (8-59)$$

$$= 10\lg\left(1 + \frac{I_{\text{intra}}}{N_0} + \frac{I_{\text{inter}}}{N_0}\right)$$

当只考虑系统内干扰的影响时，引起的载噪比衰减量为

$$\left(\frac{C}{N_0}\right)_{\text{deg,intra}} = 10\lg\left(1 + \frac{I_{\text{intra}}}{N_0}\right) \quad (8-60)$$

当只考虑系统间干扰的影响时，引起的载噪比衰减值为

$$\left(\frac{C}{N_0}\right)_{\text{deg,inter}} = \left(\frac{C}{N_0}\right)_{\text{deg,tot}} - \left(\frac{C}{N_0}\right)_{\text{deg,intra}} \quad (8-61)$$

$$= 10\lg\left(1 + \frac{I_{\text{inter}}}{N_0 + I_{\text{intra}}}\right)$$

等效载噪比与总的系统内干扰等效谱密度 I_{intra}、总的系统间干扰等效谱密度 I_{inter} 和热噪声功率谱密度这三者之和成反比关系，这三者中任何一个增加都将导致等效载噪比减小。

8.4　兼容的理论评估方法

8.4.1　兼容评估方法

无线电频率兼容可以通过实地测量、计算机模拟仿真或实验室实物测量、理论分析等方法来评估。实地测量是指在真实的环境中测量目标信号的系统参数。即，在多个 GNSS 同时工作的情况下，利用实际接收机捕获、跟踪目标信号，在不同的地理位置进行长时间测量并记录系统参数。这种方法的评估结果最精确，但需要在不同地理位置进行长时间的大量测量，而且必须在系统建成之后才能评估，在系统设计初期不适用；计算机模拟仿真或实验室实物测量的方法是指对端到端的真实环境进行建模仿真，对于一些特殊的坏节选择性地进行实验室实物模拟测量。这个方法可以控制测量环境和测量步骤，它的评估精度依赖于对真实环境建模的逼真度，比实地测量要差，而且它的计算量和分析量很大，改变任何一个参数都需要重新进行仿真；理论分析的方法是基于扩频通信的干扰分析理论，对无线导航系统的干扰环境进行建模，用一些解析式来定性和定量分析干扰的影响。这个方法相对比较简单，精度也比前两种方法要差，但却可以在大大减小复杂度的基础上提供一种近似的评估结果，而且这个方法还可以部分结合计算机模拟仿真或实验室实物测量来提高评估精度，而不需要进行端到端的仿真。在系统设计初期，理论分析方法就显得很重要。

目前，GNSS 兼容评估一般采用理论分析和计算机仿真等方法。理论分析方法将采用基于信号集总增益因数 G_{agg}^{j} 的简化模型如式（8 – 50）来计算，计算速度较快，结果较不准确，而计算机仿真直接进行仿真，一般采用式（8 – 43）和（8 – 45）来计算总的等效噪声功率谱密度，运算量大，计算周期较长，结果较准确。

当存在两个或者多个 GNSS 时，总等效噪声功率谱密度 I_{GNSS} 为两个系统内和系统间干扰的等效噪声功率谱密度之和

$$I_{\mathrm{GNSS}} = I_{\mathrm{intra}} + I_{\mathrm{inter}} \qquad (8 – 62)$$

式中　I_{intra}——系统内干扰的等效噪声功率谱密度；

　　　I_{inter}——系统间干扰的等效噪声功率谱密度。

例如，当 GPS、GALILEO 和 BDS 三个系统共同存在时，假设 GPS L1C/A 为所需信号，其他信号为干扰信号，则 I_{intra} 和 I_{inter} 分别表示为

$$\begin{cases} I_{\mathrm{intra}} = I_{\mathrm{C/A,\,other}} + I_{\mathrm{Mcode}} + I_{\mathrm{P(Y)\,code}} + I_{\mathrm{L1C}} \\ I_{\mathrm{inter}} = I_{\mathrm{GALILEO}} + I_{\mathrm{COMPASS}} \end{cases} \qquad (8 – 63)$$

式中　$I_{\mathrm{C/A,\,other}}$——不包括所需卫星的 C/A 码的其他 C/A 码信号。

理论分析和计算机仿真方法的过程如图 8 – 6 所示，可以发现，两种方法的计算步骤和过程基本类似，只不过理论分析方法只需针对星地链路计算一次信号集总增益因数 G_{agg}^{j} 就可以了，而计算机仿真方法需要重复计算所有建立的星地链路，因此将造成运算时间过

长等问题。

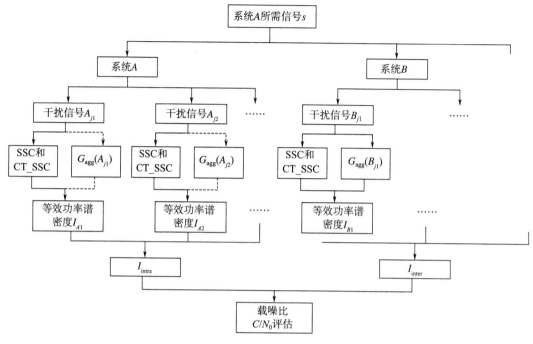

图 8 - 6　理论分析及仿真评估方法

8. 4. 2　系统内兼容的评估方法

此节和下一节将总结由系统内干扰和系统间干扰引起的等效载噪比及其衰减量的估算方法和步骤。因 GNSS 兼容评估模型覆盖空间段、用户段及环境段等，涉及面广、参数众多、影响因素复杂，估算时需要分清主次，可以参照表 8 - 1 确定参与评估的主要参数。下面是估算由系统内干扰引起的等效载噪比及其衰减量的步骤。

1）依据评估精度需要，设置参与评估的主要参数，确定目标信号。

2）依据评估精度需要，选择式（8 - 43）或式（8 - 51）或式（8 - 52），估算总的系统内干扰等效谱密度 I_{intra}

$$I^{(j)}_{\text{intra},J} = \sum_{i=1,i\neq j}^{I} P_M^{(i)} k_M^{(i)} (\Delta f_M^{(i)}) + \sum_{u=1,u\neq J}^{U} \sum_{i=1}^{I} P_u^{(i)} k_u^{(i)} (\Delta f_u^{(i)}) \qquad (8-64)$$

$$I^{(j)}_{\text{intra},J} = \sum_{i=1,i\neq j}^{I} k_M^{(i)} (\Delta f_M^{(i)}) G_{\text{agg}}^M P_{\max,M}^R + \sum_{u=1,u\neq J}^{U} \sum_{i=1}^{I} k_u^{(i)} (\Delta f_u^{(i)}) G_{\text{agg}}^u P_{\max,u}^R \qquad (8-65)$$

$$I^{(j)}_{\text{intra},J} = (I-1) k^M (\Delta f^M) G_{\text{agg}}^M P_{\max,M}^R + \sum_{u=1,u\neq J}^{U} I \cdot k^u (\Delta f^u) G_{\text{agg}}^u P_{\max,u}^R \qquad (8-66)$$

式中　I ——接收机视界内的卫星颗数，与星座模型、用户位置和观测时间等因素相关；

　　　$P_M^{(i)}$，$P_u^{(i)}$ ——第 i 颗卫星发射的信号在接收天线输入端接收到的功率，与卫星的星座模型、星上信号发射功率、星上天线模型、大气损耗、路径损耗、用户类型、用户天线模型，以及天线增益和损耗等因素相关，通常通过计算机模拟仿真，联合考虑这些因素的影响来估算 $P_M^{(i)}$ 和 $P_u^{(i)}$；

$\Delta f_M^{(i)}$，$\Delta f_u^{(i)}$ ——系统内干扰信号相对于接收机的多普勒频偏，如果它们载波中心频率一样，可以取值一样。

3）估算系统热噪声 N_0。

4）把 I_{intra} 和 N_0 代入下式，得到由系统内干扰引起的等效载噪比及其衰减量

$$\left(\frac{P_0}{N_0}\right)_{\text{eq,intra}} = \frac{P_0}{N_0 + I_{\text{intra}}} = \frac{P_0/N_0}{1 + I_{\text{intra}}/N_0} \tag{8-67}$$

$$\left(\frac{C}{N_0}\right)_{\text{deg,intra}} = 10\lg\left(1 + \frac{I_{\text{intra}}}{N_0}\right) \tag{8-68}$$

8.4.3　系统间兼容的评估方法

下面是估算由系统间干扰引起的等效载噪比及其衰减量的步骤。

1）依据评估精度需要，设置参与评估的主要参数，确定目标信号。

2）依据评估精度需要，选择式（8-45）或式（8-53）或式（8-54）或式（8-56），估算总的系统间干扰等效谱密度 I_{inter}

$$I_{\text{inter}} = \sum_{q=1}^{Q} \sum_{k=1}^{K_q} \sum_{j=1}^{J_q} P_{q,k}^{(j)} k_{q,k}^{(j)}\left(\Delta f_{q,k}^{(j)}\right) \tag{8-69}$$

$$I_{\text{inter,s}} = \sum_{k=1}^{K} G_{\text{agg}}^{k} P_{\max,k}^{R} k_{k}^{(j)}\left(\Delta f_{k}^{(j)}\right) \tag{8-70}$$

$$I_{\text{inter,M}} = \sum_{k=1}^{K_1} \sum_{j=1}^{J_1} G_{\text{agg}}^{1,k} P_{\max,k}^{1,R} k_{1,k}^{(j)}\left(\Delta f_{1,k}^{(j)}\right) + \sum_{k=1}^{K_2} \sum_{j=1}^{J_2} G_{\text{agg}}^{2,k} P_{\max,k}^{2,R} k_{2,k}^{(j)}\left(\Delta f_{2,k}^{(j)}\right) \tag{8-71}$$

$$I_{\text{inter,M}}(t) = J_1 \cdot \sum_{k=1}^{K_1} G_{\text{agg}}^{1,k} P_{\max,k}^{1,R} k^{1,k}\left(\Delta f^{1,k}\right) + J_2 \cdot \sum_{k=1}^{K_2} G_{\text{agg}}^{2,k} P_{\max,k}^{2,R} k^{2,k}\left(\Delta f^{2,k}\right) \tag{8-72}$$

式（8-70）适用于单个干扰系统，式（8-71）和式（8-72）适用于多个干扰系统。式中，J_q 是接收机视界内第 q 个导航系统的卫星颗数，与第 q 个导航系统的星座模型、用户位置和观测时间等因素相关。$P_{q,k}^{(j)}$ 表示第 q 个系统的第 k 个服务的第 j 颗卫星信号在接收天线输入端接收到的功率，它的估算方法与系统内的 $P_M^{(i)}$ 和 $P_u^{(i)}$ 估算方法一样，也是通过计算机模拟仿真来估算。$\Delta f_{q,k}^{(j)}$ 是系统间中心频率差值加上干扰信号相对于接收机的多普勒频偏。

3）估算系统热噪声 N_0。

4）估算 I_{intra}，方法见上一节。

5）把 I_{intra}、I_{inter} 和 N_0 代入以下各式，得到由系统间干扰引起的等效载噪比及其衰减量。

由系统内干扰和系统间干扰引起的总的等效载噪比（Hz）为

$$\left(\frac{P_0}{N_0}\right)_{\text{eq}} = \frac{P_0}{N_0 + I_{\text{intra}} + I_{\text{inter}}} = \frac{P_0/N_0}{1 + I_{\text{intra}}/N_0 + I_{\text{inter}}/N_0} \tag{8-73}$$

由系统间干扰引起的等效载噪比（dB·Hz）为

$$\left(\frac{P_0}{N_0}\right)_{\mathrm{eq,inter}} = 10\lg\left(\frac{P_0}{N_0}\right)_{\mathrm{eq}} - 10\lg\left(\frac{P_0}{N_0}\right)_{\mathrm{eq,intra}} \tag{8-74}$$

由系统内干扰和系统间干扰引起的总的等效载噪比衰减量为

$$\left(\frac{C}{N_0}\right)_{\mathrm{deg,tot}} = 10\lg\left(\frac{P_0}{N_0}\right) - 10\lg\left(\frac{P_0}{N_0}\right)_{\mathrm{eq}}$$

$$= 10\lg\left(1 + \frac{I_{\mathrm{intra}}}{N_0} + \frac{I_{\mathrm{inter}}}{N_0}\right) \tag{8-75}$$

当只考虑系统间干扰的影响时，引起的等效载噪比衰减量为

$$\left(\frac{C}{N_0}\right)_{\mathrm{deg,inter}} = \left(\frac{C}{N_0}\right)_{\mathrm{deg,tot}} - \left(\frac{C}{N_0}\right)_{\mathrm{deg,intra}}$$

$$= 10\lg\left(1 + \frac{I_{\mathrm{inter}}}{N_0 + I_{\mathrm{intra}}}\right) \tag{8-76}$$

第 9 章 全球导航卫星系统兼容评估仿真

9.1 引言

本章是前面各章知识的应用，利用前面几章的理论对 L1 频段（1 559~1 610 MHz，中心频率是 1 575.42 MHz）上的 GPS、GALILEO 和 BDS 的系统内干扰，以及它们之间的系统间干扰进行分析。由于 GPS 的 L1C 码和 GALILEO 的 L1PRS 信号由数据通道和导航通道构成，在分析它们对其他信号的干扰时，把数据通道和导航通道信号合在一起；而在分析它们受到其他信号的干扰时，我们将单独考虑数据通道和导航通道信号分别受到的干扰，因为数据通道和导航通道信号设计不同、功率分配不同，它们可能受到的干扰程度不同。

这里把第 5 章和第 8 章的一些关键公式重写一遍，由系统内干扰引起的等效载噪比衰减值为

$$\left(\frac{C}{N_0}\right)_{\text{deg,intra}} = 10\lg\left(1 + \frac{I_{\text{intra}}}{N_0}\right) \tag{9-1}$$

由系统间干扰引起的等效载噪比衰减值为

$$\left(\frac{C}{N_0}\right)_{\text{deg,inter}} = 10\lg\left(1 + \frac{I_{\text{inter}}}{N_0 + I_{\text{intra}}}\right) \tag{9-2}$$

由系统内干扰和系统间干扰引起的总的等效载噪比衰减值为

$$\left(\frac{C}{N_0}\right)_{\text{deg,tot}} = 10\lg\left(1 + \frac{I_{\text{intra}}}{N_0} + \frac{I_{\text{inter}}}{N_0}\right) \tag{9-3}$$

依据评估精度需要，选择式（9-4）或式（9-5）或式（9-6），估算总的系统内干扰等效谱密度

$$I_{\text{intra},J}^{(j)} = \sum_{i=1,i\neq j}^{I} P_M^{(i)} k_M^{(i)} (\Delta f_M^{(i)}) + \sum_{u=1,u\neq J}^{U} \sum_{i=1}^{I} P_u^{(i)} k_u^{(i)} (\Delta f_u^{(i)}) \tag{9-4}$$

$$I_{\text{intra},J}^{(j)} = \sum_{i=1,i\neq j}^{I} k_M^{(i)} (\Delta f_M^{(i)}) G_{\text{agg}}^M P_{\text{max},M}^R + \sum_{u=1,u\neq J}^{U} \sum_{i=1}^{I} k_u^{(i)} (\Delta f_u^{(i)}) G_{\text{agg}}^u P_{\text{max},u}^R \tag{9-5}$$

$$I_{\text{intra},J}^{(j)} = (I-1) k^M (\Delta f^M) G_{\text{agg}}^M P_{\text{max},M}^R + \sum_{u=1,u\neq J}^{U} I \cdot k^u (\Delta f^u) G_{\text{agg}}^u P_{\text{max},u}^R \tag{9-6}$$

选择式（9-7）估算单个干扰系统对目标信号造成的总的系统间干扰等效谱密度，选择式（9-8）或式（9-9）估算多个干扰系统对目标信号造成的总的系统间干扰等效谱密度

$$I_{\text{inter},s} = \sum_{k=1}^{K} G_{\text{agg}}^k P_{\text{max},k}^R k_k^{(j)} (\Delta f_k^{(j)}) \tag{9-7}$$

$$I_{\mathrm{inter,M}} = \sum_{k=1}^{K_1} \sum_{j=1}^{J_1} G_{\mathrm{agg}}^{1,k} P_{\mathrm{max},k}^{1,R} k_{1,k}^{(j)}\left(\Delta f_{1,k}^{(j)}\right) + \sum_{k=1}^{K_2} \sum_{j=1}^{J_2} G_{\mathrm{agg}}^{2,k} P_{\mathrm{max},k}^{2,R} k_{2,k}^{(j)}\left(\Delta f_{2,k}^{(j)}\right) \qquad (9-8)$$

$$I_{\mathrm{inter,M}}(t) = J_1 \cdot \sum_{k=1}^{K_1} G_{\mathrm{agg}}^{1,k} P_{\mathrm{max},k}^{1,R} k^{1,k}\left(\Delta f^{1,k}\right) + J_2 \cdot \sum_{k=1}^{K_2} G_{\mathrm{agg}}^{2,k} P_{\mathrm{max},k}^{2,R} k^{2,k}\left(\Delta f^{2,k}\right) \qquad (9-9)$$

式中，I_{intra} 和 I_{inter} 与卫星星座、天线输入端接收到的功率、谱分离系数相关。卫星星座模式决定了接收机视界内的可视卫星颗数；天线输入端接收到的功率是时间和空间的函数，与卫星发射机的 EIRP、卫星天线增益、传播路径、大气损耗、多径损耗、天线模式、用户位置、用户天线增益和卫星星座的几何因子等因素相关，只能通过在不同地点长时间实地测量才能得到时变的真实值或通过大量的模拟仿真来获取比较接近真实值的估计值。

9.2 L1 频段上 GPS 信号的系统内干扰

GPS 在 L1 频段上有 4 个信号，它们的码片功率谱如图 9-1 所示，两个传统信号 C/A 码和 P（Y）码，以及现代化的军用信号（M 码）和民用信号（L1C 码），它们的信号参数见表 9-1。这一节将分别分析 C/A 码、P（Y）码、M 码和 L1C 码受到的系统内干扰，直接利用 GPS 规定的最大、最小接收功率作为天线输入端接收到的功率，分最坏和最好两种情况来讨论。最坏情况是假设接收机视界内的干扰卫星颗数最多，在天线输入端接收到的干扰功率用最大接收功率来计算，而目标信号的功率用最小接收功率；最好情况是假设接收机视界内的干扰卫星颗数最少，干扰功率用最小接收功率，而目标信号的功率用最大接收功率。实际受到的干扰在最坏和最好两种情况之间。

接收机视界内的可视卫星颗数也是时间和空间的函数，通常要求在所有时间内，视界

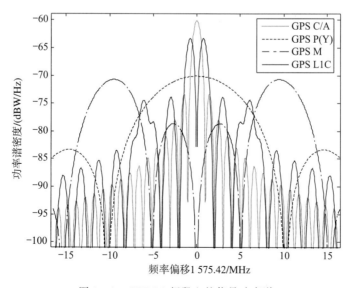

图 9-1　GPS L1 频段上的信号功率谱

内至少有 4 颗卫星，事实上视界内的卫星数目一般大于此值。对于 GPS，在 5°遮蔽仰角时，至少有 5 颗卫星可见，大部分时间至少有 7 颗卫星可见，在 10°遮蔽仰角时，至少有 6 颗卫星可见，多则达 9～11 颗，然而，在 35°～55°纬度附近，对于 10°遮蔽仰角，在很短时间内仅有 4 颗卫星可见。在本节的仿真中，考虑接收机遮蔽仰角为 5°，假设 GPS 最多/最少可见卫星数为 12/7。

表 9 - 1　　GPS 信号基本参数

信号	调制方式	主码码型	主码码长	伪码周期	码速率/Mcps	符号率/sps	最小接收功率（最大 dBW）5°仰角	前端带宽/MHz
L1C/A	BPSK	Gold	1 023	1 ms	1.023	50	−158.5（−153）	24
L1P(Y)	BPSK	复合码	6 187 104 000 000	1 星期	10.23	50	−160（−155.5）	24
L1M	BOC$_s$(10,5)	未公开	未公开	未公开	5.115	未公开	−157（−150）	24
L1C	BOC(1,1)	Weil	10 230	10 ms	1.023	100	−163（−160）	24
	TMBOC(6,1)	Weil	10 230	10 ms	1.023	No data	−158.3（−155.3）	24

M 码的调制方式采用正弦相位的 BOC（10，5），由于它是军用信号，很多参数不公开。L1C 信号的调制方式采用 MBOC（6，1，1/11），由数据通道和导航通道组成，L1C 的数据通道初步定为采用 BOC（1，1）调制，导航通道采用 TMBOC（6，1，4/33）。两个通道的主码码型都采用 Weil 码，Weil 码是一种新码型，它的生成方式比较复杂。L1C 信号在 5°仰角处的最大/最小接收功率初步定为 −154/−157 dBW，导频通道的功率占总功率的 75%，数据通道的功率占总功率的 25%。因此，导频通道的最大/最小接收功率为 −155.3/−158.3 dBW，数据通道的最大/最小接收功率为 −160/−163 dBW。基于 7.4 节长码的界定准则，当分析 C/A 码受到的系统内干扰时，C/A 码的自干扰系数及与其他信号的干扰系数，采用实际功率谱密度来计算，而其他信号采用理想功率谱密度来代替实际功率谱密度。

假设预积分时间为 5 ms，L1C 码的伪码周期为 10 ms，大于预积分时间，当多普勒频移大于 200 Hz 时，L1C 码可视为长码。由于 L1C 码的生成比较复杂，而且多普勒频偏通常会大于 200 Hz，因此，在文中视 L1C 码为长码。M 码是军用码，出于保密性考虑它也是长码。系统内信号之间的相对多普勒范围在 −5～5 kHz，由于功率谱是对称的，我们只分析多普勒为正的情况。对于长码，计算谱分离系数时，可以用理想的功率谱密度来代替实际的功率谱密度而不会影响计算结果；而对于短码，不能进行这样的近似，否则将导致较大误差甚至错误的结果。

仿真实验参数为：系统热噪声 N_0 为 -201.5 dB（W/Hz），该值是接收机热噪声的典型值，对于低噪声的接收机，其热噪声要低于该值。前端滤波器是理想线性单位幅度的带通滤波器 $|H_B(f)|^2 = 1$，前端带宽为 24 MHz，码跟踪环路滤波器带宽 $B_n = 1$ Hz。

9.2.1　C/A 信号受到的系统内干扰

第 i 颗卫星发射的 C/A 码（对应的伪码序列为 PRNi）在接收端将受到视界内 P（Y）码、L1C 码和 M 码的干扰，以及视界内其他卫星发射的 C/A 码序列对它的干扰。本书以 C/A 码的 PRN1 作为目标信号为例，分析其受到的系统内干扰。

（1）谱分离系数

谱分离系数（Spectral Separation Coefficient，SSC）也称干扰系数（interference coefficient），为方便表述和解释，这两个概念在下面都会用到。利用 7.3 节中短码功率谱的计算公式，得到 5 ms 预积分时间内 C/A 码 PRN1 的功率谱，如图 9-2 所示，图 9-3 是它在零频附近的放大图。由于 C/A 码在 5 ms 内相关，在时域上相当于 C/A 码被宽度为 5 ms 的矩形窗截断，在频域上相当于 C/A 码的线谱与矩形窗的能量谱［sinc^2（）函数］相卷积，谱线间距为 1 kHz，是 C/A 码周期（1 ms）的倒数，sinc^2（）函数的谱瓣宽度为 200 Hz。因此，在图 9-3 中，谱峰出现在频率是 1 kHz 的整数倍上，谱峰之间有 5 个谱瓣。C/A 码中其他的 PRNi 信号（$i = 2 \sim 24$）的功率谱与 PRN1 相似，只是谱峰的幅度略有不同。图 9-4 是 PRN1 信号与其他 23 个伪码信号之间的自干扰系数，图 9-5 是 C/A 码与 P（Y）码、L1C 码和 M 码之间的干扰系数，此时因视 P（Y）码、L1C 码和 M 码为长码，在计算干扰系数时，它们的功率谱用理想的谱包络来代替，得到的干扰系数几乎与多普勒频移无关，也就是说多普勒频移对理想谱包络下的干扰系数影响很小，可忽略不计。而图 9-4 中的自干扰系数波动幅度很大，最大值出现在多普勒频移是 1 kHz 的整

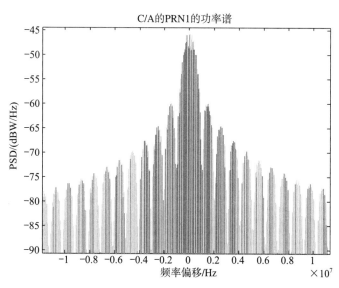

图 9-2　预积分时间内 C/A 码的 PRN1 的功率谱

数倍上，最小值出现在频差是 500 Hz 的整数倍上，最大值/最小值分别约为 －56.03/ －69.27 dB/Hz，相差约 13 dB。这是因为当多普勒频移是 1 kHz 的整数倍时，两个 CDMA 信号的谱峰重叠，而当多普勒频移是 500 Hz 的整数倍时，两个 CDMA 信号的谱峰刚好错开。PRN1 与其他各码之间的干扰系数略不同，它们之间的最大/最小差异约为 0.9/0.02 dB。

　　C/A 码与 L1C 码、P（Y）码、M 码的谱分离系数分别为 －68.25 dB/Hz、－70.21 dB/Hz、 －87.91 dB/Hz，其中与 M 码的谱分离系数最小，这是因为它们俩的谱峰错开得最远，见图 9 - 5。

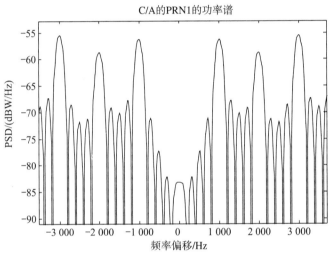

图 9 - 3　在零频附近的放大图

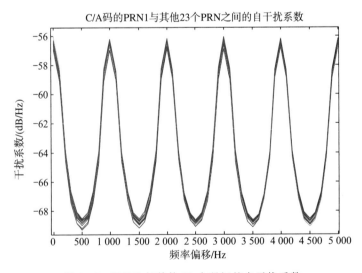

图 9 - 4　PRN1 与其他 23 个码间的自干扰系数

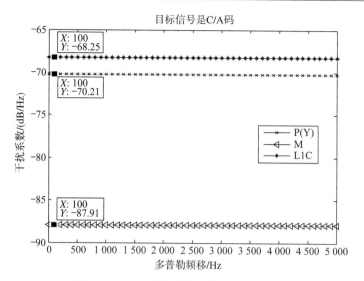

图 9 - 5　C/A 码与其他信号间的干扰系数

（2）载噪比衰减量

由系统内干扰造成 C/A 码的等效载噪比衰减量为

$$\left(\frac{C}{N_0}\right)_{\text{deg\_C/A,intra}} = 10\lg\left(1 + \frac{I_{\text{intra}}}{N_0}\right) \tag{9-10}$$

总干扰等效功率谱密度

$$I_{\text{intra}} = I_{\text{C/A\_C/A}} + I_{\text{C/A\_P}} + I_{\text{C/A\_M}} + I_{\text{C/A\_L1C}}$$

GPS 最多和最少可见卫星数分别为 12 颗和 7 颗，最坏情况时总干扰等效功率谱密度最大 $I_{\text{intra\_max}}$，最好情况时总干扰等效功率谱密度最小 $I_{\text{intra\_min}}$，分别为

$$I_{\text{intra\_max}} = I_{\text{C/A\_C/A\_max}} + I_{\text{C/A\_P\_max}} + I_{\text{C/A\_M\_max}} + I_{\text{C/A\_L1C\_max}} \tag{9-11}$$
$$I_{\text{intra\_min}} = I_{\text{C/A\_C/A\_min}} + I_{\text{C/A\_P\_min}} + I_{\text{C/A\_M\_min}} + I_{\text{C/A\_L1C\_min}}$$

其中 C/A 码的自干扰等效功率谱密度为

$$I_{\text{C/A\_C/A\_max}} = \sum_{i=1}^{11} P_M^{(i)} k_M^{(i)}\left(\Delta f_M^{(i)}\right) = 11 \cdot P_{\text{C/A\_max}} \cdot k_{\text{C/A\_ave}}\left(\Delta f_d\right) \tag{9-12}$$
$$I_{\text{C/A\_C/A\_min}} = \sum_{i=1}^{6} P_M^{(i)} k_M^{(i)}\left(\Delta f_M^{(i)}\right) = 6 \cdot P_{\text{C/A\_min}} \cdot k_{\text{C/A\_ave}}\left(\Delta f_d\right)$$

其他干扰信号的等效功率谱密度为

$$I_{\text{C/A\_P\_max}} = \sum_{i=1}^{12} P_P^{(i)} k_{\text{C/A,P}}^{(i)}\left(\Delta f_P^{(i)}\right) = 12 \cdot P_{\text{P\_max}} \cdot k_{\text{C/A,P}}\left(\Delta f_d\right) \tag{9-13}$$
$$I_{\text{C/A\_P\_min}} = \sum_{i=1}^{7} P_P^{(i)} k_{\text{C/A,P}}^{(i)}\left(\Delta f_P^{(i)}\right) = 7 \cdot P_{\text{P\_min}} \cdot k_{\text{C/A,P}}\left(\Delta f_d\right)$$
$$I_{\text{C/A\_M\_max}} = \sum_{i=1}^{12} P_M^{(i)} k_{\text{C/A,M}}^{(i)}\left(\Delta f_M^{(i)}\right) = 12 \cdot P_{\text{M\_max}} \cdot k_{\text{C/A,M}}\left(\Delta f_d\right) \tag{9-14}$$
$$I_{\text{C/A\_M\_min}} = \sum_{i=1}^{7} P_M^{(i)} k_{\text{C/A,M}}^{(i)}\left(\Delta f_M^{(i)}\right) = 7 \cdot P_{\text{M\_min}} \cdot k_{\text{C/A,M}}\left(\Delta f_d\right)$$

$$I_{\text{C/A\_L1C\_max}} = \sum_{i=1}^{12} P_{\text{L1C}}^{(i)} k_{\text{C/A,L1C}}^{(i)} (\Delta f_{\text{L1C}}^{(i)}) = 12 \cdot P_{\text{L1C\_max}} \cdot k_{\text{C/A,L1C}} (\Delta f_{\text{d}}) \tag{9-15}$$

$$I_{\text{C/A\_L1C\_min}} = \sum_{i=1}^{7} P_{\text{L1C}}^{(i)} k_{\text{C/A,L1C}}^{(i)} (\Delta f_{\text{L1C}}^{(i)}) = 7 \cdot P_{\text{L1C\_min}} \cdot k_{\text{C/A,L1C}} (\Delta f_{\text{d}})$$

式中　$k_{\text{C/A\_ave}}$——C/A 码的 PRN1 与其他 23 个码之间谱分离系数的平均值；

Δf_{d}——多普勒频偏。

$P_{\text{C/A\_max}}$、$P_{\text{C/A\_min}}$、$P_{\text{P\_max}}$、$P_{\text{P\_min}}$、$P_{\text{M\_max}}$、$P_{\text{M\_min}}$、$P_{\text{L1C\_max}}$、$P_{\text{L1C\_min}}$ 分别为 C/A 码、P（Y）码、M 码和 L1C 码的最大最小接收功率。$k_{\text{C/A,P}}$、$k_{\text{C/A,L1C}}$、$k_{\text{C/A,M}}$ 分别表示 C/A 码与 P（Y）码、L1C 码、M 码之间的谱分离系数。C/A 码的 PRN1 受到的最大最小等效载噪比衰减量如图 9-6 所示，其中图（b）只考虑 C/A 码族之间的干扰，即 CDMA 干扰。比较图（a）和图（b），可见，C/A 码族之间的干扰对等效载噪比衰减的贡献最大，最坏情况的贡献可达到 4.092 dB，系统内其他几个信号的贡献为 0.22 dB。最好情况时它的最大贡献约为 0.926 dB，系统内其他几个信号的贡献为 0.121 dB，这是因为 C/A 码是短码的缘故。

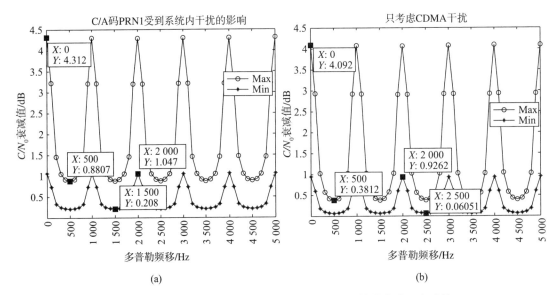

图 9-6　5°仰角时，系统内干扰对 C/A 码造成的等效载噪比衰减量

（3）码跟踪谱灵敏度系数

C/A 码的 PRN1 与其他 23 个码之间的码跟踪谱灵敏度系数（CT_SSC）如图 9-7 所示，与谱分离系数相似，最大值出现在多普勒频移是 1 kHz 的整数倍上，最小值出现在多普勒频移是 500 Hz 的整数倍上，最大值/最小值分别为 −67.75/−81.31 dB/Hz，最大最小值相差约 13 dB。图 9-8 是 C/A 码与 L1C 码、P（Y）码、M 码间的码跟踪谱灵敏度系数，随多普勒频移增大变化幅度很小，它们的 CT_SSC 分别为 −74.02 dB/Hz、−74.29 dB/Hz 和 −74.97 dB/Hz，这三者的 CT_SSC 值相差较小，其中 M 码的码跟踪谱灵敏度系数最小，与谱分离系数的现象相似。

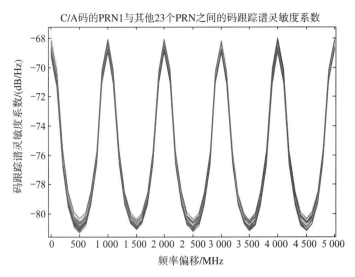

图 9 - 7　PRN1 与其他 23 个码间的 CT_SSC

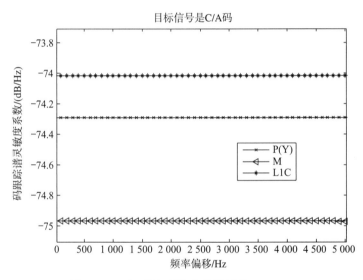

图 9 - 8　C/A 码与系统内信号间的 CT_SSC

9.2.2　P（Y）信号受到的系统内干扰

　　P（Y）码和 M 码是美国的军用信号，它们受到的系统内干扰的分析方法与分析 C/A 码的方法一样，只需把 P（Y）码和 M 码的信号参数代入 9.1 节中的公式，而且由于它们是长码，分析过程比 C/A 码简单。

　　（1）谱分离系数和等效载噪比衰减值

　　图 9 - 9 是 P（Y）码的目标信号与系统内其他干扰信号之间的谱分离系数，可见，P（Y）码与 C/A 码之间的谱分离系数最大，其次是与 L1C 码之间的谱分离系数，最小的是与 M 码之间的谱分离系数。

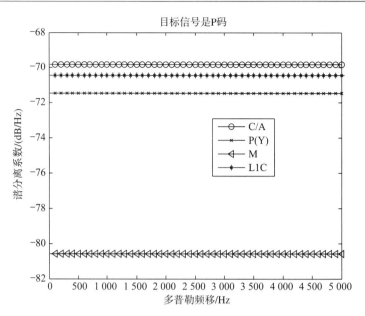

图 9 - 9 P（Y）码的目标信号与系统内其他干扰信号之间的谱分离系数

最坏、最好情况下，P（Y）码受系统内干扰引起的等效载噪比衰减值如图 9 - 10 所示，最大等效载噪比衰减值约为 0.699 dB，最小衰减值约为 0.153 dB。

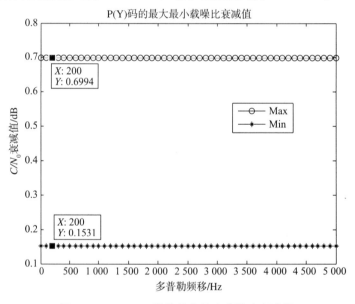

图 9 - 10 P（Y）码的最大最小载噪比衰减值

（2）码跟踪谱灵敏度系数

图 9 - 11 是 P（Y）码的目标信号与系统内其他干扰信号之间的码跟踪谱灵敏度系数，与图 9 - 9 相对照来看，会发现一个有趣的现象，在图 9 - 9 中，相对其他信号，P（Y）码与 C/A 码之间的谱分离系数最大，但它们之间的码跟踪谱灵敏度系数却是这些信号当中最小的，这是因为码跟踪谱灵敏度系数还与频率的平方相关，而 C/A 码的功率谱在高频

率处幅度很小。

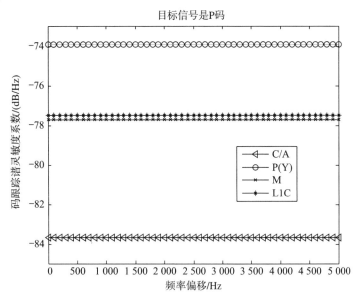

图 9 - 11　P（Y）码的目标信号与系统内其他干扰信号之间的 CT _ SSC

9. 2. 3　M 信号受到的系统内干扰

（1）谱分离系数和等效载噪比衰减值

图 9 - 12 是 M 码的目标信号与系统内其他干扰信号之间的谱分离系数，其中最大的是 M 码的自谱分离系数，最小的是与 C/A 码之间的谱分离系数，这主要取决于信号功率谱主峰的位置。

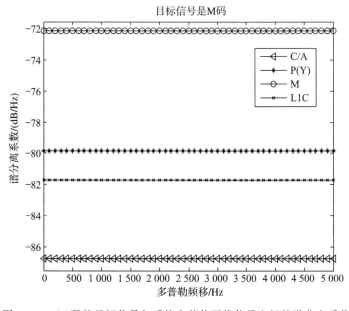

图 9 - 12　M 码的目标信号与系统内其他干扰信号之间的谱分离系数

图 9 - 13 是 M 码受系统内干扰引起的等效载噪比衰减值，最大载噪比衰减值约为 0.394 dB，最小衰减值约为 0.05 dB。可见，现代军用信号 M 码由于采用了 BOC 调制方式，避开了 C/A 码功率谱的主峰，使其受到的干扰相对于 P（Y）码要小得多。

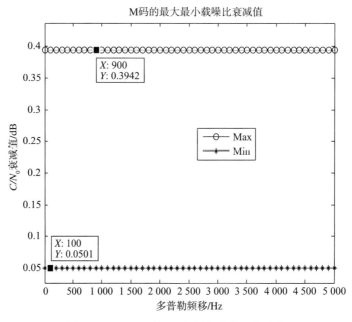

图 9 - 13　　M 码的最大最小载噪比衰减值

（2）码跟踪谱灵敏度系数

图 9 - 14 是 M 码的目标信号与系统内其他干扰信号之间的码跟踪谱灵敏度系数，其中

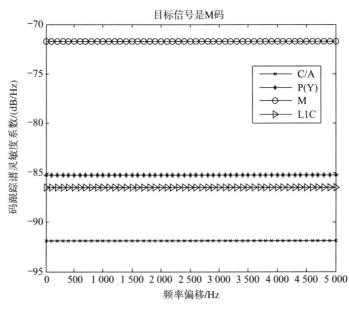

图 9 - 14　M 码的目标信号与系统内其他干扰信号间的码跟踪谱灵敏度系数

最小的是 M 码与 C/A 码之间的码跟踪谱灵敏度系数，比 P（Y）码与 C/A 码之间的码跟踪谱灵敏度系数小约 8.25 dB，这还是与信号功率谱主峰的位置相关。

9.2.4　L1C 信号受到的系统内干扰

L1C 码由数据通道和导航通道构成，数据通道采用 BOC（1，1）调制，导航通道采用 TMBOC（6，1，4/33），在 5°仰角处，导航通道的最大/最小接收功率为－155.3/－158.3 dBW，数据通道的最大/最小接收功率为－160/－163 dBW。数据通道信号、导航通道信号和 L1C 码的功率谱如图 9-15 所示，其中图（a）是假设这三者的功率相同，图

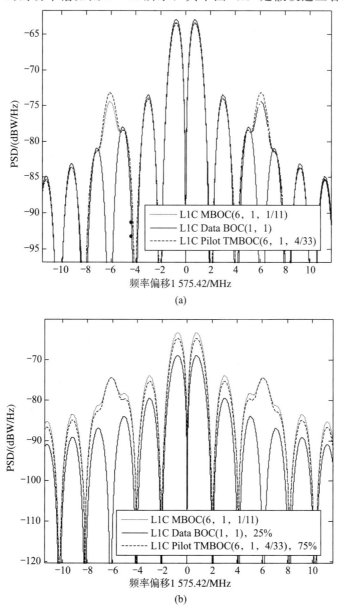

图 9-15　数据通道信号、导航通道信号和 L1C 码的功率谱

（b）是数据通道的功率占总功率的 25%，导航通道的功率占总功率的 75%。仔细观察图（a）会发现，数据通道信号的功率谱幅度除了在 6 MHz 附近比导航通道信号的功率谱小之外，在其他地方都比后者大。本节将分别讨论数据通道和导航通道信号受到的系统内干扰。

（1）谱分离系数和载噪比衰减值

图 9-16 是 L1C 的数据通道信号与系统内其他干扰信号之间的谱分离系数，图 9-17 是导航通道信号与系统内信号之间的谱分离系数，对于相同的干扰源，前者的谱分离系数

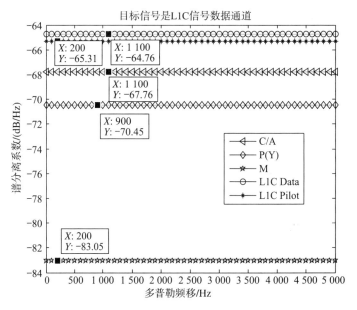

图 9-16　数据通道信号与系统内其他信号间的谱分离系数

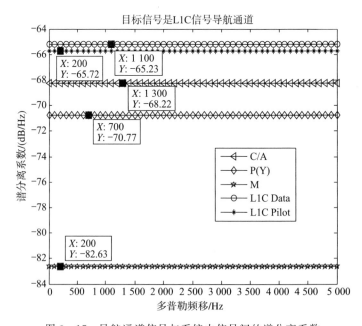

图 9-17　导航通道信号与系统内信号间的谱分离系数

比后者略大一点。这是因为，对于相同功率的导航通道和数据通道信号，虽然导航通道信号在 6 MHz 附近的频率分量幅度比数据通道信号高，但由于这部分的频率分量刚好落在其他信号功率谱幅度较小的地方，而数据通道信号的功率谱幅度普遍比导航通道信号高（除了 6 MHz 附近）。

　　最坏最好情况下，L1C 的数据通道信号受系统内干扰引起的载噪比衰减值如图 9 - 18 所示，最大载噪比衰减值约为 1.304 dB，最小衰减值约为 0.337 dB。图 9 - 19 是 L1C 的导航通道信号受系统内干扰引起的载噪比衰减值，最大载噪比衰减值约为 1.182 dB，最小

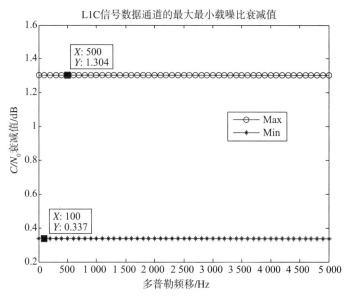

图 9 - 18　数据通道信号的最大最小载噪比衰减值

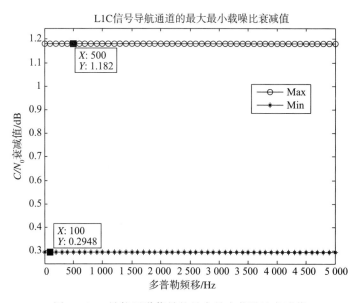

图 9 - 19　导航通道信号的最大最小载噪比衰减值

衰减值约为 0.295 dB。可见，导航通道信号的载噪比衰减值略小于数据通道信号，这除了因为导航通道信号与其他信号的谱分离系数略小于数据通道信号与其他信号之间的谱分离系数之外，还因为导航通道信号的功率比数据通道信号的强。

（2）码跟踪谱灵敏度系数

图 9－20 是 L1C 的数据通道信号与系统内其他信号之间的码跟踪谱灵敏度系数，图 9－21 是导航通道信号与系统内其他信号之间的码跟踪谱灵敏度系数，对于相同的干扰源，前者的码跟踪谱灵敏度系数比后者大，这与上一节的谱分离系数表现出来的结果相似。可见，导航通道信号参数的选择是经过精心研究设计的。

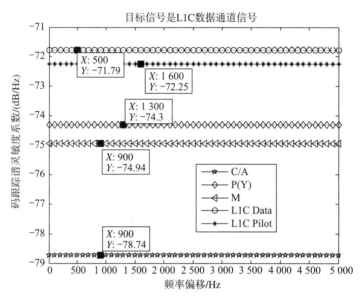

图 9－20　数据通道与系统内其他信号间的 CT＿SSC

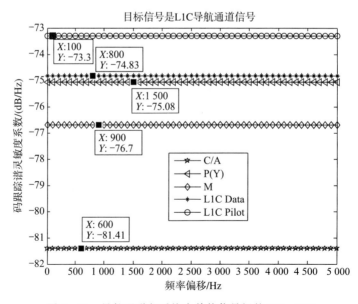

图 9－21　导航通道与系统内其他信号间的 CT＿SSC

9.3　E1 频段上 GALILEO 信号的系统内干扰

GALILEO E1 信号的标称载波中心频率为 1 575.42 MHz，与 GPS 的 L1 标称载波中心频率完全一致。E1 信号波段包含 E1 - A、E1 - B 和 E1 - C 三个信号分量，E1 - A 信号提供公共管制服务（PRS），给经欧盟成员国政府授权的警察、海关和消防等用户使用，甚至是 GALILEO 的军用用户。E1 - B 和 E1 - C 分别是数据信号分量和导频信号分量，这一对信号分量一同提供开放服务（OS），为全球用户提供免费的定位、测速和授时服务。表 9 - 2 列出了目前已知的一些信号参数。E1 - A 信号的调制方式采用余弦相位的 BOC（15，2.5），由于它是政府信号，很多参数不公开。E1 - B 信号和 E1 - C 信号采用 CBOC（6，1，1/11）调制方式，它们一同构成 E1 OS 信号的 MBOC（6，1，1/11）调制方式。两个通道的主码码型都采用 Random 码，Random 码是一种新码型，它没有固定的产生模式，它是从 $2Mn$ 种（M 为码序列个数，n 为码长）可能的排列中挑选出来的。码序列个数越多，码长越长，搜索的空间就越大，GALILEO 采用遗传算法来实现 Random 码的选择。GALILEO 信号接口控制文件对在地面上接收到的 GALILEO 信号的最小功率做了规定，这些最小接收功率值是假定呈右旋圆极化的接收天线增益为 0 dBi，并且卫星仰角大于 $10°$。当卫星仰角为 $5°$ 时，GALILEO 信号的最小接收功率一般会比表 9 - 2 中的值低 0.25 dB。需要说明的是，这里的信号接收功率是相应信号的总功率，比如 E1 信号功率实际上是指它的 E1 - B 和 E1 - C 两信号分量的功率之和。

本节仿真实验参数基于相关文献的数据，卫星仰角大于 $10°$，E1 OS 信号的最大/最小接收总功率为 $-154/-157$ dBW，导频信号通道和数据信号通道有着相同的发射功率，即它们都占总功率的 50%。因此，导频信号通道和数据信号通道的最大/最小接收功率均为 $-157/-160$ dBW。

E1 - A 信号、E1 - B 信号和 E1 - C 信号的码片功率谱密度如图 9 - 22 所示，E1 OS 的数据通道或导航通道信号的码片功率谱包络与 E1 OS 信号一样，只是前者功率是后者功率的 50%。

表 9 - 2　GALILEO 的信号参数

信号	调制方式	主码码型	主码码长	伪码周期	码速率 /Mcps	符号率 /sps	最大/最小接收总功率 ($10°$仰角 dBW)	前端带宽 /MHz
E1 - A	$BOC_C(15,2.5)$	未公开	未公开	未公开	2.5575	未公开	未公开/-155	32
E1 - B	CBOC(6,1,1/11,'+')	Random	4092	4 ms	1.023	250	$-157(-160)$	24
E1 - C	CBOC(6,1,1/11,'-')	Random	4092	100 ms	1.023	导频信号	$-157(-160)$	24

E1 频段上 GALILEO 信号的系统内干扰分析方法与前一节对 GPS 信号系统内干扰的分析方法相同。同样假设预积分时间为 5 ms，基于第 7 章的长码界定准则，E1 - A 信号是长码，E1 - C 导航信号是长码，E1 - B 数据信号的伪码周期为 4 ms，小于 5 ms，因此是短码。但由于目前还不知道数据通道信号的码，文中就暂时把它视为长码。

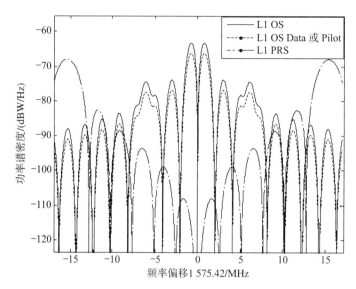

图 9 - 22　GALILEO E1 频段上信号的功率谱密度

对于 GALILEO，目前用于评估使用最多的星座方案是 Walker 27/3/1，其中 27 颗工作卫星均匀分布在 3 个轨道上，轨道倾角为 56°，在大部分区域，用户视界范围内卫星数可达 6~8 颗。在本节仿真中，假设卫星仰角大于 10°，GALILEO 最多/最少可见卫星数为 11/7。

以下将用到 E1 OS、E1 PRS、E1 - B、E1 - C 和 E1 - A 或 L1 OS、L1 PRS 这几种表示 GALILEO E1 频段信号的符号，为更好理解出现这些符号的意义，先进行简单说明。E1 OS 是 GALILEO E1 频段公开服务信号，它包含 E1 - B 数据信号和 E1 - C 导航信号两个信号分量，因 GALILEO E1 频段与 GPS L1 频段的载波中心频率相同，有时也用 L1 OS 符号。E1 PRS 是 GALILEO E1 频段公共管制服务信号，当为表示信号时用 E1 - A 符号，同样，有时也用 L1 PRS 符号，以表示与 GPS L1 同频段。

9.3.1　E1 OS 信号受到的系统内干扰

当分析 E1 OS 信号对其他信号的干扰时，把它的数据通道和导航通道联合起来考虑，但当分析它受到的系统内干扰时，就把它的数据通道和导航通道分开，然后考虑它们受到的干扰。由于我们已经假设 E1 OS 信号的数据通道也是长码，当不考虑码的影响时，数据通道和导航通道的基本参数相同，因此，它们受到的系统内干扰一样，下面我们就只对导航通道受到的系统内干扰进行分析。

（1）谱分离系数和等效载噪比衰减值

图 9 - 23 是 E1 - C 信号与系统内其他信号之间的谱分离系数，E1 - C 信号的自谱分离系数约为 -65.51 dB/Hz，它与 E1 - A 信号之间的谱分离系数很小，约为 -102.5 dB/Hz，为什么这么小呢？这主要是因为 E1 - A 信号功率谱主瓣落在 24 MHz 的前端带宽之外，前端滤波器刚好把 E1 - A 信号的功率谱主瓣滤掉（见图 9 - 22），可见，前端带宽的大小对

分析谱分离系数有较大影响。

最坏最好情况下，E1-C 信号受系统内干扰引起的等效载噪比衰减值如图 9-24 所示，其最大等效载噪比衰减值约为 0.3 dB，比 GPS L1C 的导航通道信号的最大等效载噪比衰减值（1.18 dB）小 0.88 dB 左右；其最小等效载噪比衰减值约为 0.091 dB，比 GPS L1C 的导航通道信号的最小等效载噪比衰减值（0.295 dB）小 0.2 dB 左右。此外，E1-C 导航通道信号受系统内干扰引起的等效载噪比衰减值也比 E1-A 信号的等效载噪比衰减值小，这主要是因为它与 E1-A 信号之间的谱分离系数很小，受到 E1-A 的干扰很小。

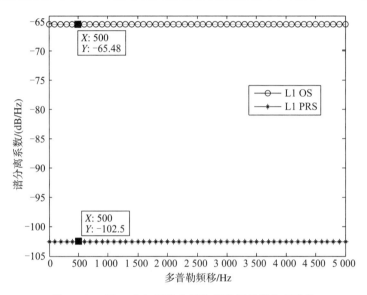

图 9-23　E1-C 与系统内其他信号间的谱分离系数

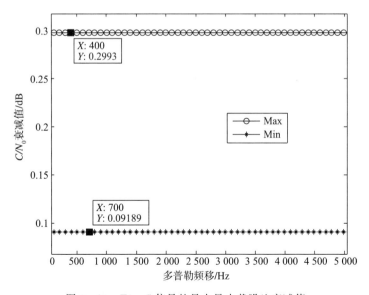

图 9-24　E1-C 信号的最大最小载噪比衰减值

（2）码跟踪谱灵敏度系数

图 9-25 是 E1-C 信号与系统内其他信号之间的码跟踪谱灵敏度系数，它的自码跟踪谱灵敏度系数约为－73.38 dB/Hz，与 E1-A 之间的码跟踪谱灵敏度系数约为－92.06 dB/Hz。

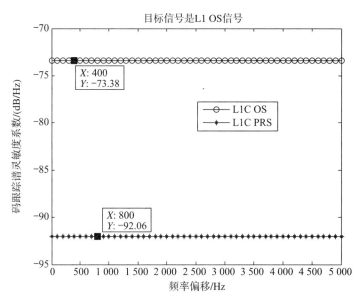

图 9-25　E1 OS 与系统内其他信号之间的 CT _ SSC

9.3.2　E1-A 信号受到的系统内干扰

由于 E1-A 信号最大接收功率未公开，文中依据最大接收功率和最小接收功率之间的差值一般不大于 4.5 dB 的原则，假设 E1-A 信号的最大接收功率为－150 dBW/Hz。需要说明的是，E1-A 信号的前端带宽是 32 MHz。

（1）谱分离系数和载噪比衰减值

图 9-26 是 E1-A 信号与系统内其他信号之间的谱分离系数，E1-A 信号的自谱分离系数约为－69.09 dB/Hz，它与 E1-C 信号之间的谱分离系数约为－90.76 dB/Hz，与图 9-23 中 E1-C 与 E1-A 信号之间的谱分离系数相比，后者比前者小 11.71 dB 左右。这是因为，在分析 E1-A 信号受到的干扰时，接收机前端带宽为 32 MHz，而在分析 E1-C 信号受到的干扰时，接收机前端带宽为 24 MHz，E1-A 信号的功率谱主瓣落在 24 MHz 之外。

最坏最好情况下，E1-A 信号受系统内干扰引起的等效载噪比衰减值如图 9-27 所示，最大等效载噪比衰减值约为 0.628 dB，最小衰减值约为 0.127 dB。可见，GALILEO E1-A 信号受系统内干扰引起的等效载噪比衰减值居然比 GPS M 码还大，按理，E1-A 的系统内干扰源比 GPS M 码还少，它的等效载噪比衰减值应该比 GPS M 码小。但由于 E1-A 信号的前端带宽比较大，而且其自谱分离系数比 GPS M 码的自谱分离系数大 3 dB 左右，这一贡献就使得 E1-A 信号的等效载噪比衰减值较大。

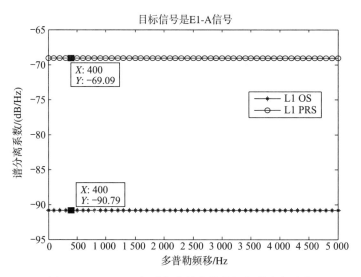

图 9 - 26　E1 - A 与系统内其他信号间的谱分离系数

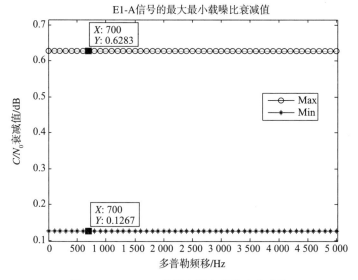

图 9 - 27　E1 - A 的最大最小载噪比衰减值

（2）码跟踪谱灵敏度系数

图 9 - 28 是 E1 - A 信号与系统内其他信号之间的码跟踪谱灵敏度系数，与图 9 - 26 相比较，E1 - A 信号的码跟踪谱灵敏度系数比谱分离系数略大一点点，这与码跟踪谱灵敏度系数中频率的平方项有关。由于码跟踪谱灵敏度系数还与目标信号和干扰信号功率谱的幅度有关，因此频率的平方项要起到很大作用，还必须要求这两个信号的功率谱的幅度在高频率处较大。

同样，E1 - A 信号与 E1 - C 信号之间的码跟踪谱灵敏度系数比 E1 - C 信号与 E1 - A 信号之间的码跟踪谱灵敏度系数小，只是没有像谱分离系数那样小得那么多，这是因为

E1 - C 信号在 6 MHz 附近的高频率分量在计算码跟踪谱灵敏度系数时起了作用。

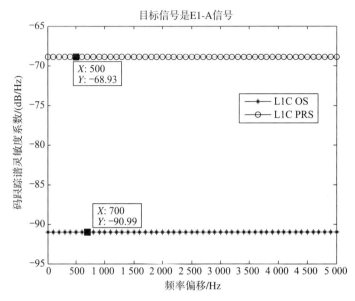

图 9 - 28　E1 - A 与系统内其他信号间的码跟踪谱灵敏度系数

9.3.3　结论

这一节和上一节对 L1 频段上的 GPS、GALILEO 的系统内干扰进行了分析，从仿真分析结果可初步得到以下结论：

1）GPS 的系统内干扰普遍比 GALILEO 的系统内干扰严重，这主要是因为 GPS 的 C/A 码是短码，它对其他信号造成的干扰是系统内干扰的主要来源。

2）GPS 的 M 码受系统内干扰比 P（Y）小，这与它采用了新的调制方式 BOC 有密切关系。

3）GALILEO E1 - A 码的谱分离系数和码跟踪谱灵敏度系数比 GPS M 码的要大几 dB，主要是因前者的前端带宽是 32 MHz，后者是 24 MHz。

9.4　GNSS 系统间干扰

搭建 GNSS 兼容仿真实验系统，该仿真系统由空间星座及信号模块、空间环境模块、参考接收机特性模块、兼容评估模块以及输入控制及输出显示等部分组成。由于目前 GPS、GALILEO 和 BDS 三个系统采用相同的 CDMA 传输模式，且在 L1 频段频谱重叠严重，本节将对这三个系统的民用信号兼容性进行仿真评估和分析，以说明三个系统所有民用信号受到干扰的程度。

基于 GNSS 兼容评估理论，本节按接收功率的计算方法分三种情况来分析多系统间的兼容性，下面分 3 个小节来阐述 3 种情况下多系统间的兼容性，即最坏和最好情况下 GPS 和 GALILEO 的兼容性分析、基于计算机仿真的兼容性分析和基于信号集总增益因子。

9.4.1　最坏和最好情况下 GPS 和 GALILEO 的兼容性分析

GPS 和 GALILEO 在 L1 频段上的信号功率谱如图 9-29 所示，可见，这些信号密密麻麻分布在 L1 频段上。由于 GPS L1C 和 GALILEO L1 OS 都采用 MBOC（6，1，1/11）调制方式，因此，在图中就只标出 MBOC（6，1，1/11）。下面分别分析这些信号受到的系统间干扰，由于这些信号的分析方法一样，文中就只给出分析 C/A 码用到的相关公式，来说明最坏和最好情况下系统间干扰的分析方法，其他信号的分析照葫芦画瓢就行了。另外，由于目前只知道 GALILEO 10°仰角时的最大最小接收功率，以及 GPS 5°仰角时的最大最小接收功率，为了分析这两者之间的相互干扰，下面假设 GALILEO 在 5°仰角时的最大最小接收功率比 10°仰角时的值低 0.25 dB。

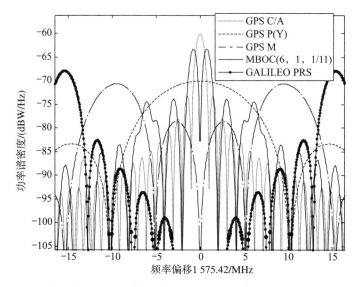

图 9-29　GPS 和 GALILEO 在 L1 频段上的信号功率谱

（1）分析 GALILEO 对 GPS 信号的干扰

这一部分将分析 C/A 码、P（Y）码和 M 码分别受到 GALILEO 的 E1-A 信号、E1-C 和 E1-B 信号的共同影响。

①C/A 码、P（Y）码和 M 码受到的系统间干扰

依据第 7 章长码界定准则 2，虽然 C/A 码是短码，在分析它与长码之间的干扰时，把它视为长码。

由系统间干扰引起 C/A 码的等效载噪比衰减值为

$$\left(\frac{C}{N_0}\right)_{\text{deg\_C/A,inter}} = 10\lg\left(1 + \frac{I_{\text{inter}}}{N_0 + I_{\text{intra}}}\right) \qquad (9-16)$$

$$I_{\text{inter}} = I_{\text{C/A\_PRS}} + I_{\text{C/A\_OS}} \qquad (9-17)$$

在 5°遮蔽仰角时，GALILEO 最多和最少可见卫星数分别为 13 颗和 8 颗，最坏情况时 C/A 码受到干扰信号的等效功率谱密度为 $I_{\text{inter\_max}}$，最好情况时受到干扰信号的等效功

率谱密度为 $I_{\text{inter\_min}}$

$$I_{\text{inter\_max}} = I_{\text{C/A\_PRS\_max}} + I_{\text{C/A\_OS\_max}} \tag{9-18}$$
$$I_{\text{inter\_min}} = I_{\text{C/A\_PRS\_min}} + I_{\text{C/A\_OS\_min}}$$

$$I_{\text{C/A\_PRS\_max}} = \sum_{i=1}^{13} P_{\text{PRS}}^{(i)} k_{\text{C/A,PRS}}^{(i)} (\Delta f^{(i)}) = 13 \cdot P_{\text{PRS\_max}} \cdot k_{\text{C/A,PRS}}(\Delta f) \tag{9-19}$$
$$I_{\text{C/A\_PRS\_min}} = \sum_{i=1}^{8} P_{\text{PRS}}^{(i)} k_{\text{C/A,PRS}}^{(i)} (\Delta f^{(i)}) = 8 \cdot P_{\text{PRS\_min}} \cdot k_{\text{C/A,PRS}}(\Delta f)$$

$$I_{\text{C/A\_OS\_max}} = \sum_{i=1}^{13} P_{\text{OS}}^{(i)} k_{\text{C/A,OS}}^{(i)} (\Delta f^{(i)}) = 13 \cdot P_{\text{OS\_max}} \cdot k_{\text{C/A,OS}}(\Delta f) \tag{9-20}$$
$$I_{\text{C/A\_OS\_min}} = \sum_{i=1}^{8} P_{\text{OS}}^{(i)} k_{\text{C/A,OS}}^{(i)} (\Delta f^{(i)}) = 8 \cdot P_{\text{OS\_min}} \cdot k_{\text{C/A,OS}}(\Delta f)$$

式中　Δf ——多普勒频移；

　　$P_{\text{PRS\_max}}$，$P_{\text{PRS\_min}}$，$P_{\text{OS\_max}}$，$P_{\text{OS\_min}}$ ——PRS 信号和 OS 信号的最大最小接收功率；

　　$k_{\text{C/A,PRS}}$，$k_{\text{C/A,OS}}$ ——C/A 码与 PRS 信号、OS 信号之间的谱分离系数，目标信号是 C/A 码。

以上假设同一码族的信号的接收功率一样，功率谱密度也一样。

图 9 - 30 是 C/A 码与 GALILEO 信号之间的谱分离系数，它与 L1 OS 信号之间的谱分离系数约为 −68.25 dB/Hz，它与 L1 PRS 信号的谱分离系数很小，约为 −109.8 dB/Hz，这主要是因为它们的谱峰错开得很大。C/A 码受系统间干扰引起的等效载噪比衰减值如图 9 - 31 所示，等效载噪比衰减值的幅度随着频差有规律的波动，最大等效载噪比衰减值出现在多普勒频移是 500 Hz 的整数倍上，最小值出现在多普勒频移是 1 kHz 的整数倍上。最坏情况时，最大最小等效载噪比衰减值分别约为 0.34 dB 和 0.17 dB。最好情况时，最大最小等效载噪比衰减值分别约为 0.12 dB 和 0.11 dB。

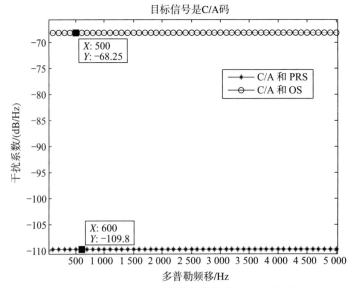

图 9 - 30　C/A 码与 GALILEO 信号之间的谱分离系数

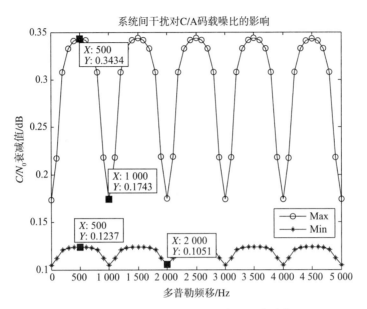

图 9 - 31　C/A 码的最大最小载噪比衰减值

图 9 - 32 是 C/A 码与 GALILEO 信号之间的码跟踪谱灵敏度系数，它与 L1OS 信号之间的码跟踪谱灵敏度系数约为 -74 dB/Hz，它与 L1 PRS 信号的码跟踪谱灵敏度系数约为 -91.5 dB/Hz。

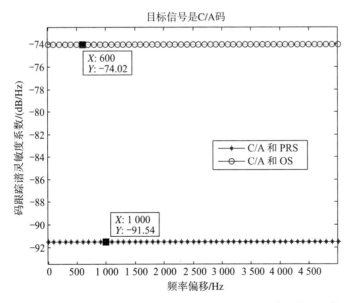

图 9 - 32　C/A 码与 GALILEO 信号之间的码跟踪谱灵敏度系数

图 9 - 33 是 P（Y）码与 GALILEO 信号之间的谱分离系数，它与 L1 OS 信号之间的谱分离系数约为 -70.43 dB/Hz，它与 L1 PRS 信号的谱分离系数也很小，约为 -101.6 dB/Hz。P（Y）码受系统间干扰引起的等效载噪比衰减值如图 9 - 34 所示，最大衰减量约

为 0.21 dB，最小衰减量约为 0.08 dB。

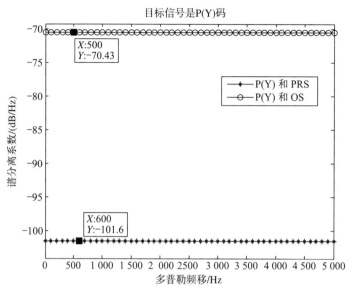

图 9-33　P（Y）码与 GALILEO 信号之间的谱分离系数

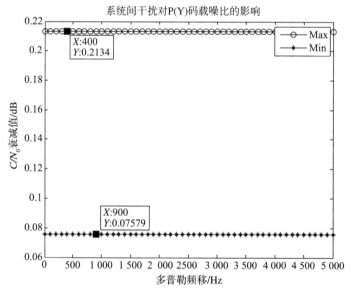

图 9-34　P（Y）码的最大最小等效载噪比衰减值

　　图 9-35 是 P（Y）码与 GALILEO 信号之间的码跟踪谱灵敏度系数，它与 L1 OS 信号之间的码跟踪谱灵敏度系数约为 -77.48 dB/Hz，它与 L1 PRS 信号的码跟踪谱灵敏度系数约为 -95.2 dB/Hz。

　　图 9-36 是 M 码与 GALILEO 信号之间的谱分离系数，它与 L1 OS 信号之间的谱分离系数约为 -81.73 dB/Hz，它与 L1 PRS 信号的谱分离系数约为 -89.6 dB/Hz。M 码信

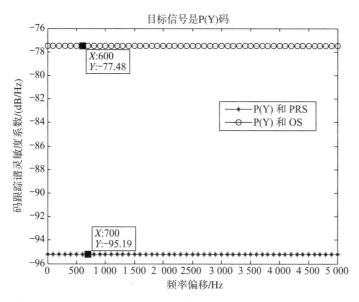

图 9 - 35　P（Y）码与 GALILEO 信号之间的码跟踪谱灵敏度系数

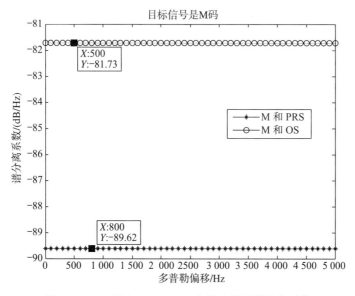

图 9 - 36　M 码与 GALILEO 信号之间的谱分离系数

号受系统间干扰引起的等效载噪比衰减值如图 9 - 37 所示，最大衰减量约为 0.02 dB，最小衰减量约为 0.007 dB。可见，GALILEO 信号对 GPS M 码的等效载噪比衰减影响非常小。

图 9 - 38 是 M 码与 GALILEO 信号之间的码跟踪谱灵敏度系数，它与 L1 OS 信号之间的码跟踪谱灵敏度系数约为 −86.5 dB/Hz，它与 L1 PRS 信号的码跟踪谱灵敏度系数约为 −88.3 dB/Hz。

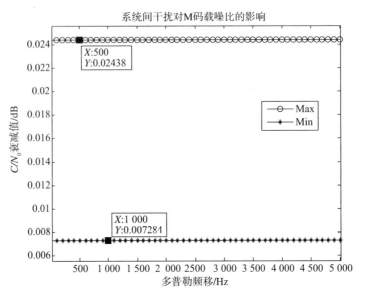

图 9 - 37　M 码的最大最小载噪比衰减值

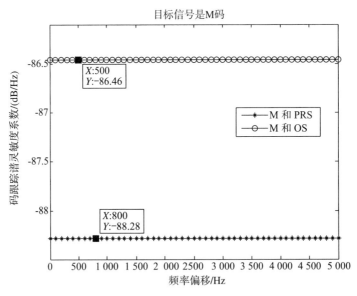

图 9 - 38　M 码与 GALILEO 信号之间的码跟踪谱灵敏度系数

②L1C 码受到的系统间干扰

与分析 L1C 码受到的系统内干扰一样，也分别讨论 L1C 的数据通道和导航通道信号受到的系统间干扰。

图 9 - 39 是 L1C 的数据通道信号与 GALILEO 信号之间的干扰系数，它与 L1 OS 信号之间的干扰系数约为 −65.17 dB/Hz，它与 L1 PRS 信号的干扰系数很小，约为 −104.3 dB/Hz。L1C 的数据通道信号受系统间干扰引起的载噪比衰减值如图 9 - 40 所示，最大衰减量约为 0.6 dB，最小衰减量约为 0.24 dB。

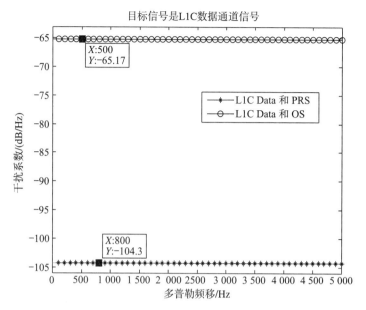

图 9-39　数据通道信号与 GALILEO 信号之间的干扰系数

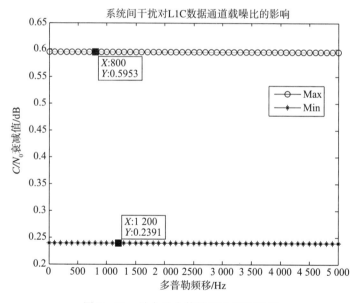

图 9-40　最大最小等效载噪比衰减值

图 9-41 是 L1C 的数据通道信号与 GALILEO 信号之间的码跟踪谱灵敏度系数，它与 L1 OS 信号之间的码跟踪谱灵敏度系数约为 -72.15 dB/Hz，它与 L1 PRS 信号的码跟踪谱灵敏度系数约为 -90.63 dB/Hz。

图 9-42 是 L1C 的导航通道信号与 GALILEO 信号之间的干扰系数，它与 L1 OS 信号之间的干扰系数约为 -65.59 dB/Hz，它与 L1 PRS 信号间的干扰系数也很小，约为 -102 dB/Hz，不过比数据通道信号与 L1 PRS 信号之间的干扰系数大 2 dB 左右。L1C 的导航通道信号受

系统间干扰引起的等效载噪比衰减值如图 9 - 43 所示，最大衰减量约为 0.56 dB，最小衰减量约为 0.22 dB。

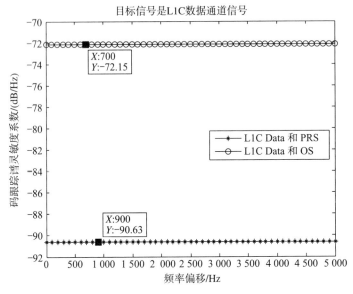

图 9 - 41　数据通道信号与 GALILEO 信号之间的码跟踪谱灵敏度系数

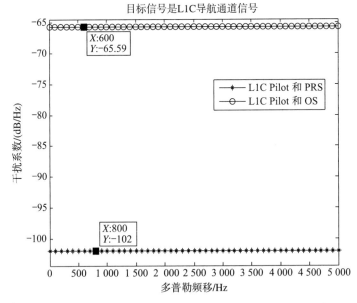

图 9 - 42　导航通道信号与 GALILEO 信号之间的干扰系数

图 9 - 44 是 L1C 的导航通道信号与 GALILEO 信号之间的码跟踪谱灵敏度系数，它与 L1 OS 信号之间的码跟踪谱灵敏度系数约为 −73.65 dB/Hz，它与 L1 PRS 信号的码跟踪谱灵敏度系数约为 −92.39 dB/Hz。

比较 L1C 的导航通道信号和数据通道信号受到系统间干扰的影响，最坏情况时，它

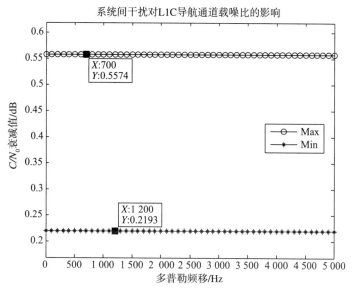

图 9-43   导航通道信号的等效载噪比衰减量

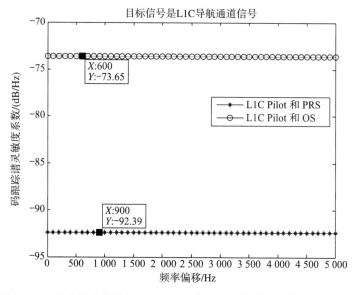

图 9-44   导航通道信号与 GALILEO 信号之间的码跟踪谱灵敏度系数

们的最大最小等效载噪比衰减量相差很小，约为 0.07 dB。

（2）分析 GPS 对 GALILEO 信号的干扰

这一部分主要分析 GALILEO 的 L1 OS 信号和 L1 PRS 信号受到 C/A 码、P（Y）码、M 码和 L1C 码的共同影响。在 5°遮蔽仰角时，GPS 最多和最少可见卫星数分别为 12 颗和 7 颗。

①L1 OS 信号受到的系统间干扰

假设 L1 OS 信号的数据通道是长码，当不考虑码的影响时，数据通道和导航通道的基本参数相同，因此，它们受到的系统间干扰一样，下面我们就只对导航通道受到的系统间干扰进行分析。

图 9 - 45 是 L1 OS 导航通道信号与 GPS C/A 码、P（Y）码、M 码和 L1C 码间的干扰系数，分别约为 -68.11 dB/Hz、-70.68 dB/Hz、-82.73 dB/Hz 和 -65.48 dB/Hz，其中与 L1C 码间的干扰系数最大。L1 OS 导航通道信号受系统间干扰引起的等效载噪比衰减量如图 9 - 46 所示，最大衰减量约为 1.26 dB，最小衰减量约为 0.14 dB。

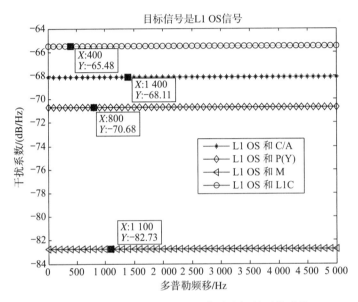

图 9 - 45　L1 OS 信号与 GPS 信号之间的干扰系数

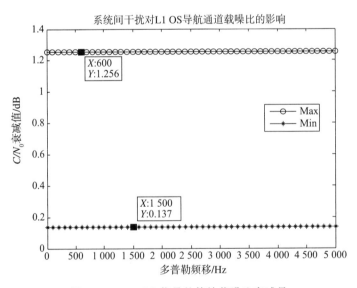

图 9 - 46　L1 OS 信号的等效载噪比衰减量

图 9 - 47 是 L1 OS 信号与 GPS C/A 码、P（Y）码、M 码和 L1C 码间的码跟踪谱灵

敏度系数，分别约为 -80.89 dB/Hz、-74.96 dB/Hz、-76.37 dB/Hz 和 -73.38 dB/Hz，其中与 L1C 码间的码跟踪谱灵敏度系数最大。

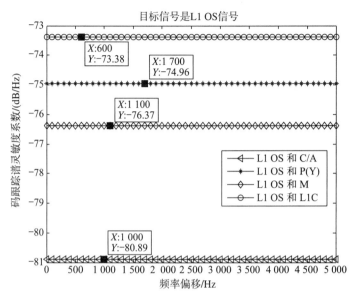

图 9-47　L1 OS 信号与 GPS 信号之间的码跟踪谱灵敏度系数

②L1 PRS 信号受到的系统间干扰

图 9-48 是 L1 PRS 信号与 GPS C/A 码、P（Y）码、M 码和 L1C 码间的干扰系数，分别约为 -95.96 dB/Hz、-83.6 dB/Hz、-86.09 dB/Hz 和 -90.79 dB/Hz，其中与 P（Y）码间的干扰系数最大。L1 PRS 信号受系统间干扰引起的等效载噪比衰减量如图 9-49 所示，最大衰减量约为 0.03 dB，最小衰减量约为 0.006 dB。

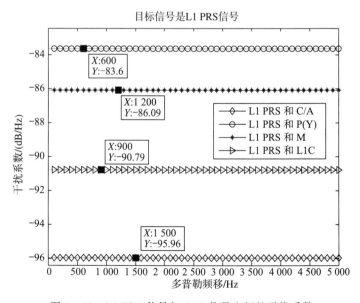

图 9-48　L1 PRS 信号与 GPS 信号之间的干扰系数

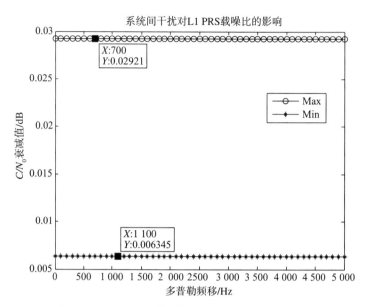

图 9 - 49　L1 PRS 信号的最大最小载噪比衰减量

图 9 - 50 是 L1 PRS 信号与 GPS C/A 码、P（Y）码、M 码和 L1C 码间的码跟踪谱灵敏度系数，分别约为 −96.1 dB/Hz、−83.63 dB/Hz、−88.04 dB/Hz 和 −90.99 dB/Hz，与干扰系数几乎相近，其中与 P（Y）码间的码跟踪谱灵敏度系数最大。

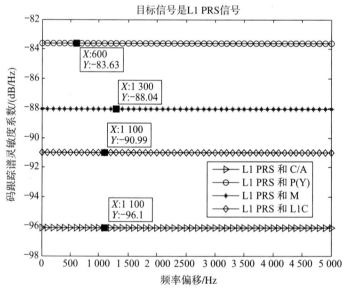

图 9 - 50　L1 PRS 信号与 GPS 信号之间的码跟踪谱灵敏度系数

（3）小结

这一节对 L1 频段上的 GPS 和 GALILEO 之间的系统间干扰进行分析，从仿真分析结果可初步得到以下结论：

1）GPS 对 GALILEO 的干扰普遍比 GALILEO 对 GPS 的干扰要大，GALILEO L1 PRS 信号和 L1 OS 导航通道信号受系统间干扰引起的最大等效载噪比衰减值分别约为 0.03 dB 和 1.26 dB，GPS 的 C/A 码、P（Y）、M 和 L1C 导航通道信号受系统间干扰引起的最大等效载噪比衰减值分别约为 0.34 dB、0.21 dB、0.024 dB 和 0.595 dB，一是因为 GPS 的最大发射功率普遍略高于 GALILEO；另外，GPS 在 L1 频段上的信号比较多，GALILEO L1 PRS 信号的前端带宽比较宽。

2）GPS L1C 和 GALILEO L1 OS 采用了 MBOC（6，1，1/11）调制方式，虽有效提高了它们的码跟踪精度，但由于它们的高频分量比较靠近 GPS 和 GALILEO 的军用或政府信号，使得它们受到系统间干扰的影响比 C/A 码受到的影响要大得多。

3）GPS L1C 的导航通道信号的载噪比衰减值略小于数据通道信号。

4）GALILEO L1 PRS 信号受系统间干扰引起的最大等效载噪比衰减值约为 0.03 dB，远小于 ITU 规定的 0.25 dB；L1 OS 导航通道信号受系统间干扰引起的最大等效载噪比衰减值约为 1.26 dB，大于 ITU 规定的 0.25 dB，虽然这个结果是最坏情况下的误差，但也反映了 GALILEO 信号受到的干扰普遍比 GPS 信号要大，这是因为美国最先占据了 L1 频段，它具有一种天然的优势。

9.4.2　基于计算机仿真的兼容性分析

在空间星座模块方面，由于星座构型影响着总等效噪声功率谱密度的计算，按照 GPS 的发展计划，仿真系统中 GPS 采用 36 颗卫星的星座构型，GALILEO 根据其 ICD 的规定，取 Walker27/3/1 的星座构型，BDS 由 27 颗 MEO 卫星、5 颗 GSO 卫星以及 3 颗 IGSO 卫星构成。系统中所有星座构型都忽略地球非球形引力摄动、日月三体引力摄动和太阳光压摄动的影响。

在空间信号发生模块方面，所有兼容分析的信号包括：GPS L1C/A 码、P（Y）码、M 码和 L1C 信号；GALILEO L1 PRS 和 L1 OS 信号；BDS B1C 和 B1A 信号。卫星发射功率、卫星天线增益、信号带宽、调制方式以及频率配置根据各个系统的 ICD 等参考假设文档所规定的参数。在这里，所有信号都假设为理想信号，即用理想功率谱密度近似代替实际功率谱密度。

空间环境模块方面，为了有针对性地仿真 3 个系统信号之间的干扰，将影响信号传输的大气损耗（如电离层、对流层等）L_{atm} 取为 0.5 dB，空间损耗（如多路径效应等）等近似自由空间损耗来计算，外部干扰取值为 -206.5 dBW/Hz。

在参考接收机模块方面，接收机天线增益与极化效应依据各个系统的星地链路的参考假设文档获得。另外，考虑接收机的滤波损耗，忽略采样与量化损耗的影响，参考接收机为高端接收机。

仿真参数如表 9-3 所示，下面将分析 4 种场景下 3 个系统的兼容性。

场景 1：GPS L1C/A 码 ← GALILEO 和 BDS（GPS C/A 码信号受到 GALILEO 和 BDS 所有信号干扰）；

场景 2：GPS L1C ← GALILEO 和 BDS（GPS L1C 信号受到 GALILEO 和 BDS 所有信号干扰）；

场景 3：GALILEO E1 OS ← GPS 和 BDS（GALILEO E1 OS 信号受到 GPS 和 BDS 所有信号干扰）

场景 4：BDS B1C ← GPS 和 GALILEO（BDS B1C 信号受到 GPS 和 GALILEO 所有信号干扰）

表 9 - 3　仿真和计算参数

参数	值
周期	10 天
时间步长	10 分钟
网格划分	5°×5°
仰角	5°
卫星发射带宽（MHz）	GPS：30. 69 GALILEO：40. 92 BDS：30. 69
接收机前端带宽（MHz）	24

图 9 - 51 和图 9 - 52 分别表示 GPS L1 C/A 码和 GPS L1C 信号受到 GALILEO 和 BDS 所有信号干扰的最大有效载噪比衰减情况。可以发现，基于 SSC 的仿真中，GPS L1C 信号所受的干扰比 GPS L1 C/A 码所受到的干扰严重，大约高出 0. 4 dB，而基于 CT_SSC 时，两个信号所受到的干扰接近；另外，两个信号在亚太区域受到的干扰最严重，这是由于 BDS 在该区域的 GSO 和 IGSO 卫星的信号干扰造成的。

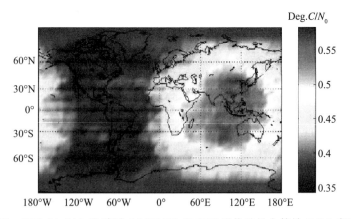

图 9 - 51　GPS L1 C/A 码受到 GALILEO 和 BDS 干扰的最大等效 C/N_0 衰减情况

图 9 - 53 表示 GALILEO E1 OS 信号受到 GPS 和 BDS 所有信号干扰的最大等效载噪比衰减情况；另外，图 9 - 54 表示了 BDS B1C 信号受到 GPS 和 GALILEO 所有信号干扰的最大等效载噪比衰减情况。

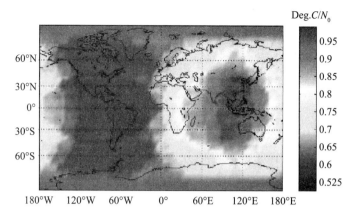

图 9 - 52　GPS L1C 受到 GALILEO 和 BDS 干扰的最大等效 C/N_0 衰减情况

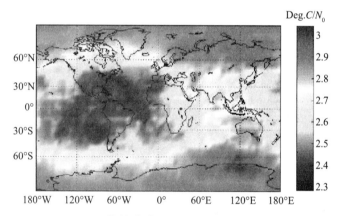

图 9 - 53　GALILEO E1 OS 信号受到 GPS 和 BDS 干扰的最大等效 C/N_0 衰减情况

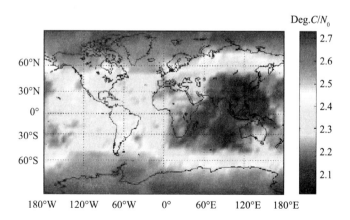

图 9 - 54　BDS B1C 信号受到 GPS 和 BDS 干扰的最大等效 C/N_0 衰减情况

　　可以发现，GALILEO E1 OS 和 BDS B1C 两个信号分别受到的干扰比 GPS L1 C/A 和 L1C 受到的干扰更严重，这是由于 GPS 采用大星座构型，而且其 L1 频段信号众多的原因造成的。表 9 - 4 给出所有全球分布的最大和最小等效载噪比衰减对比情况。

表 9 - 4　基于 SSC 和 CT＿SSC 的有效载噪比衰减仿真结果（dB）

场景	最大等效载噪比衰减	最小等效载噪比衰减
1	0.58	0.34
2	0.99	0.52
3	3.04	2.28
4	2.73	2.01

9.4.3　基于信号集总增益因子的兼容性分析

信号的集总增益因子由信号集总功率和最大接收功率决定，其中，信号集总功率是卫星发射功率、卫星发射天线增益、接收机天线增益以及卫星星座构型的函数，因此信号集总功率在一定程度上也反映星座所造成干扰的大小，图 9 - 55 表示 GPS、GALILEO、BDS MEO、BDS GSO 和 BDS IGSO 等五种不同星座的信号集总功率分布情况。

由图 9 - 55 可以发现，由于 GPS 是具有 36 颗卫星的大星座构型，其集总功率比 GALILEO 和 BDS MEO 星座都高出 2 dB 左右。而且，所有星座的值范围分布从区域导航系统的 7 dB 到全球导航系统的 14 dB 左右。表 9 - 5 给出不同星座的不同信号集总增益因子的仿真结果。可以发现，GPS 星座具有较高的集总增益因子，其所造成的干扰也将较大；另外，由于 BDS 包括有 MEO、IGSO 和 GSO 等不同星座，所有星座都有不同的信号集总增益因子，其所造成的总干扰也将更大。

将基于信号集总增益因子的理论分析方法和计算机仿真方法的计算结果进行比较，如表 9 - 6 所示。可以发现，理论分析方法在四种场景中都高估了干扰的程度，但因理论分析方法具有运算速度快的优点，可适用于对兼容性评估精度要求不高的场合中。

表 9 - 5　信号的集总增益因子

系统	信号	集总增益系数/dB
GPS	L1 C/A	13.86
	L1C	13.86
GALILEO	E1OS	11.25
BDS MEO	B1 C	11.51
BDS GSO	B1 C	9.29
BDS IGSO	B1 C	7.39

表 9 - 6　基于理论分析和仿真计算的最大 C/N_0 结果对比（dB）

场景	仿真计算等效载噪比	理论分析等效载噪比
1	0.58	0.60
2	0.99	1.37
3	3.04	4.01
4	2.73	2.93

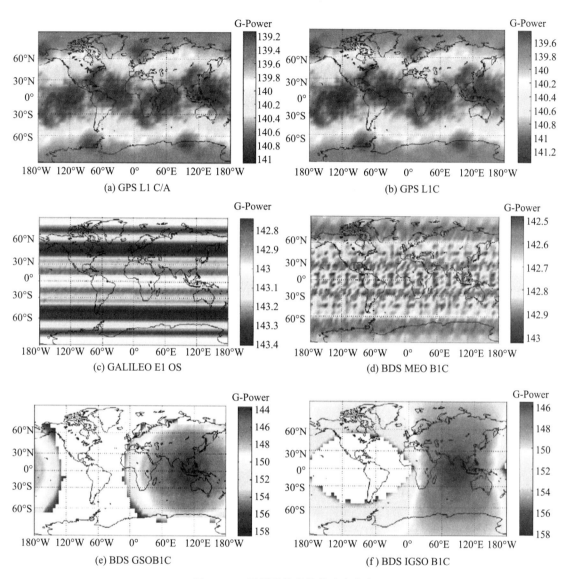

图 9-55　不同系统的集总功率分布

对 GPS、GALILEO 和 BDS 系统间的兼容性进行计算机仿真和理论分析评估，结果表明 GPS L1 C/A 码和 L1C 信号受到的干扰比 GALILEO E1 OS 和 BDS B1C 信号受到的干扰小。

第 10 章 全球导航卫星系统互干扰抑制技术

10.1 强弱信号共存下互相关干扰影响分析

10.1.1 GNSS 互相关特性分析

以 GPS 卫星为例，GPS 卫星在载波频率 L1 和 L2 波段上发射导航信号，载波频率有扩频码（每一颗卫星有其独特的 PRN 序列）和一个共同的导航数据电文进行 DSSS（直接序列扩频）调制，GPS 卫星以 CDMA（码分多址）的形式在相同的载波频率上发射信号。接收机为了采用 CDMA 技术跟踪其视界内的 SV（空间飞行器）中的一颗，其内部必须在复现载波信号的同时，也复现跟踪卫星的 PRN 序列。

假设在信号接收中，所需的第 k 颗卫星的 GPS 信号没有多普勒频移和码移动，则接收机的基带信号为

$$r(t) = \sqrt{2P_k}c_k(t-\tau_k)d_k(t-\tau_k) +$$
$$\sum_{i=1,j\neq k}^{K} \sqrt{2P_i}c_i(t-\tau_i)d_i(t-\tau_i)\cos(\Delta\omega_{ci}\tau_i + \phi_i) + \tag{10-1}$$
$$n(t)$$

式中　P_k ——第 k 颗 GPS 卫星的信号功率；

　　　K ——可见星的数目；

　　　τ_k ——第 k 颗 GPS 卫星信号到达接收机的时间延迟；

　　　$\Delta\omega_{ck}$ ——第 k 颗 GPS 卫星信号的多普勒频移；

　　　ϕ_k ——第 k 颗 GPS 卫星信号的载波相位；

　　　$n(t)$ ——GPS 接收机射频前端的噪声信号。

GPS 接收机必须首先复现那颗将由接收机捕获的卫星所发射的 PRN 码，然后再移动这个复现码的相位，直到与卫星的 PRN 码发生粗相关为止。发射 PRN 码和复现码之间的互相关与给定 PRN 码的自相关过程呈现相同的相关特性。信号与接收机的当地复现码的相关函数 $\phi(\tau)$ 包括三部分：自相关函数 $R(\tau)$，互相关函数 $R'(\tau)$ 和相关噪声

$$\phi(\tau) = \frac{1}{T_b}\int_0^{T_b} r(t)c_k(t)\mathrm{d}t$$
$$= \frac{1}{T_b}d_k\left[\int_0^{T_b} c_k(t)c_k(t)\mathrm{d}t\right] +$$

$$\sum_{i=1, j \neq k}^{K} \frac{\sqrt{2P_i} \cos(\Delta\omega_{ci}\tau_i + \phi_i)}{T_b} \int_0^{T_b} d_i(t-\tau_i) c_i(t-\tau_i) c_k(t) dt +$$

$$\frac{1}{T_b} \int_0^{T_b} n(t) c_k(t) dt \tag{10-2}$$

$$= \sqrt{2P_k} d_k + MAI_k + n_k$$

$$R(\tau) = \sqrt{2P_k} d_k \tag{10-3}$$

$$R'(\tau) = \sum_{i=1, j \neq k}^{K} \frac{\sqrt{2P_i} \cos(\Delta\omega_{ci}\tau_i + \phi_i)}{T_b} \cdot \tag{10-4}$$

$$\int_0^{T_b} d_i(t-\tau_i) c_i(t-\tau_i) c_k(t) dt$$

$$n_k = \frac{1}{T_b} \int_0^{T_b} n(t) c_k(t) dt \tag{10-5}$$

由式（10-4）可知，互相关函数是一个与多普勒频移有关的函数，由于 $\cos(\Delta\omega_{ci}\tau_i + \phi_i)$、$d_i(t-\tau_i)$ 和码片 $c_i(t-\tau_i)$ 相乘，即使多普勒频移 $\Delta\omega_{ci}\tau_i$ 有较小的变化，也会使 $R'(t)$ 变化很大。

由于 GPS C/A 码的长度为 1 023 个码片，是在码速率为 1.023 Mcps（周期 1 ms）下的一种折中结果，在某种条件下互相关特性会很差。在任何两个码之间有零多普勒频差的条件下，C/A 码互相关函数的峰值电平相对于最大自相关相差 −24 dB。图 10-1 为两颗卫星在零多普勒频移时的互相关函数示意图，为了分析的方便，以自相关函数为标准，对互相关进行了归一化，图 10-2 为在多普勒频移为 1 kHz 时的归一化互相关示意图，由图 10-1 和图 10-2 可知，由于多普勒频移的存在，互相关函数不再显示 Gold 码序列的特性，表现为明显的随机性且最高值能达到 0.09（−21 dB）。

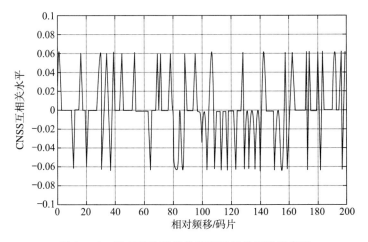

图 10-1　零多普勒频移条件下互相关函数示意图

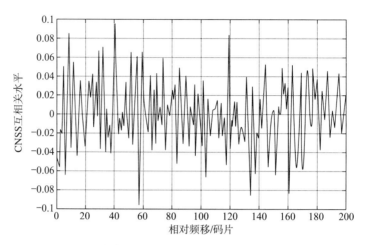

图 10 - 2 多普勒频移 1 kHz 条件下互相关函数示意图

10.1.2 弱信号信噪比后处理函数

在弱信号的捕获过程中，强弱信号的互相关干扰会不同程度降低弱信号的信噪比，弱信号信噪比的衰减程度取决于强干扰信号和弱信号不同的信噪比，在美国空军研究实验中心的研究中，一个信噪比为 33 dB/Hz 的弱信号在一个信噪比为 49 dB/Hz 的强信号的背景中时，信噪比会衰减 7 dB。

假设接收的 GPS 输入信号 y 包括卫星干扰信号 s 和需要捕获的弱信号 w，外加噪声 n

$$y = s + w + n \tag{10-6}$$

强信号和弱信号的信噪比为

$$\mathrm{SNR}_s = 10 \lg \frac{P_s}{N} \tag{10-7}$$

$$\mathrm{SNR}_w = 10 \lg \frac{P_w}{N} \tag{10-8}$$

式中　N ——信号噪声功率；

　　　P_s ——强信号功率；

　　　P_w ——弱信号功率。

弱信号的捕获过程基于如下相关计算

$$R = CA_w \otimes (s + w + n) \tag{10-9}$$

式中　CA_w ——弱信号的 CA 码；

　　　$\otimes$ ——相关计算

$$s = a_s CA_s \tag{10-10}$$

$$P_s = a_s^2 \tag{10-11}$$

式中　a_s ——强信号的幅度；

　　　CA_s ——强信号的 CA 码。

比较 $CA_w \otimes s$ 和 $CA_w \otimes w$ 部分的功率，强信号和弱信号的互相关功率对弱信号的自相关产生干扰，可认作等效噪声功率

$$N_c = E[(CA_s \otimes s)^2] = a_s^2 E[(CA_s \otimes CA_w)^2] = P_s C \qquad (10-12)$$

$$C = E[(CA_s \otimes CA_w)^2] \qquad (10-13)$$

式中　　$E[\ ]$——均值算法。

当用 5 kHz 的采样频率时，$C = 7.0645 \times 10^{-4}$。

根据弱信号自相关功率和等效噪声功率，弱信号后处理的信噪比表达形式

$$\mathrm{SNR}_w = 10 \lg \frac{P_w}{N_c + N/G} \qquad (10-14)$$

将式（10-12）、式（10-13）和式（10-14）联立得

$$\mathrm{SNR}'_w = \mathrm{SNR}_w + G_{\mathrm{dB}} - 10 \lg(CG 10^{\frac{\mathrm{SNR}_s}{10}} + 1) \qquad (10-15)$$

式中　　G——捕获增益；

G_{dB}—— G 的 dB 表达形式。

下面做一下定性分析，在 GPS 信号的捕获过程中，捕获需要达到一定的探测概率 P_d 和虚警概率 P_{fa}，才能使信号成功被捕获。根据雷达定理，一个接收机要达到 $P_d \geqslant 90\%$，$P_{fa} \leqslant 10^{-7}$，必须需要足够的处理增益使处理后信号信噪比达到或高于 14 dB，而在 GPS 弱信号的捕获过程中，运用相干积分和非相干积分相结合的方法，能够捕获和跟踪信噪比最低为 -39 dB，这表明 GPS 信号的处理增益必须达到 53 dB。因此，在信号的处理过程中，参数的设置为

$$G_{\mathrm{dB}} = 53 \text{ dB}$$

$$G = 200\,000$$

图 10-3 为在上述条件下，SNR'_w 和 SNR_w 函数的仿真结果。粗实线表示在没有强信号干扰情况下 SNR'_w 和 SNR_w 的函数对应关系，粗虚线表示强信号的信噪比从 -19 dB 开始以 1 dB 的步长增加到 -13 dB 时，SNR'_w 和 SNR_w 的函数对应关系，从图 10-3 看出，

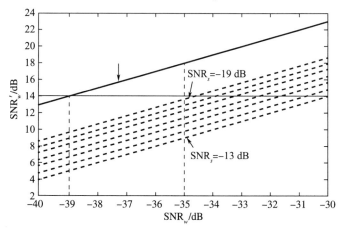

图 10-3　弱信号信噪比后处理函数示意图

粗虚线的大部分在 14 dB 以下，这也验证弱信号捕获存在一定难度，当输入信号的信噪比 $SNR_w = -35$ dB 时，没有强信号干扰的 $SNR'_w = 18$ dB，这种情况下弱信号易被捕获，存在强信号干扰 $SNR_s = -19$ dB 时，处理后 $SNR'_w = 13.5$ dB，降到了 14 dB 以下，而在强信号干扰 $SNR_s = -13$ dB 时，SNR'_w 将下降到 8 dB，这种情况下，弱信号的捕获是十分困难的。

10.2　强弱信号互相关干扰问题的解决

目前在 GNSS 中为解决强信号下弱信号捕获中互相关干扰影响，捕获弱信号的方法，大致分为两类：一为物理方法；二为连续干扰直接相减技术。

10.2.1　物理方法

在信号处理中，处理邻近卫星渗透的最简单方法是物理屏蔽，即在干扰源的方向采用一些材料将干扰波信号挡住，使其不进入所需信号的通道，但这对于高速运动并且高度时刻低于 GPS 卫星的接收机来说是不现实的。另一种物理方法是采用一个高增益的全向天线，并使天线的旁瓣增益尽可能低，设想采用一个增益高于旁瓣增益 $30 \sim 40$ dB 的天线，这能有效地抑制渗透过来的强信号干扰 $30 \sim 40$ dB，但 GPS 信号的衰减极易达到 $40 \sim 60$ dB，并且，其他卫星的干扰有时会与接收机的天线达到直线型，这会对所需卫星信号和其他卫星信号造成同样的放大。

10.2.2　连续干扰直接相减技术

连续干扰直接相减技术（SIC）最初来源于 CDMA 通信系统，是指从最高电平信号开始，将强信号一个个地剔除然后捕获弱信号。Pennina Axelrad（Psiaki 等，2001）曾将 SIC 方法用于剔除伪星强信号对 GPS 信号捕获的干扰问题。SIC 算法结构见图 10-4。

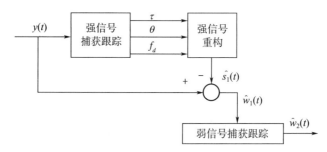

图 10-4　SIC 流程图

图中 $y(t)$ 表示接收信号，$\hat{s}_1(t)$ 表示重构的强信号，$\hat{w}_1(t)$ 表示去除强信号后的弱信号，$\hat{w}_2(t)$ 表示捕获跟踪后的弱信号输出。

直接相减技术通过减去来自基带前的输入信号数据流的强信号来解决互相关问题，直接相减技术的最大优点是它相对较简单。只要强的干扰信号被跟踪并且如信号振幅、载波频率、载波相位、码频率、码相位和数据位调制等参数能被估计，那么在信号被减前重建干扰信号是有可能的。此方法也存在着缺点：一是强信号需要被持续地监视，当强信号改变的时候，减去的顺序也需要被改变；二是由于信号处理的过程，引入到信号处理中的延迟数量会随着被检测到的信号的数量的增加而增大；三是在 GPS 信号处理中，原始输入信号通常是一位或两位信号，处理噪声的方法是将原始一位或二位信号读到 8 位，然后执行减操作，但这增加了后续混频和解扩的复杂性。

10.3　子空间投影技术抑制干扰的基本理论

10.3.1　子空间投影算法

子空间投影算法技术最初来源于 CDMA 通信系统，主要被用于盲干扰抑制。其主要应用是抑制结构化的噪声而得到渴望的信号。子空间投影算法利用扩频信号与干扰之间时频分布图上的固有特性和干扰信号的参数估计重构出干扰信号，建立干扰信号的子空间，然后将接收信号投影到干扰的正交子空间上就可以有效地抑制干扰信号，从而提高信号的输出和降低输出误码率。这种方法最大的优势在于它在抑制干扰的同时，能够保证对信号有最小的影响，从而保留了更多的有用信息

$$\vec{y}(n) = \hat{s}(n) + \vec{w}(n) + \vec{v}(n) \tag{10-16}$$

式中　$\vec{w}(n)$ ——所需的 GPS 卫星信号；

　　　　$\hat{s}(n)$ —— L 颗干扰 GPS 卫星信号的叠加成分；

　　　　$\vec{v}(n)$ ——噪声信号

$$\vec{w}(n) = \overrightarrow{w_0}(n) c_0 \left[nT_s - \tau_0(n) \right] a_0 \tag{10-17}$$

$$\hat{s}(n) = \sum_{l=1}^{L} \overrightarrow{s_l}(n) d_l \tag{10-18}$$

GPS 信号、干扰信号和噪声的相关矩阵分别定义为

$$\boldsymbol{R}_s \equiv \boldsymbol{E}\{\vec{w}(n) w^{\mathrm{H}}(n)\} \tag{10-19}$$

$$\boldsymbol{R}_u \equiv \boldsymbol{E}\{\hat{s}(n)\hat{s}^{\mathrm{H}}(n)\} \tag{10-20}$$

$$\boldsymbol{R}_v \equiv \boldsymbol{E}\{\vec{v}(n)\vec{v}^{\mathrm{H}}(n)\} = \sigma_v^2 \boldsymbol{I}_M \tag{10-21}$$

式中　$\boldsymbol{I}_M$ —— $M \times M$ 的单位矩阵。

由于 GPS 信号、干扰信号和噪声信号是相互独立互不相关的，因此，接收信号的相关矩阵为

$$\boldsymbol{R}_{xx} = \boldsymbol{E}\{\vec{y}(n)\vec{y}^{\mathrm{H}}(n)\} = \boldsymbol{R}_s + \boldsymbol{R}_w + \boldsymbol{R}_v \tag{10-22}$$

由于弱的 GPS 信号低于噪声水平 20~30 dB，接收信号的相关矩阵被近似为

$$\boldsymbol{R}_{yy} \approx \boldsymbol{R}_s + \boldsymbol{R}_v \tag{10-23}$$

将矩阵 $\boldsymbol{R}_{yy}$ 的特征值分解为

$$\boldsymbol{R} = \boldsymbol{U}\boldsymbol{\Lambda}\boldsymbol{U}^{\mathrm{H}} + \sigma_w^2 \boldsymbol{I} = \boldsymbol{U}(\boldsymbol{\Lambda} + \sigma_w^2 \boldsymbol{I}) = \boldsymbol{U}\prod\boldsymbol{U}^{\mathrm{H}} \tag{10-24}$$

其中

$$\prod = \sum + \sigma_w^2 \boldsymbol{I} = \mathrm{diag}(\sigma_1^2 + \sigma_v^2, \cdots, \sigma_r^2 + \sigma_v^2, \cdots, \sigma_w^2)$$

其中

$$\sum = \mathrm{diag}(\sigma_1^2, \cdots, \sigma_r^2, 0, \cdots, 0)$$

且 $\sigma_1^2 \geqslant \sigma_2^2 \geqslant \cdots \geqslant \sigma_r^2$ 为自相关矩阵 $\boldsymbol{E}\{s(n)s^{\mathrm{H}}(n)\}$ 的非零特征值。

显然，如果干扰与噪声的比例足够大，即 σ_r^2 比 σ_w^2 明显大，则将含噪声的自相关矩阵 $\boldsymbol{R}_{yy}$ 的前 r 个大的特征值

$$\lambda_1 = \sigma_1^2 + \sigma_v^2, \lambda_2 = \sigma_2^2 + \sigma_v^2, \cdots, \lambda_r = \sigma_r^2 + \sigma_v^2$$

称为主特征值，而将剩余的 $n-r$ 个小的特征值

$$\lambda_{r+1} = \sigma_w^2, \lambda_{r+2} = \sigma_w^2, \cdots, \lambda_n = \sigma_w^2$$

称为次特征值。

接收信号的空间能被分解为两个子空间：即干扰子空间和噪声子空间

$$\boldsymbol{R}_{xx} = [\boldsymbol{U}_I, \boldsymbol{U}_n] \begin{bmatrix} \sum_I & 0 \\ 0 & \sum_n \end{bmatrix} \begin{bmatrix} \boldsymbol{U}_I^{\mathrm{H}} \\ \boldsymbol{U}_n^{\mathrm{H}} \end{bmatrix} = \boldsymbol{S} \sum_I \boldsymbol{S}^{\mathrm{H}} + \boldsymbol{G} \sum_n \boldsymbol{G}^{\mathrm{H}} \tag{10-25}$$

其中

$$\boldsymbol{S} \overset{\mathrm{def}}{=} [s_1, s_2, \cdots, s_r]$$

$$\boldsymbol{G} \overset{\mathrm{def}}{=} [g_1, g_2, \cdots, g_{n-r}] = [s_{r+1}, s_{r+2}, \cdots, s_n]$$

$$\sum_S = \mathrm{diag}(\sigma_1^2 + \sigma_v^2, \sigma_2^2 + \sigma_v^2, \cdots, \sigma_r^2 + \sigma_v^2)$$

$$\sum_n = \mathrm{diag}(\sigma_v^2, \sigma_v^2, \cdots, \sigma_v^2)$$

因此，$m \times r$ 酉矩阵 $\boldsymbol{S}$ 和 $m \times (n-r)$ 酉矩阵 $\boldsymbol{G}$ 分别是与 r 个主特征值和 $n-r$ 个次特征值对应的特征矢量构成的矩阵。

将接收信号投影到抗干扰子空间中，得到抑制干扰后的信号，子空间投影矩阵表示为

$$\boldsymbol{S}^{\perp} = \boldsymbol{I}_m - \boldsymbol{S}(\boldsymbol{S}^{\mathrm{H}}\boldsymbol{S})^{-1}\boldsymbol{S}^{\mathrm{H}} \tag{10-26}$$

$(\cdot)^{-1}$ 表示矩阵的逆。因此，抑制干扰后的信号为

$$\begin{aligned} y(n) &= \boldsymbol{S}^{\perp} \vec{y}(n) \\ &= \boldsymbol{S}^{\perp} \vec{s}(n) + \boldsymbol{S}^{\perp} \vec{w}(n) + \boldsymbol{S}^{\perp} \vec{v}(n) \\ &= \boldsymbol{S}^{\perp} \vec{w}(n) + \boldsymbol{S}^{\perp} \vec{v}(n) \end{aligned} \tag{10-27}$$

10.3.2　子空间投影算法较直接相减技术的优势

接收机接收的信号 y 由两个信号构成：一个强信号 s 和一个弱信号 w，强信号 s 可通过捕获信号 y 得到，得到的强信号或正确或有误差。图 10-5 示出了强信号 s 和弱信号 w 及 y 在强信号上的投影，因为 s 和 w 接近于正交，可认为它们几乎彼此垂直。图 10-5 (a) 中示出的是正确测量的 s 且 $s = s_{1p}$，矢量的和表示接收的信号 y，但没有噪声。弱信号 w 可以这样得到

$$w = y - s \qquad\qquad (10 - 28)$$

图 10 - 5（b）是由接收信号 y 错误测量的强信号的幅度，如果使用直接相减法，结果为 w'，和正确的信号不一样。然而，投影 s_{1p} 仍等于真实信号 s，即使幅度有误差。通过下面的关系式能得到弱信号正确的结果

$$w = y - s_{1p} \qquad\qquad (10 - 29)$$

这个简单的示意图说明了采用投影算法比直接相减法要好。

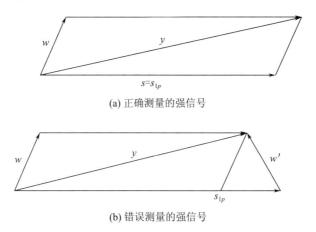

(a) 正确测量的强信号

(b) 错误测量的强信号

图 10 - 5   子空间投影算法与直接相减算法比较示意图

10.3.3   子空间投影算法抑制 GPS 强干扰信号原理

子空间投影算法主要利用扩频信号与干扰信号之间时频分布的固有特性，以及干扰信号的参数估计重构出干扰信号，建立干扰信号的子空间，然后将接收信号投影到干扰的正交子空间上就可以有效地抑制干扰信号，从而提高信号的输出和降低输出误码率。这种方法最大的优势在于它在抑制干扰的同时，能够保证对信号有最小的影响，从而保留了更多的有用信息。

GPS 接收机首先对干扰强信号和所需的弱信号进行捕获与跟踪，根据得到的强干扰信号参数（即多普勒频率、码相位和载波相位）对干扰信号进行子空间构筑，将输入信号投影到构筑的干扰子空间中，再利用输入信号减去估计的干扰信号，从而得到需要的 GPS 信号，如图 10 - 6 所示。

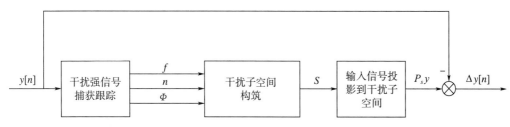

图 10 - 6   强干扰信号的捕获剔除流程示意图

假设接收到的 GPS 信号 y 包含强信号 $\vec{s}$ 和弱信号 $\vec{w}$ ，外加噪声 $\vec{n}$

$$\vec{s} = \ddot{\boldsymbol{S}}\,\vec{a_s} , \vec{w} = \ddot{\boldsymbol{H}}\,\vec{a_w}$$

$$\vec{y} = \vec{s} + \vec{w} + \vec{n} \qquad\qquad (10-30)$$

式中　　$\vec{y} \in \mathbf{C}^{n \times 1} , \vec{s} \in \mathbf{C}^{n \times 1}$ ——包含 $n \times 1$ 矢量的强信号；

　　　　$\vec{w} \in \mathbf{C}^{n \times 1}$ ——包含 $n \times 1$ 矢量的弱信号；

　　　　$\ddot{\boldsymbol{S}} \in \mathbf{C}^{n \times m}$ —— $n \times m$ 的矩阵，而 m 维代表 m 个单位幅度强信号矢量；

　　　　$\ddot{\boldsymbol{H}} \in \mathbf{C}^{n \times k}$ —— $n \times k$ 的矩阵，而 k 维代表 k 个单位幅度弱信号矢量；

　　　　$\vec{a_s} \in \mathbf{C}^{m \times 1}$ —— $m \times 1$ 的强信号的幅度矢量；

　　　　$\vec{a_w} \in \mathbf{C}^{k \times 1}$ —— $k \times 1$ 的弱信号的幅度矢量；

　　　　$\vec{n}$ ——接收机的噪声矢量。

输入信号 y 投影到 $<HS>$ 子空间为 $P_{HS}y$ ，$P_{HS}y$ 被进一步分解为两部分，一部分投影到 $<S>$ 子空间，一部分投影到 $<P_s^{\perp}H>$ ，如图 10-7 所示，其中

$$\boldsymbol{P}_s = \boldsymbol{S}(\boldsymbol{S}^{\mathrm{T}}\boldsymbol{S})^{-1}\boldsymbol{S}^{\mathrm{T}} \quad \boldsymbol{P}_s^{\perp} = 1 - \boldsymbol{P}_s$$

$$\begin{aligned}
\boldsymbol{P}_s\vec{y} &= \ddot{\boldsymbol{S}}(\ddot{\boldsymbol{S}}^{\mathrm{T}}\ddot{\boldsymbol{S}})^{-1}\ddot{\boldsymbol{S}}^{\mathrm{T}}\vec{y} \\
&= \ddot{\boldsymbol{S}}(\ddot{\boldsymbol{S}}^{\mathrm{T}}\ddot{\boldsymbol{S}})^{-1}\ddot{\boldsymbol{S}}^{\mathrm{T}}(\ddot{\boldsymbol{S}}\,\vec{a_s} + \ddot{\boldsymbol{H}}\,\vec{a_w} + \vec{n}) \\
&= \ddot{\boldsymbol{S}}\,\vec{a_s} + \ddot{\boldsymbol{S}}(\ddot{\boldsymbol{S}}^{\mathrm{T}}\ddot{\boldsymbol{S}})^{-1}\ddot{\boldsymbol{S}}^{\mathrm{T}}\ddot{\boldsymbol{H}}\,\vec{a_w} + \ddot{\boldsymbol{S}}(\ddot{\boldsymbol{S}}^{\mathrm{T}}\ddot{\boldsymbol{S}})^{-1}\ddot{\boldsymbol{S}}^{\mathrm{T}}\vec{n} \\
&\cong \ddot{\boldsymbol{S}}\,\vec{a_s} + \vec{n}
\end{aligned} \qquad (10-31)$$

其中，由于干扰信号的幅度远大于弱信号的幅度，且强信号的自相关峰值远高于强弱信号互相关峰值，所以，上式的第二项可以忽略。

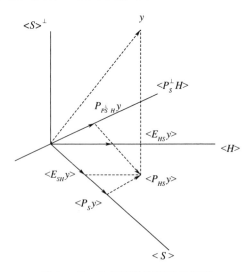

图 10-7　子空间投影原理示意图

根据式（10-31）投影得到的强信号估计，可以得到所需的弱信号

$$\Delta\vec{y} = \vec{y} - \boldsymbol{P}_s\vec{y} \cong \ddot{\boldsymbol{H}}\,\vec{a_w} + \Delta\vec{v} + \Delta\vec{\xi} \qquad (10-32)$$

式中　$\Delta \vec{v}$ ——接收机噪声在子空间投影算法产生的误差；

　　　$\Delta \vec{\xi}$ ——强信号捕获跟踪产生误差在算法中的影响。

10.3.4　改进子空间投影算法抑制 GPS 强干扰信号的性能分析

因为 GPS 接收机处在复杂的信号环境中，这使接收数据中包含大量复杂干扰信号，当干扰信号出现跟踪错误时，易产生极大的投影误差。

例如，多普勒跟踪误差 $\Delta f = 0.6$ Hz，输入信号为 200 ms，则产生的载波相位误差为 $\Delta \phi = 2\pi \times 0.6 \times 200$ ms $= 0.24\pi$（ms），由图 10-8 可以看出，在跟踪误差达到 0.6 Hz 时，干扰剩余误差已达到 -20 dB，子空间投影已失去了应用的效果。并且子空间投影算法在其中任何一个参数中的基本矢量发生改变的时候，都要重新执行矩阵的逆操作，这无疑增加了系统的计算负担。

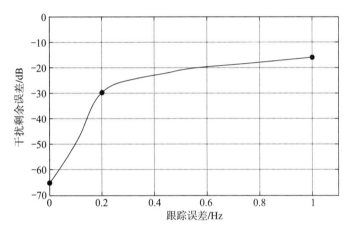

图 10-8　子空间投影算法的干扰抑制误差示意图

为了实现子空间投影算法对干扰抑制的有效表征，必须对子空间投影算法进行改进和创新。现采用分块的子空间投影算法实现干扰的抑制，如图 10-9 所示。即根据子空间投影算法输入数据的特点，将长的数据分成小的块片段信号，在小的块信号中，根据跟踪的

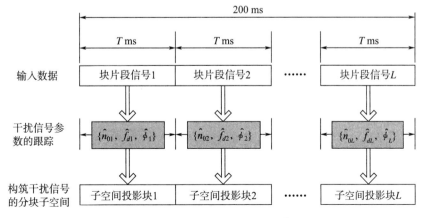

图 10-9　分块的子空间投影示意图

强信号的幅度、相位和多普勒频移构筑相对小块的投影子空间，这样不仅有利于投影误差的减小，也有利于信号的捕获与跟踪，分块子空间的计算量也得到了降低。算法采用干扰剩余误差作为误差判断准则，实现分块子空间的自适应调整，当干扰剩余误差大于预先设定阈值时，表明此时的数据分块太大，需要对此时的输入数据单元再进行细分。

但如果划分数据块数据记录短，也容易引起捕获数据所产生的信噪比低，导致捕获失败。例如，如果对于 1 ms 的数据进行数据处理，等效带宽为 1 kHz（$1/10^{-3}$ ms）。因为连续波信号是窄带信号，所以降低带宽对信号幅度没有影响。但是，噪声却受带宽的限制，1 kHz 带宽内的等效噪声功率是 -144 dBm。这样，对于输入为 -130 dBm 的信号，1 ms 的相干积分能够产生 14 dB 的 S/N。对 2 ms 的数据进行相干处理，相应的带宽为 500 Hz，噪声基底为 -147 dBm。这个方法产生的 $S/N = 17$ dB。因此捕获弱信号所需数据的长度越长，所得到的信噪比就越高，就越有可能超过捕获的门限，而如果采用的块数据太小的话，就可能使 S/N 太低，不能达到捕获所需门限，导致捕获失败。

当选用的子空间分块的计算量适合计算机的计算要求时，子空间投影算法就可以抑制干扰，接收机就可以对抑制后的块数据进行捕获处理，但对于 GPS 接收机而言，所用数据越长，所得到的信噪比就越高。检测弱信号的一个常用方法就是增加捕获所用的数据长度，例如，2 ms 的数据进行 FFT 操作，得到的频率分辨率是 500 Hz；而对 1 ms 的数据，得到的频率分辨率是 1 Hz。由于解扩后的信号是窄带信号，信号强度不会因为频率分辨率的减小而减小，而噪声分辨率带宽减小时噪声减半，所以，对 2 ms 的数据信噪比提高 3 dB。

因此，合理地对输入数据进行分块处理，其产生的误差不会对弱信号的捕获产生影响，并且对子空间进行分块处理，每个分块的子空间进行信号抑制时，降低了系统的计算量，使数据计算得到了优化。

对分块的子空间算法获得定量的分析，用同样的 200 ms 输入信号，根据分块的子空间投影算法，将数据分成 20 个 10 ms 的片段数据块，用强信号的信噪比 SNR $= -19$ dB 计算干扰剩余后的误差。在码相位和信号载波合理的变化范围内，由图 10 - 10 可以看到，当 $|\Delta f| \leqslant 5$ Hz，干扰剩余误差功率小于 -27 dBW，远远小于输入的强信号功率 -19 dBW，剩余误差不会对弱信号的捕获产生干扰，当 Δf 增加到 50 Hz 时，干扰剩余误差功率逐步达到输入强信号功率水平，这时分块的子空间投影算法失去作用。但在一个稳定的强信号跟踪中，Δf 的变化一般在几赫兹以内。

$$\boldsymbol{P}_s \vec{y} = \vec{\boldsymbol{S}}(\vec{\boldsymbol{S}}^{\mathrm{T}} \vec{\boldsymbol{S}})^{-1} \vec{\boldsymbol{S}}^{\mathrm{T}} \vec{y} \tag{10-33}$$

设式中 $\vec{\boldsymbol{S}} \in \mathbf{C}^{n \times m}$、$\vec{y} \in \mathbf{C}^{n \times 1}$，其中 m 是强干扰信号的数目，$n = 50\,000$，因 10 ms 的数据块被采样频率在 5 MHz，根据矩阵的计算为 7.5×10^5 次乘法。参考 10 ms 的数据在频域内利用相干积分方法需要 1.05×10^6 次乘法。因此 10 ms 的数据块子空间投影算法的计算量是合理的。

采用非相干积分算法对弱信号进行捕获，非相干积分的思想是把长输入数据分成许多块，并对每块进行相干积分操作。相干积分之后，每个输出频率分量都是复数，计算其幅

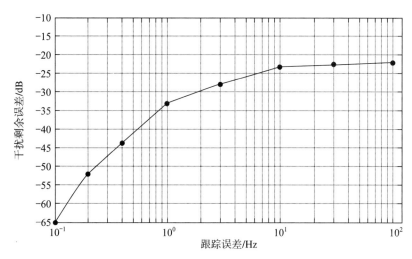

图 10-10　分块子空间投影算法的干扰抑制误差示意图

度，把同一频率的所有相干积分的幅度相加，结果是，弱信号被增强，获得较高的信噪比。采用 10 ms 的数据能产生 2 500 个时域输出和间隔 100 Hz 的 200 个频域输出，因此，输出是 200×2 500 的矩阵，可产生 43 dB 的增益。对接着的 10 ms 的数据进行相关处理，并将其结果相加，进行非相干积分。

子空间算法抑制掉分块的数据时，块数据长度在捕获时的信噪比可能达不到捕获门限，从而导致捕获失败，这时，转向下一个块数据，对其进行抑制处理，然后综合上述抑制干扰后的数据长度，对其进行捕获处理，如图 10-11 所示。

因此，取 200 ms 的块数据进行分块，每块数据长度为 10 ms，采样频率为 5 MHz，A/D 转换器位数为 8 位。

图 10-12 为当存在不同信噪比的强信号时，弱信号的信噪比与捕获成功率之间的函数关系，强信号的信噪比的范围为 44～50 dB/Hz，弱信号的范围为 22～35 dB/Hz。在图 10-12 中能够得知，在存在强信号时，弱信号在各个信噪比时的捕获成功率，可看到，当强信号的信噪比为 44 dB/Hz 时，弱信号信噪比 23 dB/Hz 时的捕获成功率仅有不到 20%，当强信号的信噪比为 50 dB/Hz 时，弱信号信噪比 23 dB/Hz 时已无法捕获到。

由图 10-13 所示，在强信号剔除前与剔除后的情况下，弱信号的信噪比与捕获成功率之间的函数关系，虚线表示存在 1、2、3 个强信号时的弱信号捕获成功率，实线表示在应用子空间投影算法剔除 1、2、3 个强信号后弱信号的捕获成功率。

在图 10-13（a）中，强信号的信噪比为 50 dB/Hz，由虚线可看到，没有剔除干扰时，弱信号的捕获成功率为接近于 0，说明在强信号干扰下，无法捕获弱信号，由实线知，在应用子空间投影算法后，弱信号的捕获成功率得到提高。图 10-13（b）为强信号的信噪比为 44 dB/Hz 时，子空间投影算法应用前和应用后的示意图，当弱信号的信噪比达到 27 dB/Hz，尽管存在着强信号，弱信号的捕获性能也得到很大的提高，由图 10-13 可知，在应用子空间投影算法同时剔除一个强信号、两个强信号、三个强信号后的捕获成功率与

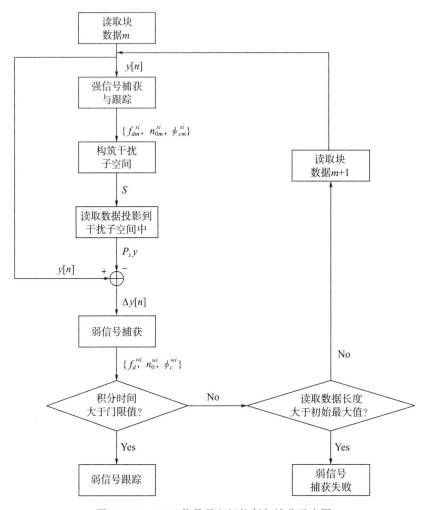

图 10-11　GPS信号子空间抑制与捕获示意图

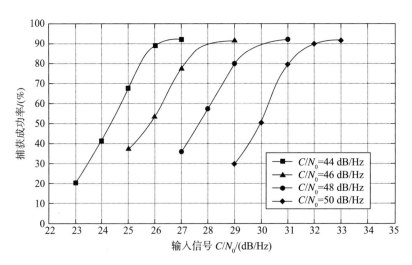

图 10-12　存在四种不同信噪比的强信号时，弱信号的信噪比与捕获成功率之间的函数关系

没有存在强信号的捕获成功率大致相当，说明了在应用子空间投影算法时，需剔除强信号的数目对算法没有影响。

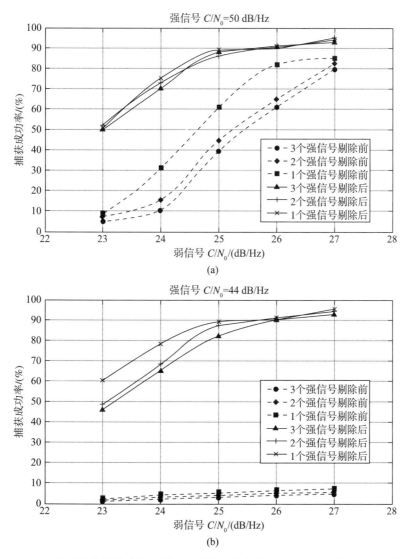

图 10 - 13　GPS 强干扰信号剔除前和剔除后弱信号的信噪比与捕获成功率之间的函数示意图

10.4　基于 GNSS 反射信号双站雷达系统直达波干扰抑制

利用全球导航卫星系统（GNSS）反射信号探测目标，由于其自身不发射电磁波，不容易被敌方侦察系统发现，可免受反辐射导弹的攻击，具有很强的系统生存能力，因此利用 GNSS 卫星作为照射源，接收机在飞行器收发分置的 GNSS - R 双站雷达探测系统作为一门新兴遥感技术越来越受到关注。目前其主要的应用是接收机接收目标反射的 GPS 信号，通过分析 C/A 或 P 码的相关函数波形，获得探测目标的相关信息。

10.4.1　基于 GPS 反射信号双站雷达的直达波干扰信号分析

GPS 卫星作为信号的发射源，发射的 GPS 信号分两路到达飞行器上的接收机，接收机通过处理接收到的 GPS 信号，得到探测的目标信息，如图 10-14 所示。

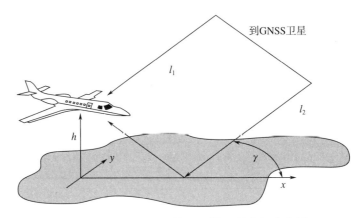

图 10-14　GPS 卫星-镜面反射区-接收机方位图

在对 GPS 反射信号的接收中，除了白噪声之外，GPS 卫星直达信号和其他邻近卫星的直射信号会从左旋圆极化（LHCP）天线旁瓣进入到接收机中，这些强信号会对 GPS 反射信号的接收产生干扰，导致接收机无法正确地区分强干扰弱信号之间的互相关与弱信号的自相关，产生很大的误差，因此，必须对干扰信号进行分析，并对干扰信号进行处理，从而达到捕获 GPS 反射信号的效果。

对于双站雷达系统，接收机接收到的目标反射回波功率密度为

$$S_r = \left(\frac{P_t G_t}{4\pi R_i^2}\right)\left(\frac{\sigma}{4\pi R_t^2}\right) \tag{10-34}$$

式中　P_t——GPS 卫星的发射功率；

　　　G_t——发射天线的增益；

　　　R_i——GPS 卫星与目标之间的距离；

　　　R_t——接收机与目标之间的距离；

　　　σ——雷达横截面积。

式（10-34）的第一项为直（发）射的 GPS 信号在目标处的功率密度

$$S_{\text{direct}} = \frac{P_t G_t}{4\pi R_i^2} \tag{10-35}$$

信号功率被接收主要依靠天线的有效孔径

$$A_e = \frac{\lambda^2 G_r}{4\pi} \tag{10-36}$$

式中　G_r——接收天线的增益；

　　　λ——GPS 载波的波长。

由式（10-34）～式（10-36）得接收机接收到的目标反射信号的功率为

$$P_r = S_{\text{direct}}\left(\frac{\sigma}{4\pi R_t^2}\right)\left(\frac{\lambda^2 G_r}{4\pi}\right) \qquad (10-37)$$

接收机接收到直射信号的功率为

$$P_{\text{direct}} = S_{dpi}\left(\frac{\lambda^2 G_{0r}}{4\pi}\right) \qquad (10-38)$$

$$S_{dpi} = \frac{P_t G_{0t}}{4\pi R_{0i}^2} \qquad (10-39)$$

式中　G_{0t}、G_{0r}——发射天线的副瓣增益和接收天线的副瓣增益；

　　　R_{0i}——卫星直达信号到接收机的距离。

反射信号与直射信号的功率比值为

$$\frac{P_r}{P_{\text{direct}}} = \left(\frac{\sigma}{4\pi R_t^2}\right)\left(\frac{G_t}{G_{0t}}\right)\left(\frac{G_r}{G_{0r}}\right)\left(\frac{R_{0i}}{R_i}\right)^2 \qquad (10-40)$$

由于 GPS 卫星离地面很远

$$G_t \cong G_{0t}, G_r/G_{0r} \cong 15 \text{ dB}, R_{0i} \cong R_i$$

根据式（10-40）和上述参数设置得图 10-15，可以看到随着目标到接收机距离的增大，信扰比减小的变化，即直达波信号干扰对接收机的影响越来越大，所以，在接收机接收 GPS 反射的时候，直达波干扰必须考虑予以剔除。

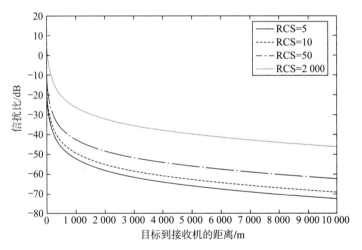

图 10-15　GPS 反射信号的信扰比示意图

根据 GPS 卫星发射天线的组成形式，邻近卫星和直达波信号在目标与接收机区域的功率密度几乎相等，且邻近卫星的信号功率也需从天线的旁瓣进入接收机。因此直达波信号的干扰和邻近卫星的干扰近似相等。

10.4.2　场景模型和仿真计算

利用建立的 GPS 软件接收硬件系统采集的实际卫星信标数据，数据采集时间在 2007 年 4 月 5 日 10：30 左右。接收机下视天线接收 PRN19 的反射信号，干扰信号为 PRN19

的直达波信号以及邻近卫星 PRN3 和 PRN21 的直达波信号，如图 10 - 16 所示，工作参数
如下：GPS 卫星工作在 L1 波段，工作频率为 1 575.42 MHz，地面反射功率 S_g 为 −135.0
dBW/m^2。

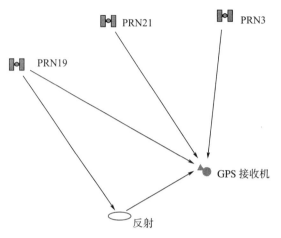

图 10 - 16　反射信号-干扰信号分布场景示意图

首先对邻近星 PRN3 和 PRN21 的干扰信号进行抑制，由图 10 - 17 可以看出，由于
PRN3 和 PRN21 的直达信号强，其各自的自相关峰值很大，利用 GPS 的捕获跟踪方法可
以很稳定地捕获跟踪这两颗星的信号。

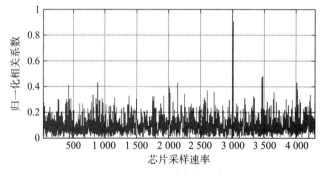

(a) PRN3 C/A码自相关示意图

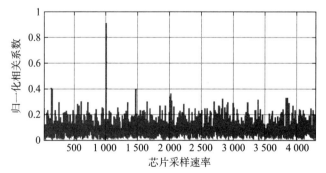

(b) PRN21 C/A码自相关示意图

图 10 - 17　PRN3 和 PRN21 强信号自相关示意图

图 10 - 18 可以看出，由于 PRN19 的直达波信号的幅度比 PRN3 和 PRN21 低，PRN19 的自相关被 PRN3、PRN21 与 PRN19 信号的互相关所淹没，其直达波信号不能被成功捕获，在图 10 - 18 中更没有显示其自相关峰值的迹象。

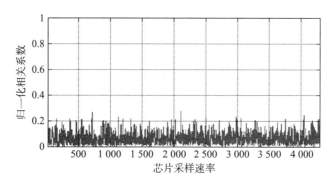

图 10 - 18　强信号干扰下 PRN19 C/A 码的自相关示意图

GPS 接收机首先对 PRN3 和 PRN21 干扰信号进行捕获与跟踪，根据所得到卫星 PRN3 和 PRN21 的参数即多普勒频率、码相位和载波相位进行强信号的干扰子空间构筑，由图 10 - 19 看到，利用子空间投影算法抑制掉 PRN3 和 PRN21 后能成功地捕获相对弱的 PRN19 直达信号。图 10 - 20 为图 10 - 19 放大后的局部示意图，可以看到但其反射信号由于信号太弱的原因，被 PRN19 直达信号自相关的峰值所淹没，仍然不能被成功地探测。

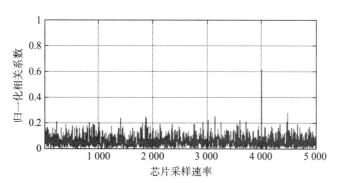

图 10 - 19　邻近卫星信号干扰抑制示意图

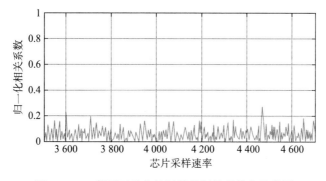

图 10 - 20　邻近卫星信号干扰抑制局部放大示意图

　　为了成功地捕获 GPS 反射信号，卫星的直达波信号必须被抑制，采用同样的子空间投影算法对直达波干扰进行抑制，图 10 - 21 显示直达波信号被抑制后，反射信号的自相关峰值，比噪声高 30 dB，能被接收机成功捕获，图 10 - 22 为图 10 - 21 放大后局部示意图，从图可证明在 GPS 反射信号双站雷达系统中，子空间投影算法对干扰信号抑制的有效性。

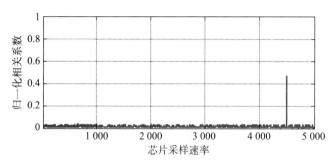

图 10 - 21　干扰信号全部抑制示意图

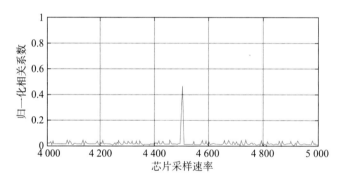

图 10 - 22　干扰信号全部抑制局部放大示意图

第 11 章　认知卫星导航系统

11.1　GNSS 多系统兼容带来的优势与挑战

全球卫星导航系统（Global Navigation Satellite System，GNSS）作为一种基于空间卫星的无线定位导航方式，凭借其范围广、全天候、精度高、成本低、功耗小、无误差积累等诸多优点在军事和民用领域都拥有着极广泛和深入的应用。

GNSS 对行业和经济的发展具有重要价值和深远意义，而 GNSS 的空间轨道和信号频段又属于稀缺资源，尽早进行 GNSS 的研发建设将抢占航空航天战略发展的先机。因此，世界大国都积极地投入大量物资人力，以致力于开发自主的 GNSS。目前，已投入全面运行或已具备成熟发展规划的代表性 GNSS 主要为：美国的 GPS、俄罗斯的 GLONASS、欧盟的 GALILEO 以及中国的北斗卫星导航系统。

在上述的四大系统中，GALILEO 和北斗卫星导航系统仍然处于建设阶段。按照规划，其完备状态的系统无论在星座规模还是导航性能上都将超越传统的 GPS 和 GLONASS。为了确保在卫星导航领域的领先优势，美国和俄罗斯也分别提出了关于 GPS 和 GLONASS 的现代化计划。该计划除了包含对卫星硬件设备的升级优化以外，重点集中在空间星座的扩充和第三信号频段的增置上。因此在未来，四大导航系统都将拥有三个卫星信号频段和空前丰富的可用星资源。卫星导航系统发展的新变化也为卫星定位技术的新变革提供了机遇，如何充分利用现代化的卫星系统资源以达到实时性更佳、精度更高的定位定姿效果成为当前卫星导航领域的研究热点之一。

另一方面，尽管各卫星系统在现代化进程中有不同程度的优化，但各系统出于对地区针对性的考虑，星座的配置不尽相同，因此在全球范围内的定位效果各有差异，再加上卫星信号本身易受环境干扰和遮蔽，单独使用某一系统的可靠性、精度和完整性都难以得到保证。因此综合各卫星导航系统的定位特点，实现优势互补，将获得胜于任一单独系统的精度和可靠性。目前，智能化、高精度、高可靠性的多信息源组合的导航方式逐渐成为未来导航界发展的主流方向。而多星座互操作组合导航系统也将迎合这一趋势，克服传统卫星导航的不足与缺陷，迈向更加广阔的发展道路。

相比于单一系统的导航定位，GNSS 多系统互操作无论是从连续性、可用性、可靠性、精度以及效率等各方面都更具优势，具体表现如下。

（1）可用性

GNSS 多系统互操作最直接的优势是增加了天空中可视卫星的数量，随着四大系统的建设和不断完善，天空中的卫星数目要比现在多 3 倍左右。即使在密林区、闹市区等高遮挡地区，也能保证有足够的可视卫星数。同时，可观测卫星数目的增加，大幅度增强了观测卫星的几何图形强度，极大地改善了当前单一系统在特定区域因可视卫星数目不足或几何图形较差而导致定位精度不高甚至无法定位的现状。此外，星座的增加也将进一步推动室内定位（Indoor GNSS）技术的发展。

（2）可靠性

使用单一系统进行导航定位时，其可靠性是无法保障的，用户不易发现其误差。GNSS 多系统互操作可获得来自不同系统间相互独立的观测值，利用自主完备性监测技术（RAIM），当系统信号出现问题时，将提供警告信息，用户可采取完整性算法 UIA（User Integrity Algorithm）对卫星信号进行使用性状态判决，决定拒绝还是接收当前卫星信号，从而有效地减小了失效卫星的信号对导航定位结果的影响，保证整个系统服务的可靠性。

（3）连续性和稳定性

目前除了欧洲的 GALILEO 是纯商业系统外，美国的 GPS、俄罗斯的 GLONASS 以及中国的 BDS 都带有一定的军事色彩。在某些特殊场合下，依赖单一系统有可能无法满足用户的精度要求，甚至完全丧失其导航定位功能。而采用 GNSS 多系统互操作技术，仍然能接受来自其他系统的信号继续向用户提供各项服务，确保服务的连续性与稳定性。

（4）精度和效率

GNSS 多系统的互操作能获取更多的冗余观测值，选取几何图形强度最优的卫星组合为用户提供精度更高的导航定位服务。当前的各大系统提供了数 10 种不同的载波频率，多频多模的组合不仅可以有效地消除电离层误差，削弱多路径效应等误差的影响，同时也显著地加快了模糊度的收敛速度。基于多频的出现，国内外学者提出了 TCAR/MCAR 的方法，该方法利用三频或多频载波观测值及其组合的波长与观测噪声间的层叠关系直接解算模糊度，能获得较高的成功率，无需复杂的模糊度搜索，提高了用户的作业效率。

显然，GNSS 多系统互操作具有十分显著的优势和诱人的市场前景，但由于各系统间差异性，为实现多系统的互操作带来了困难。解决好 GNSS 多系统兼容是实现系统集成的首要问题。

需要注意的是，GNSS 兼容是以单一系统提供高性能服务为前提，因此实现兼容必须以系统独立性为基础。所有 GNSS 系统首先必须保证独立性和国家安全兼容性，使授权信号的安全得到保障，例如，GPS 要求所有授权信号间的频谱完全分离来实现其军用信号的国家安全兼容性。因此，独立性和国家安全性是 GNSS 兼容的前提和基础。

GNSS 的一般兼容性对系统来说至关重要，必须保证其他系统不会产生不可接受或降低精度的干扰。基于国家安全兼容性和一般兼容性的基础，才能进行多系统组合的互操作性和互换性，其实施一般是通过磋商和合作来进行的。如果互操作达到相当高的程度，此时用户接收机可以不经过改造就能直接接收相同或相似的卫星信号来进行导航定位解算。实际应用环境中，互操作主要是通过互操作信号的实施来进行的，如 GPS L1C

和 GALILEO E1 OS 信号的互操作。互操作信号的实施是个兼容与互操作的矛盾统一过程，若所有 GNSS 的信号体制和时空基准完全不同，可以实现系统间很好的兼容性，但却增加了接收机设计的复杂度；反之，如果有完全相同的信号体制和时空基准，可以实现用户端高度的互操作性，但是系统间需要进行高度的协调来确保兼容。如何把握系统层面信息交换的互操作程度和兼容程度，实现系统间既充分兼容又充分互操作，将是新GNSS 建设和现有 GNSS 现代化所面临的巨大挑战，这其中不仅是技术的搏奕，更是政治的搏奕。

由于目前国际上兼容的研究焦点主要集中在信号的兼容评估上，尚未形成统一的、定量的 GNSS 互操作方法。通常认为 GNSS 互操作主要集中在信号、星座及时间坐标系统等系统顶层参数的互操作上。其中，互操作信号应该具有相同中心频点、相似调制波形、相同码速率以及相同接收功率等定性指标，如 GPS L1C 和 GALILEO E1 OS 信号在中心频点 1 575.42 MHz 上采用相同的 MBOC（6，1，1/11）调制来实现互操作。

GNSS 接收机兼容机作为 GNSS 多系统集成技术的载体，必须巧妙地处理不同星座相异信号的兼容性。要实现 GNSS 多系统集成，对兼容机的软硬件制造技术要求较高，必须解决好以下关键问题。

（1）寻求接收机的公共频率源

集成接收机最基本的要求是，必须具有接收数 10 种不同载波和伪噪声码的公共频率源，以便由混合定位星座共同测定用户的状态参数。对同一基准频率源通过倍频与分频技术，即可得到各种不同系统载波频率和伪噪声码的频率。

（2）必须严格地统一时间尺度与坐标系统

兼容机必须处理多种时间偏差。尽管它们都是 UTC 的函数，但各自时系的 UTC 分别由各自国家天文台进行标定，致使彼此间存在同步误差。即使只有 1 ns 的时间测量偏差，也将引起 30 cm 的伪距测量误差。多种时系与坐标系的统一归算必然使得数据处理更加复杂，同时也就要求接收机芯片采用效率较高的模型算法。

（3）接收机通道的设计

要求每一信号通道都能同时接收来自不同星座的卫星信号，并将彼此间的干扰降至最低。此外，接收机作为产品是面向市场的，兼容机的设计者还必须考虑用户成本以及在满足导航定位精度的前提下，多收的卫星信号所带来的益处是否显著等一系列问题。

值得一提的是，GNSS 兼容机并非是接收的星座越多越好，若接收的星座太多，不同系统间的信号相互干扰、统一归算模型复杂化，都将给接收机的软硬件设计带来更大困难，同时也会造成生产成本的相应增加。所以，我们可以对不同的卫星加以选择，做到适可而止。

11.2　认知技术对 GNSS 兼容带来的机遇

11.2.1　认知技术

随着信息时代的到来，对无线服务的需求如导航通信、公共安全、电视广播等持续升高，使得无线电磁频谱成为现代社会中极其重要的国家资源。无线频谱资源的使用是需要国家政府管理协调的。这就造成了无线电在频谱使用上面临两大难题。

1）匮乏。现有的频谱分配方法是为每种新的服务提供固定的频段。由于可用的频谱总量有限，随着服务种类的不断增加，频谱将日益紧张。

2）部署困难。目前，运行这些系统的国家需要大范围、逐个频率、逐个系统地协调。随着系统数量的增加、规模的扩大和复杂度的提高，部署越来越困难。

根据美国联邦通信委员会（FCC）的调查研究表明，某些授权频段的使用率从 15% ~ 85% 不等，造成极大的频谱资源浪费，加剧了频谱资源短缺的现状。我国也同样存在频谱资源浪费的问题，频谱测量数据表明无论城市还是乡村，都存在频谱利用率不高，大量频谱资源闲置的现象。因此，频谱资源短缺的问题并非是可用频谱不足，而是由于频谱分配政策造成的频谱使用不均衡。关于提高频谱利用率技术的研究，长久以来一直是无线通信技术研究的一个热点方向。通常人们从频率、时间以及空间三个维度来对无线频谱进行划分。为了提高频谱资源的利用率，一般的出发点是保证多个用户在这三个维度中频谱占用的正交性，即频域、时域和空间域的复用，除了这三种复用技术之外，还可以通过引入高级信号处理技术来提高频谱的利用率，这其中包括超宽带技术、扩频技术、压缩编码技术、分集技术、自适应编码调制技术、盲信号处理、自适应均衡技术和多用户检测等先进技术。

在信息领域，"认知技术"最早发展于认知无线电（Cognitive Radio，CR），认知无线电（Cognitive Radio，CR）技术的提出，在缓解频谱资源紧张、实现无线频谱资源的动态管理和提高频谱利用率方面发挥了巨大的作用。认知无线电技术指的是利用频谱间的空隙，即频谱空洞进行动态频谱接入、动态传输、动态切换，以达到在拥挤频谱空间进行信息传输的目的，提高频谱空间利用率的技术。认知无线电技术具备两个主要特征。

（1）认知能力

认知能力使认知无线电能够从其工作的电磁环境中感知、捕获信息，标识特定时间、空间的空闲频谱资源（通常所说的频谱空洞），并根据工作需要选择最适当的参数进行工作。认知过程分为频谱感知、频谱分析和频谱判定三个步骤。频谱感知主要检测可用频段、监测频谱空洞；频谱分析主要评估频谱空洞的特性；频谱判定主要根据频谱空洞的特性和用户需求选择最适合的频段用于工作。

（2）重构能力

重构能力使认知无线电设备可以根据电磁环境动态调整工作频率、调制方式、发射功率和业务参数，实现业务可靠顺畅。重构的核心思想是在不对授权用户产生有害干扰的前提下，利用授权系统的空闲频谱提供可靠的通信服务。一旦该频段被授权用户使用，认知无线电有两种应对方式：一是切换到其他空闲频段进行业务；二是继续使用该频段，但改变发射功率或者调制方案，避免对授权用户造成有害干扰。

11.2.2　认知卫星导航系统

11.2.2.1　认知卫星导航系统模型设计

（1）基本概念

现在的频谱分配政策具有单一性、静态性，不同的频段只能分配给独有的授权用户使用。卫星频率是不可再生或"一次性"资源，按照《无线电规则》关于"先登先占"的程序原则，优先的卫星网络申报将获得优先的频率资源使用地位。从可供太空系统使用的频率资源看，VHF 到 L、S 频段资源已近枯竭；在对地静止轨道上，C、Ku 等频段资源被美、俄、欧等国家和地区瓜分殆尽，现阶段申报一份使用 C、Ku 频段的卫星网络资料面临需要与数十甚至上百份卫星网络资料进行协调的艰难处境。但从另外的层面来看，频谱利用率较低，先前被占用的频谱资源很多处于闲置状态。形成这一问题的原因是由于频谱分配政策造成的频谱使用不均衡，并非是可用频谱不足。目前为提高频谱资源的单位利用率催生众多新技术，例如多天线技术，多载波频率复用技术，新型编码技术，以及复合调制技术等，上述技术减缓了迫在眉睫频谱不够的问题，但上述技术无法从根本上解决频谱资源使用不均衡的难题。

认知卫星导航系统的核心是"全自适应的智能化认知处理"，这是整个系统构建的灵魂，其采用先进的信息体系直接提升了系统的整体性能，其以人脑的工作模式为基础，通过对电磁环境，尤其是对信道参数的自适应感知，掌握信道位置完好性、信道带宽可限性、信道干扰规律，通过建立复杂电磁环境下信道带宽的时变、空变数学模型，确定使用哪个频率节点进行导航，以保证卫星导航系统的正常运行，从根本上颠覆了现有卫星导航系统静态的频谱应用模式，也使系统具备了环境的感知能力。基于认知技术主动寻找空间中的空闲频谱，动态灵活配置频谱资源，通过天地一体整体协作的联动，实现系统对环境的自动适应调整，这种灵活的频谱管理模式可满足不同卫星导航系统的业务和服务需求，为在有限的频谱资源下提高频谱利用率开辟了新的技术途径，从本质上解决卫星导航系统频谱兼容性，对在复杂电磁环境下提升卫星导航能力具有重要意义。

认知卫星导航系统具备三个重要属性：

1）智能信息感知：它的主要任务是通过与导航卫星外部空间环境的不断交互，持续对电磁环境特性进行分析，并依据不同电磁环境特点选择合适的信号处理方式，获得导航卫星对整体运行环境的认知。

2）频谱信息及其相关信息的学习、存储、记忆：通过不同电磁环境频谱信息学习，提高导航卫星频谱认知的精准程度，认知卫星导航系统的主要特征之一是采用动态知识库存储电磁环境信息并利用反馈信息进行认知学习，动态更新知识库。

3）行为效果反馈：行为效果是根据频谱信息处理、智能推理信息做出决策，然后将其反馈给星务处理系统，使得导航卫星根据决策信息自适应调节频点。从空间信息技术趋势分析，发展基于认知技术的卫星导航系统，从智能感知环境、频谱信息学习、存储和记忆，频率自适应调整，以及实时效果评估，实现完整闭环认知能力，具有"行为效果反馈"功能，从而更为有效地执行其任务。

（2）体系框架

认知技术模拟人脑认知的本质，显示了认知过程中感觉、思考和行动三者相互关联的基本行为。感觉即是搜集原始数据的过程，除了被动的接收信息，它还具有主动探查和交互能力，从而获取信息；思考即是处理原始感受数据的过程，同时在新数据与已有知识之间建立联系，进而建立、匹配和扩展可能涉及的复杂理论陈述；行动即是认知主体对认知对象的行为和操作进行表达的过程。认知过程的特征性结构是感觉、思考和行动三者之间的相关性和循环不可越过性。感觉为思考提供基本数据，行动则是主动获取新的数据。对外部环境的复杂认知是主体通过三个基本行为的不断重复和循环形成的，感觉要经过思考之后才能行动，而行动又会带来新的感觉，从而促进新的思考，而思考的结果又会形成理论陈述并产生具体的行动方案。

将认知技术引入信息论，认知是关于如何获取信息，并在信息处理基础上如何对周围环境做出反应的过程。基于认知技术以及信息理论提出一种简单认知系统体系结构，该结构主要分为信息感知、可信融合、学习推理以及响应控制，如图 11-1 所示。

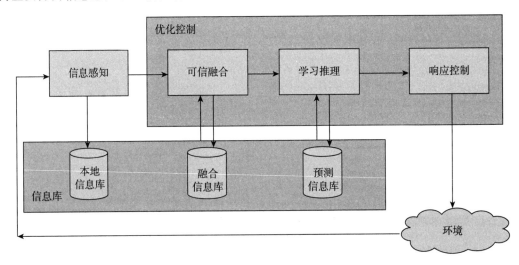

图 11-1　认知技术简化框图

1）信息感知通过类似于人体各类神经元的智能感知设备（如温度、湿度传感器、计程仪等）实现物理世界环境信息的采集，信息感知数据被存储在本地信息库中；

2）可信融合模拟人类的丘脑（丘脑是视觉、听觉、触觉、嗅觉、味觉等各种感觉信号的信息处理中心，负责对外周神经系统传入的各种多媒体、多模式的感觉信号进行时空整合与信息融合），具有识别和理解等"感知智能"；

3）学习推理是信息处理的核心，模拟人类的大脑（人脑分为左脑和右脑，左、右脑相互连接构成认知中枢），主要功能是进行思维、产生决策、控制行为，具有联想、记忆、分析、判断、推理、决策等"思维智能"，依据对象需求和相关环境构建认知结构，并基于先验知识库的检索与推理实现决策选择；

4）响应控制解决信息的智能处理和交互接口问题。模拟人类的小脑（小脑的主要功能是协调人体的运动和行为，控制人体的动作和姿态，保持运动的稳定和平衡，通过低级中枢神经系统及外围神经系统对人体全身的运动和姿态进行协调控制），具有对智能终端设备行为进行协调、计划、优选、调度和管理等"行为智能"。

认知不仅仅获取的是信息还获取知识，信息与知识在认知过程中是紧密相连的，由图 11-2 的多层认知环呈现这一过程，内层环路从环境、需求和资源出发，分别完成认知、决策以及重构等步骤，而外侧环路通过具体动作描述了整个认知行为过程，特别是数据、信息、知识三者的运动机理。

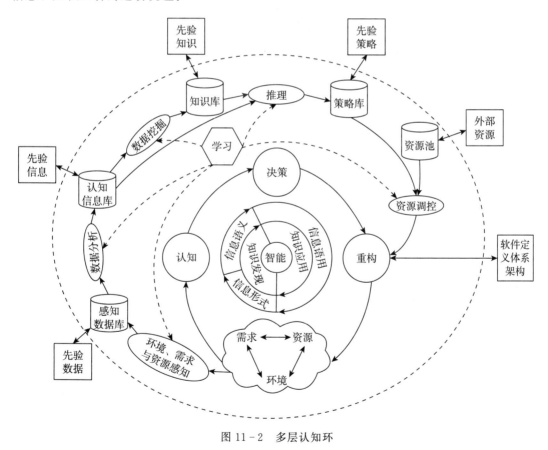

图 11-2　多层认知环

在多层认知环中，感知的对象不仅包括信息环境，也包括多样化的用户需求和实际可用的资源。因此，认知起源于对当前的环境、需求与资源的实时感知。通过具体的感知技术，可以获取大量的感知数据，将这些数据以一定的方式进行存储和处理，能够得到感知数据库。感知数据库中所包含的是数据，是信息载体，未经语义提炼，所以相对冗杂；对感知数据库中的数据进行分析处理，可获取认知信息，并构成认知信息库。类似的，将认知信息库用于数据挖掘，可获取知识并构成知识库，当然，也可直接将感知数据库用于数据挖掘而获取知识。认知信息库和知识库中所包含的是信息的语义。通过认知过程的三个步骤，同时实现了知识发现，决策过程包括推理和资源调控两个步骤。在相关知识的作用下，将数据分析中所获取的认知信息用于推理，可以制定出对应于不同环境、需求与资源条件下的特定策略，并构成策略库。这里的相关知识不仅包括在推理机中预置的知识，也包括从知识库中提取、由特定的认知信息所激活的知识。依据制定出的策略，能够对资源池中的可用频谱资源进行合理调控，以实现多样化的用频需求。认知环是一个开放的系统，可以与其他的多层认知环进行交互。一个认知环中所得到的感知数据库、认知信息库、知识库和策略库，可以作为另一个认知环中先验的相应库。此外，一个认知环的资源池中所包含的资源来自其他多层认知环所释放的资源。

在基于认知技术的卫星导航系统基本概念的牵引下，综合认知技术的循环过程，形成基于认知技术的卫星导航系统架构，其在卫星导航系统不仅实现了环境感知—学习—存储—记忆—决策的闭环，同时实现动态数据库的应用—评估—更新的闭环，如图 11 - 3 所示。系统充分考虑导航卫星系统的结构，同时集成"理解—构建"频谱所需要的各种功能，使各个功能模块既能相互协作，又保持清晰的界面，做到高效可靠。

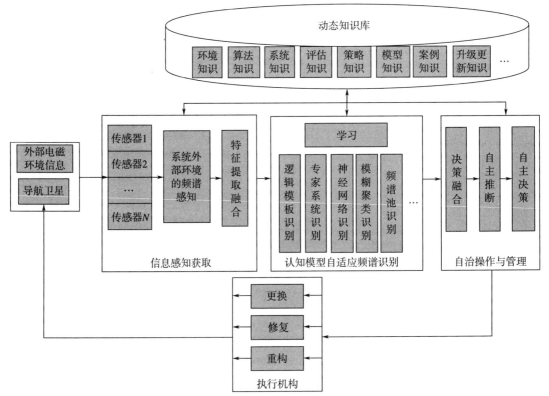

图 11 - 3　认知卫星导航系统架构示意图

认知卫星导航系统架构，系统功能组成可划分为五大部分：

①频谱信息感知

利用各种传感测量手段获取导航卫星电磁环境工作状态数据和信息，包括对无线传播环境干扰度（Interference Temperature）的估计以及频谱空穴（Spectrum Holes）的检测；信道的确认，包括对信道状态信息的估计以及对信道容量的预测；发射功率控制及动态频谱管理等，作为后续数据存储的数据源。

②动态数据库

认知卫星导航系统作为大型智能系统，在数据管理上引入了动态知识库模块。动态知识库作为整个智能学习决策系统的信息存储及信息交换中心，按照数据统计的时间长短分为短期知识和长期知识两种形式。其中，短期知识表示系统工作的外部环境工作参数的当前状态，包括由于感知数据具有空时频多维属组织数据的存储结构，并且考虑到卫星运行的周期回归性特点，对于不同周期的数据分别建立数据表格进行存储；长期知识分为规则信息和案例信息。

③认知模型自适应频谱辨识

结合数据处理结果，根据相关算法对整星及分系统健康状态进行分析，主要包括频谱知识挖掘和预测。频谱知识挖掘在综合考虑环境信息、无线参数信息以及相关任务规则信息的基础上推导出参数与系统性能之间的相互作用关系，由于频谱感知数据具有空、时、频等多维特性，增加了可以进行数据挖掘的层次，对感知数据挖掘算法的要求实际上由频率选择的需求决定，系统拟采用增量数据挖掘算法，在原有挖掘数据和结果的基础上基于增量数据（新增加的数据）进一步分析和挖掘。

④自治操作与管理

根据频谱评估结果，对发生干扰或可能产生干扰的阶段进行决策处理，并将处理结果及报警信息下传执行机构。

⑤执行机构

指卫星导航系统根据对频谱的辨识、预测结果自主发出的包括状态设置、频谱切换等频谱修复、更换或重构指令。

在基于认知技术的卫星导航系统信息感知、动态数据库、认知模型自适应频谱辨识、执行机构的系统架构中，存在着各种维度的信息关联，不同感知环境直接影响着内部信息关联的强弱程度，并具有循环认知特性，能够感知当前卫星导航状态获取所需信息，并进行智能决策、动态重构等实现对环境的动态自适应，其信息生命周期为"物理数据→单个参数信息→多维度参数信息→多模态融合信息→关联参数知识→参数耦合知识→动态配置→行为控制"，如图 11 - 4 所示，基于认知技术的卫星导航系统就是沿着有效的传递，以及充分的应用方向不断的流动及演进转化，形成循环往复闭环信息生命周期。

11.2.2.2　认知卫星导航系统的工作流程

（1）认知卫星导航系统组成

区别于传统卫星导航系统，认知卫星导航系统具体组成：

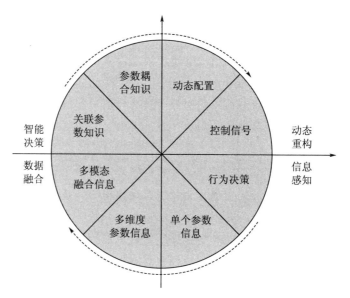

图 11 - 4　基于认知技术的卫星导航系统信息闭环示意图

1）频率可调节导航信号发送器：信号发生器主要完成用户导航卫星与地面用户的动态频谱认知导航任务。根据地面控制中心分系统通过数据提取和预测技术生成频率图谱，并通过信号发送器内的工作频点可调滤波器及分频比可调的频率合成器联合实现对信号发送器工作频点的调节，实现卫星导航频率的捷变。

2）认知用户终端：认知用户终端主要包括频谱感知、频谱数据压缩和频率选择功能。

3）地面控制中心：控制中心主要包括频谱数据解压缩，数据提取和频率态势图谱绘制功能模块。

认知卫星导航系统层次设计如图 11 - 5 所示。

（2）认知卫星导航系统工作过程

认知卫星导航系统灵活的频谱管理模式满足不同卫星导航系统的业务和服务需求，其具体工作原理可分为 A、B 两个阶段，如图 11 - 6 所示。

A 阶段：初始导航链路稳态运行阶段。该阶段包含两个层面的工作，一是外部电磁环境的变化导致的频谱的实时感知，另一个方面是频谱的存储、统计和挖掘。导航卫星通过对射频前端信号进行时域变换得到实时的频谱感知数据；同时，导航卫星和认知用户终端将感知数据压缩后回传到地面数据控制中心，数据控制中心对数据进行存储与统计，并采用数据挖掘算法完成提取。

B 阶段：天地一体认知导航链路建立阶段。系统通过导航卫星、认知用户终端和数据控制中心的协同完成频率选择功能。该阶段包含两个层面的工作，首先，数据控制中心根据频谱规律的挖掘制定导航频谱的频率态势图，指示系统即将到达的信道位置上进行导航所建议使用的频率，该频率态势图通过控制链路上传到导航卫星和认知用户终端；另外一个层面，由于频率图谱的制定是以历史数据为依据的，无法应对突发性的干扰或者违反规律的频谱占用情况。因此，在终端该频率图谱并不作为频率选择的唯一根据，终端还将结

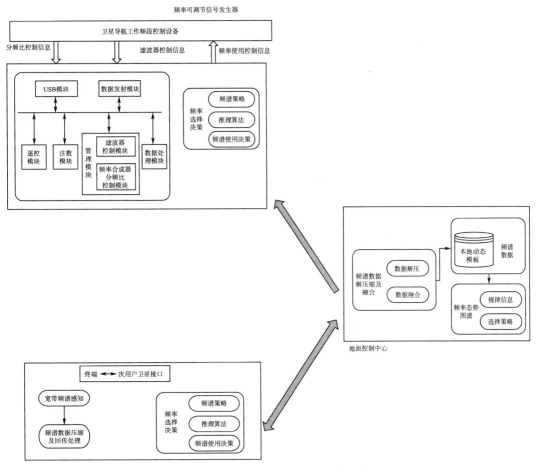

图 11-5　认知卫星导航系统层次设计

合即时频谱感知数据和结果等信息，考虑噪声和干扰水平、窄带干扰情况、可能的导航质量和信道时长进行最终的频率选择，从而通过频谱跳换的方式完成导航数据的传输。

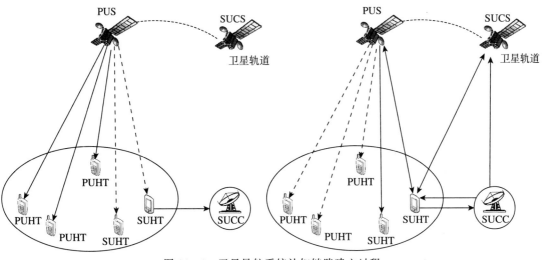

图 11-6　卫星导航系统认知链路建立过程

11.2.2.3 认知卫星导航系统的技术路线

（1）频谱感知技术

所谓"感知"，就是在时域和空域等多维空间不断检测主用户使用频段，在不对主用户造成干扰的前提下，确定主用户是否在此频段工作，检测出"频谱空穴"。一方面，周期性感知周围环境的频谱状态，伺机占用空闲频谱进行频谱接入；另一方面，在当前频段不可用时（如主用户出现），认知用户可采用备用频段进行频谱切换。现有的频谱感知技术包括匹配滤波、能量检测、周期性检测、协同频谱检测和干扰温度模型等。

（2）动态频谱资源管理

由于主用户在时域和频域上对授权频段使用的间断性和不确定性，可用频谱在中心频率、信道带宽等方面存在动态特性。必须实时从可用频带中判断出较好的频段以满足认知用户的 QoS 要求。频谱管理最根本的任务是要解决频谱资源使用的有效性和可靠性问题。频谱管理主要包括频谱分析和决策、频谱移动性管理和频谱定价机制等。

（3）网络的跨层设计

可用频率的动态变化对系统的影响体现在各层协议，网络的各层协议要具有良好的适应性，各层协议层的联系更加紧密，对整个网络协议进行跨层设计势在必行。允许邻接的或者不邻接的各层之间直接交互信息，各层之间数据共享来提高系统的性能。

（4）链路自适应技术

在不改变其硬件条件下，根据认知用户的无线电环境和业务需求完成操作参数的重配置。例如，OFDM 技术将频带划分为有限个正交的子载波，这一特点符合认知系统可用频段的间断性。OFDM 技术应用于认知环境下的高速传输，通过其相关的自适应技术，可有效消除符号间干扰等，能充分发挥认知系统的优越性能。IEEE 802.22 标准正是采用OFDM 技术作为其传输链路的调制技术。

（5）知识表示技术

知识表示技术在认知引擎中用于构建知识库。知识库包括短期知识和长期知识。其中，短期知识表示当前状态，包括外部环境状态和内部工作参数；长期知识可分为规则库和案例库，规则库存储关于无线通信和无线电的一般性知识，比如波形的信息速率、带宽等参数的推导和误比特率的估计等，用于推理过程。案例库存储历史经验，一方面，案例库存储感知的外部环境的数据，包括本地电磁频谱环境的状态和信道的传输特性。这些数据是认知引擎进行学习的对象和实现学习行为的基础，通过对这些数据的处理，认知引擎可得出有益的经验知识，比如关于本地频谱使用情况的知识和关于可用信道的知识等。另一方面，案例库还存储每次业务通信过程中采取的各种操作及其结果、与技术人员经常利用成功的经验来解决相近的问题，或者利用失败的经验来防止再次失误，案例库有利于认知引擎快速地得出优化的决策结果。

（6）机器学习技术

机器学习是研究如何使用计算机来模拟人类学习活动的一门学科，更严格地说，就是研究计算机获取新知识和新技能、识别现有知识、不断改善性能、实现自我完善的方法。

Herbert Simon 将学习定义为：能够让系统在执行同一任务或相同数量的另外一个任务时比前一次执行得更好的任何改变。具备从经验中学习提高的能力是 CR 区别于一般无线电的核心特色。

根据学习的内容不同，认知引擎中需要集成多种学习算法，主要有 3 类。第一类是监督学习，用于对外部环境的学习，主要是利用实测的信息对估计器进行训练。比如，在对信道认知的情况下，CR 在通信之前对信道的具体参数是不了解的，只有根据预测的信息进行选取，但在完成一次通信之后，信道的相关参数就可以通过估计得到。认知引擎就可以利用估计得到的参数对信道预测模型进行训练，以更好地匹配当前信道。第二类是无监督学习，用于对外部环境的学习，主要是提取外部环境相关参数的变化规律。比如，在对频谱忙闲状态的认知中，需要根据案例库获得频谱空洞在时间和频率上的分布规律。第三类是强化学习，用于对内部规则或行为的学习，主要是通过奖励和惩罚机制突出适应当前环境的规则或行为。抛弃不适合当前环境的规则或行为。

（7）宽带射频前端技术

为了使得空间系统具有宽带频谱感知能力，系统的射频前端要求可以在大频谱范围内的任意频带进行工作。在空间系统认知节点中，由天线接收的信号通过放大、混频和模数转换等工作后送入基带进行数字信号处理，进而实现频谱的感知和数据的检测。在整个系统中，射频滤波器选择所需频段的信号，低噪放大器在保证尽可能引入小的噪声的情况下对信号进行放大，锁相环、压控振荡器和混频器相互配合工作，把接收的射频信号转换到基带或者中频进行后续的处理，信道选择滤波器是为了选择所需的信道同时抑制邻道干扰，自动增益控制放大器保证在很宽的动态范围内的信号通过放大器的输出功率恒定，在空间系统技术的应用中，宽带射频前端最大挑战是射频前端需要在很大的动态范围内捕捉较弱的信号。所以对于模数转换器的采样率和分辨率的要求都很高，为了降低这一要求，考虑采用智能天线技术，通过空域滤波实现强信号的滤出。

11.2.2.4　典型系统模块模拟仿真

频谱感知是认知卫星导航系统工作的基础，能够获取周围的频谱环境信息，在此基础上调整系统的导航参数，实现频谱利用的最大化，并且避免对主用户造成干扰。卫星导航系统涉及空间段、地面控制系统和导航终端等部分，系统中的星座和导航终端移动性较强，所处的空—时—频域都可能发生变化，同时，在实际应用中，对卫星导航系统，信号到达接收端功率很低，一般约低于热噪声 15 dB，空间环境噪声情况复杂，其微弱的目标信号特性，以及与之相比较高的杂波环境，使得微弱信号频谱检测方法成为系统成功实施的关键。

（1）模型算法

卫星导航信号的循环谱在非零循环频率处具有明显峰值，而噪声为平稳信号，仅分布在零循环频率上，因此，基于循环谱的信号检测有利于抑制噪声，提高对低信噪比条件下的检测能力，准确判断干扰温度。具体实现分为以下三个步骤：

首先，计算 $x(n)$ 的时间长度为 $T = NT_s$ 的 N 点频谱

$$X_T(k) \underset{=}{\Delta} \sum_{n=0}^{N-1} x(n) e^{-j2\pi nk/N} \tag{11-1}$$

其次，计算谱相关

$$S_{xT}^a(k) = (1/N) X_T(k+\alpha/2) X_T^*(k-\alpha/2) \tag{11-2}$$

最后，计算谱平滑

$$S_{xT}^a(k)_{\Delta f} = (1/M) \sum_{m=-M/2}^{M/2-1} S_{xT}^a(k+m) \tag{11-3}$$

（2）仿真验证

运用该方法对 BPSK 信号载频、符号重复周期等参数进行估计。

图 11-7 是高斯白噪声的谱相关函数。可以明显看出白噪声循环谱只在 $\alpha=0$ 处出现峰值，其余地方的值较小，但不是理论预测的零值，这可能是因为白噪声的随机特性不理想。

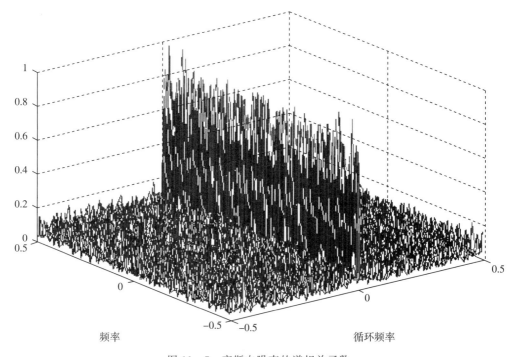

图 11-7　高斯白噪声的谱相关函数

图 11-8 是纯净的 BPSK 信号的谱相关函数。采样率为载波频率的 10 倍，循环频率轴是以采样率为标准归一化的。从谱相关函数的投影上可看出谱相关函数在载波频率的整数倍处均有峰值出现。对比噪声的谱相关函数，发现信号和噪声的谱相关函数差异明显，可用谱相关函数进行频谱检测。

图 11-9 是 BPSK 信号的循环谱。采样率为载波频率的 10 倍，循环频率轴以采样率为标准归一化的。可看出虽然噪声能量已远远大于信号能量，但在载频的整数倍处，仍然有清晰的峰值出现。通过和噪声的循环谱投影对比，主峰对应于载频信息，次峰对应于符号

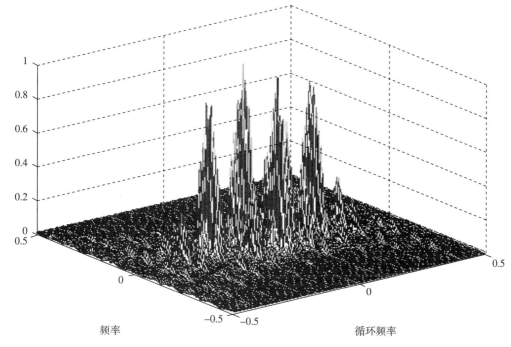

图 11 - 8 BPSK 信号的谱相关函数

重复周期信息，在低信噪比情况下，循环谱估计方法能够准确检测出信号的基本参数，易得出认知主用户信号存在的结论。

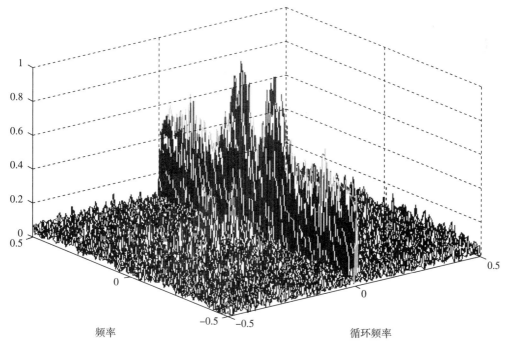

图 11 - 9 信噪比为 −10 dB 时的谱相关函数

11.2.2.5　认知卫星导航系统涉及关键问题

　　鉴于认知技术的发展趋势和特点，开展卫星导航系统与认知技术交叉融合已经具备理论基础，但从进行的理论结构设计和关联模型构建来看，基于认知技术的卫星导航系统的研究存在着巨大的挑战，目前，亟待解决的问题归纳为5个方面：

　　1）认知卫星导航系统架构及关联模型的研究仍处于初步阶段。国内认知技术在空间信息系统研究尚处于初级阶段，前期以技术概念和跟踪研究为主，研究方向分散且重复，对关键技术研究的力度和深度不够，且尚未开展地面半物理闭环测试验证技术研究。近期，随着我国对空间信息系统的日益重视，高校研究所等纷纷开展认知技术在空间信息领域的研究，在频谱感知、频谱选择、地面试验等方面抢占技术的制高点。

　　2）认知是探索未知环境的一种能力，卫星导航系统的认知能力是由导航卫星电磁环境目标驱动，将系统不同维度的状态环境信息转化为认知技术所理解的目标语言是此项研究亟需解决难点之一，这必须对导航卫星外部电磁环境多参数重新进行定义和界定，进而抽象出导航卫星自己本身的认知描述语言。

　　3）根据目前的调研，美国、欧洲在认知技术与空间信息系统研究方面处于世界领先地位，这主要得益对频谱资源利用的重视，2013年以来，在该领域取得快速发展，侧重于认知无线技术在卫星通信领域的应用模式、认知卫星终端概念等技术层面，这让我们看到认知技术在多系统层面上运用的美好前景，但针对认知无线技术与卫星导航系统交叉融合整体性的方法理论，还没有相关的研究成果。导航卫星的单机或分系统众多，因此，认知卫星导航系统的目标必须在系统全局的情况下进行整个系统多参数的关联模型，这种全局环境下多目标参数优化问题非常复杂。

　　4）在现有传统卫星导航系统已有的结构中建立一个全面和共性意义的认知理论模型存在很大的挑战，究其原因是卫星在轨飞行中许多发生的电磁环境干扰还难以预测，对认知技术中专家系统、博弈理论和人工智能等组成的认知环策略机制提出更高的要求，各种不同状态环境需要制定不同的相应认知环策略，难以完全涵盖导航卫星电磁环境所有的参数，而且目前对频谱参数的类型和属性还没有一个完整清晰的认识，因此，在此基础上提炼的模型到实际的应用还有巨大的研究空间，需要研究设计新的专家系统、博弈理论和人工智能等，以便解决导航卫星系统整体的认知问题。

　　5）认知卫星导航系各个环节的实际工作比较复杂，而且有些因素是不可重复和预见的，除非系统在运行中，否则系统中情景不能一一被验证评估，这自然限制了系统设计中其权衡和评价的效用。在未确定最终模型之前，无法设计全部实物的模拟和相应的复杂环境，更不可能发射试验卫星，体制的修改都将会带来硬件上较大的变动，修改设计所需的周期比较长，代价也非常昂贵。因此，后续的"定量评估"等基础性工作，包括"系统架构模型设计"、"认知能力的效果"等也是此项研究亟待解决的问题。

11.2.2.6　总结与建议

　　（1）认知技术与卫星导航系统的交叉融合是未来导航卫星系统发展的重点

　　认知技术作为近年来兴起的科学，是对已有的不同领域的认知技术的提炼和综合，是一种比较完整的综合理论体系，从认知角度来看，未来的卫星导航系统必然是具有"行为效果反馈"能力的，必定向具有"认知"能力方向发展。卫星导航系统认知能力的增加将使系统从信息感知，再通过信息传输，到达信息应用终端，再到实时效果评估，实现闭环。

（2）加强理论模型攻关，夯实系统技术发展的基础

认知卫星导航系统涉及导航卫星、地面控制中心和用户终端等部分，系统复杂，涉及很多新方法，尽管我们已经迈出了重要的第一步，但仍有一些关键理论模型亟待突破，应及早开展相关研究和开发工作，突破理论瓶颈，为系统技术走向实用化奠定坚实的理论基础，特别是针对人脑高级神经系统的简化系统结构模拟、系统架构模型设计等，应加快研究的步伐，集中全国相关领域的优势力量，确保模型的科学性和技术的先进性，并通过跨领域、多学科的融合，确保取得实质性突破，为系统技术走向实用化提供有力支撑。

（3）适时开展地面或在轨集成演示验证，推动系统技术走向实用化

在相关理论模型和关键技术取得突破的基础上，应尽快开展地面或在轨演示验证，通过演示验证，能够保持该项技术发展的延续性，实现相关多参数模型的滚动发展，及时发现问题与不足，积累经验，为系统技术走向实用化奠定更加坚实的技术基础。

（4）以认知卫星导航系统为典型，推动国家相关部门启动认知技术与航天领域交叉融合的专题研究

基于认知技术空间信息系统的研究，其对象实际上是一个非常复杂的需求体系，本身就是一个需要各方面军民用户共同参与、深入研究探讨的大课题。以认知卫星导航系统为典型抓手，推动国家相关部门启动认知技术空间信息系统作为专项研究，逐步建立航天器认知系统设计标准体系，使我国的高价值卫星普遍具备认知技术的设计能力。

附录　程序源代码

1. L1 频段上信号的功率谱

%%% GPS L1 频段上的功率谱,包括 C/A,P(Y),M 码 BOCsin(10,5),还有 L1C[MBOC(6,1,1/11)]

%%% GALILEO 在 E2′－E1－E1′上的功率谱,包括 E1 OS(MBOC(6,1,1/11)),E1 PRS(BOCcos(15,2.5))

%%% BDS 在 B1 和 B1－2 上的功率谱,QPSK(2)

```
clear;
CodeRate_Base=1.023e6;%基频
BandWidth=45 * CodeRate_Base;%前端带宽 24.552 MHz
%%%%%%%%%————————————envelope PSD of CA\ P\M\L1C\E1OS\
E1PRS\BDSB1\BDSB2 signal ————————
df=5e3;
L_n=round(BandWidth/df);
f=[-L_n/2:L_n/2-1] * df;

Rc=CodeRate_Base;
PSD_CA=(1/Rc) * sinc(f * (1/Rc)).^2;
PSD_P=(1/(10 * Rc)) * sinc(f * (1/(10 * Rc))).^2;
PSD_M=(1/(5 * Rc)) * (sinc(f/(5 * Rc)). * tan(pi * f/(2 * 10 * Rc))).^2;%BOCsin
(10,5)
PSD_BOC_1_1=(1/Rc) * (sinc(f/(1 * Rc)). * tan(pi * f/(2 * 1 * Rc))).^2;%BOC(1,1)
PSD_BOC_6_1=(1/Rc) * (sinc(f/(1 * Rc)). * tan(pi * f/(2 * 6 * Rc))).^2; %BOC(6,1)
PSD_L1C=(10/11) * PSD_BOC_1_1+(1/11) * PSD_BOC_6_1;
PSD_QPSK2=(1/(2 * Rc)) * sinc(f * (1/(2 * Rc))).^2;
n=round((1561.098e6-(1575.42e6-BandWidth/2))/df);
k=round(((1575.42e6+BandWidth/2)-1589.742e6)/df);
L=round(length(f)/2);
PSD_BD1=[PSD_QPSK2(L+n:end)PSD_QPSK2(1:L+n-1)];
PSD_BD1_2=[PSD_QPSK2(L-k+1:end)PSD_QPSK2(1:(L-k))];
```

PSD_E1_PRS＝(1/(2.5 * Rc)) * (sinc(f/(2.5 * Rc)). * (cos(pi * f/(2 * 15 * Rc))－1). /
cos(pi * f/(2 * 15 * Rc))).^2;

%BOCcos(15,2.5)

PSD_E1_OS＝PSD_L1C;

figure;

plot(f/1e6,10 * log10(PSD_CA),f/1e6,10 * log10(PSD_P),f/1e6,10 * log10(PSD_M),f/
1e6,10 * log10(PSD_L1C),f/1e6,10 * log10(PSD_E1_OS),f/1e6,10 * log10(PSD_E1_
PRS),f/1e6,10 * log10(PSD_BD1),f/1e6,10 * log10(PSD_BD1_2))

xlabel('Frequency offset 1575.42(MHz)');ylabel('Power Spectrum Density(dBW/Hz)')

legend('C/A','P(Y)','M','L1C','E1OS','E1PRS','BDSB1','BDSB2')

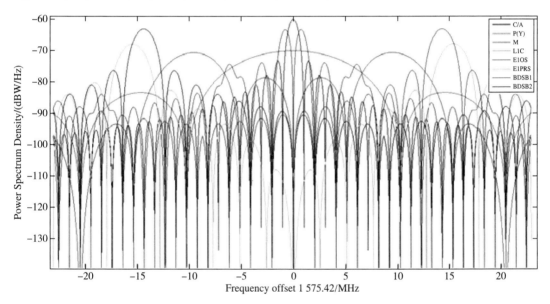

2. 生成 C/A 码序列

%generate C/A code

poly1＝[0 0 1 0 0 0 0 0 0 1];

poly2＝[0 1 1 0 0 1 0 1 1 1];

chou＝[2,6]; %第一个 C/A 码序列对应的抽头

%[3,7;4,8;5,9;1,9;2,10;1,8;2,9;3,10;2,3;3,4;5,6;6,7;7,8;8,9;9,10;1,4;2,5;3,6;
4,7;5,8;6,9;1,3;4,6;5,7;%6,8;7,9;8,10;1,6;2,7;3,8;4,9];其他的 C/A 码序列对应
的抽头列表

[n,m]＝size(chou);

sequence1＝CA_mg1(poly1);

for i＝1:n

sequence2(i,:)＝CA_mg2(poly2,chou(i,1),chou(i,2));

```
end
L＝2^length(poly1)－1;
for j＝1:n
CA_seq(j,:)＝mod((sequence1＋sequence2(j,:)),2);
end


function [seq]＝CA_mg1(poly)
%generates the maximal length shift register sequence when the shift
%register connections are given as input to the funtion .
m＝length(poly);
L＝2^m－1;
registers＝ones(1,m);%移位寄存器的初始状态置为全1
seq(1)＝registers(m);%first element of the sequence
for i＝2:L
    new_reg_cont(1)＝mod(sum(poly. * registers),2);%将第10位反馈给第1位移位寄
存器
    new_reg_cont(2:m)＝registers(1:m－1);
    registers＝new_reg_cont;
    seq(i)＝registers(m);
end


function [seq]＝CA_mg2(poly,c,k)
%generates the maximal length shift register sequence when the shift
%register connections are given as input to the funtion .
m＝length(poly);
L＝2^m－1;
registers＝ones(1,m);
for i＝1:L
    seq(i)＝registers(c)＋registers(k);
    new_reg_cont(1)＝mod(sum(registers. * poly),2);%first element of the sequence
    new_reg_cont(2:m)＝registers(1:m－1);
    registers＝new_reg_cont;
end
```

3. BPSK－R 的功率谱

```
function PSD_R＝PSDcal_R(f,Tc)
```

```
% f：Hz,前端带宽范围
% Tc：S,码片宽度
PSD_R＝Tc．＊（（sinc（f．＊Tc））．^2）；
```

4. 余弦相位 BOCc(n,m) 的功率谱

```
function PSD_BOCc＝PSDcal_BOCc（f,n,m）
% f：Hz 频率轴,如 f＝［－12e6：500：12e6］Hz
% BOC(n,m)
CodeRate＝1.023e6；
MM1＝2＊n/m；
T_BOC＝1/（m＊CodeRate）；
T_S＝1/（2＊n＊CodeRate）；
f（find（f＝＝0））＝eps；
if（MM1/2）＞floor（MM1/2）+0.2    %判断调制指数 MM1＝2＊n/m 是否是奇数
   PSD_BOCc＝（（cos（pi＊f＊T_BOC）．＊（cos（pi＊f＊T_S）－1））．/（pi＊f＊T_BOC．＊cos
（pi＊f＊T_S）））．^2＊T_BOC；
   index＝find（abs（cos（pi＊f＊T_S））＜1e－6）；
   PSD_BOCc（index）＝PSD_BOCc（index＋1）；
else    % MM 是偶数
   PSD_BOCc＝（（sin（pi＊f＊T_BOC）．＊（cos（pi＊f＊T_S）－1））．/（pi＊f＊T_BOC．＊cos
（pi＊f＊T_S）））．^2＊T_BOC；
    index＝find（abs（cos（pi＊f＊T_S））＜1e－6）；
    PSD_BOCc（index）＝PSD_BOCc（index＋1）；
end


PSD_BOCc．f＝f/1e6；      %MHz
PSD_BOCc．PSD＝10．＊log10（PSD_BOCc）；
%figure；plot（PSD．f,PSD．PSD）；
```

5. 正弦相位 BOCs(n,m) 的功率谱

```
function PSD_BOCs＝PSDcal_BOCs（f,n,m）
% f：Hz,频率轴
% BOCs(n,m)
CodeRate＝1.023e6；
MM1＝2＊n/m；
T_BOC＝1/（m＊CodeRate）；
```

```
T_S=1/(2 * n * CodeRate);
f(find(f==0))=eps;
if (MM1/2)>floor(MM1/2)+0.2   %判断调制指数 MM1=2 * n/m 是否是奇数
   PSD_BOCc. PSD=((cos(pi * f * T_BOC). * (cos(pi * f * T_S)-1)). /(pi * f * T_BOC.
 * cos(pi * f * T_S))).^2 * T_BOC;
   index=find(abs(cos(pi * f * T_S))<1e-6);
   PSD_BOCc. PSD(index)=PSD_BOCc. PSD(index+1);
else     % MM 是偶数
   PSD_BOCc. PSD=((sin(pi * f * T_BOC). * (cos(pi * f * T_S)-1)). /(pi * f * T_BOC.
 * cos(pi * f * T_S))).^2 * T_BOC;
     index=find(abs(cos(pi * f * T_S))<1e-6);
     PSD_BOCc. PSD(index)=PSD_BOCc. PSD(index+1);
end


PSD_BOCc. f=f/1e6;       %MHz
PSD_BOCc. PSD=10. * log10(PSD_BOCc. PSD);
%figure;plot(PSD_BOCc. f,PSD_BOCc. PSD);
```

6. 余弦相位 BOCc(n,m)的自相关函数

```
function ACF=BOCc_ACF(f,n,m)
% f ：Hz,频率轴
% BOCs(n,m)
% ACF 为结构体,其域的定义为：
% ACF. delay 为码片的延迟时间,归一化到码片上,行矢量；
% ACF. ACF 为与 ACF. delay 相对应的码片的自相关函数值


CodeRate=1.023e6;
PSD_BOCc=PSDcal_BOCc(f,n,m);     %调用函数 BOCc_PSD 计算功率谱
MaxFreq=(PSD_BOCc. f(end)- PSD_BOCc. f(1)) * 1e6;   %仿真中可显示的最大频率范围,Hz
df=(abs(PSD_BOCc. f(1))-abs(PSD_BOCc. f(2))) * 1e6;   %频率间隔,Hz
TotalNum=round(MaxFreq /df);
PSD=10.^( PSD_BOCc. PSD/10);


acf=real(ifft(fftshift(PSD)));
acf=fftshift(acf)/max(acf);
```

```matlab
dt＝1/MaxFreq ；
Ts＝1/(m * CodeRate)；
SampleRate＝round(Ts/dt)；%一个码片内的采样点数
index＝find(acf＝＝max(acf))；
ACF. ACF＝acf(index－2 * SampleRate：index＋2 * SampleRate－1)；
nLen＝length(ACF. ACF)；
ACF. delay＝[－nLen/2：nLen/2－1]. * dt/Ts；
%figure；plot(ACF. delay,ACF. ACF)；
```

7. 谱分离系数与多普勒频移的关系

```matlab
CodeRate＝1. 023e6；
Tc＝1/CodeRate；
CodeRate2＝2. 046e6；
Tc2＝1/CodeRate2；
BandWidth＝24 * CodeRate；
fd＝50；　　%频率分辨率
N＝BandWidth/fd；
Freq＝[－N/2：N/2－1] * fd；
PSD2＝sinc(Freq * Tc2). ^2 * Tc2；
PSD1＝sinc(Freq * Tc). ^2 * Tc；
k＝1；
for Doppler＝0：50：3500
    i＝round(Doppler/fd)；
    PSD2a＝[zeros(1,i)　　PSD2(1：end－i)]；
    Coefficient(k)＝sum(PSD1. * PSD2a)/sum(PSD1)；
    k＝k+1；
end

DopF＝0：50：3500；
figure；plot(DopF,10 * log10(Coefficient))
xlabel('Doppler Frequencey Offset(Hz)')
ylabel('Interference Coefficient(dB/Hz)')
```

8. 码跟踪谱灵敏度系数与多普勒频移的关系

```matlab
CodeRate＝1. 023e6；
Tc＝1/CodeRate；
CodeRate2＝2. 046e6；
```

```
Tc2＝1/CodeRate2;
BandWidth＝24 * CodeRate;
fd＝50;   %频率分辨率
N＝BandWidth/fd;
Freq＝[－N/2:N/2－1] * fd;
PSD2＝sinc(Freq * Tc2). ^2 * Tc2;
PSD1＝sinc(Freq * Tc). ^2 * Tc;
delta_Space＝1/2;
k＝1;
for Doppler＝0:50:3500
    i＝round(Doppler/fd);
    PSD2a＝[zeros(1,i)   PSD2(1:end－i)];
    coefficient_CT(k)＝sum(PSD1. * PSD2a. * sin(pi * Freq * delta_Space * Tc). ^2). /
sum(PSD1. * sin(pi * Freq * delta_Space * Tc). ^2);
    k＝k+1;
end


DopF＝0:50:3500;
figure;plot(DopF,10 * log10(coefficient_CT))
xlabel('Doppler Frequencey Offset(Hz)')
ylabel('CT_SSC(dB/Hz)')
```

9. AltBOC 功率谱计算

```
function PSD_AltBOC＝PSDcal_AltBOC(f,fs,Tc)
% f:输入的频率矢量(功率谱横坐标)单位 Hz
% fs:子载波频率 单位：Hz
% Tc:扩频码元宽度 单位:Second


PSD_AltBOC＝4. /(Tc * pi * pi. * f. * f). * ((cos(pi * f * Tc)). ^2). /(((cos(pi * f/(fs * 2))). ^2)...
    . * ((cos(pi * f/(fs * 2))). ^2－(cos(pi * f/(fs * 2)))－ . * (cos(pi * f/(fs * 2))).
 * (cos(pi * f/(fs * 4)))+2)/(2 * pi);


index＝(((cos(pi * f/(fs * 2))). ^2)<1e－6);
PSD_AltBOC(index)＝4. /(Tc * pi * pi. * f(index). * f(index)). * ((fs * Tc * 2)^2)...
        . * ((cos(pi * f(index)/(fs * 2))). ^2 － (cos(pi * f(index)/(fs * 2)))... － 2.
 * (cos(pi * f(index)/(fs * 2))). * (cos(pi * f(index)/(fs * 4)))+2 )/(2 * pi);
```

10. 链路损耗预算功能函数

```
function [Losses,Powers] = LinkBudget(SignalPara,...  TransmitterPara,PathPara,
ReceiverFront)
% SignalPara 信号参数
% TransmitterPara 发射设备参数
% PathPara 传播路径参数
% ReceiverFront 接收机前端参数
%常数
% ho=6;%氧气高度=6 km
% Re=8500;%考虑折射后的有效地球半径,当海拔高度小于 1 km 时,Re=8500 km
% hw0=1.6;   %水蒸气高度 晴天 1.6 km
% hw0=2.1;   %水蒸气高度 晴天 2.1 km


list_f=[1 2 4 6 7 8 10];
list_KH=[0.0000387 0.000154 0.000650 0.00175 0.00301 0.00454 0.0101];
list_KV=[0.0000352 0.000138 0.000591 0.00155 0.00265 0.00395 0.00887];
list_uH=[0.912 0.963 1.121 1.308 1.332 1.327 1.276];
list_uV=[0.880 0.923 1.075 1.265 1.312 1.310 1.264];
%散焦损耗列表
list_alpha=[3.5 4    5   10   20   90];
list_Ld=[0.1   0.04   0.025 0.02 0.015 0];
%获取频率
frequence=SignalPara.frequence;
%获取仰角
alpha=PathPara.elevation;
%获取海拔
hs=PathPara.ATM.hs;
%获取氧气高度 km
ho=PathPara.ATM.ho;
%获取有效地球半径 km
Re=PathPara.ATM.Re0;
%获取水蒸气高度 km
hw0=PathPara.ATM.hw0;
%获取水蒸气密度 g/m^3
pw=PathPara.ATM.pw;
%获取降雨率 mm/h,台湾最大 144,新疆地区 5
```

```
R=PathPara. ATM. R;
%获取纬度,处于北半球为正,南半球为负
latitude=PathPara. ATM. latitude;
%获取能见度,密雾<50 m;浓雾(50 m～200 m);中等雾(200 m～500 m);
vm=PathPara. ATM. vm;
%获取云雾高度 1 km
i dC=PathPara. ATM. dc;


%获取 Xt 发射波极化轴比
Xt=TransmitterPara. Xt;
%获取 Xr 接收设备极化轴比
Xr=ReceiverFront. Xr;
%获取 theta 椭圆轴方向夹角
theta=ReceiverFront. theta;
% theta=0;
distance=PathPara. d;
%自由空间损耗
Loss_free=CalLoss_free(frequence,distance);
%氧分子损耗
Loss_Oxygen=CalLoss_Oxygen(frequence,hs,alpha,ho,Re);
%水分子损耗
Loss_Water=CalLoss_Water(frequence,pw,alpha,hs,hw0,Re);
%雨衰
Loss_Rain=CalLoss_Rain(frequence,R,list_f,list_KH,list_KV,...
        list_uH,list_uV,alpha,latitude,hs,Re);
%云雾损耗
Loss_C=CalLoss_C(frequence,vm,dC,alpha);
% %散焦损耗
Loss_Defocusing=CalLoss_Defocusing(alpha,list_alpha,list_Ld);
%极化损耗
Loss_Polarization=CalLoss_Polarization(Xt,Xr,theta);
%总损耗
%结果结构体产生
Losses. free=Loss_free;
Losses. Oxygen=Loss_Oxygen;
Losses. Water=Loss_Water;
```

Losses. Rain＝Loss_Rain；

Losses. Cloud＝Loss_C；

Losses. Polarization＝Loss_Polarization；

Powers. EIRP＝TransmitterPara. Pt ＋ TransmitterPara. Gt；

Powers. RecAntPow＝Powers. EIRP － Loss_free － Loss_Oxygen...

　　　　　　　　　　－ Loss_Water － Loss_Rain － Loss_C － Loss_Polarization；

Powers. RecInputPow＝Powers. RecAntPow ＋ ReceiverFront. Gr；

Powers. RecInputCNR＝Powers. RecAntPow ＋ ReceiverFront. GTr ＋ 228. 6；

%%

%%%%%%%%%%%%%%%%%%%%function Loss_free＝CalLoss_free（frequence，

distance）

%计算自由空间损耗

% frequence　　　MHz

% distance　　　　km

% Loss_free　　　db

Loss_free＝32. 44 ＋20 * log10(distance)＋ 20 * log10(frequence)；

%%

%%%%%%%%%%%%%%%%%%%%function Loss_Oxygen＝CalLoss_Oxygen（frequence，

hs，alpha，ho，Re）

%计算氧分子吸收损耗

% frequence　　　MHz

% hs 接收机海拔高度　　　km

% ho 氧气高度　　　km

% alpha 仰角 度

% Re 考虑折射后的有效地球半径 km

if isempty(hs)||isempty(ho)|| isempty(Re)

　　Loss_Oxygen＝0；

　　return；

end

frequence＝frequence/1000；

alpha＝alpha/180 * pi；

ro＝(7. 19e−3 ＋ (6. 09/(frequence^2 ＋ 0. 027))＋ (4. 81/((frequence−57)^2+1. 50)))...

　　　* (frequence^2) * 1e−3；

```
if alpha >10 * pi/180
    Loss_Oxygen=ro * ho * exp(-hs/ho)/(sin(alpha));
else
    Loss_Oxygen=ro * ho * exp(-hs/ho)/...
                (0.661 * sqrt(sin(alpha)^2 + 2 * hs/Re)+...
                0.339 * sqrt(sin(alpha)^2 + 2 * hs/Re + 5.5 * ho/Re));
end


%%%%%%%%%%%%%%%%%%%%%%%%%%%%%%%%%%%%%%%
%%%%%%%%%%%%%%%%%%function Loss_Water=CalLoss_Water(frequence,pw,
alpha,hs,hw0,Re)
%计算水分子吸收损耗
% frequence      MHz
% pw 水蒸气密度 g/m^3
% alpha 仰角 度
% hs 接收机海拔高度 km
% hw0 水蒸气高度 km
% Re 考虑折射后的有效地球半径 km
if isempty(pw)||isempty(hs)|| isempty(hw0)|| isempty(Re)
    Loss_Water=0;
    return;
end
frequence   =frequence/1000;
alpha   =alpha/180 * pi;
rw   =(0.05 + 0.0021 * pw + 3.6/((frequence-22.7)^2 +8.5)...
        + 10.6/((frequence-183.2)^2 +9)...
        + 8.9/((frequence-325.4)^2 +26.3))...
        * (frequence^2) * pw * 1e-4;
hw   =hw0 * (1+ 3.0/((frequence-22.2)^2 +5)...
        + 5.0/((frequence-183.3)^2 +6)...
        + 2.5/((frequence-325.4)^2 +4));
if alpha >10 * pi/180
    Loss_Water   =rw * hw/(sin(alpha));
else
    Loss_Water   =rw * hw/...
                ( 0.661 * sqrt(sin(alpha)^2 + 2 * hs/Re)...
```

```
                    +0.339 * sqrt(sin(alpha)^2 + 2 * hs/Re + 5.5 * hw/Re));
end


%%%%%%%%%%%%%%%%%%%%%%%%%%%%%%%%%%%%%%%
%%%%%%%%%%%%%%%%%%%%function Loss_Rain = CalLoss_Rain(frequence,
R,list_f,list_KH,list_KV,...
        list_uH,list_uV,alpha,latitude,hs,Re)
%计算雨损耗
% frequence MHz
% R 降雨率 mm/h
% alpha 仰角 度
% station
% Re 考虑折射后的有效地球半径 km
if isempty(R)||isempty(latitude)|| isempty(hs)|| isempty(Re)
    Loss_Rain=0;
    return;
end
frequence=frequence/1000;
KH=interp1(list_f,list_KH,frequence,'spline');
KV=interp1(list_f,list_KV,frequence,'spline');
uH=interp1(list_f,list_uH,frequence,'spline');
uV=interp1(list_f,list_uV,frequence,'spline');
K=(KH + KV)/2;
u=(KH * uH + KV * uV)/2/K;
rR=K  *  R^u;


%雨高
if latitude > 23
    hR=5 - 0.075 * (latitude - 23);
elseif latitude >=-21
    hR=5;
elseif latitude >=-71
    hR=5 + 0.1 * (latitude + 21);
else
    hR=0;
end
```

```
%斜路径
alpha＝alpha * pi/180;
if alpha ＞＝5 * pi/180
    dR＝(hR － hs)/sin(alpha);
else
    dR＝2 * (hR－hs)/(sqrt(sin(alpha)＋ 2 * (hR － hs)/Re)＋ sin(alpha));
end


%路径缩短因子,暂时不考虑
Loss_Rain＝rR * dR;



%％％％％％％％％％％％％％％％％％％％％％％％％％％％％％％％％％％
％％％％％％％％％％％％％％％％％％
function Loss_C＝CalLoss_C(frequence,vm,dC,alpha)
%计算雾云雪损耗
% vm 能见度
% dC 云雾高度
if isempty(vm)||isempty(dC)
    Loss_C＝0;
    return;
end
frequence＝frequence/1000;
alpha＝alpha * pi/180;
rc＝0.148 * (frequence^2)/(vm^1.43);
Loss_C＝rc * dC/sin(alpha);



%％％％％％％％％％％％％％％％％％％％％％％％％％％％％％％％％％％
％％％％％％％％％％％％％％％％％％function Loss_Defocusing＝CalLoss_Defocusing
(alpha,list_alpha,list_Ld)
%计算散焦损耗
Loss_Defocusing＝interp1(list_alpha,list_Ld,alpha,'linear');



%％％％％％％％％％％％％％％％％％％％％％％％％％％％％％％％％％％
％％％％％％％％％％％％％％％％％％
function Loss_Polarization＝CalLoss_Polarization(Xt,Xr,theta)
```

```
%计算极化损耗
% Xt 发射波极化轴比(dB)
% Xr 接收设备极化轴比(dB)
% theta 椭圆轴方向夹角
if isempty(Xt)||isempty(Xr)||isempty(theta)
    Loss_Polarization=0;
    return;
end
Xt=10^(Xt/20);
Xr=10^(Xr/20);
theta=theta  * pi/180;
Loss_Polarization=-10 *  log10(1/2 * (1+ (4 * Xt * Xr + (1-Xt^2) * (1-Xr^2) * cos(2 *
theta))...
                   /((1+Xt^2) * (1+Xr^2))));
```

11. function PSDCal_SubModulation(ModulationStyle,BOC,R_BPSK)

```
%研究子载波调制方式对干扰系数和码跟踪谱分离系数的影响
%码长=1023,伪码序列选用一组 m 序列,m 序列的生成多项式=[1 0 0 0 0 0 1 1 0 1 1],
%初相=[1 1 0 0 1 1 1 1 1 1],数据速率=50bps,
%接收机前端滤波器带宽取为 24 * Rc(MHz),多普勒频率偏移范围为 0-5 kHz 下,
%相关器间隔=0.1Chip
% ModulationStyle,是字符串,表示子载波调制方式
% BOC 是一个结构体,其定义如下:
%BOC=struct('n',{1},'m',{1},'Phase',{'BOCc'})

CodeLength=1023;
Rb=50;    %bps,数据速率
Tb=1/Rb ;
GeneratorPolynomial=[1 0 0 0 0 0 1 1 0 1 1];
InitialPhase=[1 1 0 0 1 1 1 1 1 1];
M_PRN=MCodeGenerator(CodeLength,GeneratorPolynomial,InitialPhase);    %生成 m
序列
RefCode=M_PRN * 2 - 1;

switch    ModulationStyle
    case 'BPSK'
```

```
%码片脉冲波形功率谱
CodeRate＝R_BPSK * 1.023e6；
T＝CodeLength * (1/CodeRate)；
N_C＝round(Tb/T)；%一个数据位里面包含的伪码序列周期数
signal0＝repmat(RefCode,1,N_C)；   %在一个数据位里重复伪码序列
n_fft＝length(signal0)；   %傅里叶变换的点数
N_B＝24；
Bf_Max＝N_B * 1.023e6；        %前端带宽
Tc＝1/CodeRate；    %          %码片宽度
f＝linspace(－Bf_Max/2,Bf_Max/2,n_fft * N_B)；%前端带宽范围
PSD_pulse＝PSDcal_R(f,Tc)；   %功率谱的包络
%%%——————————求伪码序列的离散功率谱——————————


fft_temp＝fft(RefCode,n_fft)；
PSD_code＝(abs(fft_temp).^2)./CodeLength；


%%%——————————求信号的实际功率谱—————————
PSD_S1＝(repmat(PSD_code,1,N_B)).* PSD_pulse；%,


case 'BOC'
  %码片脉冲波形功率谱
  Rc＝1.023 * 1e6 ；
  T＝CodeLength * (1/(BOC_m * Rc))；
  N_C＝round(Tb/T)；%一个数据位里面包含的伪码序列周期数
  signal0＝repmat(RefCode,1,N_C)；   %在一个数据位里重复伪码序列
  n_fft＝length(signal0)；   %傅里叶变换的点数
  N_B＝24；
  Bf_Max＝N_B * Rc；        %前端带宽
  f＝linspace(－Bf_Max/2,Bf_Max/2,n_fft * N_B)；%前端带宽范围
  switch   BOC_Phase
      case   'BOCc'
          n＝BOC_n ；
          m＝BOC_m ；
          PSD_pulse＝PSDcal_BOCc(f,n,m)；
          %%%——————————求伪码序列的离散功率谱————————
          fft_temp＝fft(RefCode,n_fft)；
```

```
            PSD_code＝(abs(fft_temp). ^2). /CodeLength;


            ％％％－－－－－－－－－求信号的实际功率谱－－－－－－－－
            PSD_S1＝(repmat(PSD_code,1,N_B)). * PSD_pulse;％,

      case  'BOCs'
            n＝BOC_n ;
            m＝BOC_m ;
            PSD_pulse＝PSDcal_BOCs(f,n,m);
            ％％％－－－－－－－－求伪码序列的离散功率谱－－－－－－－


            fft_temp＝fft(RefCode,n_fft);
            PSD_code＝(abs(fft_temp). ^2). /CodeLength;
            ％％％－－－－－－－－－求信号的实际功率谱－－－－－－－－
            PSD_S1＝(repmat(PSD_code,1,N_B)). * PSD_pulse;％,

      otherwise
            disp('Error input.')
  end
case 'MBOC'
      ％码片脉冲波形功率谱
      Rc＝1. 023e6 ;
      T＝CodeLength * (1/Rc);
      N_C＝round(Tb/T);％一个数据位里面包含的伪码序列周期数
      signal0＝repmat(RefCode,1,N_C);  ％在一个数据位里重复伪码序列
      n_fft＝length(signal0);  ％傅里叶变换的点数
      N_B＝24;
      Bf_Max＝N_B * Rc;        ％前端带宽
      f＝linspace(－Bf_Max/2,Bf_Max/2,n_fft * N_B);％前端带宽范围
      PSD_BOC_1_1＝(1/Rc) * (sinc(f/(1 * Rc)). * tan(pi * f/(2 * 1 * Rc))). ^2;％
BOC(1,1)
      PSD_BOC_6_1＝(1/Rc) * (sinc(f/(1 * Rc)). * tan(pi * f/(2 * 6 * Rc))). ^2; ％
BOC(6,1)
      PSD_pulse＝(10/11) * PSD_BOC_1_1＋(1/11) * PSD_BOC_6_1;  ％MBOC(6,
1,1/11)
      ％％％－－－－－－－－求伪码序列的离散功率谱－－－－－－－－
```

```
        fft_temp=fft(RefCode,n_fft);
        PSD_code=(abs(fft_temp).^2)./CodeLength;


        %%%—————————求信号的实际功率谱—————————
        PSD_S1=(repmat(PSD_code,1,N_B)).*PSD_pulse;%,
    otherwise
        disp('Unknown method.')
end
```

12. GPS L1 频段上 C/A,P(Y),M,L1C 码受系统内干扰引起的载噪比衰减量和等效载噪比衰减量(考虑 C/A 码的实际功率谱)

```
%%%%%%%—————计算 C/A,M code,L1C and P(Y)干扰系数—————
%%%%%%% —————计算 C/A,M code,L1C and P(Y)干扰功率—————
clear;


BandWidth=24e6;%;Hz
Rc=1.023*1e6;    %基准速率
Tc=1/Rc;
df=20;%
%%%——— C/A Code PSD————————————————————————
CodeLength=1023;
T=CodeLength*Tc;
Tco=0.005;
PRN1=generate_ca(1);   %产生 PRN1 C/A 码
PRN2=generate_ca(2);   %产生 PRN1 C/A 码
n_circle=round(Tco/T);
PRN_1=repmat(PRN1,1,n_circle);%把 PRN 重复 n_circle 个周期,
PRN_r1=(PRN_1*2-1)*(-1);            %1→-1,0→1;
PRN_2=repmat(PRN2,1,n_circle);%把 PRN 重复 n_circle 个周期,
PRN_r2=(PRN_2*2-1)*(-1);            %1→-1,0→1;
delta_f=10;   %频率分辨率
N=round(Rc/delta_f);
PSD_1=abs(fft(PRN_r1,N)).^2;%这个功率谱已包含有信息位的影响
PSD_2=abs(fft(PRN_r2,N)).^2;%这个功率谱已包含有信息位的影响
n_s=round(BandWidth/Rc);
Spectrum_1=repmat(PSD_1,1,n_s);
```

%PRN 序列 FFT 变换之后,频率范围只是[－CodeRate/2,CodeRate/2],因此需要周期延拓

```
Spectrum_1＝fftshift(Spectrum_1);
Spectrum_2＝repmat(PSD_2,1,n_s);
Spectrum_2＝fftshift(Spectrum_2);
Len＝length(Spectrum_1);
f＝[－Len/2:Len/2－1] * delta_f;
Spectrum_Env＝(Tc^2) * (sinc(f * Tc)).^2;
PSD_CA1＝Spectrum_Env. * Spectrum_1/Tco;%C/A 的 PRN1 的功率谱,实际功率谱
PSD_CA2＝Spectrum_Env. * Spectrum_2/Tco;%C/A 的 PRN2 的功率谱
% PSD_CA＝(1/Rc) * sinc(f * (1/Rc)).^2;
PSD_P＝(1/(10 * Rc)) * sinc(f * (1/(10 * Rc))).^2;
PSD_M＝(1/(5 * Rc)) * (sinc(f/(5 * Rc)). * tan(pi * f/(2 * 10 * Rc))).^2;%BOCsin
(10,5)
F＝[1:Len/2] * delta_f;
PSD_BOC＝(1/Rc) * (sin(pi * F/(1 * Rc)). * sin(pi * F/(2 * 1 * Rc))./((pi * F/(1 *
Rc)). * cos(pi * F/(2 * 1 * Rc)))).^2;
%BOC(1,1)
index＝find(abs(cos(pi * F/(2 * 1 * Rc)))＜1e−6);
PSD_BOC(index)＝PSD_BOC(index＋1);
PSD_BOC_1＝PSD_BOC(end:−1:1);
PSD_BOC11＝[PSD_BOC_1(1:end)PSD_BOC];
PSD_BOC＝(1/Rc) * (sin(pi * F/(1 * Rc)). * sin(pi * F/(2 * 6 * Rc))./((pi * F/(1 *
Rc)). * cos(pi * F/(2 * 6 * Rc)))).^2;
index＝find(abs(cos(pi * F/(2 * 6 * Rc)))＜1e−6);
PSD_BOC(index)＝PSD_BOC(index＋1);
PSD_BOC_1＝PSD_BOC(end:−1:1);
PSD_BOC61＝[PSD_BOC_1(1:end)PSD_BOC];%%BOC(6,1)
PSD_L1C＝(10/11) * PSD_BOC11＋(1/11) * PSD_BOC61;%MBOC(6,1,1/11)
PSD_TMBOC_4_33＝(29/33) * PSD_BOC11＋(4/33) * PSD_BOC61;%TMBOC(6,1,4/
33),Pilot Channel
PSD_L1C_data＝PSD_BOC11;
PSD_L1C_pilot＝PSD_TMBOC_4_33;

power_CA_min＝10^(−158.5/10);%dBW
power_CA_max＝10^(−153/10);
```

```
power_P_min=10^(-160/10);
power_P_max=10^(-155.5/10);
power_M_min=10^(-157/10);
power_M_max=10^(-150/10);
power_L1C_max=10^(-154/10);
power_L1C_min=10^(-157/10);
power_L1C_data_max=10^(-160/10);
power_L1C_data_min=10^(-163/10);
power_L1C_pilot_max=10^(-155.3/10);
power_L1C_pilot_min=10^(-158.3/10);


N0=10^(-201/10); %% the noise power spectral density dBW/Hz
I=12;
J=7;
%%%--------Calculate interference coefficienct C/A Code---------
df=20;
k=1;
for Doppler=0:100:3500
    i=round(Doppler/df);
    PSD_1=[zeros(1,i)PSD_CA2(1:end-i)];
    PSD_2=[zeros(1,i)PSD_P(1:end-i)];
    PSD_3=[zeros(1,i)PSD_M(1:end-i)];
    PSD_4=[zeros(1,i)PSD_L1C(1:end-i)];
    C_CA_CA(k)=sum(PSD_CA1.*PSD_1)/sum(PSD_CA1);
    C_CA_P(k)=sum(PSD_CA1.*PSD_2)/sum(PSD_CA1);
    C_CA_M(k)=sum(PSD_CA1.*PSD_3)/sum(PSD_CA1);
    C_CA_MBOC(k)=sum(PSD_CA1.*PSD_4)/sum(PSD_CA1);
    k=k+1;
end
%%
a=0:100:3500;
figure;
plot(a,10*log10(C_CA_CA),a,10*log10(C_CA_P),a,10*log10(C_CA_M),a,10*
log10(C_CA_MBOC))
xlabel('Doppler Frequencey Offset(Hz)')
ylabel('Interference Coefficient(dB/Hz)')
```

```
legend('C/A','P(Y)','M','L1C')
title('目标信号是 C/A 码')
%%########################################
########################################
%%##
%%%---------Calculate interference coefficienct P Code,----------
k=1;
for Doppler=0:100:3500
    i=round(Doppler/df);
    PSD_1=[zeros(1,i)PSD_CA1(1:end-i)];
    PSD_2=[zeros(1,i)PSD_P(1:end-i)];
    PSD_3=[zeros(1,i)PSD_M(1:end-i)];
    PSD_4=[zeros(1,i)PSD_L1C(1:end-i)];
    C_P_CA(k)=sum(PSD_P.*PSD_1)/sum(PSD_P);
    C_P_P(k)=sum(PSD_P.*PSD_2)/sum(PSD_P);
    C_P_M(k)=sum(PSD_P.*PSD_3)/sum(PSD_P);
    C_P_MBOC(k)=sum(PSD_P.*PSD_4)/sum(PSD_P);
    k=k+1;
end


a=0:100:3500;
figure;plot(a,10*log10(C_P_CA),a,10*log10(C_P_P),a,10*log10(C_P_M),a,10*
log10(C_P_MBOC))
xlabel('Doppler Frequencey Offset(Hz)')
ylabel('Interference Coefficient(dB/Hz)')
legend('C/A','P(Y)','M','L1C')
title('目标信号是 P 码')
%%########################################
########################################
%%%---------Calculate interference coefficienct M Code,----------

k=1;
for Doppler=0:100:3500
    i=round(Doppler/df);
    PSD_1=[zeros(1,i)PSD_CA1(1:end-i)];
    PSD_2=[zeros(1,i)PSD_P(1:end-i)];
```

```
        PSD_3=[zeros(1,i)PSD_M(1:end-i)];
        PSD_4=[zeros(1,i)PSD_L1C(1:end-i)];
        C_M_CA(k)=sum(PSD_M. * PSD_1)/sum(PSD_M);
        C_M_P(k)=sum(PSD_M. * PSD_2)/sum(PSD_M);
        C_M_M(k)=sum(PSD_M. * PSD_3)/sum(PSD_M);
        C_M_MBOC(k)=sum(PSD_M. * PSD_4)/sum(PSD_M);
        k=k+1;
end


a=0:100:3500;
figure;
plot(a,10 * log10(C_M_CA),a,10 * log10(C_M_P),a,10 * log10(C_M_M),a,10 * log10
(C_M_MBOC))
xlabel('Doppler Frequencey Offset(Hz)')
ylabel('Interference Coefficient(dB/Hz)')
legend('C/A','P(Y)','M','L1C')
title('目标信号是 M 码')
%%############################################
############################################
%%%-------Calculate interference coefficienct L1C Code,--------
k=1;
for Doppler=0:100:3500
    i=round(Doppler/df);
    PSD_1=[zeros(1,i)PSD_CA1(1:end-i)];
    PSD_2=[zeros(1,i)PSD_P(1:end-i)];
    PSD_3=[zeros(1,i)PSD_M(1:end-i)];
    PSD_4=[zeros(1,i)PSD_L1C_data(1:end-i)];
    PSD_5=[zeros(1,i)PSD_L1C_pilot(1:end-i)];
    C_L1C_data_CA(k)=sum(PSD_L1C_data. * PSD_1)/sum(PSD_L1C_data);
    C_L1C_data_P(k)=sum(PSD_L1C_data. * PSD_2)/sum(PSD_L1C_data);
    C_L1C_data_M(k)=sum(PSD_L1C_data. * PSD_3)/sum(PSD_L1C_data);
    C_L1C_data_data(k)=sum(PSD_L1C_data. * PSD_4)/sum(PSD_L1C_data);
    C_L1C_data_pilot(k)=sum(PSD_L1C_data. * PSD_5)/sum(PSD_L1C_data);
    C_L1C_pilot_CA(k)=sum(PSD_L1C_pilot. * PSD_1)/sum(PSD_L1C_pilot);
    C_L1C_pilot_P(k)=sum(PSD_L1C_pilot. * PSD_2)/sum(PSD_L1C_pilot);
    C_L1C_pilot_M(k)=sum(PSD_L1C_pilot. * PSD_3)/sum(PSD_L1C_pilot);
```

```
        C_L1C_pilot_data(k)=sum(PSD_L1C_pilot. * PSD_4)/sum(PSD_L1C_pilot);
        C_L1C_pilot_pilot(k)=sum(PSD_L1C_pilot. * PSD_5)/sum(PSD_L1C_pilot);
        k=k+1;
end
% %
a=0:100:3500;
figure;plot(a,10 * log10(C_L1C_data_CA),a,10 * log10(C_L1C_data_P),a,10 * log10(C_
L1C_data_M),a,10 * log10(C_L1C_data_data),a,10 * log10(C_L1C_data_pilot))
xlabel('Doppler Frequencey Offset(Hz)')
ylabel('Interference Coefficient(dB/Hz)')
legend('C/A','P(Y)','M','L1C data','L1C pilot')
title('目标信号是 L1C 信号数据通道')
figure;
plot(a,10 * log10(C_L1C_pilot_CA),a,10 * log10(C_L1C_pilot_P),a,10 * log10(C_L1C_
pilot_M),a,10 * log10(C_L1C_pilot_data),a,10 * log10(C_L1C_pilot_pilot))
xlabel('Doppler Frequencey Offset(Hz)')
ylabel('Interference Coefficient(dB/Hz)')
legend('C/A','P(Y)','M','L1C data','L1C pilot')
title('目标信号是 L1C 信号导航通道')


%%########################################################
########################################################
%%##%——————————— Caculate   degradation of C/N0 ———————————
%——————————— C/A is useful signal ———————————
I_CA_CA_Max=9 * power_CA_max * C_CA_CA;%10 度仰角
I_CA_CA_Min=5 * power_CA_min * C_CA_CA;
I_CA_P_Max=10 * power_P_max * C_CA_P;
I_CA_P_Min=6 * power_P_min * C_CA_P;
I_CA_M_Max=10 * power_M_max * C_CA_M;
I_CA_M_Min=6 * power_M_min * C_CA_M;
I_CA_L1C_Max=10 * power_L1C_max * C_CA_MBOC;
I_CA_L1C_Min=6 * power_L1C_min * C_CA_MBOC;
I_CA_Intra_Max=I_CA_CA_Max+I_CA_P_Max+I_CA_M_Max+I_CA_L1C_Max;
I_CA_Intra_Min=I_CA_CA_Min+I_CA_P_Min+I_CA_M_Min+I_CA_L1C_Min;
CN0_CA_deg_Max=10 * log10(1+I_CA_Intra_Max/N0);
CN0_CA_deg_Min=10 * log10(1+I_CA_Intra_Min/N0);
```

```
a=0:100:3500;
figure;plot(a,10 * log10(I_CA_Intra_Max),a,10 * log10(I_CA_Intra_Min))
xlabel('Doppler Frequencey Offset(Hz)')
ylabel('Degradation of CN0(dB)')
legend('Max','Min')
title('C/A 码 PRN1 的最大最小等效载噪比')%

figure;plot(a,CN0_CA_deg_Max,a,CN0_CA_deg_Min)
xlabel('Doppler Frequencey Offset(Hz)')
ylabel('Degradation of CN0(dB)')
legend('Max','Min')
title('只考虑 CDMA 干扰')%C/A 码 PRN1 受到系统内干扰的影响
title('C/A 码 PRN1 受到系统内干扰的影响')%

%——————— P(Y)is useful signal ————————————————
I_P_CA_Max=12 * power_CA_max * C_P_CA;%5 度仰角
I_P_CA_Min=7 * power_CA_min * C_P_CA;
I_P_P_Max=11 * power_P_max * C_P_P;
I_P_P_Min=6 * power_P_min * C_P_P;
I_P_M_Max=12 * power_M_max * C_P_M;
I_P_M_Min=7 * power_M_min * C_P_M;
I_P_L1C_Max=12 * power_L1C_max * C_P_MBOC;
I_P_L1C_Min=7 * power_L1C_min * C_P_MBOC;
I_P_Intra_Max=I_P_CA_Max+I_P_P_Max+I_P_M_Max+I_P_L1C_Max;
I_P_Intra_Min=I_P_CA_Min+I_P_P_Min+I_P_M_Min+I_P_L1C_Min;
CN0_P_deg_Max=10 * log10(1+I_P_Intra_Max/N0);
CN0_P_deg_Min=10 * log10(1+I_P_Intra_Min/N0);
a=0:100:3500;
figure;plot(a,10 * log10(I_P_Intra_Max),a,10 * log10(I_P_Intra_Min))
xlabel('Doppler Frequencey Offset(Hz)')
ylabel('等效载噪比(dB-Hz)')
legend('Max','Min')
title(' P(Y)码 PRN1 的最大最小等效载噪比')

figure;plot(a,CN0_P_deg_Max,a,CN0_P_deg_Min)
xlabel('Doppler Frequencey Offset(Hz)')
```

```
ylabel('Degradation of CN0(dB)')
legend('Max','Min')
title('P(Y)码的最大最小载噪比衰减值')%


%－－－－－－－－－ M is useful signal －－－－－－－－－－－－－－－
I_M_CA_Max=12 * power_CA_max * C_M_CA;%5 度仰角
I_M_CA_Min=7 * power_CA_min * C_M_CA;
I_M_P_Max=12 * power_P_max * C_M_P;
I_M_P_Min=7 * power_P_min * C_M_P;
I_M_M_Max=11 * power_M_max * C_M_M;
I_M_M_Min=6 * power_M_min * C_M_M;
I_M_L1C_Max=12 * power_L1C_max * C_M_MBOC;
I_M_L1C_Min=7 * power_L1C_min * C_M_MBOC;
I_M_Intra_Max=I_M_CA_Max+I_M_P_Max+I_M_M_Max+I_M_L1C_Max;
I_M_Intra_Min=I_M_CA_Min+I_M_P_Min+I_M_M_Min+I_M_L1C_Min;
CN0_M_deg_Max=10 * log10(1+I_M_Intra_Max/N0);
CN0_M_deg_Min=10 * log10(1+I_M_Intra_Min/N0);
a=0:100:3500;
figure;plot(a,10 * log10(I_M_Intra_Max),a,10 * log10(I_M_Intra_Min))
xlabel('Doppler Frequencey Offset(Hz)')
ylabel('等效载噪比(dB－Hz)')
legend('Max','Min')
title(' M 码 PRN1 的最大最小等效载噪比')


figure;plot(a,CN0_M_deg_Max,a,CN0_M_deg_Min)
xlabel('Doppler Frequencey Offset(Hz)')
ylabel('Degradation of CN0(dB)')
legend('Max','Min')
title('M 码的最大最小载噪比衰减值')%
%－－－－－－－－－ L1C data is useful signal －－－－－－－－－－－－－－
I_L1Cdata_CA_Max=12 * power_CA_max * C_L1C_data_CA;%5 度仰角
I_L1Cdata_CA_Min=7 * power_CA_min * C_L1C_data_CA;
I_L1Cdata_P_Max=12 * power_P_max * C_L1C_data_P;
I_L1Cdata_P_Min=7 * power_P_min * C_L1C_data_P;
I_L1Cdata_M_Max=12 * power_M_max * C_L1C_data_M;
I_L1Cdata_M_Min=7 * power_M_min * C_L1C_data_M;
```

```
I_L1Cdata_data_Max=11 * power_L1C_data_max * C_L1C_data_data;
I_L1Cdata_data_Min=6 * power_L1C_data_min * C_L1C_data_data;
I_L1Cdata_pilot_Max=12 * power_L1C_pilot_max * C_L1C_data_pilot;
I_L1Cdata_pilot_Min=7 * power_L1C_pilot_min * C_L1C_data_pilot;
I_L1Cdata_Intra_Max=I_L1Cdata_CA_Max+I_L1Cdata_P_Max+I_L1Cdata_M_Max+I
_L1Cdata_data_Max+I_L1Cdata_pilot_Max;
I_L1Cdata_Intra_Min=I_L1Cdata_CA_Min+I_L1Cdata_P_Min+I_L1Cdata_M_Min+I_
L1Cdata_data_Min+I_L1Cdata_pilot_Min;
CN0_L1Cdata_deg_Max=10 * log10(1+I_L1Cdata_Intra_Max/N0);
CN0_L1Cdata_deg_Min=10 * log10(1+I_L1Cdata_Intra_Min/N0);
a=0:100:3500;
figure;plot(a,10 * log10(I_L1Cdata_Intra_Max),a,10 * log10(I_L1Cdata_Intra_Min))
xlabel('Doppler Frequencey Offset(Hz)')
ylabel('等效载噪比(dB-Hz)')
legend('Max','Min')
title(' L1C 信号数据通道的最大最小等效载噪比')


figure;plot(a,CN0_L1Cdata_deg_Max,a,CN0_L1Cdata_deg_Min)
xlabel('Doppler Frequencey Offset(Hz)')
ylabel('Degradation of CN0(dB)')
legend('Max','Min')
title('L1C 信号数据通道的最大最小载噪比衰减值')%
%—————————— L1C pilot is useful signal ——————————————
I_L1Cpilot_CA_Max=12 * power_CA_max * C_L1C_pilot_CA;%5 度仰角
I_L1Cpilot_CA_Min=7 * power_CA_min * C_L1C_pilot_CA;
I_L1Cpilot_P_Max=12 * power_P_max * C_L1C_pilot_P;
I_L1Cpilot_P_Min=7 * power_P_min * C_L1C_pilot_P;
I_L1Cpilot_M_Max=12 * power_M_max * C_L1C_pilot_M;
I_L1Cpilot_M_Min=7 * power_M_min * C_L1C_pilot_M;
I_L1Cpilot_data_Max=12 * power_L1C_data_max * C_L1C_pilot_data;
I_L1Cpilot_data_Min=7 * power_L1C_data_min * C_L1C_pilot_data;
I_L1Cpilot_pilot_Max=11 * power_L1C_pilot_max * C_L1C_pilot_pilot;
I_L1Cpilot_pilot_Min=6 * power_L1C_pilot_min * C_L1C_pilot_pilot;
I_L1Cpilot_Intra_Max=I_L1Cpilot_CA_Max+I_L1Cpilot_P_Max+I_L1Cpilot_M_Max+
I_L1Cpilot_data_Max+I_L1Cpilot_pilot_Max;
I_L1Cpilot_Intra_Min=I_L1Cpilot_CA_Min+I_L1Cpilot_P_Min+I_L1Cpilot_M_Min+I
```

```
_L1Cpilot_data_Min+I_L1Cpilot_pilot_Min;
CN0_L1Cpilot_deg_Max=10 * log10(1+I_L1Cpilot_Intra_Max/N0);
CN0_L1Cpilot_deg_Min=10 * log10(1+I_L1Cpilot_Intra_Min/N0);
a=0:100:3500;
figure;plot(a,10 * log10(I_L1Cpilot_Intra_Max),a,10 * log10(I_L1Cpilot_Intra_Min))
xlabel('Doppler Frequencey Offset(Hz)')
ylabel('等效载噪比(dB-Hz)')
legend('Max','Min')
title('L1C 信号导航通道的最大最小等效载噪比')

figure;plot(a,CN0_L1Cpilot_deg_Max,a,CN0_L1Cpilot_deg_Min)
xlabel('Doppler Frequencey Offset(Hz)')
ylabel('Degradation of CN0(dB)')
legend('Max','Min')
title('L1C 信号导航通道的最大最小载噪比衰减值')
```

13. GALILEO E1 频段上 L1 OS 和 L1 PRS 码受系统内干扰引起的载噪比衰减量和等效载噪比衰减量

```
%% Caculate Galileo signal suffer intra-interference
function [I_Intra_Galileo]=Galileo_intrainterfernce()
clear;
BandWidth=24e6;%;32e6
Rc=1.023 * 1e6;    %基准速率
Tc=1/Rc;
df=200; %100
f=[-BandWidth/2:df:BandWidth/2-df];
F=[df/10:df:BandWidth/2];

PSD_BOC=(1/Rc) * (sin(pi * F/(1 * Rc)). * sin(pi * F/(2 * 1 * Rc))./((pi * F/(1 *
Rc)). * cos(pi * F/(2 * 1 * Rc)))).^2;    %BOC(1,1)
index=find(abs(cos(pi * F/(2 * 1 * Rc)))<1e-6);
PSD_BOC(index)=PSD_BOC(index+1);
PSD_BOC_1=PSD_BOC(end:-1:1);
PSD_BOC11=[PSD_BOC_1(1:end)PSD_BOC];%BOC(1,1),Data channel
PSD_BOC=(1/Rc) * (sin(pi * F/(1 * Rc)). * sin(pi * F/(2 * 6 * Rc))./((pi * F/(1 *
Rc)). * cos(pi * F/(2 * 6 * Rc)))).^2;
```

```
index＝find(abs(cos(pi * F/(2 * 6 * Rc))))＜1e−6);
PSD_BOC(index)＝PSD_BOC(index＋1);
PSD_BOC_1＝PSD_BOC(end:−1:1);
PSD_BOC61＝[PSD_BOC_1(1:end)PSD_BOC];%%BOC(6,1),
PSD_L1OS＝(10/11) * PSD_BOC11＋(1/11) * PSD_BOC61;%MBOC(6,1,1/11)
PSD_L1OS_Data＝0.5 * PSD_L1OS;
PSD_BOC＝(1/(2.5 * Rc)) * (sin(pi * F/(2.5 * Rc)). * (cos(pi * F/(2 * 15 * Rc))−1). /
((pi * F/(2.5 * Rc)). * cos(pi * F/(2 * 15 * Rc)))).^2;
index＝find(abs(cos(pi * F/(2 * 15 * Rc))))＜1e−6);
PSD_BOC(index)＝PSD_BOC(index＋1);
PSD_BOC_1＝PSD_BOC(end:−1:1);
PSD_L1_PRS＝[PSD_BOC_1(1:end)PSD_BOC];%BOCcos(15,2.5)
% figure;plot(f/1e6,10 * log10(PSD_L1OS),f/1e6,10 * log10(PSD_L1OS_Data),f/1e6,
10 * log10(PSD_L1_PRS))
% xlabel('Frequency offset from 1575.42(MHz)');ylabel('Power Spectrum Density(dBW/
Hz)')
% legend('L1 OS','L1 OS Data or Pilot','L1 PRS');


power_L1PRS_max＝10^(−150/10);
power_L1PRS_min＝10^(−155/10);
power_L1OS_Data_max＝10^(−157/10);
power_L1OS_Data_min＝10^(−160/10);
power_L1OS_max＝10^(−154/10);
power_L1OS_min＝10^(−157/10);


N0＝10^(−201/10);%% the noise power spectral density dBW/Hz
I＝11;
J＝7;
Tco＝0.005;
Bn＝1;%0.1
delta_Space＝[0.1:0.1:1];
Model＝1;%1
%%%−−−−−−−Calculate interference coefficienct L1 PRS,−−−−−−−−−
k＝1;
for Doppler＝0:100:3500
    i＝round(Doppler/df);
```

```
        PSD_1=[zeros(1,i)PSD_L1OS(1:end-i)];
        PSD_2=[zeros(1,i)PSD_L1_PRS(1:end-i)];
        C_L1PRS_OS(k)=sum(PSD_L1_PRS. * PSD_1)/sum(PSD_L1_PRS);
        C_L1PRS_PRS(k)=sum(PSD_L1_PRS. * PSD_2)/sum(PSD_L1_PRS);
        k=k+1;
end
% %
% a=0:100:3500;
% figure;plot(a,C_L1PRS_OS,a,C_L1PRS_PRS)
% xlabel('Doppler Frequencey Offset(Hz)')
% ylabel('Interference Coefficient(dB/Hz)')
% legend('L1 OS','L1 PRS')
% title('目标信号是 L1 PRS 信号')
%%%——————Calculate interference coefficienct L1 OS data or pilot,——————
k=1;
for Doppler=0:100:3500
    i=round(Doppler/df);
    PSD_1=[zeros(1,i)PSD_L1OS(1:end-i)];
    PSD_2=[zeros(1,i)PSD_L1_PRS(1:end-i)];
    C_L1OS_OS(k)=sum(PSD_L1OS. * PSD_1)/sum(PSD_L1OS);
    C_L1OS_PRS(k)=sum(PSD_L1OS. * PSD_2)/sum(PSD_L1OS);
    k=k+1;
end
% %
% a=0:100:3500;
% figure;plot(a,C_L1OS_OS,a,C_L1OS_PRS)
% xlabel('Doppler Frequencey Offset(Hz)')
% ylabel('Interference Coefficient(dB/Hz)')
% legend('L1 OS','L1 PRS')
% title('目标信号是 L1 OS 信号')


%%##%—————— Caculate degradation of C/N0 ——————————————
%—————————— L1 PRS is useful signal ———————————————
I_L1PRS_OS_Max=11 * power_L1OS_max * C_L1PRS_OS;%5 度仰角
I_L1PRS_OS_Min=7 * power_L1OS_min * C_L1PRS_OS;
I_L1PRS_PRS_Max=10 * power_L1PRS_max * C_L1PRS_PRS;
```

I_L1PRS_PRS_Min＝6 * power_L1PRS_min * C_L1PRS_PRS;

I_L1PRS_Intra_Max＝I_L1PRS_OS_Max+I_L1PRS_PRS_Max;

I_L1PRS_Intra_Min＝I_L1PRS_OS_Min+I_L1PRS_PRS_Min;

CN0_L1PRS_deg_Max＝10 * log10(1+I_L1PRS_Intra_Max/N0);

CN0_L1PRS_deg_Min＝10 * log10(1+I_L1PRS_Intra_Min/N0);

a＝0:100:3500;

figure;plot(a,10 * log10(I_L1PRS_Intra_Max),a,10 * log10(I_L1PRS_Intra_Min))

xlabel('Doppler Frequencey Offset(Hz)')

ylabel('等效载噪比(dB－Hz)')

legend('Max','Min')

title('L1 PRS 信号的最大最小等效载噪比')%

figure;plot(a,CN0_L1PRS_deg_Max,a,CN0_L1PRS_deg_Min)

xlabel('Doppler Frequencey Offset(Hz)')

ylabel('Degradation of CN0(dB)')

legend('Max','Min')

title('L1 PRS 信号的最大最小载噪比衰减值')%

%%%##

##

%－－－－－－－－－ L1 OS pilot is useful signal －－－－－－－－－－－－－

I_L1OS_OS_Max＝(I－1) * power_L1OS_Data_max * C_L1OS_OS;%10 度仰角

I_L1OS_OS_Min＝(J－1) * power_L1OS_Data_min * C_L1OS_OS;

I_L1OS_PRS_Max＝I * power_L1PRS_max * C_L1OS_PRS;

I_L1OS_PRS_Min＝J * power_L1PRS_min * C_L1OS_PRS;

I_L1OS_Intra_Max＝I_L1OS_OS_Max+I_L1OS_PRS_Max;

I_L1OS_Intra_Min＝I_L1OS_OS_Min+I_L1OS_PRS_Min;

CN0_L1OS_deg_Max＝10 * log10(1+I_L1OS_Intra_Max/N0);

CN0_L1OS_deg_Min＝10 * log10(1+I_L1OS_Intra_Min/N0);

a＝0:100:3500;

figure;plot(a,10 * log10(I_L1OS_Intra_Max),a,10 * log10(I_L1OS_Intra_Min))

xlabel('Doppler Frequencey Offset(Hz)')

ylabel('等效载噪比(dB－Hz)')

legend('Max','Min')

title('L1 OS 导航通道信号的最大最小等效载噪比')%

figure;plot(a,CN0_L1OS_deg_Max,a,CN0_L1OS_deg_Min)

```
xlabel('Doppler Frequencey Offset(Hz)')
ylabel('Degradation of CN0(dB)')
legend('Max','Min')
title('L1 OS 导航通道信号的最大最小载噪比衰减值')%


I_L1OS_Pilot_Intra_Max=I_L1OS_Intra_Max;

I_L1OS_Pilot_Intra_Min=I_L1OS_Intra_Min;

I_Intra_Galileo=[I_L1OS_Pilot_Intra_Max,I_L1OS_Pilot_Intra_Min,I_L1PRS_Intra_
Max,I_L1PRS_Intra_Min];
```

14. 计算 GPS 和 GALILEO 信号间的系统间干扰造成的等效载噪比衰减及其衰减量

```
%Caculate interference between GPS and Galileo,degradation of C/N0
clear;
BandWidth=24e6;%;32e6
Rc=1.023 * 1e6;    %基准速率
Tc=1/Rc;
df=200; %100
f=[-BandWidth/2:df:BandWidth/2-df];
F=[df/10:df:BandWidth/2];
N0=10^(-201/10); %%% the noise power spectral density dBW/Hz
Bn=1;%0.1
delta_Space=[0.1:0.1:1];
I_Galileo=13;
J_Galileo=8;
I_GPS=12;
J_GPS=7;
% Model=1;%
Tco=0.005;



%—————————— GPS signal PSD ———————————————
PSD_CA=(1/Rc) * sinc(f * (1/Rc)).^2;
PSD_P=(1/(10 * Rc)) * sinc(f * (1/(10 * Rc))).^2;
PSD_M=(1/(5 * Rc)) * (sinc(f/(5 * Rc)). * tan(pi * f/(2 * 10 * Rc))).^2;%BOCsin
(10,5)
PSD_BOC=(1/Rc) * (sin(pi * F/(1 * Rc)). * sin(pi * F/(2 * 1 * Rc))./((pi * F/(1 *
```

```
Rc)). * cos(pi * F/(2 * 1 * Rc)))).^2;
index=find(abs(cos(pi * F/(2 * 1 * Rc)))<1e-6);
PSD_BOC(index)=PSD_BOC(index+1);
PSD_BOC_1=PSD_BOC(end:-1:1);
PSD_BOC11=[PSD_BOC_1(1:end)PSD_BOC];%BOC(1,1),Data channel
PSD_BOC=(1/Rc) * (sin(pi * F/(1 * Rc)). * sin(pi * F/(2 * 6 * Rc))./((pi * F/(1 *
Rc)). * cos(pi * F/(2 * 6 * Rc)))).^2;
index=find(abs(cos(pi * F/(2 * 6 * Rc)))<1e-6);
PSD_BOC(index)=PSD_BOC(index+1);
PSD_BOC_1=PSD_BOC(end:-1:1);
PSD_BOC61=[PSD_BOC_1(1:end)PSD_BOC];%%BOC(6,1)
PSD_L1C=(10/11) * PSD_BOC11+(1/11) * PSD_BOC61;%MBOC(6,1,1/11)
PSD_TMBOC_4_33=(29/33) * PSD_BOC11+(4/33) * PSD_BOC61;%TMBOC(6,1,4/
33),Pilot Channel
PSD_L1C_Data=PSD_BOC11;%
PSD_L1C_Pilot=PSD_TMBOC_4_33;%


%－－－－－－－－－－－－ Galileo signal PSD －－－－－－－－－－－－－－
PSD_BOC=(1/Rc) * (sin(pi * F/(1 * Rc)). * sin(pi * F/(2 * 1 * Rc))./((pi * F/(1 *
Rc)). * cos(pi * F/(2 * 1 * Rc)))).^2;  %BOC(1,1),这个功率谱在负无穷到正无穷归一
化为1,但在带限内有损失,即 sum(PSD_BOC_1_1) * df=0.9810
index=find(abs(cos(pi * F/(2 * 1 * Rc)))<1e-6);
PSD_BOC(index)=PSD_BOC(index+1);
PSD_BOC_1=PSD_BOC(end:-1:1);
PSD_BOC11=[PSD_BOC_1(1:end)PSD_BOC];%BOC(1,1),Data channel
PSD_BOC=(1/Rc) * (sin(pi * F/(1 * Rc)). * sin(pi * F/(2 * 6 * Rc))./((pi * F/(1 *
Rc)). * cos(pi * F/(2 * 6 * Rc)))).^2;
index=find(abs(cos(pi * F/(2 * 6 * Rc)))<1e-6);
PSD_BOC(index)=PSD_BOC(index+1);
PSD_BOC_1=PSD_BOC(end:-1:1);
PSD_BOC61=[PSD_BOC_1(1:end)PSD_BOC];%%BOC(6,1),
PSD_L1OS=(10/11) * PSD_BOC11+(1/11) * PSD_BOC61;%MBOC(6,1,1/11)
PSD_BOC=(1/(2.5 * Rc)) * (sin(pi * F/(2.5 * Rc)). * (cos(pi * F/(2 * 15 * Rc))-1). /
((pi * F/(2.5 * Rc)). * cos(pi * F/(2 * 15 * Rc)))).^2;
index=find(abs(cos(pi * F/(2 * 15 * Rc)))<1e-6);
PSD_BOC(index)=PSD_BOC(index+1);
```

```
PSD_BOC_1=PSD_BOC(end:-1:1);
PSD_L1PRS=[PSD_BOC_1(1:end)PSD_BOC];%BOCcos(15,2.5)


%-------------- GPS signal Power ---------------
power_CA_min=10^(-158.5/10);  %dBW
power_CA_max=10^(-153/10);
power_P_min=10^(-160/10);
power_P_max=10^(-155.5/10);
power_M_min=10^(-157/10);
power_M_max=10^(-150/10);
power_L1C_max=10^(-154/10);
power_L1C_min=10^(-157/10);
power_L1C_Data_max=10^(-160/10);
power_L1C_Data_min=10^(-163/10);
power_L1C_Pilot_max=10^(-155.3/10);
power_L1C_Pilot_min=10^(-158.3/10);
%------------- Galileo signal Power ------------
power_L1PRS_max=10^(-150/10);
power_L1PRS_min=10^(-155/10);
power_L1OS_Pilot_max=10^(-157/10);
power_L1OS_Pilot_min=10^(-160/10);
power_L1OS_max=10^(-154/10);
power_L1OS_min=10^(-157/10);


%%--------------------C/A is useful ---------------
k=1;
for Doppler=0:100:3500
    i=round(Doppler/df);
    PSD_1=[zeros(1,i)PSD_L1PRS(1:end-i)];
    PSD_2=[zeros(1,i)PSD_L1OS(1:end-i)];
    C_CA_PRS(k)=sum(PSD_CA.*PSD_1)/sum(PSD_CA);
    C_CA_OS(k)=sum(PSD_CA.*PSD_2)/sum(PSD_CA);
    k=k+1;
end
%%
```

```
% a＝0：100：3500；
% figure；plot(a,C_CA_PRS,a,C_CA_OS)
% xlabel('Doppler Frequencey Offset(Hz)')
% ylabel('Interference Coefficient(dB/Hz)')
% legend('C/A and PRS','C/A and OS')
% title('目标信号是 C/A 码')
% % %% ＃＃%－－－－－－－－－－ Caculate degradation of C/N0 －－－－－－
[I_Intra_GPS]＝GPS_intrainterfernce()；
I_CA_Intra_Max＝I_Intra_GPS(1,：)；
I_CA_Intra_Min＝I_Intra_GPS(2,：)；
% I_CA_Intra_Max＝10. ^(I_CA_Intra_Max/10)；
% I_CA_Intra_Min＝10. ^(I_CA_Intra_Min/10)；
I_CA_PRS_Max＝I_GPS * power_L1PRS_max * C_CA_PRS；%10 度仰角
I_CA_PRS_Min＝J_GPS * power_L1PRS_min * C_CA_PRS；
I_CA_OS_Max＝I_GPS * power_L1OS_max * C_CA_OS；
I_CA_OS_Min＝J_GPS * power_L1OS_min * C_CA_OS；
I_CA_Inter_Max＝I_CA_PRS_Max＋I_CA_OS_Max；
I_CA_Inter_Min＝I_CA_PRS_Min＋I_CA_OS_Min；
CN0_CA_deg_Max＝10 * log10(1＋I_CA_Inter_Max. /(N0＋I_CA_Intra_Max))；
CN0_CA_deg_Min＝10 * log10(1＋I_CA_Inter_Min. /(N0＋I_CA_Intra_Min))；
a＝0：100：3500；
figure；plot(a,CN0_CA_deg_Max,a,CN0_CA_deg_Min)
xlabel('Doppler Frequencey Offset(Hz)')
ylabel('Degradation of CN0(dB)')
legend('Max','Min')
title('系统间干扰对 C/A 码载噪比的影响')%
% %%%＃＃＃＃＃＃＃＃＃＃＃＃＃＃＃＃＃＃＃＃＃＃＃＃＃＃＃＃＃＃＃＃＃＃＃＃＃＃＃＃
＃＃＃＃＃＃＃＃＃＃＃＃＃＃＃＃＃＃＃＃＃＃＃＃＃＃＃＃＃＃＃＃＃＃＃＃＃＃＃＃＃
%%－－－－－－－－－－－－－－P(Y)is useful －－－－－－－－－－－－－－
k＝1；
for Doppler＝0：100：3500
    i＝round(Doppler/df)；
    PSD_1＝[zeros(1,i)PSD_L1PRS(1:end－i)]；
    PSD_2＝[zeros(1,i)PSD_L1OS(1:end－i)]；
    C_P_PRS(k)＝sum(PSD_P. * PSD_1)/sum(PSD_P)；
```

```
        C_P_OS(k)=sum(PSD_P. * PSD_2)/sum(PSD_P);
        k=k+1;
end
%
% a=0:100:3500;
% figure;plot(a,C_P_PRS,a,C_P_OS)
% xlabel('Doppler Frequencey Offset(Hz)')
% ylabel('Interference Coefficient(dB/Hz)')
% legend('P(Y)and PRS','P(Y)and OS')
% title('目标信号是 P(Y)码')
% %%##%—————————— Caculate  degradation of C/N0 ——————————
I_P_Intra_Max=I_Intra_GPS(3,:);
I_P_Intra_Min=I_Intra_GPS(4,:);
% I_P_Intra_Max=10.^(I_P_Intra_Max/10);
% I_P_Intra_Min=10.^(I_P_Intra_Min/10);
I_P_PRS_Max=I_GPS * power_L1PRS_max * C_P_PRS;%10 度仰角
I_P_PRS_Min=J_GPS * power_L1PRS_min * C_P_PRS;
I_P_OS_Max=I_GPS * power_L1OS_max * C_P_OS;
I_P_OS_Min=J_GPS * power_L1OS_min * C_P_OS;
I_P_Inter_Max=I_P_PRS_Max+I_P_OS_Max;
I_P_Inter_Min=I_P_PRS_Min+I_P_OS_Min;
CN0_P_deg_Max=10 * log10(1+I_P_Inter_Max. /(N0+I_P_Intra_Max));
CN0_P_deg_Min=10 * log10(1+I_P_Inter_Min. /(N0+I_P_Intra_Min));
a=0:100:3500;
figure;plot(a,CN0_P_deg_Max,a,CN0_P_deg_Min)
xlabel('Doppler Frequencey Offset(Hz)')
ylabel('Degradation of CN0(dB)')
legend('Max','Min')
title('系统间干扰对 P(Y)码载噪比的影响')%
%%#####################################
############################
%%———————————————M code is useful ——————————————
k=1;
for Doppler=0:100:3500
    i=round(Doppler/df);
```

```
    PSD_1=[zeros(1,i)PSD_L1PRS(1:end-i)];
    PSD_2=[zeros(1,i)PSD_L1OS(1:end-i)];
    C_M_PRS(k)=sum(PSD_M. * PSD_1)/sum(PSD_M);
    C_M_OS(k)=sum(PSD_M. * PSD_2)/sum(PSD_M);
    k=k+1;
end
%
% a=0:100:3500;
% figure;plot(a,C_M_PRS,a,C_M_OS)
% xlabel('Doppler Frequencey Offset(Hz)')
% ylabel('Interference Coefficient(dB/Hz)')
% legend('M and PRS','M and OS')
% title('目标信号是 M 码')
% %%##%----------- Caculate   degradation of C/N0 --------
I_M_Intra_Max=I_Intra_GPS(5,:);
I_M_Intra_Min=I_Intra_GPS(6,:);


% I_M_Intra_Max=10.^(I_M_Intra_Max/10);
% I_M_Intra_Min=10.^(I_M_Intra_Min/10);
I_M_PRS_Max=I_GPS * power_L1PRS_max * C_M_PRS;%10 度仰角
I_M_PRS_Min=J_GPS * power_L1PRS_min * C_M_PRS;
I_M_OS_Max=I_GPS * power_L1OS_max * C_M_OS;
I_M_OS_Min=J_GPS * power_L1OS_min * C_M_OS;
I_M_Inter_Max=I_M_PRS_Max+I_M_OS_Max;
I_M_Inter_Min=I_M_PRS_Min+I_M_OS_Min;
CN0_M_deg_Max=10 * log10(1+I_M_Inter_Max. /(N0+I_M_Intra_Max));
CN0_M_deg_Min=10 * log10(1+I_M_Inter_Min. /(N0+I_M_Intra_Min));
a=0:100:3500;
figure;plot(a,CN0_M_deg_Max,a,CN0_M_deg_Min)
xlabel('Doppler Frequencey Offset(Hz)')
ylabel('Degradation of CN0(dB)')
legend('Max','Min')
title('系统间干扰对 M 码载噪比的影响')%
%%##############################################
################################################
```

```matlab
% %%————————————————L1C Data code is useful ————————
k=1;
for Doppler=0:100:3500
    i=round(Doppler/df);
    PSD_1=[zeros(1,i)PSD_L1PRS(1:end-i)];
    PSD_2=[zeros(1,i)PSD_L1OS(1:end-i)];
    C_L1C_Data_PRS(k)=sum(PSD_L1C_Data. * PSD_1)/sum(PSD_L1C_Data);
    C_L1C_Data_OS(k)=sum(PSD_L1C_Data. * PSD_2)/sum(PSD_L1C_Data);
    k=k+1;
end
%
% a=0:100:3500;
% figure;plot(a,C_L1C_Data_PRS,a,C_L1C_Data_OS)
% xlabel('Doppler Frequencey Offset(Hz)')
% ylabel('Interference Coefficient(dB/Hz)')
% legend('L1C Data and PRS','L1C Data and OS')
% title('目标信号是 L1C 数据通道信号')
% %%##%——————————— Caculate  degradation of C/N0 ————————
I_L1C_Data_Intra_Max=I_Intra_GPS(7,:);
I_L1C_Data_Intra_Min=I_Intra_GPS(8,:);


% I_L1C_Data_Intra_Max=10.^(I_L1C_Data_Intra_Max/10);
% I_L1C_Data_Intra_Min=10.^(I_L1C_Data_Intra_Min/10);
I_L1C_Data_PRS_Max=I_GPS * power_L1PRS_max * C_L1C_Data_PRS;%10 度仰角
I_L1C_Data_PRS_Min=J_GPS * power_L1PRS_min * C_L1C_Data_PRS;
I_L1C_Data_OS_Max=I_GPS * power_L1OS_max * C_L1C_Data_OS;
I_L1C_Data_OS_Min=J_GPS * power_L1OS_min * C_L1C_Data_OS;
I_L1C_Data_Inter_Max=I_L1C_Data_PRS_Max+I_L1C_Data_OS_Max;
I_L1C_Data_Inter_Min=I_L1C_Data_PRS_Min+I_L1C_Data_OS_Min;
CN0_L1C_Data_deg_Max=   10 * log10(1+I_L1C_Data_Inter_Max. /(N0+I_L1C_Data_
Intra_Max));
CN0_L1C_Data_deg_Min=   10 * log10(1+I_L1C_Data_Inter_Min. /(N0+I_L1C_Data_
Intra_Min));
a=0:100:3500;
figure;plot(a,CN0_L1C_Data_deg_Max,a,CN0_L1C_Data_deg_Min)
```

```
xlabel('Doppler Frequencey Offset(Hz)')
ylabel('Degradation of CN0(dB)')
legend('Max','Min')
title('系统间干扰对 L1C 数据通道载噪比的影响')%


%%#############################################
##############################################
%%———————————————L1C Pilot is useful ——————————
k=1;
for Doppler=0:100:3500
    i=round(Doppler/df);
    PSD_1=[zeros(1,i)PSD_L1PRS(1:end-i)];
    PSD_2=[zeros(1,i)PSD_L1OS(1:end-i)];
    C_L1C_Pilot_PRS(k)=sum(PSD_L1C_Pilot. * PSD_1)/sum(PSD_L1C_Pilot);
    C_L1C_Pilot_OS(k)=sum(PSD_L1C_Pilot. * PSD_2)/sum(PSD_L1C_Pilot);
    k=k+1;
end
%
% a=0:100:3500;
% figure;plot(a,C_L1C_Pilot_PRS,a,C_L1C_Pilot_OS)
% xlabel('Doppler Frequencey Offset(Hz)')
% ylabel('Interference Coefficient(dB/Hz)')
% legend('L1C Pilot and PRS','L1C Pilot and OS')
% title('目标信号是 L1C 导航通道信号')
% %%##%——————————— Caculate   degradation of C/N0 ————————
I_L1C_Pilot_Intra_Max=I_Intra_GPS(9,:);
I_L1C_Pilot_Intra_Min=I_Intra_GPS(10,:);

% I_L1C_Pilot_Intra_Max=10. ^(I_L1C_Pilot_Intra_Max/10);
% I_L1C_Pilot_Intra_Min=10. ^(I_L1C_Pilot_Intra_Min/10);
I_L1C_Pilot_PRS_Max=I_GPS * power_L1PRS_max * C_L1C_Pilot_PRS;%10 度仰角
I_L1C_Pilot_PRS_Min=J_GPS * power_L1PRS_min * C_L1C_Pilot_PRS;
I_L1C_Pilot_OS_Max=I_GPS * power_L1OS_max * C_L1C_Pilot_OS;
I_L1C_Pilot_OS_Min=J_GPS * power_L1OS_min * C_L1C_Pilot_OS;
I_L1C_Pilot_Inter_Max=I_L1C_Pilot_PRS_Max+I_L1C_Pilot_OS_Max;
```

```
I_L1C_Pilot_Inter_Min=I_L1C_Pilot_PRS_Min+I_L1C_Pilot_OS_Min;
CN0_L1C_Pilot_deg_Max=10 * log10(1+I_L1C_Pilot_Inter_Max. /(N0+I_L1C_Pilot_
Intra_Max));
CN0_L1C_Pilot_deg_Min=10 * log10(1+I_L1C_Pilot_Inter_Min. /(N0+I_L1C_Pilot_
Intra_Min));
a=0:100:3500;
figure;plot(a,CN0_L1C_Pilot_deg_Max,a,CN0_L1C_Pilot_deg_Min)
xlabel('Doppler Frequencey Offset(Hz)')
ylabel('Degradation of CN0(dB)')
legend('Max','Min')
title('系统间干扰对 L1C 导航通道载噪比的影响')%
%%##############################################
############################################
%%%%%%%————————————— Galileo signal —————————————
%%———————————————L1OS Pilot is useful —————————————
k=1;
for Doppler=0:100:3500
    i=round(Doppler/df);
    PSD_1=[zeros(1,i)PSD_CA(1:end−i)];
    PSD_2=[zeros(1,i)PSD_P(1:end−i)];
    PSD_3=[zeros(1,i)PSD_M(1:end−i)];
    PSD_4=[zeros(1,i)PSD_L1C(1:end−i)];
    C_L1OS_Pilot_CA(k)=sum(PSD_L1OS. * PSD_1)/sum(PSD_L1OS);
    C_L1OS_Pilot_P(k)=sum(PSD_L1OS. * PSD_2)/sum(PSD_L1OS);
    C_L1OS_Pilot_M(k)=sum(PSD_L1OS. * PSD_3)/sum(PSD_L1OS);
    C_L1OS_Pilot_L1C(k)=sum(PSD_L1OS. * PSD_4)/sum(PSD_L1OS);
    k=k+1;
end
%
a=0:100:3500;
figure;plot(a,C_L1OS_Pilot_CA,a,C_L1OS_Pilot_P,a,C_L1OS_Pilot_M,a,C_L1OS_
Pilot_L1C)
xlabel('Doppler Frequencey Offset(Hz)')
ylabel('Interference Coefficient(dB/Hz)')
legend('L1 OS and C/A','L1 OS and P(Y)','L1 OS and M','L1 OS and L1C')
```

title('目标信号是 L1OS 信号')

% %%##%—————Caculate degradation of C/N0 due to inter—interference————

[I_Intra_Galileo]＝Galileo_intrainterfernce();

I_L1OS_Pilot_Intra_Max＝I_Intra_Galileo(1,:);

I_L1OS_Pilot_Intra_Min＝I_Intra_Galileo(2,:);

% I_L1OS_Pilot_Intra_Max＝10.^(I_L1OS_Pilot_Intra_Max/10);

% I_L1OS_Pilot_Intra_Min＝10.^(I_L1OS_Pilot_Intra_Min/10);

I_L1OS_Pilot_CA_Max＝I_Galileo * power_CA_max * C_L1OS_Pilot_CA;%10 度仰角

I_L1OS_Pilot_CA_Min＝J_Galileo * power_CA_min * C_L1OS_Pilot_CA;

I_L1OS_Pilot_P_Max＝I_Galileo * power_P_max * C_L1OS_Pilot_P;

I_L1OS_Pilot_P_Min＝J_Galileo * power_P_min * C_L1OS_Pilot_P;

I_L1OS_Pilot_M_Max＝I_Galileo * power_M_max * C_L1OS_Pilot_M;

I_L1OS_Pilot_M_Min＝J_Galileo * power_M_min * C_L1OS_Pilot_M;

I_L1OS_Pilot_L1C_Max＝I_Galileo * power_L1C_max * C_L1OS_Pilot_L1C;

I_L1OS_Pilot_L1C_Min＝J_Galileo * power_L1C_min * C_L1OS_Pilot_L1C;

I_L1OS_Pilot_Inter_Max＝I_L1OS_Pilot_CA_Max+I_L1OS_Pilot_P_Max+I_L1OS_Pilot_M_Max+I_L1OS_Pilot_L1C_Max;

I_L1OS_Pilot_Inter_Min＝I_L1OS_Pilot_CA_Min+I_L1OS_Pilot_P_Min+I_L1OS_Pilot_M_Min+I_L1OS_Pilot_M_Min;

CN0_L1OS_Pilot_deg_Max＝10 * log10(1+I_L1OS_Pilot_Inter_Max./(N0+I_L1OS_Pilot_Intra_Max));

CN0_L1OS_Pilot_deg_Min＝10 * log10(1+I_L1OS_Pilot_Inter_Min./(N0+I_L1OS_Pilot_Intra_Min));

a＝0:100:3500;

figure;plot(a,CN0_L1OS_Pilot_deg_Max,a,CN0_L1OS_Pilot_deg_Min)

xlabel('Doppler Frequencey Offset(Hz)')

ylabel('Degradation of CN0(dB)')

legend('Max','Min')

title('系统间干扰对 L1OS 导航通道载噪比的影响')%

%%###

##

%%————————————————L1 PRS is useful ————————————

k＝1;

for Doppler＝0:100:3500

```
    i=round(Doppler/df);
    PSD_1=[zeros(1,i)PSD_CA(1:end-i)];
    PSD_2=[zeros(1,i)PSD_P(1:end-i)];
    PSD_3=[zeros(1,i)PSD_M(1:end-i)];
    PSD_4=[zeros(1,i)PSD_L1C(1:end-i)];
    C_L1PRS_CA(k)=sum(PSD_L1PRS.*PSD_1)/sum(PSD_L1PRS);
    C_L1PRS_P(k)=sum(PSD_L1PRS.*PSD_2)/sum(PSD_L1PRS);
    C_L1PRS_M(k)=sum(PSD_L1PRS.*PSD_3)/sum(PSD_L1PRS);
    C_L1PRS_L1C(k)=sum(PSD_L1PRS.*PSD_4)/sum(PSD_L1PRS);
    k=k+1;
end
%
% a=0:100:3500;
% figure;plot(a,C_L1PRS_CA,a,C_L1PRS_P,a,C_L1PRS_M,a,C_L1PRS_L1C)
% xlabel('Doppler Frequencey Offset(Hz)')
% ylabel('Interference Coefficient(dB/Hz)')
% legend('L1 PRS and C/A','L1 PRS and P(Y)','L1 PRS and M','L1 PRS and L1C')
% title('目标信号是 L1 PRS 信号')
%%##%-----Caculate degradation of C/N0 due to inter-interference----
I_L1PRS_Intra_Max=I_Intra_Galileo(3,:);
I_L1PRS_Intra_Min=I_Intra_Galileo(4,:);
% I_L1PRS_Intra_Max=10.^(I_L1PRS_Intra_Max/10);
% I_L1PRS_Intra_Min=10.^(I_L1PRS_Intra_Min/10);
I_L1PRS_CA_Max=I_Galileo*power_CA_max*C_L1PRS_CA;%10 度仰角
I_L1PRS_CA_Min=J_Galileo*power_CA_min*C_L1PRS_CA;
I_L1PRS_P_Max=I_Galileo*power_P_max*C_L1PRS_P;
I_L1PRS_P_Min=J_Galileo*power_P_min*C_L1PRS_P;
I_L1PRS_M_Max=I_Galileo*power_M_max*C_L1PRS_M;
I_L1PRS_M_Min=J_Galileo*power_M_min*C_L1PRS_M;
I_L1PRS_L1C_Max=I_Galileo*power_L1C_max*C_L1PRS_L1C;
I_L1PRS_L1C_Min=J_Galileo*power_L1C_min*C_L1PRS_L1C;
I_L1PRS_Inter_Max=I_L1PRS_CA_Max+I_L1PRS_P_Max+I_L1PRS_M_Max+I_
L1PRS_L1C_Max;
I_L1PRS_Inter_Min=I_L1PRS_CA_Min+I_L1PRS_P_Min+I_L1PRS_M_Min+I_
L1PRS_M_Min;
```

CN0_L1PRS_deg_Max＝10 * log10(1＋I_L1PRS_Inter_Max./(N0＋I_L1PRS_Intra_Max));

CN0_L1PRS_deg_Min＝10 * log10(1＋I_L1PRS_Inter_Min./(N0＋I_L1PRS_Intra_Min));

a＝0:100:3500;

figure;plot(a,CN0_L1PRS_deg_Max,a,CN0_L1PRS_deg_Min)

xlabel('Doppler Frequencey Offset(Hz)')

ylabel('Degradation of CN0(dB)')

legend('Max','Min')

title('系统间干扰对 L1 PRS 载噪比的影响')％

参 考 文 献

[1] ZhangJianjun, Xue Ming, Xie Jun. Research on Assessment Method of Intrasystem and Intersystem of the Global Navigation Satellite System. Science in China Series E: Technological Sciences, 58 (10),1672 – 1681,2015. 10, SCI/EI 检索.

[2] ZhangJianjun, Yuan Hong. Research and Study on Direct path Interference for Bistatic Radar Based on GNSS Reflected Signal. Science in China Series E: Technological Sciences, 53(11), 3051 – 3055, 2010. 12, SCI/EI 检索.

[3] ZhangJianjun, Yuan Hong. The Analysis and Research of Unmanned Aerial Vehicle Navigation and Height Measuring Control System Based on GPS. Journal of Systems Engineering and Electronics,21 (4),643 – 649,2010. 12,SCI/EI 检索.

[4] ZhangJianjun, Xue Ming. Reaearch on Spectrum Sensing Technology of Channelization Filtering based on Optical Frequency Comb. IEEE International Conference on Signal Processing, 2016.

[5] ZhangJianjun, Xue Ming. Reaearch on Wide – band Spectrum Sensing For The Communication Satellite Based on Compressive Sampling. 67th International Astronautical Congress, 2016

[6] ZhangJianjun, Xue Ming. Research on Spatial Information Network Model and Theory based on Cognitive Technology. International Conference on Signal Processing, Bei Jing ,2015.

[7] ZhangJianjun, Xie Jun, Xue Ming. Research on space non cooperative target of relative navigation system based on GNSS reflected signal bistatic radar. 14th International Space Conference of Pacific – basin Societies(ISCOPS),Xi An,2014.

[8] ZhangJianjun, Hou Yukui. Research on Mutual Interference Evaluation Method of GNSS. IEEE International Conference on Information and Automation(ICIA),Yinchuan, 2013.

[9] ZhangJianjun, Yuan Hong. The design and analysis of the unmanned aerial vehicle navigation and altimeter. IEEE International Conference on Computer Science and Information Technology (ICCSIT), Singapore, 2008.

[10] ZhangJianjun, Yuan Hong. Assessment and Research on the Self – Interference of GPS Weak Signal Acquisition in Indoor Location Environment. IEEE Youth Conference on Information, Computing and Telecommunications (IEEE YC – ICT), Beijing, 2009.

[11] Xie Jun, Zhang Jianjun. Concepts and Perspectives on Navigation Satellite Autonomous Health Management System based on Cognitive Technology. China Satellite Navigation Conference Proceedings Xi An,2015

[12] J. W. Betz. Effect of Narrowband Interference on GPS Code Tracking Accuracy[C], ION 2000, Salt LakeCity,USA.

[13] Betz, J. W. Effect of Partial – Band Interference on Receiver Estimation of C/N0: Theory[C]. ION 2001, Long Beach, USA,2001: 817 – 828.

[14] J. T. Ross, et al.. Effect of Partial – Band Interference on Receiver Estimation of C/N0:

Measurements[C], ION 2001, Long Beach,USA, 2001.

[15] Betz, J. W. Binary Offset Carrier Modulations for Radionavigation[J]. NAVIGATION: Journal of the Institute of Navigation, Winter 2001/02, 48 (4).

[16] Hegarty C, Tran M, Lee Y. Simplified Techniques for Analyzing the Effects of Non - white Interference on GPS Receivers[C]. ION 2002. Portland,USA, 2002:620 - 629

[17] Godet J. GPS/GALILEO Radio Frequency Compatibility Analysis[C]. ION 2000. Salt Lake City, USA, 2000:1782 - 1790.

[18] Hein G W, Godet J,Issler J L, et al. The GALILEO Frequency Structure and Signal Design[C]. ION 2001. Salt Lake City,USA, 2002:1273 - 1282.

[19] Hein G W, Godet J,Issler J L, et al. Status of GALILEO Frequency and Signal Design[C]. ION 2002,Portland,USA, 2002:266 - 277.

[20] Godet J, De Mateo J C, Erhard P, et al. Assessing the Radio Frequency Compatibility between GPS and GALILEO[C]. ION 2002. Portland,USA, 2002:1260 - 1269.

[21] VanDierendonck A J, Hegarty C. Methodologies for Assessing Intrasystem and Intersystem Interference to Satellite Navigation Systems[C]. ION 2002. Portland,USA , 2002:1241 - 1250.

[22] VanDierendonck A J, Hegarty C, Pullen S. A More Complete and Updated Methodology for Assessing Intrasystem and Intersystem Interference for GPS and GALILEO [C]. ION 2003, Portland,USA, 2003:1484 - 1493

[23] Titus L B M, Betz J W, Hegarty C J, et al. Intersystem and Intrasystem Interference Analysis Methodology[C]. ION 2003. Portland ,USA, 2003:2061 - 2069.

[24] Soualle F, Burger T. Impact of GALILEO Spreading Code Selection and Data Rate onto Navigation Signal Interference[C]. ION 2003. Portland,USA, 2003:1035 - 1043.

[25] HuangXufang, Hu Xiulin, Tang Zuping. Analysis of Intrasystem and Intersystem of Navigation Systems with Interplex Modulation in the L1 Band[C]. The Second International Conference on Space Information Technology. 2007. Vol. 6795, 67952R - 1~67952R - 7.

[26] 张建军,薛明,全球卫星导航系统兼容性评估方法研究. 中国空间科学技术,2015,35(4):10 - 16.

[27] 张建军,薛明,全球导航卫星系统互干扰评估分析及启示. 航天器工程,2014,23(6):93 - 98.

[28] 张建军,马骏,陈忠贵,基于捕获-频谱隔离系数的全球卫星导航系统兼容性分析方法研究. 飞行器测控学报,2012,31(2):73 - 77.

[29] 张建军,苏新光,帅平,以航天系统工程优势建造国际一流的基于位置服务体系. 卫星应用,2011(2):52 - 59.

[30] 张建军,袁洪,GNSS无线电掩星大气探测系统干扰抑制的子空间投影方法. 测绘学报,2009,38(5):422 - 427.

[31] 张建军,袁洪,基于 GNSS 反射信号双站雷达干扰抑制的分析与研究. 宇航学报,2009,30(4):1477 - 1485.

[32] 张建军,袁洪,基于 GNSS 散射信号陆地高度计的建模与分析. 系统仿真学报,2009,21(10):2810 - 2818.

[33] 张建军,谢军,薛明,基于复杂环境动态感知功能的认知卫星新概念研究. 空间技术未来发展及应用研讨会,北京,2014.

[34] 张建军,帅平,基于位置服务卫星应用系统分析及其应用. 中国卫星应用学术研讨会,云南,2012.

［35］ 张建军,马骏,陈忠贵,全球卫星导航系统信号系统内干扰特性研究．中国第二届卫星导航年会,上海,2011.

［36］ 张建军,马骏,陈忠贵,激光链路在导航卫星自主导航中的可行性研究．中国宇航学会学术年会,北京,2011.

［37］ 张建军,袁洪,卫星导航信号系统间干扰性能的评估与分析．中国第一届卫星导航年会,北京,2010.

［38］ 黄旭方,胡修林,唐祖平,覃团发．导航系统中短码受到的系统内干扰的分析方法．华中科技大学学报,2009,37(3):46－49.

［39］ 黄旭方,覃团发,唐秋玲．GPS L1 频段上的系统内干扰的研究．宇航学报,2010,31(10):2402－2406.

［40］ 黄旭方．GALILEO 系统 L1P 与 L1F 信号间干扰的分析．电讯技术,2011,51(09):44－48.

［41］ 黄旭方,陈静开,覃新贤．GNSS 系统中预积分时间内基带信号的功率谱密度研究．电讯技术,2012,52(12):1893－1899.

［42］ 刘卫．GNSS 兼容与互操作总体技术研究,上海交通大学研究生博士论文,2011.

［43］ 谢钢．GPS 原理与接收机设计．北京:电子工业出版社,2009.